权威·前沿·原创

皮书系列为

“十二五”“十三五”“十四五”时期国家重点出版物出版专项规划项目

智库成果出版与传播平台

四川生态建设报告（2023）

ANNUAL REPORT ON ECOLOGICAL CONSTRUCTION OF SICHUAN (2023)

主　编／李晟之　李晓燕
副主编／王　倩　赵　川

社会科学文献出版社
SOCIAL SCIENCES ACADEMIC PRESS (CHINA)

图书在版编目(CIP)数据

四川生态建设报告．2023/李晟之，李晓燕主编；
王倩，赵川副主编．--北京：社会科学文献出版社，
2023.7

（四川蓝皮书）

ISBN 978-7-5228-1888-7

Ⅰ．①四… Ⅱ．①李… ②李… ③王… ④赵… Ⅲ．
①生态环境建设-研究报告-四川-2023 Ⅳ．
①X321.271

中国国家版本馆 CIP 数据核字（2023）第 094503 号

四川蓝皮书

四川生态建设报告（2023）

主　　编／李晟之　李晓燕

副 主 编／王　倩　赵　川

出 版 人／王利民

组稿编辑／邓泳红

责任编辑／吴　敏

责任印制／王京美

出　　版／社会科学文献出版社·皮书出版分社（010）59367127

地址：北京市北三环中路甲 29 号院华龙大厦　邮编：100029

网址：www.ssap.com.cn

发　　行／社会科学文献出版社（010）59367028

印　　装／天津千鹤文化传播有限公司

规　　格／开 本：787mm×1092mm　1/16

印 张：27.5　字 数：412 千字

版　　次／2023 年 7 月第 1 版　2023 年 7 月第 1 次印刷

书　　号／ISBN 978-7-5228-1888-7

定　　价／158.00 元

读者服务电话：4008918866

四川蓝皮书编委会

《四川生态建设报告（2023）》
编　委　会

主　编　李晟之　李晓燕

副主编　王　倩　赵　川

撰稿人　白　俊　陈和强　陈奂州　陈璐怡　陈　巨
陈俪心　陈　亮　陈美利　陈诗薇　陈丝露
陈　雪　党　巍　邓宗敏　杜　娟　冯桂凤
冯豫东　高天雷　韩　冬　韩立达　何成军
何培培　何万红　胡可欣　黄　寰　黄　辉
巨　栋　李晟之　李　旻　李晓燕　李绪佳
李曜汐　林　江　刘海英　刘兴生　罗浩轩
马莲花　倪玖斌　彭子怡　沈茂英　舒联方
孙　玺　田建国　王　倩　王晓行　吴启佳
吴霜寒　肖博文　徐　亮　杨海韵　杨瞿军
杨　旭　杨　宇　杨宇琪　尹楚帆　尹　衡
喻靖霖　昝玉军　张俊飚　张声昊　张仕斌
赵阿敏　赵　川　赵桂平　赵　千　赵　洋
朱文亭　庄贵阳

主要编撰者简介

李晟之 四川省社会科学院生态文明研究所研究员、经济学博士，四川省社会科学院农村发展研究所硕士生导师，资源与环境中心秘书长，四川省政协人口与资源环境委员会特邀成员，社区保护地中国专家组召集人。研究方向为国家公园与碳汇经济。著有《社区保护地建设与外来干预》《都江堰——四姑娘山生态走廊绿色高质量发展战略研究》等作品，并连续8年担任《四川蓝皮书：四川生态建设报告》主编，多项政策建议获省部级领导批示。

李晓燕 四川省社会科学院生态文明研究所研究员、经济学博士，四川省社会科学院农村发展研究所硕士生导师，四川省社会科学院生态文明研究所副所长，被评为中共中央宣传部宣传思想文化青年英才、四川省学术和技术带头人、四川省“天府万人计划”青年拔尖人才。研究方向为生态文明与农业经济。在《马克思主义研究》等期刊发表论文40余篇，出版专著《低碳农业发展研究——以四川为例》《健全农业生态环境补偿制度研究——基于生产功能与生态功能的视角》2部，主持国家级和省部级项目12项。1项成果入选《国家哲学社会科学成果文库》，9项成果获得省部级奖励，20余项政策建议获国家领导人、四川省主要领导批示，部分成果被省、市、县（区）各级政府或有关部门采纳。

王　倩 四川省社会科学院生态文明研究所副研究员、经济学博士，四川省社会科学院区域经济研究所硕士生导师，美国加州大学（伯克利）访问学者，四川省海外留学高层次人才。主要研究方向为区域经济、生态文明。主持国家社科基金一般项目1项、国家社科基金重大项目子课题2项，著有《基于主体功能区的区域协调发展研究》等学术专著，多项政策建议获中央领导及省部级领导批示，获四川省哲学社会科学优秀成果一等奖。

赵　川　四川省社会科学院生态文明研究所副研究员、理学博士，兼任四川省社会科学院旅游发展研究中心副主任，第十四批四川省学术和技术带头人后备人选，农业农村部中国重要农业文化遗产专家委员会专家，四川省“科技下乡万里行”文旅服务团专家。主要研究方向为绿色发展、旅游经济、乡村旅游。完成国家和省部级课题4项，专著5部，专利两项。被四川省委、省政府采纳的对策建议6项，发表论文40余篇，主持参与区域经济及旅游发展研究和规划50余项。著有《文化旅游融合创新典型案例研究》等学术专著，多项政策建议获省部级领导批示。

摘　要

党的二十大报告指出，中国式现代化是人与自然和谐共生的现代化，并从统筹产业结构调整、污染治理、生态保护、应对气候变化，协同推进降碳、减污、扩绿、增长等对未来生态环境保护提出了新方向、新要求、新部署。习近平总书记于 2022 年 6 月来川视察时指出，四川地处长江上游，要增强大局意识，牢固树立上游意识，筑牢长江上游生态屏障；要把建设长江上游生态屏障、维护国家生态安全放在生态文明建设的首要位置，让四川天更蓝、地更绿、水更清，谱写美丽中国的四川篇章。这为四川加快生态建设提供了根本遵循。

《四川蓝皮书：四川生态建设报告（2023）》继续沿用“压力—状态—响应”模型对 2022 年四川省生态建设基本态势进行梳理和总结，并聚焦发展方式绿色转型、环境污染防治、提升生态系统多样性稳定性持续性、推进碳达峰碳中和等专题展开研究。全书共分为七个部分，第一部分“总报告”对四川省 2021~2022 年度生态建设的主要行动、成效和挑战进行系统评估与总结，并对未来发展趋势进行研判。第二部分“专题篇”邀请国内知名学者对四川生态建设中的重要问题进行专题研究。第三部分“绿色转型篇”围绕绿色经济、循环经济、低碳经济与生态产品价值实现展开研究。第四部分“环境污染防治篇”围绕降碳减污协同增效、城乡人居环境建设、现代环境治理体系等展开研究。第五部分“大熊猫国家公园建设篇”围绕国家公园自然资源资产清查、社区发展与巡护道路规划等展开研究。第六部分“生态系统篇”围绕省级重点区域与自然保护区展开研究。第七部分“碳达峰碳中和篇”围绕应对气候变化与碳达峰碳中和展开研究。

2023 年需要重点关注以县域为载体的可持续发展以及“双碳”目标下的农业绿色发展，结合四川实际，在生态产品价值实现、降碳减污协同增效、城乡人居环境建设上争取新突破，继续深入推进大熊猫国家公园建设，为四川经济社会建设注入持续的原动力。

关键词： 生态建设　绿色转型　“双碳”　四川

目 录

Ⅰ 总报告

Ⅱ 专题篇

Ⅲ 绿色转型篇

Ⅳ 环境污染防治篇

Ⅴ 大熊猫国家公园建设篇

Ⅵ 生态系统篇

Ⅶ 碳达峰碳中和篇

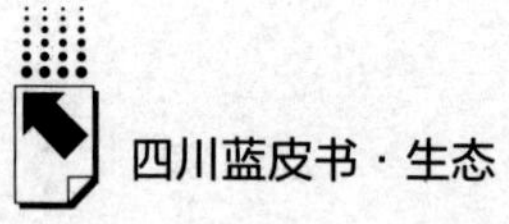

皮书数据库阅读**使用指南**

总报告

General Report

B.1
2021~2022年四川生态建设基本态势

李晟之　孙　玺*

摘　要： 本报告整体上采用“压力—状态—响应”模型（PSR模型）的逻辑，对四川生态环境的“状态”、“压力”和“响应”三组相互影响、相互关联的指标组进行信息收集与分析，从而形成对四川省2021~2022年生态建设状况的评估。本报告评估结果显示四川省生态环境建设态势总体向好、生态治理效果显著，但仍存在自然灾害威胁较大、体制机制尚待完善等问题。为此，根据四川省的实际情况提出了要持续推进生态环保工作、创新探索生态产品价值实现机制、加速绿色低碳产业发展等建议。

关键词： PSR模型　生态建设　生态评估　四川

* 李晟之，四川省社会科学院生态文明研究所研究员，主要研究方向为农村生态；孙玺，四川省社会科学院，主要研究方向为农村发展。

一　四川生态建设总体概况

环境与经济的和谐发展是生态建设的核心内容，而生态建设的本质是人与自然相处模式的演变。提到人与自然的相互关系，必然离不开“压力—状态—响应”模型（以下简称“PSR 模型”）这一内在逻辑。该模型最初由加拿大统计学家 David J. Rapport 和 Tong Friend 于 1979 年提出，用以研究人类活动下环境是如何演变的问题，较好地体现了“人取之于自然、需回馈于自然”的这一内涵。基于该模型分析环境与经济的内在关系可以得到：经济发展离不开自然资源供给，自然资源减少，即“压力”；减少的自然资源影响经济发展状态，经济结构发生改变，即“状态”；经济结构调整需要相应的自然资源供给，制定环境政策、方针，即“响应”，这是生态建设的底层逻辑。因此，围绕“压力—状态—响应”模型对四川省生态建设工作中存在的问题、实施的政策及取得的成效进行系统分析。

本报告旨在分析四川省 2021～2022 年生态建设状况，数据均为相关部门披露的最新数据。但由于报告生成时，相关部门尚有部分 2022 年的数据暂未披露，本报告使用的数据仍以 2021 年数据为主。

二　四川生态建设“状态”

生态产品的概念有狭义和广义之分。狭义上，生态产品主要以《全国主体功能区规划》中的界定为准，为“维系生态安全、保障生态调节功能、提供良好人居环境的自然要素，包括清新的空气、清洁的水源和宜人的气候等”①。随着生态文明建设的推进，生态产品有了广义的定义，即除了清新空气、清洁水源、原始森林等自然要素产品外，还包括人类通过清洁生产、

① 《国务院关于印发全国主体功能区规划的通知》，http：//www.gov.cn/zhengce/content/2011-06/08/content_ 1441.htm，2010 年 12 月 21 日。

循环利用等方式生产出来的绿色有机农产品和生态工业品等物质供给产品，以及涵养水源、调节气候、水土保持、防风固沙等调节服务产品和生态旅游、游憩康养、美学体验等文化服务产品。[①] 因此，广义上的生态产品概念强调自然要素与人类劳动的共同作用。不难看出，当前对于生态产品的理解各界尚不统一，同时学术界对生态产品实际转化的价值量计算、产生的功能分类等问题也存在争议。但可以确定的是，生态产品具有三种基本功能，即物质产品供给功能、生态系统调节功能和文化服务支持功能，因此可将生态产品的生产能力作为衡量生态环境“状态”的重要指标。

四川地处中国西南腹地，地域辽阔。作为长江、黄河上游重要的生态屏障和水源涵养地，四川地貌复杂多样，自然资源丰富，森林蓄积量长期稳居全国前列，2021 年居全国第 4 位。本报告选取水资源、森林、草原、湿地、生物资源等指标来展现四川省生态产品的生产能力，从物质产品供给功能、生态系统调节功能和文化服务支持功能等方面综合反映四川省生态保护与建设的成效。

（一）总体概况

1. 国土利用状况

截至 2021 年底，四川省主要地类面积构成为：耕地面积为 522. 72 万公顷，以水田、旱地为主，其中凉山州、南充市、达州市所占比例较大；园地面积为 120. 32 万公顷，以果林、茶园为主，主要分布在凉山州、成都市、眉山市；林地面积为 2541. 96 万公顷、草地面积为 968. 78 万公顷、湿地面积为 123. 08 万公顷，这三类主要分布在三州地区；城镇村及工矿用地面积达到 184. 12 万公顷，水域及水利设施用地面积为 105. 32 万公顷，交通运输用地面积最少，为 47. 39 万公顷。[②] 四川省各类型土地面积构成比例如图 1 所示。

① 刘伯恩：《生态产品价值实现机制的内涵、分类与制度框架》，《环境保护》2020 年第 13 期。

② 四川省生态环境厅：《2021 年四川省生态环境状况公报》，2022 年 5 月 20 日。

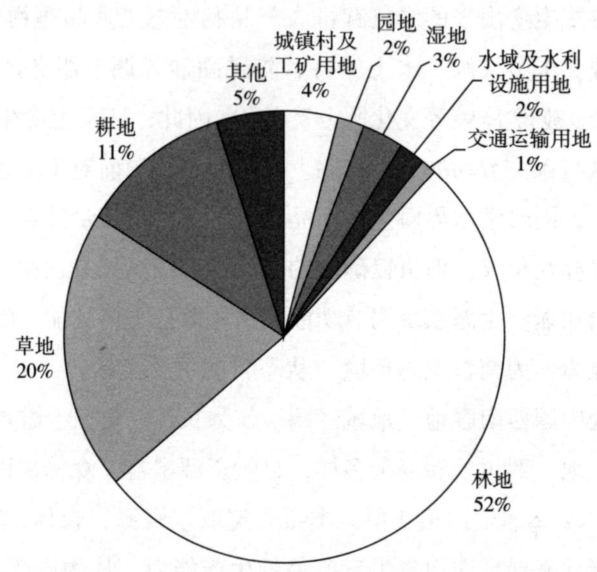

图1　四川省各类型土地面积构成比例

资料来源：四川省生态环境厅：《2021 年四川省生态环境状况公报》，2022 年 5 月 20 日。

2. 生态环境状况

2021 年四川省生态环境总体评估状况为“良”，生态环境状况指数（EI）为 71.7，同比上升 0.4，生态环境状况比较稳定。生态环境状况指数（EI）由生物丰度指数、植被覆盖指数、水网密度指数、土地胁迫指数和污染负荷指数① 5 个二级指标构成，2021 年分别为 63.7、87.7、33.6、83.2 和 99.8，与 2020 年相比，水网密度指数和植被覆盖指数均上升了 1.0，而生物丰度指数、土地胁迫指数和污染负荷指数无变化。

（1）市域生态环境状况

在市域层面，四川省 21 个市（州）的生态环境状况为“优”或“良”，生态环境状况指数（EI）为 61.2～84.4，各市（州）生态环境状况“优”或“良”情况同比无变化。其中生态环境状况为“优”的市（州）有 4 个，

① 对生态环境状况指数的贡献值和贡献率大小排序为：生物丰度指数>植被覆盖指数>土地胁迫指数>污染负荷指数>水网密度指数。

分别是雅安市、乐山市、广元市和凉山州，占全省面积的 21.5%、占市域数量的 19.0%；生态环境状况为“良”的市（州）有 17 个，占全省面积的 78.5%、占市域数量的 81.0%。与 2020 年相比，有 17 个市（州）生态环境状况“无明显变化”，此外，成都市和攀枝花市的生态环境状况从“略微变差”转为“略微变好”，宜宾市和南充市的生态环境状况从“无明显变化”转为“略微变好”。

（2）县域生态环境状况

在县域层面，四川省 183 个县（市、区）生态环境状况以“优”和“良”为主。其中，43 个县（市、区）生态环境状况为“优”，占全省县域数量的 23.5%，生态环境状况指数为 75.0~90.7；134 个县（市、区）生态环境状况为“良”，占全省县域数量的 73.2%，生态环境状况指数为 56.0~74.8；6 个县（市、区）生态环境状况为“一般”，分别为成都青羊区、成华区、金牛区、武侯区、锦江区和攀枝花东区，占全省县域数量的 3.3%，生态环境状况指数为 41.3~54.3。与上年相比，全省 183 个县（市、区）的生态环境状况变化范围为-1.2~3.6，其中，攀枝花东区明显变好，47 个县（市、区）略微变好，泸州江阳区略微变差，134 个县（市、区）无明显变化。与 2020 年相比，2021 年全省 183 个县（市、区）中，生态环境状况为“优”的县（市、区）增加，由 41 个上升为 43 个，占全省县域数量的比重上升 1.1 个百分点；为“良”的县（市、区）降低，由 136 个下降为 134 个，占全省县域数量比重下降 1.1 个百分点；为“一般”的县（市、区）无变化，两年均为 6 个，占全省县域数量比重均为 3.3%。①

（二）物质产品供给

1. 水资源

（1）湖库水质

2021 年，全省共监测 14 个湖库。其中，Ⅰ类 1 个为泸沽湖；Ⅱ类 10

① 四川省生态环境厅：《2021 年四川省生态环境状况公报》，2022 年 5 月 20 日。

个，包括邛海、葫芦口水库、升钟水库、沉抗水库、二滩水库、紫坪铺水库、黑龙滩水库、双溪水库、三岔湖、白龙湖，综合水质为优；Ⅲ类 3 个，包括瀑布沟水库、老鹰水库、鲁班水库，综合水质良好。在水质方面，三岔湖水库略有好转，瀑布沟水库、鲁班水库水质略有下降，其余湖库水质无明显变化。全省 14 个湖库中，总氮为Ⅰ～Ⅲ类的有 9 个湖库；受到总氮的轻度污染的水库为瀑布沟水库、双溪水库、升钟水库、葫芦口水库；受到总氮的中度污染的水库为老鹰水库。对 8 个湖库进行了粪大肠菌群的监测，均为Ⅰ～Ⅲ类。对于水质的营养监测方面，全省 14 个湖库中，处于贫营养的有泸沽湖、邛海、紫坪铺水库；处于中营养的有老鹰水库、白龙湖、二滩水库、沉抗水库、瀑布沟水库、三岔湖、鲁班水库、黑龙滩水库、升钟水库、双溪水库、葫芦口水库。与 2020 年相比，邛海富营养程度有所减轻，白龙湖、双溪水库和二滩水库的富营养程度有所加重。[①] 2021 年四川省重点湖库营养状况如图 2 所示。

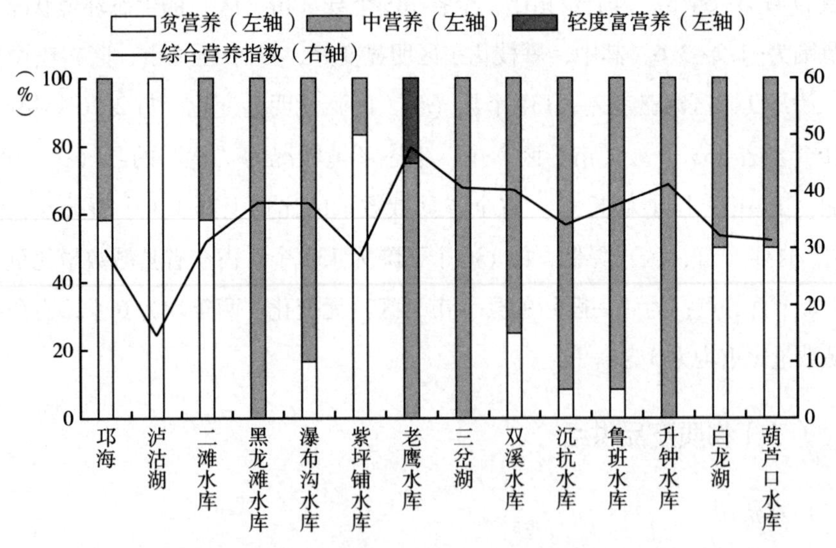

图 2　2021 年四川省重点湖库营养状况

资料来源：四川省生态环境厅：《2021 年四川省生态环境状况公报》，2022 年 5 月 20 日。

---

① 四川省生态环境厅：《2021 年四川省生态环境状况公报》，2022 年 5 月 20 日。

（2）集中式饮用水水源地水质

在市级层面，2021年6~7月四川省对21个市（州）城市集中式饮用水水源地的监测结果显示，48个在用市级集中式饮用水水源地的48个监测断面（点位）水质均达到了标准。在县级层面，对全省268个县级及以上城市集中式饮用水水源地开展了监测，共布设271个监测断面（点位），所有断面（点位）所测项目全部达标，取水总量398570.2万吨，达到监测标准的水量398570.2万吨，水质达标率和断面达标率均为100%，271个监测断面中Ⅱ类及以上水质所占比例为75.6%，同比持平。在乡镇级层面，四川省对167个县中的2577个乡镇开展了乡镇集中式饮用水水源地水质监测，监测的断面（点位）数量为2577个，按实际开展的监测项目分析，达标的断面（点位）数量为2446个，断面达标率94.9%，较2020年提高1.3个百分点。据以上数据分析，2021年四川省集中式饮用水水源地水质总体保持良好，但乡镇集中式饮用水水源地仍存在超标现象，只有阿坝州、甘孜州、凉山州3个地区的乡镇集中式饮用水水质全年达标，其余18个市乡镇集中式饮用水水源地均存在超标现象，其中南充达标率最低，为75.7%。[①] 所以，仍需重点关注水源地周边农村面源污染和水源地管理等问题。

2.森林

（1）国土绿化

2021年，四川省完成营林造林面积达到607.5万亩，是四川省政府下达目标任务的110.4%。其中，人工造林（更新）面积119.7万亩、退化林修复面积75.7万亩、中幼林抚育面积240.9万亩、封山育林面积171.2万亩（见图3）。2021年持续响应中央关于储备林建设的要求，全年建成国家储备林5.6万亩，同年开展义务植树活动，共计0.323亿人次参加，植树1.2015亿株。截至2021年底，四川省森林面积为2.92亿亩，森林覆盖率达40.23%，较2020年提升0.2个百分点；森林蓄积量达19.34亿立方米，较2020年增长1800万立方米。[②]

---

① 四川省生态环境厅：《2021年四川省生态环境状况公报》，2022年5月20日。

② 四川省绿化委员会办公室：《2021年四川省国土绿化公报》，2022年3月12日。

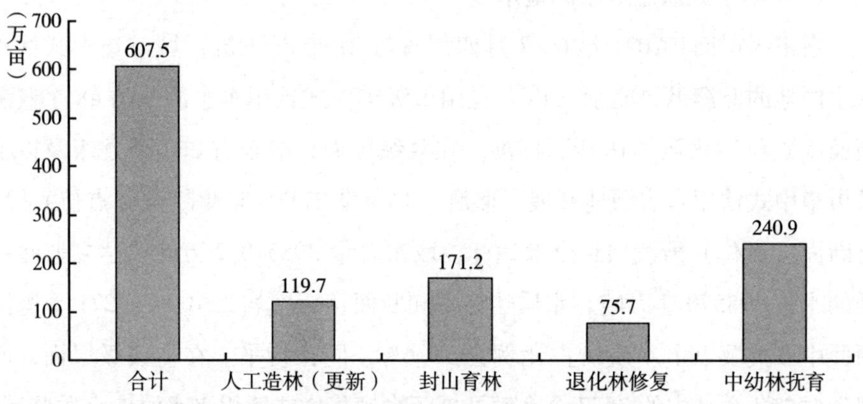

图 3　2021 年四川省营造林完成情况

资料来源：四川省绿化委员会办公室：《2021 年四川省国土绿化公报》，2022 年 3 月 12 日。

（2）生态空间格局

2021 年，四川省重新优化了生态保护红线内面积，经调整后增至 14.9 万平方千米，占全省面积的 30.7%。截至 2021 年底，全省共建立自然保护地 526 处，自然保护地体系更加完善，全省生态环境分区管控体系基本形成。

（3）古树名木保护

2021 年在全省范围内建成并启用古树名木信息管理系统，通过鉴定审核及认定公布的古树名木新增 235 株。其中，一级古树 117 株、名木 5 株；二级古树 11 株；三级古树 102 株。推动省级古树公园建设项目，线上开展“保护古树名木助力乡村振兴”公募项目，2021 年新增古树公园 10 个。[①] 省级财政资金拨付 400 万元建立一级古树保护复壮试点，选取梓潼、剑阁、北川等 10 个县（市）作为第一批试点，汇集试点工作内容，印发《古树名木抢救复壮典型案例（第一批）》供后续新增试点参阅。

（4）森林管护

2021 年，全省全年管护森林 2.8 亿亩，管护公益林、天然林、国有林资源 28226.77 万亩。在生态补助方面，实施天然商品林停伐管护补助 1811.62

① 四川省绿化委员会办公室：《2021 年四川省国土绿化公报》，2022 年 3 月 12 日。

万亩，公益林生态效益补偿8162.65万亩。在全省范围内启动打击毁林专项行动，依法严厉打击乱砍滥伐、占用林地、森林纵火等破坏森林资源行为。

（5）城市绿化

2021年四川省持续推进国家森林城市创建工作，积极开展山体（水体）廊道修复、老旧公园更新、沿岸绿色生态带建设、城市公共空间小微绿地打造等生态修复工程，累计实施面积超2.4万公顷。持续加强城市公园建设，截至2021年，全省城市建成区园林绿地面积118210公顷，绿地率达到37.41%，比2020年增长0.5个百分点；建成区绿化覆盖面积134331公顷，绿化覆盖率42.51%，比2020年增长0.66个百分点；建成区公园绿地面积40088公顷，建成区人均公园绿地面积14.44平方米，较2020年增加0.41平方米（见表1）。①

表1　2020~2021年全省城市绿化情况

年份	建成区园林绿地面积（公顷）	建成区绿地率（%）	建成区绿化覆盖面积（公顷）	建成区绿化覆盖率（%）	建成区公园绿地面积（公顷）	建成区人均公园绿地面积（平方米）
2021	118210	37.41	134331	42.51	40088	14.44
2020	112734	36.91	127810	41.85	36786	14.03

资料来源：四川省绿化委员会办公室：《2021年四川省国土绿化公报》，2022年3月12日。

3. 林业生产

四川的地形复杂、气候多样，具有发展森林和草原产业的优越条件。2021年，四川林草系统积极响应国家号召，紧紧围绕构建长江上游生态屏障、打造林草经济强省的目标，全力以赴地推进疫情防控和林草事业发展，取得“十四五”开局的良好成果。2021年四川省林草产业总产值已突破4500亿元，为4509亿元，同比增长10.08%。林草第一产业产值为1634亿元、第二产业产值为1218亿元、第三产业产值为1657亿元。其中，四川省

① 四川省绿化委员会办公室：《2021年四川省国土绿化公报》，2022年3月12日。

生态旅游收入连续4年超过1000亿元，经济林产品种植与采集也首次突破1000亿元，一跃成为林草产业发展的两大支柱。在林木产出方面，全省木材产量303万立方米、木竹地板129万平方米、人造板653万立方米、大径竹2.3亿根、锯材203万立方米，各类经济林产品产量1030万吨。①

为了促进林草产业发展，省林草局实施“三花并进”行动，完成全省“五区十二带”花卉生产布局，确定了32个花卉主产县（市），新建12个市（州）级以上现代花卉产业园区，新增20000亩优质花卉生产基地和22万平方米设施栽培，使全省花卉生产面积稳定在100万亩以上，综合产值达242.6亿元。2021年全省林草产业共认定省级培育园区20个、重点龙头企业56家、示范社21家。竹产业呈快速发展态势，新增6个现代竹产业园区、4个竹产业高质量发展县，现代竹产业基地面积突破1000万亩，其综合产值已超900亿元。在林下经济发展方面，四川省对林草中药材和食品种植产业尤为重视，2021年扶持9个林草中药材重点县，新增90个省级森林食品种植基地，出台《中共四川省委 四川省人民政府关于促进中医药传承创新发展的实施意见》，加强种植技术服务和绿色无公害种植监管。

4. 草原

草原一直是四川省农牧民生存和发展的重要基础，也是长江、黄河上游地区的重要生态屏障，不仅为水源提供了保护，还对水土保持起到了重要作用。四川作为全国五大牧区之一，草原资源十分丰富，2021年全省草原面积1.45亿亩，占全省面积的20%，草原综合植被盖度达85.9%，较2020年提升0.1%。其中天然牧草地1.41亿亩，人工牧草地86.56万亩，其他草地292.91万亩。② 因各区域水热条件及地形地貌的差异，全省草原类型总体呈现高寒草甸—高寒灌丛草地、山地草甸草地—山地灌草丛草地和亚高山草甸—山地草甸—山地灌草丛—干旱河谷灌丛草地的变化。

2021年四川持续实施退牧还草工程和草原生态修复治理项目，总投资

① 《林草产业逆势增长，四川是怎么做到的》，《中国绿色时报》2022年5月5日。

② 《四川林草十年实践丨保护草原生态，书写绿色答卷》，四川省林业和草原局网站，2022年10月20日。

4.6亿元，共建设27个监测站（点），完成草原改良226.2万亩、草原围栏建设80万亩、人工种草58.46万亩、黑土滩治理4.8万亩、毒害草治理13万亩、鼠虫害防治765万亩。其中，黄河流域5县共投入资金1.59亿元，新建2个监测站（点），完成草原改良72万亩、草原围栏建设19万亩、人工种草17.6万亩、黑土滩治理1.9万亩、毒害草治理2万亩、鼠虫害防治505万亩（见表2）。①

表2　四川省草原绿化情况

单位：万亩，个

类型	草原围栏建设	草原改良	人工种草	黑土滩治理	毒害草治理	鼠虫害防治	监测站（点）
全省	80	226.2	58.46	4.8	13	765	27
黄河流域	19	72	17.6	1.9	2	505	2

资料来源：四川省绿化委员会办公室：《2021年四川省国土绿化公报》，2022年3月12日。

5. 湿地

根据《中华人民共和国湿地保护法》，湿地是指“具有显著生态功能的自然或者人工的、常年或者季节性积水地带、水域，包括低潮时水深不超过六米的海域（水田以及用于养殖的人工的水域和滩涂除外）”。湿地面积仅占地球表面的6%，它却作为最重要的生命支持系统之一，为地球上20%的物种提供了湿地生态系统栖息和繁衍的环境。2023年2月2日是第27个世界湿地日，主题为“湿地修复”（Wetland Restoration），旨在提高公众对湿地为人类和地球所做贡献的认识，呼吁全社会共同参与湿地修复。

四川地处长江黄河上游生态屏障，湿地资源丰富。据第三次全国国土调查，四川省现有湿地123.08万公顷，居全国第6位，包括500公顷森林沼泽、91.28万公顷沼泽草地、8.79万公顷灌丛沼泽、16.75万公顷沼泽地、6.26万公顷内陆滩涂。其中全国面积最大、保存最完整的高寒泥炭沼泽位于四川省

① 《2022年四川省草原有害生物发生趋势分析报告》，四川省草原工作总站，2022年4月。

若尔盖湿地，其泥炭资源储量常年居全国之首，是国家重要的陆地生态系统碳库。目前，四川共建立各级湿地类型自然保护区32处，其中4处属于国家级湿地类型自然保护区；建立湿地公园55处，其中29处属于国家级湿地公园（含试点），26处属于省级湿地公园；有3处国际重要湿地（含新增色达泥拉坝湿地），7处省级重要湿地，湿地保护网络体系基本形成，湿地分级管理初步实现。2022年四川省继续加强湿地保护修复，完成甘孜藏族自治州理塘县海子山和石渠县长沙贡玛湿地修复面积10.84万亩，炉霍县鲜水河、白玉拉龙措通过国家湿地公园验收。2023年2月2日，在2023年世界湿地日宣传活动上，四川色达泥拉坝湿地被新认定为国际重要湿地并列入《国际重要湿地名录》，成为四川省继若尔盖、长沙贡玛之后，第三处国际重要湿地。

6. 生物资源与生物多样性

四川地处全球36个生物多样性热点地区之一的横断山区，物种多样性极为丰富，是具有全球保护价值的高原物种起源和进化中心，是全国特有物种最多的省份，是孑遗种和濒危物种最丰富的地区。①

动物资源方面，全省有1400余种野生脊椎动物，占全国野生脊椎动物总数的45%以上，居全国第二位。其中，兽类231种，鸟类759种，爬行类120种，两栖类110种，鱼类246种和亚种。列入全国重点保护的野生动物303种，其中63种国家一级重点保护野生动物，包括大熊猫、雪豹、川金丝猴等；240种国家二级重点保护野生动物，包括狼、猕猴等。四川拥有全球最大最完整的大熊猫栖息地，面积约202.7万公顷，野生大熊猫数量占全世界的30%以上。全国第四次大熊猫调查结果显示，四川省野生大熊猫数量达1387只，占全国野生大熊猫总数的74.4%，与全国第三次大熊猫调查结果相比，增加181只。四川省平武县、宝兴县和汶川县是全国野生大熊猫数量最多的三个地区。

植物资源方面，全省有14470种高等植物，占全国高等植物总数的1/3以上。其中，裸子植物种类数量居全国第一位，被子植物种类数量居全国第

① 《四川林草十年实践丨加强生物多样性保护，巴蜀大地万物竞荣》，四川省林业和草原局网站，2022年10月21日。

二位。有233种国家重点保护野生植物，其中，11种国家Ⅰ级重点保护野生植物，包括光叶蕨、峨眉拟单性木兰、攀枝花苏铁等；222种国家Ⅱ级重点保护野生植物，如西康玉兰等。四川还有许多特有植物，如白皮云杉、康定云杉、剑阁柏木、大叶柳、毛桤木和峨眉矮桦。四川的杜鹃种类繁多，目前我国杜鹃共有600余种，四川有180余种，占全国的30%以上，并且四川分布的杜鹃花种类多数是狭域和稀有的，90%以上的种类为我国特有种，省特有种占全部种类的40%以上。四川是全国重要的竹区之一，竹子在全省均有分布，有164种竹类，其中特有竹种73个。①

四川独特的自然生态之美，其本质就在于丰富的生物多样性。2022年四川省生态环境保护委员会办公室印发《贯彻落实〈关于进一步加强生物多样性保护的意见〉责任分工方案》，从完善政策法规、优化保护空间格局、构建监测体系、创新机制等9个方面作出具体规定，为四川生物多样性保护制定了路线图。现今的四川，95%的国家重点保护动植物、90%的自然生态系统得到保护，珍贵的原始森林和高寒泥炭沼泽地保存完好，珍稀动植物相继归来，生物多样性保护新篇章已经开启，美丽四川本底更加厚实。

（三）生态系统调节

生态系统调节是指当生态系统达到动态平衡的最稳定状态时，能产生自我调节和维护自身的功能，并能在很大程度上克服和消除外来干扰，保持自身的稳定性。但这种自我调节功能是有一定限度的，当外来干扰因素的影响超过一定限度时就会失衡，从而引起生态失调，甚至导致生态危机发生。②

1. 空气质量

（1）城市

2021年，四川省对6项城市环境空气指标监测结果显示，全省城市环

① 《四川：横跨五大地貌单元　生物多样性极为丰富》，https：//baijiahao. baidu. com/s? id = 1733814756712489734&wfr = spider&for = pc，2022年5月26日。

② 杨宇琪、李晟之：《2020~2021年四川生态建设基本态势》，载李晟之主编《四川生态建设报告（2022）》，社会科学文献出版社，2022。

境空气全部达到国家环境空气质量二级标准。21 个市（州）城市中，13 个市（州）城市全部达到国家环境空气质量二级标准，有 8 个市（州）城市未达标。空气污染天数较多的城市依次为自贡市、宜宾市、成都市。全省 21 个市（州）政府所在地城市空气质量按《环境空气质量标准》（GB 3095-2012）评价，总体优良天数率为 89.5%，其中 44.5%为优，45.0%为良；总体污染天数率为 10.5%，其中 8.9%为轻度污染，1.4%为中度污染，0.2%为重度污染。21 个市（州）城市优良天数率为 78.6%~100%。[①] 2021 年四川省城市环境空气质量级别状况如图 4 所示。

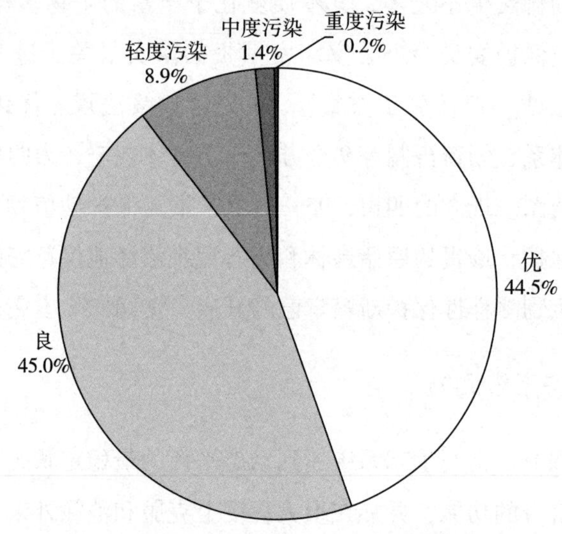

图 4　2021 年四川省城市环境空气质量级别分布

资料来源：四川省生态环境厅：《2021 年四川省生态环境状况公报》，2022 年 5 月 20 日。

（2）农村

为对全省农村地区的环境空气情况进行监测，四川共建立了 10 个农村区域空气自动站。这 10 个点位分布于成都平原和川东北地区，反映了成都、遂宁、绵阳、南充、德阳、广元、雅安等 7 个市的农村区域环境空气质量状

① 四川省生态环境厅：《2021 年四川省生态环境状况公报》，2022 年 5 月 20 日。

况。农村区域空气自动站监测项目共6项，分别为臭氧、二氧化硫、可吸入颗粒物、二氧化氮、一氧化碳、细颗粒物。

2021年，7个市的农村区域环境空气质量较好，全省总体优良天数占94.5%，其中优占61.7%，良占32.8%。总体污染天数率为5.51%，其中4.6%为轻度污染，0.8%为中度污染，0.1%为重度污染，0.01%为严重污染。优良天数比例达100%的村庄有75个，占所有村庄数量的75.8%。2021年四川省农村环境空气质量级别总体良好（见图5），二氧化硫年平均浓度为7微克/米^3、二氧化氮年平均浓度为16微克/米^3、可吸入颗粒物年平均浓度为40微克/米^3、细颗粒物年平均浓度为23微克/米^3、一氧化碳（第95百分位数）年平均浓度为0.8毫克/米^3、臭氧（第90百分位数）年平均浓度为109微克/米^3。与2020年相比，可吸入颗粒物、二氧化硫、细颗粒物年平均浓度无变化，一氧化碳年平均浓度降低了11.1%，臭氧年平均浓度降低了11.4%，二氧化氮年平均浓度升高14.3%。同城市比较，农村二氧化硫年平均浓度不变，可吸入颗粒物、二氧化氮、臭氧、细颗粒物、一氧化碳年平均浓度分别降低23.1%、38.5%、14.8%、30.3%、20.0%。①

2. 水土流失与水土保持

2021年四川省完成水土流失综合治理面积5273平方公里，超额完成国家下达任务的2.79%，水土流失面积较2020年减少1.25%，水土保持重点工程治理水土流失面积850平方公里。然而，全省仍然存在10.81万平方公里水土流失和3000万亩坡耕地需要治理。2021年四川省水利系统新增绿化面积6.6万亩，开展水土保持示范创建，成功创建3个国家水土保持示范工程、2个国家水土保持示范县、2个国家水土保持科技示范园。

水土保持方面，四川持续推进湿地生态保护，修复湿地周边退化植被10.5万亩，治理冲蚀沟22千米，建成小型、微型拦水坝106座。实施退耕还林还草，治理8.28万亩陡坡耕地。扎实开展沙化、干旱河谷土地和石漠化治理，完成10.03万亩沙化土地治理、1.2万亩干旱河谷土地治

① 四川省生态环境厅：《2021年四川省生态环境状况公报》，2022年5月20日。

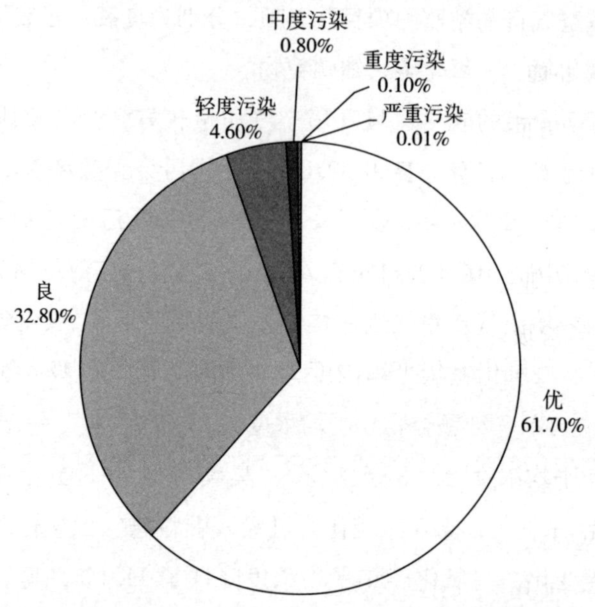

图5　2021年四川省农村环境空气质量级别分布

资料来源：四川省生态环境厅：《2021年四川省生态环境状况公报》，2022年5月20日。

理，下达岩溶地区11.33平方公里石漠化综合治理任务。积极筹措中央、省级专项资金1.46亿元，用于长江、黄河流域等重点区域矿山生态修复，2021年度实施3.37万亩矿区植被恢复与绿化，累计实施面积已达16.61万亩（见表3）。①

表3　四川省重点区域生态修复情况统计

单位：万亩

项目	湿地生态保护修复	沙化土地治理	干旱河谷土地治理	矿区植被恢复与绿化
2021年	10.5	10.03	1.2	3.37
累计	—	209.83	13.67	16.61

资料来源：四川省绿化委员会办公室：《2021年四川省国土绿化公报》，2022年3月12日。

① 四川省绿化委员会办公室：《2021年四川省国土绿化公报》，2022年3月12日。

3. 垃圾分解

（1）固废处理

在环境保护方面，固体废物污染防治工作既需要减少污染排放，又需要减少温室气体碳排放，是污染防治攻坚战的一项关键任务。全省每年产生约1.6亿吨一般工业固体废物、500万吨工业危险废物、1600万吨大中城市生活垃圾、2.4亿吨农业固体废物、6万吨医疗废物。“十三五”期间，全省产生约2.1亿吨建筑垃圾，全省固体废物产生量居全国前列。疫情期间，四川省编制《移动医疗废物处置车辆配置方案》《四川省方舱医院医疗废物处置工作指南》，完善医废协同处置设施清单，新增应急处置能力952吨/天。全省重点县（市、区）基本实现废铅蓄电池集中收集网络全覆盖，58个单位开展危废集中收集贮存试点，危废跨省转移“白名单”扩大到五大类16家单位。在工业固体废物综合利用率方面，目前全省冶炼废渣、粉煤灰、炉渣等大宗工业固体废物综合利用率达85%，攀枝花、德阳、凉山3地成功创建国家工业资源综合利用基地，13个产业园区、37家企业建成省级工业资源综合利用基地。[①] 截至2022年3月，全省现有危险废物利用处置能力389万吨/年，较第一轮中央生态环保督察反馈问题整改以来，增长316%；医疗废物处置能力13.17万吨/年，较第一轮中央生态环保督察反馈问题整改以来，增长162%。

（2）垃圾分类与处理

截至2021年底，四川省共建成150座城市生活垃圾无害化处理厂（其中43座焚烧发电厂），处理能力5.98万吨/日（其中焚烧发电处理能力4.48万吨/日）；城市生活垃圾无害化处理率达到100%，县城生活垃圾无害化处理率达到99.78%，焚烧处理能力占比达到58%；厨余垃圾处理能力5431吨/日。全省96%的行政村建成农村生活垃圾收运处置体系，全年整治1619处非正规垃圾堆放点。[②] 目前，基本实现原生生活垃圾“零填埋”的城市分别为成都市、自贡市、攀枝花市、泸州市、南充市。

---

① 《杜绝“二次污染”四川已累计处置医疗废物16.91万吨》，四川在线，2022年3月29日。

② 四川省生态环境厅：《2021年四川省生态环境状况公报》，2022年5月20日。

（3）污水处理

到2021年底，四川省累计建成274座城市（县城）生活污水处理厂，污水处理率达96.2%，处理能力1028万吨/日。建制镇建成1794个生活污水处理设施，污水集中处理率达52.7%，处理能力162万吨/日。全省35个设市城市累计新（改）建污水管网3529公里，排查污水管网2.64万公里，污水集中收集率达53.7%，基本完成“三个基本消除”目标。全省计划三年内建设污水垃圾处理设施项目共计2059个，计划总投资1061.62亿元。目前1317个项目已开工，开工率达63.96%；455个项目已完工，完工率达22.10%；累计完成投资464.74亿元，占总投资金额的43.78%。[①]

4.洪水调节

洪水调节主要包含自然调节和人为调节两个方面，自然调节即通过自然生态系统中森林植被、湿地、草原等元素的涵养水源、保持水土、调节气候等自然修复功能进行调节；人为调节即为了确保大坝的安全性和下游的防洪能力，利用水库来控制下泄流量，减少洪峰的影响。四川是水库大省，到2022年，共建成8190座水库，其中7757座属水利部门管理水库，居全国第四位。水库是江河水系的控制性枢纽工程，是防洪工程体系的重要屏障，担负着防洪保安全的基础功能、城乡供水的支撑功能、农业灌溉的保障功能和绿色发展的生态功能。

2021年全省洪涝灾害多发频发，涪江、嘉陵江出现有记录以来最强秋汛，灾害较重区域集中在川东北和川西北，全省范围内共造成963.6万人次受灾；24.4万公顷农作物受灾；0.9万间房屋倒塌，9.2万间房屋不同程度损坏；直接经济损失217.5亿元。[②] 从客观上讲，洪水频发有其不可抗拒的原因，但不可否认，洪水发生频率和影响程度也与人为因素相关。我们可以做的是减少人为因素对自然生态的破坏，做好预测监测以及灾害发生后的应急处理，努力将洪水带来的危害降至最低。[③]

---

① 四川省生态环境厅：《2021年四川省生态环境状况公报》，2022年5月20日。

② 四川省气候中心：《2021年四川省气候公报》，2022年1月14日。

③ 李晟之主编《四川蓝皮书：四川生态建设报告（2015）》，社会科学文献出版社，2015。

（四）文化服务供给/支持功能

1. 固碳

固碳，也称碳封存，是指增加除大气之外的碳库的碳含量的措施，包括物理固碳和生物固碳。森林作为陆地生态系统的主体，其强大的碳汇功能和作用，成为实现“双碳”目标的重要路径，也是目前最为经济、安全、有效的固碳增汇手段之一。四川省森林生态系统年固定碳量7000余万吨，目前累计碳储量已超29亿吨。据测算，全省可供开发造林碳汇、竹林碳汇、森林经营碳汇项目的土地资源全部实施碳汇项目，30年间可分别减排二氧化碳1.3亿吨、1.2亿吨、8.0亿吨。①

林草碳汇来自森林、草原、湿地和木质林产品四个方面，其中森林是最重要的吸碳器。据测算，森林每增加1立方米蓄积量，可吸收1.83吨二氧化碳，释放出1.62吨氧气；用1立方米木材替代等量的混凝土，可减少0.8吨二氧化碳排放。持续增加林草碳汇，已成为世界各国应对气候变化的重要行动，也是国家自主贡献目标的重要内容。② 2022年，四川省林业和草原局下发《关于启动全省林草碳汇项目开发试点的通知》，决定在全省4个市、11个县（市、区）和8个单位先行开展林草碳汇项目开发试点，目前试点区内已开发和正在开发的碳汇项目超过20个，开发规模超过800万亩。这些项目既有符合国际碳信用体系的清洁发展机制造林再造林项目（CDM-AR）和国际核证碳减排标准项目（VCS），又有满足国内碳信用体系的中国核证自愿减排量项目（CCER）和熊猫标准项目（PS），还有由基金会、个人、企业等资助的公益性碳汇项目。同时，四川省大力推动林草碳普惠机制建设，与中国绿色碳汇基金会达成合作意向，启动苹果公司和顺丰速运有限公司碳中和示范项目，引入企业资金2600万元。2022年，全省碳市场交易

① 《四川林地碳储量超过29亿吨，将开展碳汇计量方法等关键技术研究》，https://baijiahao.baidu.com/s?id=1703270465801887400&wfr=spider&for=pc，2021年6月21日。

② 《龙泉山城市森林公园管委会获批“碳汇+国家储备林”试点单位》，http://www.newslqy.com/Article/des?infoid=121954&modelid=2，2022年6月7日。

活跃，全省累计成交国家核证自愿减排量（CCER）突破 3600 万吨、成交额突破 11 亿元，其中四川竹林碳汇交易实现了“零突破”。“竹林碳汇”是指竹子通过光合作用吸收二氧化碳排出氧气，这个固碳量通过专业部门核验后就成为可交易的竹林碳汇。[①] 在 2022 年国际竹博会期间，共产生 99.53 吨二氧化碳当量温室气体，已通过新种植竹林，以及购买长宁县已经营竹林产生的碳汇减排量予以抵消，实现了碳中和。

2. 土壤质量

2021 年，四川在达州和南充开展了国家网基础点监测。南充所有基础点土壤环境质量综合评价结果均低于筛选值，达州低于筛选值的基础点占 92.2%，介于筛选值和管制值之间的基础点占 7.8%。两市总体土壤生态环境风险低，质量状况较好。在成都、泸州、内江等 13 个市（州）的 49 家企业周边布设 95 个重点风险点和 202 个一般风险点，开展土壤环境质量监测。综合评价结果显示，71.5%的点位超过风险筛选值，其中 5.8%的点位超过管制值。按项目进行评价，污染最严重的是重金属镉，62.8%的点位超过筛选值，其中 4.0%的点位超过管制值。在 21 个市（州）布设 181 个点位开展省网风险源周边土壤环境质量监测。综合评价结果显示，67.3%的点位超过风险筛选值，其中 15.8%的点位超过风险管制值。按项目进行评价，污染最严重的是镉，61.2%的点位超过风险筛选值，其中 15.8%的点位超过风险管制值。在农村土壤环境质量监测方面，四川省对 78 个村庄开展了土壤监测，共计 249 个监测点位。根据《土壤环境质量　农用地土壤污染风险管控标准（试行）》（GB 15618—2018）的要求，223 个点位的监测结果低于筛选值，土壤分级为Ⅰ级，即农用地土壤污染风险低；26 个点位监测结果高于筛选值，主要为镉、砷、铜、镍、铬超标，但低于管制值要求，土壤分级为Ⅱ级，即农用地可能存在污染风险。[②]

① 《四川竹林碳汇交易实现“零突破”》，https://baijiahao.baidu.com/s?id=1749708232331239392&wfr=spider&for=pc，2022 年 11 月 17 日。

② 四川省生态环境厅：《2021 年四川省生态环境状况公报》，2022 年 5 月 20 日。

3. 生物地化循环

生物地化循环即生态系统中的物质循环，是指生态系统之间各种物质或元素的输入和输出及其在大气圈、水圈、土壤圈、岩石圈之间的交换。生物地化循环还包括从一种生物体（初级生产者）到另一种生物体（消耗者）的转移或食物链的传递及其效益。① 生物地化循环是一个动态的过程，涉及自然界的方方面面，相关的研究大多基于生物学角度，目前四川省相关的资料数据不足，但生物地化循环的重要性不容忽视。

4. 生态文明功能

（1）生态旅游景观价值

2021 年，四川省全年旅游收入 7352. 76 亿元，同比增长 13%，全省各地接待国内游客人数达 48395. 58 万人次，其中，16037. 50 万人次为过夜游游客，占全省接待旅游人数的 33. 14%；32358. 08 万人次为一日游游客，占全省接待旅游人数的 66. 86%。一日游游客人数较 2020 年上升 14. 78%，可以看出受新冠疫情影响，游客多选择短途游和本地游。2021 年，四川省乡村旅游业发展迅速，总收入达 3637. 43 亿元，同比增长 15%；接待总人数达 4. 66 亿人次，同比增长 17%，乡村旅游经济发展迅猛，呈现出良好的发展态势。但四川省各市（州）间乡村旅游收入差距显著，其中成都市的乡村旅游收入达到 1459. 47 亿元，居全省首位，是排名第二的南充市的 4. 76 倍，是排名最低的攀枝花市的 223 倍，乡村旅游发展存在严重的不均衡问题。②

四川省正在大力发展生态旅游业，努力实现旅游业高质量发展。2022 年，四川省新增了 4 家省级生态旅游示范区，至此，省级生态旅游示范区达 74 家。在文旅产业发展方面，四川省政府在全国范围内首次采取财政支持措施，推动文旅融合示范项目建设。2019~2021 年，省财政投入超过 8. 1 亿元，支持了 91 个项目的建设，激发社会资金的投入达 1200 亿元。四川省于

① 杨宇琪、李晟之：《2020~2021 年四川生态建设基本态势》，载李晟之主编《四川生态建设报告（2022）》，社会科学文献出版社，2022。

② 四川省文化和旅游厅：《2021 年四川省乡村旅游年度报告》，2022 年 7 月。

2022 年实施文旅消费提振行动，大力发展数字文旅和音乐旅游等新型消费场景。目前，四川已经建立了 6 个国家文化和旅游消费示范城市和 6 个旅游消费集聚区。为促进文旅消费，四川省大力推广“乐动天府”“惠游天府”等八大主题下的 270 多项活动，并向全省发放 2. 27 亿元的文旅消费券，同时，与百余家金融机构合作，投入 2 亿元文旅消费权益资金，提出“十大消费权益”，以保障各地的景点、交通和购物体验。到 2022 年 9 月，全省范围内共举办 1299 场文化和旅游消费推广活动，吸引 3. 4 亿人次参与，带动了 1247. 19 亿元的经济增长。

（2）传统生态文化传承

四川拥有独特的自然资源，人与自然和谐共处，形成了一种具有四川特色的传统生态文化，这种文化深植于四川人民的心中。2021 年出台的《四川省公共文化服务保障条例》中明确提出，将传承弘扬红色文化、古蜀文明、巴蜀文化等纳入公共文化服务内容，在公共文化服务与文化传承保护、文旅产业发展之间探索出一条符合四川实际的融合发展路径。2022 年，四川省林业和草原局办公室发布《“十四五”全省林草工作总体思路》，将生态文化列为首要任务，强调了要积极推进生态文化传播，充分利用树木、竹子、花朵、草本植物以及野生动物的文化资源，打造一批具有代表性的生态文化品牌，建立一批自然教育基地，并组织各种形式的生态文化活动。

为了更好地传承巴蜀文化，四川携手重庆共建巴蜀文化旅游走廊，努力打造富有巴蜀特色的国际消费目的地和具有国际范、中国味、巴蜀韵的世界级休闲旅游胜地。截至 2021 年底，川渝两地共签订 63 份文旅战略合作协议，发布 70 余条精品旅游线路，完成 119. 3 亿元的重大文旅项目投资。自唐代起，自贡就有着新年燃灯的传统习俗，而自贡灯会更是享誉全国，深受欢迎，2022 年，由自贡彩灯公司精心策划的特内里费国际灯展，于西班牙加那利群岛隆重开幕，让来自世界各地的游客们沉浸在绚丽多彩的灯光世界之中，体验四川独有的传统文化。通过文化科技融合，实现创新发展，自贡彩灯占据了国外彩灯市场 92% 的份额。目前四川省国家级夜间文化和旅游消费集聚区数量居全国第一，581 个在建文化和旅游重点项目投资完成率达全年任务额的 76.9%，快于年度预期进度。以国家文化出口基地和四川自贸试验区建设为契机，国际文化旅游贸易不断发展。“川灯耀世界”四川海外灯会品牌是其中一张亮眼的传统文化产品名片，截至 2022 年，通过国家文化出口基地，省内彩灯企业已在世界五大洲 74 个国家和地区展出。持续实施的还有“熊猫走世界 · 美丽四川”“川菜走出去”“欢乐春节”等重大传统文化和旅游传播营销工程。[①]

三　四川生态建设面临的“压力”

生态系统的循环、经济社会的变化、人类利用自然资源的行为都会使生态环境发生不同程度的改变，这形成了生态建设过程中的“压力”。我们从自然压力和人为压力两方面进行区分，选取地震、气温、干旱、人口、经济增长等指标分析四川生态建设的“压力”系统。

（一）自然压力

1. 地震

四川处于我国南北地震带，是我国地震多发区之一。四川省地震历史记录显示，四川省从公元前 26 年至 2021 年底共发生 309 次 5 级以上地震（含汶川地震的余震），其中 60 次 6.0~6.9 级，21 次 7.0~7.9 级，1 次 8.0~8.9 级。四川的地震活动明显呈现出西部强于东部的趋势，这与四川的地形特征大致相符。2021 年，全省发生破坏性较大地震 1 次，是位于泸州市泸县的 6.0 级地震。9 月 16 日泸县发生的 6.0 级地震最高烈度为Ⅷ度（8 度），震源深度 10 千米，等震线长轴呈北西西走向，长轴 62 千米，短轴 54 千米，

① 《非凡十年，四川文旅跨越式发展》，https://www.sc.gov.cn/10462/10464/10797/2022/10/16/19f0533a3ca4434f972f4e4d42d0ac63.shtml，2022 年 10 月 16 日。

此次地震共造成 3 人死亡、159 人受伤。[①]

2. 气温与森林火灾

2021 年四川省年平均气温与 1998 年、2007 年、2009 年和 2017 年并列历史第 3 高位，达到了 15.6℃，较常年偏高 0.7℃（见图 6）。各地年平均气温分布东西差异较大，盆地和攀西大部 15℃～20℃，攀枝花 21.7℃，全省最高。川西高原北部和甘孜州理塘附近低于 10℃，石渠 0.6℃，全省最低。在阿坝、甘孜和凉山 3 州中，共有 16 个站年平均气温达到本站历史同期的最高值。2021 年全省各月平均气温除 4 月和 11 月低于常年、1 月与常年持平外，其余 9 个月平均气温均高于常年。全省共有 123 个站出现高温天气（日最高气温大于等于 35℃）。其中 80 个站日最高气温大于等于 38℃，分布于盆地除西部沿山一带的大部和攀西地区局地，日最高气温在 40℃及以上的有 23 个站，全省日最高气温出现在兴文，为 42.4℃。2021 年全省的平均高温天数达到了 10.4 天，比往年多 4.1 天，列历史第 12 位（2006 年 23.8 天，历史最多）。[②] 2021 年四川省高温天气总体偏强。

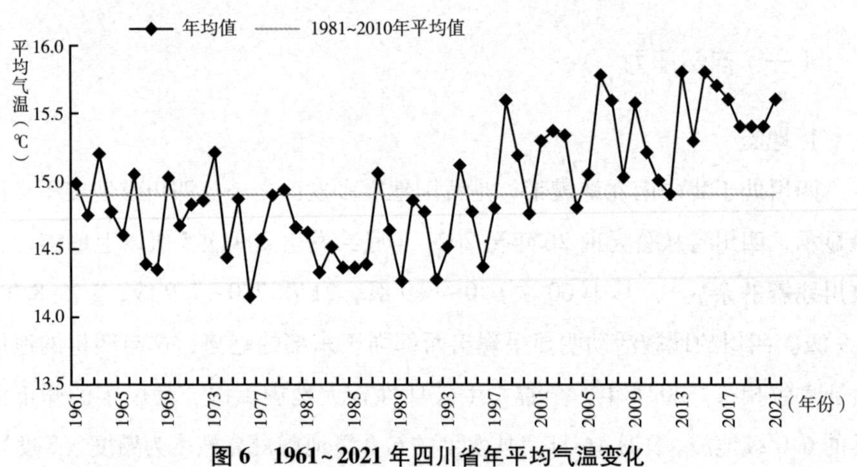

图 6　1961～2021 年四川省年平均气温变化

资料来源：四川省气候中心：《2021 年四川省气候公报》，2022 年 1 月 14 日。

① 《四川的强震及其分布》，https：//www.scdzj.gov.cn/dzpd/dzkp/202201/t20220125_51277.html，2022 年 1 月 25 日。

② 四川省气候中心：《2021 年四川省气候公报》，2022 年 1 月 14 日。

2021 年，全省共发生 23 起森林火灾，其中 10 起属于较大火灾、13 起属于一般火灾，无重大火灾，火场过火面积 1736 公顷。火灾发生的起数同比下降 79.6%，人为火灾起数同比下降 85.1%，过火面积下降 89.7%，未发生重大人为火灾和人员伤亡。

3. 强降雨与地质灾害

2021 年四川省的年降雨量为 1070.5 毫米，同比增加了 12%，居历史同期第六位。四川省的年降雨量在不同地区之间存在显著差异。其中，川西高原大部、凉山州西部和东北部局地降雨量不到 800 毫米，得荣降雨量 307.8 毫米，为全省最少。盆东北、盆西北、盆中和盆西南局部降雨量超过 1200 毫米，其中有 7 个市（州）部分地方降雨超过 1500 毫米，全省最高降雨量出现在大竹，为 2361.8 毫米。省内其余地区为 800~1200 毫米。2021 年四川省暴雨天气频发，涉及范围较广，总体上属暴雨偏多的年份。据全省 156 个站雨量统计，有 140 个站次出现了暴雨天气，523 个站次发生暴雨，居历史第 2 位，其中 79 个站次发生大暴雨，1 个站次发生特大暴雨。2021 年全省区域性暴雨天气过程共出现 5 次，7 月和 9 月各有 2 次，8 月 1 次；区域性暴雨次数接近常年，首场区域性暴雨出现时间偏晚。①

2021 年，全省共发生 2166 起地质灾害，较 2020 年下降 49.7%，较近 5 年均值下降 39.8%。其中发生 1657 起滑坡、149 起泥石流、9 起地面塌陷、349 起崩塌、2 起地裂缝。

4. 干旱

2021 年四川省发生春旱有 84 站（盆地 48 站），其中 30 站（盆地 25 站）属轻旱，25 站（盆地 20 站）属中旱，10 站（盆地 3 站）属重旱，19 站（盆地 0 站）属特旱。四川盆地中部、甘孜州和攀西地区大部均存在中度以上干旱的情况。2021 年春旱发生范围广，甘孜州南部和攀西地区的旱情严重，超过一半的县站都受到了影响，局部地区更是极度干旱，综合评价为中旱年份。

---

① 四川省气候中心：《2021 年四川省气候公报》，2022 年 1 月 14 日。

2021 年全省共有 128 站（盆地 95 站）发生了夏旱，其中 49 站（盆地 38 站）属轻旱，33 站（盆地 27 站）属中旱，32 站（盆地 19 站）属重旱，14 站（盆地 11 站）属特旱。盆西北、盆西南、盆南及攀西地区均存在中度以上干旱的情况。2021 年夏旱发生范围广，重旱以上县站数较多，综合评价为偏重旱年份。

2021 年全省共有 54 站（盆地 34 站）发生了伏旱，其中轻旱 50 站（盆地 39 站），中旱 4 站（盆地 3 站），无重特站。2021 年伏旱发生范围小，持续时间短，旱情偏轻，综合评价为轻旱年份。

5. 大风冰雹

2021 年四川省遭受了大风和冰雹灾害的严重影响，据四川省减灾中心的统计，大风冰雹灾害共造成 28.2 万人受灾，其中 4 人失踪死亡，农作物受灾面积 2.1 万公顷，绝收面积 3000 公顷，直接经济损失高达 5.7 亿元，这是近年来四川省灾害发生频率最高的一年，属大风冰雹灾害偏重年份。

2021 年 5 月，梓潼县出现雷电、短时强降水、冰雹等灾害性天气，初步统计，梓潼县共有 6821 人受此次大风冰雹灾害影响，1112 公顷农作物受灾，直接经济损失 2838.5 万元。同年 5 月，岳池、广安区、华蓥及邻水等地出现强对流天气，伴有 7~8 级阵性大风，个别地区出现冰雹，共有 51568 人受到此次风雹灾害影响，3228.2 公顷农作物受灾，24 间房屋倒塌，1185 间房屋严重损坏，直接经济损失 4749.7 万元。2021 年 11 月，四川盆地因受北方冷空气影响，出现了 6~8 级的强劲北风，局部地区有 9 级狂风，广元市受大风影响，共有 1230 间房屋受损，326.89 公顷农作物受灾，直接经济损失 4413.53 万元。①

6. 雾和霾

2021 年四川省平均雾日数为 41.0 天，较常年偏多 10.8 天。其中 1 月雾日数较常年偏少 0.4 天，12 月雾日数较常年偏少 0.8 天，其余各月雾日数均多于常年，全省平均雾日数最多的月份是 11 月，较常年同期偏多 2.2 天。

① 四川省气候中心：《2021 年四川省气候公报》，2022 年 1 月 14 日。

川西高原和攀西地区全年雾日数大部在0~20天，局部在30~60天；盆西北、盆中大部地区全年雾日数在11~30天；盆东北、盆西南和盆南大部地区全年雾日数在30~70天。全省最多的雾日数出现在峨眉山站，达到306天。2021年盆地区域性雾或霾天气过程共出现16次，其中5月和8月无区域性雾或霾天气过程，其余月份均有区域性雾或霾天气过程。

7. 草原有害生物

2021年，四川省草原有害生物危害面积共5159.8万亩，其中1476.1万亩为严重危害。草原虫害面积927.3万亩，其中严重危害面积193.8万亩；草原鼠害面积2672.2万亩，其中严重危害面积1214.2万亩；牧草病害面积101.9万亩；草原毒害草危害面积1458.4万亩，其中严重危害面积68.1万亩。2021年，全省草原有害生物成灾面积（成灾面积即严重危害面积，指草原有害生物危害达到国家防治指标2倍以上的面积）1476.08万亩，占草原有害生物危害面积的28.26%。成灾率（按各地2021年最新公布的草原面积为基准数据进行测算）为10.16%。从整体上看，2021年11月至2022年1月，川西北草原冬季平均气温较常年偏高0.5℃~1.5℃，其中12月甘孜州、凉山州及若尔盖县气温较常年偏高1℃以上，甘孜、色达、理塘等县较常年偏高2℃以上；川西北大部分地区降水与常年持平，石渠县及阿坝州北部较常年偏多，川西南持续干旱。川西北气温多年持续偏高，有利于草原鼠虫越冬，甘孜县、理塘县草原蝗虫发生区暖冬现象明显，为虫卵越冬创造了有利条件。①

（二）人为压力

1. 经济增长

2021年四川省地区生产总值（GDP）达到53850.8亿元，同比增长8.2%。其中，第一产业增加值5661.9亿元，同比增长7.0%；第二产业增加值19901.4亿元，同比增长7.4%；第三产业增加值28287.5亿元，同比增长

① 《2022年四川省草原有害生物发生趋势分析报告》，四川省草原工作总站，2022年4月。

8.9%。三次产业对经济增长的贡献率分别为9.8%、33.0%和57.2%。2021年全年居民消费价格（CPI）同比上涨0.3%，工业生产者出厂价格（PPI）同比上涨5.9%，工业生产者购进价格（IPI）同比上涨7.5%。2021年全年民营经济增加值29375.1亿元，同比增长8.0%，占GDP的比重为54.5%。年末全省民营经济主体达到751.6万户，同比增长11.0%，占市场主体总量的97.4%，其中私营企业实有数量达到192.0万户，同比增长18.9%。2021年全年社会消费品零售总额24133.2亿元，同比增长15.9%。2021年全年地方一般公共预算收入4773.3亿元，同比增长12.0%，其中税收收入3334.8亿元，同比增长12.4%。2021年一般公共预算支出11215.6亿元，同比增长9.0%。2021年全年全体居民人均可支配收入29080元，同比增长10.3%①。

2. 人口与城镇化

到2021年底，四川省常住人口达到8372万人，较2020年末增长了1万人，其中城镇人口4840.7万人，乡村人口3531.3万人。此外，四川省的常住人口城镇化率有所提升，达到57.8%，比2020年末提升1.1个百分点。2021年全省户籍人口达到9094.5万，同比增加了12.9万人。四川的常住人口城镇化已由过去的高速增长阶段"换挡"至中高速阶段。②

3. 农林牧渔生产

据统计局信息，2021年，全省农林牧渔业总产值9383.3亿元，同比增加166.9亿元。农业总产值达5089.5亿元，同比增加了387.62亿元；林业总产值达408.4亿元，同比增加了28.58亿元；畜牧业总产值为3305.3亿元，同比减少308.51亿元；渔业经济总产值达655.27亿元，同比增加了118.99亿元。农业经济总量从2016年的全国第四位跃升到2021年的第二位，取得了显著的发展成果。

农业方面，2021年，全年粮食作物播种面积635.8万公顷，同比增长

① 《2021年四川省国民经济和社会发展统计公报》，https：//www.sc.gov.cn/10462/c108715/2022/3/14/099b4e5265174012853dea414ac9fdf5.shtml，2022年3月14日。

② 《2021年四川省国民经济和社会发展统计公报》，https：//www.sc.gov.cn/10462/c108715/2022/3/14/099b4e5265174012853dea414ac9fdf5.shtml，2022年3月14日。

0.7%；中草药材播种面积15.0万公顷，同比增长4.0%；蔬菜及食用菌播种面积148.1万公顷，同比增长2.5%；油料作物播种面积165.2万公顷，同比增长4.3%。全年粮食产量3582.1万吨，同比增长1.6%。从细分肉类产品产量来看，猪肉产量同比增长16.6%，禽蛋产量同比增长0.8%，而牛肉产量和羊肉产量分别同比减少了0.5%和0.8%。渔业方面，渔业工业和建筑业产值31.60亿元，同比下降0.40%；渔业流通和服务业产值263.69亿元，同比增长41.14%。①

4. 工业发展

四川省统计局发布的数据显示，2021年四川全口径工业增加值达15428.2亿元，是2016年的1.4倍，占GDP的比重为28.6%，占全国工业增加值的4.1%，列全国第8位。2021年规模以上工业增加值同比增长9.8%，增速比2020年加快5.3个百分点，比全国高0.2个百分点，列全国第13位、十个经济大省的第6位。四川省2021年工业和技术改造投资保持稳定增长，同比分别增长9.7%和17.5%，助推全省工业加速向“量质齐升”的高质量发展转变。②

截至2021年末，规模以上工业企业数量达15611户。其中，有4户属营业收入千亿级；有33户属营业收入百亿级，企业在数量和体量方面均实现有效增长。前50强企业占全省工业总产值的比重为25.3%，合计贡献率达到36.8%，有47户产值实现增长，比2020年增加11户。其中代表性行业企业包括：计算机类的仁宝电脑，电子信息类的绵阳惠科、绵阳京东方、中电熊猫，光伏类的眉山通威、晶科能源，农药类的乐山福华等。③

5. 能源建设

四川省2021年能源保供成效突出。2021年，全省单位GDP能耗在“十三五”时期累计下降17.44%的基础上继续下降1.6%，单位GDP二氧

① 《2021年四川省国民经济和社会发展统计公报》，https：//www.sc.gov.cn/10462/c108715/2022/3/14/099b4e5265174012853dea414ac9fdf5.shtml，2022年3月14日。

② 《2021年四川省国民经济和社会发展统计公报》，https：//www.sc.gov.cn/10462/c108715/2022/3/14/099b4e5265174012853dea414ac9fdf5.shtml，2022年3月14日。

③ 《四川工业经济平稳恢复向好——2021年四川工业经济运行情况解读》，http：//tjj.sc.gov.cn/scstjj/c105849/2022/1/20/c7a42adc6a9847ca9aee249e2dd0505b.shtml，2022年1月20日。

化碳排放持续下降。[①] 为了更好地保障能源供应，四川在全国率先建立了省级协调机制。省内煤矿加速复产，产能增长42%，每月供应电煤的数量增长1.6倍。同时加大省外购煤的力度，使得电煤库存从最低点的59万吨提高到了523万吨，超额完成了国家下达的存煤任务。为了应对汛期末的干旱，全省在汛末前组织开展蓄水工作，蓄水量可多发电14.2亿千瓦时。

2021年，全省钢铁行业超低排放改造项目中有6个在陆续实施中，19家水泥企业的22条水泥生产线得到了有效指导，14家砖瓦企业完成超低排放改造。累计淘汰县级城市燃煤小锅炉700余台，动态清理整治"散乱污"企业1200余家。全省实施大气重点减排项目286个，新增燃煤机组超低排放改造210万千瓦，累计完成水泥行业深度治理56家。实施1000个农村生活污水治理"千村示范工程"，完成1040个行政村农村环境整治。实施四川省全域地下水环境调查评估与能力建设项目，建立地下水"双源"清单16701个，建成地下水环境监测井2864口。纳入全省强制性清洁生产企业366家，对19条重点小流域实施挂牌整治，完成14座磷石膏库整治。[②]

6. 交通网络建设

2021年全省新能源汽车保有量30.55万辆。全省在营公交车33468辆，其中新能源公交车16493辆，占比49.3%；在营出租车45976辆，其中新能源出租车10311辆，占比22.4%。全省港口码头具备岸电供电能力泊位98个，具备岸电受电设施船舶189艘。全省高速公路服务区309个，其中155个建有电动汽车充电配套设施，占比50.1%。

2021年通过公路、铁路、民航和水路等运输方式完成货物周转量2940.8亿吨公里，同比增长7.5%；完成旅客周转量1303.3亿人公里，同比增长8.3%。2021年末高速公路建成里程8608公里；内河港口年集装箱吞吐能力250万标箱。2021年邮政业务总量374.2亿元，同比增长19.2%；电信业务总量936.8亿元，同比增长30.1%。2021年末固定电话用户

---

① 《关于四川省2021年节能减排工作情况的报告》，四川省第十三届人大常委会第三十五次会议，2022年6月7日。

② 《稳经济大盘背景下四川新能源产业发展现状及建议》，中国智库，2022年9月3日。

1918.6万户，移动电话用户9338.9万户。2021年固定互联网用户3220.9万户，移动互联网用户7990.8万户，长途光缆线路长度12.6万公里，本地网中继光缆线路长度151.3万公里。[①]

四　四川生态建设“响应”

（一）政策、制度与监督

2021年，在四川省委、省政府的领导下，为了落实习近平总书记关于生态文明建设的重要指示，全省各地各部门积极投身于推动社会经济高质量发展和生态环境高水平保护的行动中，全力做好污染防治工作，解决生态环境突出问题，生态环境质量持续提升，生态文明建设取得新的成就。

生态环境建设离不开政策制度的有力保障。2021年，省人大常委会两次专题研讨四川省推进长江流域生态环境保护和修复情况，开展长江生态环境保护有关地方性法规制定和修改工作。针对当前生态环境管理的新形势，四川省政府出台了《四川省固体废物污染环境防治条例》，并印发了《四川省城镇生活污水和城乡生活垃圾处理设施建设三年推进总体方案（2021—2023年）》《四川省秸秆综合利用实施方案（2021—2025年）》《四川省进一步加强塑料污染治理实施办法》等，对工业固体废物、生活垃圾、建筑垃圾、农业固体废物、危险废物等重点领域的污染防治提出了明确的要求，努力实现绿色发展，改善生态环境，促进社会可持续发展。省林草局积极贯彻习近平总书记关于科学绿化的重要指示批示精神，认真贯彻落实《国务院办公厅关于科学绿化的指导意见》，印发《关于切实抓好2021年春季造林绿化工作的通知》等一系列文件，安排部署全省绿化工作，积极开展造林绿化落地上图工作。随着国家公园工作的推进，四川省相继出台了

① 《2021年四川省国民经济和社会发展统计公报》，https：//www.sc.gov.cn/10462/c108715/2022/3/14/099b4e5265174012853dea414ac9fdf5.shtml，2022年3月14日。

《四川省大熊猫国家公园管理办法》《四川省人民政府办公厅关于进一步加强自然保护区管理的通知》《四川省建立以国家公园为主体的自然保护地体系实施方案》等，以大熊猫国家公园为主体的自然保护地建设管理力度得到增强。

2021 年全省生态环境监督持续发力，生态环境保护责任不断落实，生态环境问题得到整改。省政协紧扣建设美丽四川，加强跨流域跨区域生态环境保护等调研视察，积极支持配合各界人士对长江生态环境保护实施全面民主监督工作。全省范围内组织开展生态保护红线监管试点，完成 1208 个生态破坏问题核查整改任务。开展“绿盾”自然保护地强化监督，209 个“绿盾”问题完成整改 197 个。首次联合滇渝举行长江流域突发生态环境事件应急综合演练，与周边 7 省份建立重点河流信息互通机制，共处置一般突发环境事件 5 起，一般突发环境事件数同比下降 44%。2021 年，全省共办理环境违法案件 4644 件，处罚金额 36945. 05 万元，适用《环境保护法》四个配套办法及涉嫌环境污染犯罪移送司法机关五类案件总数为 250 件，其中，按日计罚案件数 2 件，查封、扣押案件 109 件，限产、停产案件 23 件，移送行政拘留案件 97 件，涉嫌环境犯罪案件 19 件。截至 2022 年底，155 项第一轮中央环境督察整改任务已完成 152 项，69 项第二轮中央环境督察整改任务已完成 43 项，国家移交的 72 个长江黄河生态问题已完成 64 个。成都、自贡、德阳、宜宾和蜀道集团正在开展第三轮省级督察，首次将省属国有企业纳入督察范围。

（二）生态产品价值实现

当前对生态产品价值实现机制的探索已然成为践行“两山”理念的重要举措，通过建立符合各地区经济发展趋势的生态产品价值实现机制对推进生态文明建设具有举足轻重的意义。作为长江和黄河的重要生态屏障和水源涵养地，四川省秉承“绿水青山就是金山银山”的核心理念，积极搭建社会共同参与的平台，探索发展自然教育、生态体验、森林康养、生态文创、熊猫科普等自然资源的生态价值转化机制和路径，开发多样化的生态产品，以满足人民群众对生态福祉的不断增长的需求。

为了响应“两山”理论的号召，四川大力推进生态文明示范创建，印发《四川省省级生态县管理规程》《四川省省级生态县建设指标》，8 个县（市、区）被评定为第五批国家生态文明建设示范县，14 个县（市、区）被评定为省级生态县（市、区），其中荥经县、泸定县获批建立第五批“绿水青山就是金山银山”实践创新基地。截至 2021 年底，全省已累计建成 22 个国家生态文明建设示范县、6 个“绿水青山就是金山银山”实践创新基地，建设数量位居全国前列、西部领先。

2021 年，四川在探索生态产品价值实现机制方面，重点关注林草生态产品价值实现，切实将生态优势转变为发展优势。大力发展竹、木、花卉苗木、木本油料、林草中药材、生态旅游、林下经济等多种产业，新认定一批省级现代林业园区和培育园区，新增 80 万亩现代林业产业基地，对 50 万亩木本油料产业基地进行提质改造。大力发展现代饲草产业，培育特色草产业，支持川林集团等企业投资发展林草产业。围绕国家“双碳”战略，四川健全林草碳汇方法学体系，推动省级林草碳汇试点开展，探索建立区域林草碳普惠机制，开发了一批林草碳汇项目。以“双碳”战略为指导思想，四川积极构建完善的森林和草原碳汇管理体系，推进省级林草碳汇试点，健全覆盖全省的区域林草碳普惠机制，开发出一批林草碳汇项目。

（三）生态建设与保护

2021 年，四川组织实施了大规模国土绿化、天然林资源保护、退耕还林等多项工程。在湿地保护与恢复工程方面，共开展 100 余个项目，湿地公园增至 55 处，湿地保护率提升至 57%。对于生态修复，第一，四川在全国范围内率先建立省、市、县三级国土空间生态修复规划体系，出台全国首个市级国土空间生态修复规划编制指南，完成省级生态修复规划编制，21 个市（州）生态修复成果初现；第二，联合重庆市编制完成长江、嘉陵江等“六江”生态廊道建设规划；第三，启动《四川省历史遗留矿山生态修复三年行动计划（2021—2023 年）》，推进长江干支流沿岸 10~50 公里、黄河流域、青藏高原

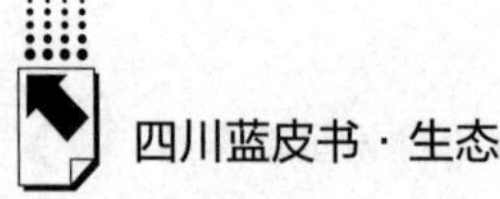

等重点区域历史遗留矿山生态修复项目；第四，积极策划若尔盖草原湿地山水林田湖草沙一体化保护和修复工程，完成广安华蓥山区山水林田湖草生态保护修复国家工程试点，在成都市环城生态区、成德眉资交界地带、“9·16”泸县地震灾区探索实行“土地综合整治+生态修复”新模式。

在生物多样性保护方面，四川出台了《四川省生物多样性保护战略与行动计划（2021—2035年）》《四川省生物多样性保护重大工程十年规划（2021—2030年）》，组织开展“五县两山两湖一线”等重点区域的生物多样性调查行动。与此同时，四川在野生动植物整体保护方面持续发力：濒危物种四川山鹧鸪种群数量和栖息地面积实现“双增长”；雪豹、金钱豹等食物链顶端物种频频现身；实现了极小种群植物峨眉拟单性木兰和距瓣尾囊草野外回归，并建立起新的野外种群；新种和物种的新分布记录不断出现，如中华珊瑚兰、翅茎黄精、尖齿卫矛等。总的来说，现存于四川的珍贵野生动植物得到了全面有效的保护。

（四）环保基础设施建设

建设环保基础设施不仅能满足生产生活需求，提供基础服务，而且能促进生态环境可持续发展。2021年，首届节能环保产业暨环保基础设施招商会在四川成功举办，会议共推动126个项目落地，总金额达到1494亿元。四川继续优化环评审批服务，全省投资约1.16万亿元的3900个项目环评获批，333个政策性金融工具项目获批。在招商引资的同时强化生态金融保障，推动新增8亿元一般政府债券，发行90亿元绿色金融债券、新增绿色贷款637亿元。出台生态环境领域服务保障稳增长八项措施，针对环保基础设施建设市场主体，实施“千名专家进万企”帮服，提升企业环保绩效水平。大力加强非现场执法，对企业首次轻微违法免予处罚，对正面清单企业实施“无事不扰”的政策，保障环保基础设施建设中建设主体的合法权益。

（五）环境教育

自然教育既是国民素质教育的重要内容，也是培育生态文化、提升社会生态文明意识的重要途径和抓手。四川拥有丰富的自然资源和优越的环境条件，是大熊猫的家乡，也是全球36个生物多样性热点地区之一，具有发展自然教育的优势与条件。

2022年四川省生态文明促进会批准发布《自然教育导师专业标准》《自然教育体验师专业标准》《自然解说员专业标准》三项团体标准。三项团体标准是社团组织依据相关政策积极响应落实四川省林草局等八部门印发的《关于推进全民自然教育发展的指导意见》中关于“持续推进自然教育标准体系、示范体系建设，制定发布一批自然教育标准”等精神形成的物化成果。团体标准对自然教育导师、自然教育体验师、自然解说员等相关术语和定义、专业准则、专业知识和专业能力等进行了规定，是对四川省现行《自然教育基地建设》地方标准的完善和补充。三项团体标准的发布将为四川开展自然教育的机构和相关工作人员进一步提供专业参照，对于提高四川全民自然教育专业水平、规范自然教育发展具有积极的现实意义。[①] 深入开展青少年进森林自然教育活动，同年12月，发布《四川省关注森林活动组委会关于同意四川卧龙国家级自然保护区等10个单位开展“国家青少年自然教育绿色营地”试点建设的通知》，新增10个单位为第二批国家青少年自然教育绿色营地试点，旨在让尊重自然、顺应自然、保护自然成为青少年一代的自觉。

五 四川生态建设“压力—状态—响应”系统分析及未来趋势展望

（一）“压力—状态—响应”系统分析

1. 自然灾害频发，生态环境“压力”较大

2021年，四川全年自然灾害发生次数较多，受极端自然事件影响，全

① 《四川发布三项自然教育团体标准》，http：//www. forestry. gov. cn/main/102/20220624/094103176244692. html，2022年6月26日。

省受灾程度比往年严重，生态环境承受“压力”较大。四川处于三大地震带上，地震活动频繁，2021 年四川泸县发生 6.0 级地震，此次地震共造成泸州多地 12.1 万人受灾，房屋倒塌 1400 余间，严重损坏 6400 余间，受地震灾害的波及，震中附近生态环境破坏巨大。2021 年四川总体高温天气偏多，受气温影响，四川盆地除西部沿山一带的大部和攀西地区气候干燥、森林火灾风险等级较高外，全省范围内共发生 10 起较大森林火灾，森林防火工作刻不容缓。2021 年是近年四川受大风冰雹灾害影响最为严重的一年，也是大风冰雹灾害发生频率最高的一年，全省多个市（州）受到不同程度的灾害性天气影响，农作物受灾面积广，全省直接经济损失高达 5.7 亿元。四川草原资源丰富，但同时也极易受到虫害、鼠害、牧草害等的威胁，尤其川西北地区偏高的气温更是为草原鼠虫越冬创造了有利条件，2021 年全省草原有害生物危害面积达到了 5159.8 万亩，对草原生态系统形成了较大的威胁。自然灾害无法阻止，但如何在最大限度内减轻自然灾害带给人民、生态环境的威胁和伤害是今后生态建设中需要考虑的问题。

2. 生态治理效果显著，生态环境“状态”向好

四川长期以来致力于生态环境治理工作，先后投入了大量的人力、物力和财力，从四川生态环境建设“状态”的相关数据可以看出，生态环境治理效果显著，生态环境总体状况类型为“良”，生态环境“状态”向好。通过加强对四川水质的监测，2021 年全省市、县级层面集中式饮用水水源地水质全部达标，但乡镇层面的水源地水质超标问题需要警惕。在草原生态修复治理方面，四川 2021 年继续实施退牧还草工程，加强对毒害草和鼠虫害的防治工作，草原生态环境较 2020 年有明显改善。四川为了完善湿地网络保护体系，2022 年在甘孜藏族自治州理塘县海子山和石渠县长沙贡玛湿地完成修复面积 10.84 万亩。针对重点区域的生态修复情况，四川在全省范围内持续推进绿化工程，修复湿地周边的退化植被，开展沙化、石漠化治理，对重点区域矿山进行修复。2021 年湿地生态保护修复 10.5 万亩，沙化土地治理 10.03 万亩，干旱河谷土地治理 1.2 万亩，矿区植被恢复与绿化 3.37 万亩，生态治理效果较好。生活污水治理是优化人居环境的关键，2021 年

全省污水处理率达到96%，随着污水处理相关设施的完善，四川污水处理能力逐步提升，生态环境得以优化。四川在做好生态治理的同时，还应关注各类开发活动对生态空间的挤占，保护动植物栖息地不被破坏和侵扰，合理规划布局，助力四川生态环境“状态”持续向好。

3. 生态保护多措并举，生态环境“响应”及时

四川省在生态保护方面，坚持以问题为导向，多措并举，及时“响应”生态环境突出问题。2021年，从四川省的生态保护措施来看，首先政策、规章制度出台为生态环境建设保驾护航。省政府针对生态环境管理、污染防治问题、大熊猫国家公园管理、绿化工作、生物多样性保护、环保基础设施建设、生态保护工程等分别制定了不同的规划和条例，全省范围内生态建设的监督核查工作也在陆续开展中。但值得关注的是，2021年四川在生态环境建设方面制定的政策条例依然有局限性，对重点区域的突出问题，如脆弱生态和贫困重叠、草畜平衡以及受损自然系统修复等还需强化政策制度的规范和保障。在全省各地进行的生态产品价值实现的实践中，尽管四川在2021年已经开始关注林草的生态产品价值转换，但总体上全省范围内的生态产品价值实现率不高，需要创新生态产品价值转换机制，寻求多元化的实现路径，不断深化“绿水青山就是金山银山”的生态理念。总体来看，2021年四川省生态保护多措并举，生态环境问题得到及时响应，生态建设稳步前进。

（二）未来趋势展望

1. 持续推进生态环保工作，深入打好污染防治攻坚战

全省应持续推进生态环保工作，各市（州）要持续加大对水质、土壤和空气环境的监控力度，严格落实相关法律法规，深入打好污染防治攻坚战。第一，继续实施岷江、沱江、渠江和涪江流域的污染防治工作，加强对小流域的污染排查和整治，制定针对性的生态补水方案，确保小流域的生态流量。第二，持续开展城镇、农村污水处理厂建设，提高污水收集率和处理能力，完成入河排污口规范化整治工作，保证污水处理厂设施的正常运行。

第三，落实专项督查工作，解决河道两岸垃圾堆放、农业过度开垦造成的面源污染问题。对高挥发性有机物排放企业引导其改进原辅材料，使用水性油漆，从源头降低挥发性有机物排放量。第四，对水源地进行撤小并大，开展跨村、跨乡镇联片集中供水，结合饮用水源水质状况，科学合理确定后续处理工艺，确保居民用水安全。第五，加强不同市（州）生态环保工作的交流与合作，各市（州）依托当地的发展条件和比较优势，实现合理分工，缩小空间差异，促进生态环境治理的区域协同发展，形成有效的联动机制，提高环境治理的效率。第六，明确划分企业、政府和个人的责权界限，落实环保主体责任制，将环境保护绩效纳入地方政府工作人员的考核中。

2. 创新探索生态产品价值实现机制

“绿水青山”不会自动转化为“金山银山”，四川省必须积极探索生态产品价值的实现路径，创新生态产品价值实现机制，完善生态产品价值实现制度，在更多方面先试先行，才能推动全省经济、社会、文化与生态效益协调发展。一要丰富生态产品价值实现方式，四川省东部和西部地区地貌差异大，自然、地形条件也各不相同。各区域可因地制宜，充分利用自身丰富的生态环境资源，对本地特色农产品如药材、菌类、水果和畜牧产品等进行科学培育、规模化种养，政府可引导企业创新生产技术，运用现代化机械设备对产品进行加工，打通产销一体的全产业链条。二要科学量化生态补偿标准，提高生态补偿科学性，坚持“谁受益，谁补偿”的原则，组织利益相关方和相关领域专家对生态环境开展损害评估，强化生态补偿标准的测度、论证和修订工作。三要构建生态产品价值实现的支撑保障体系，创新四川省绿色金融服务供给机制，推动生态农业信贷发展，满足生态项目建设资金需求。四要在法律保障机制方面，从生态产品市场交易、生态基金运作、自然资源产权界定以及生态补偿等方面加强立法，相关部门也要严格依据法律法规对市场、权属、资金交易等方面进行监管。

3. 实施“降碳”行动，加速绿色低碳产业发展

为了实现碳达峰碳中和的目标，必须统筹同步实施重点行业领域减污降碳行动和绿色低碳优势产业发展工作。一是坚持以问题为导向的原则，对重

点行业领域落后低效的产能进行淘汰，推动传统高耗能、高排放行业能耗的下降，逐步开展“降碳”行动。二是抢抓“双碳”战略机遇、充分利用四川能源优势，重点培育一批符合国家绿色低碳发展方向、为四川未来发展奠定坚实基础的战略性支撑产业。三是推动清洁能源生产、支撑、应用全链条能级提升，加快形成布局集中、高效集约的绿色低碳优势产业发展格局。四是以科技赋能绿色低碳产业高质量发展，加大节能降碳先进技术研发和推广应用力度，建立健全碳排放统计核算体系，强化绿色低碳技术评估、交易和科技创新服务，为新技术新产品创造更多应用场景，增强绿色转型发展的推动力和竞争力，以改革创新助力“双碳”目标稳步实现。

推进美丽四川生态建设是一项系统工程，有关各方需要密切协作、相互支持，共同为绘就天更蓝、山更绿、水更清的美丽四川画卷贡献更大力量。

参考文献

刘伯恩：《生态产品价值实现机制的内涵、分类与制度框架》，《环境保护》2020 年第 13 期。

王恒、顾城天、刘冬梅：《四川省探索“两山”生态产品价值实现路径研究》，《节能与环保》2021 年第 5 期。

孙博文、彭绪庶：《生态产品价值实现模式、关键问题及制度保障体系》，《生态经济》2021 年第 6 期。

专题篇

Sepcial Reports

B.2
基于主体功能区划的县域可持续发展评价

——以四川省为例

庄贵阳　田建国*

摘　要： 当前我国新型城镇化的重点方向之一是推进以县城为载体的城镇化。实现可持续发展是推进县城新型城镇化的重要目标和途径。为准确判断县城的可持续发展状态，必须构建合理、有效的评价工具。我国城镇间发展差异非常大，表现为发展阶段不同、发展侧重点不同、城镇人口规模不同、城镇化率不同、城镇产业结构不同、城镇地理区位差异。城镇发展的差异性导致新型城镇化可持续发展评价需求的多样性、差异性，因此需要选择合适的角度来确定城镇类型，以保证评价结果有效。结合当前新型城镇化发展的重要方向，在主体功能区规划基础上划分城镇类型，以四川

* 庄贵阳，博士，中国社会科学院研究员，主要研究方向为低碳经济与气候变化政策；田建国，博士，中国社会科学院，主要研究方向为福祉经济学、低碳经济。

省为例，将全省110个县城作为基本评价单位，以此判断全省城镇可持续发展状态，为四川省实现以县城为载体的新型城镇化可持续发展提供参考。

关键词： 主体功能区 县域 可持续发展 四川省

“十四五”时期，我国新型城镇化建设的任务要求和内外部条件发生了诸多变化，仅依靠大城市和城市群难以推进新型城镇化全面提质增效，需要适时对建设方案做出调整，发挥县城在城镇体系中承上启下的作用，这意味着推进以县城为载体的城镇化成为我国新型城镇化新一轮建设的重点。《中华人民共和国国民经济和社会发展第十四个五年规划和2035年远景目标纲要》明确提出，县城应成为城镇化建设的重要载体。2022年5月，中共中央办公厅、国务院办公厅印发了《关于推进以县城为重要载体的城镇化建设的意见》（以下简称《意见》），从功能定位、产业发展、市政设施、公共服务、带动乡村、生态保护、体制创新等七个方面对县城城镇化建设提出了指导意见。党的二十大报告、《国家新型城镇化规划（2021—2035年）》强调要推进以县城为重要载体的城镇化建设。以上文件从政策层面对县城城镇化建设作出了顶层设计。为贯彻落实国家一系列城镇化建设相关文件，四川省制定了《四川省“十四五”新型城镇化实施方案》，提出要增强城镇可持续发展能力，尤其是增强县城和中心镇综合承载能力。

实现城镇可持续发展，需要明确城镇可持续发展状态，在此基础上提出可持续发展目标和路径。但我国城镇间发展差异非常大，导致新型城镇化可持续发展评价需求的多样性、差异性，因此需要选择合适的角度来确定城镇类型，以保证评价结果有效。本文结合我国现阶段新型城镇化发展的重要方向，在主体功能区规划基础上划分城镇类型，以四川省为例，以可持续发展为根本原则，评价当前城镇可持续发展状态，明确县域城镇可持续发展方向，为不同类型城镇提供明确的县域可持续发展路径和方案。

一　基于主体功能区划分城镇类型

根据《全国主体功能区规划》，我国的城镇可持续发展必须要满足主体功能区的开发理念和开发内容的规定，必须在此基础上推动城镇化发展，主体功能区对城镇化方向有重要的引导作用。以主体功能区为基础划分县域，将县域作为城镇可持续发展评价对象是实现可持续发展状态精准评价的重要起点。

自《全国主体功能区规划》发布以来，全国各省级单位都制定并发布了各自的主体功能区规划，四川省于 2013 年发布了《四川省主体功能区规划》。目前主体功能区规划的行政层级非常详细，已经将规划具体到区县，对以县为主要研究对象的可持续发展评价提供了分类可行性。本研究结合开发方式和开发内容，将城镇类型划分为优化开发区县、重点开发区县、农产品主产区县、生态功能类型区县。根据《四川省主体功能区规划》，2020 年四川省 110 个县中，有农产品主产区县 34 个，生态功能类型区县 58 个，重点开发区县 18 个。由于县城层面没有优化开发区县，将所有县城划分为以上三个类型。

二　城镇可持续发展评价

（一）城镇可持续发展的内涵

城镇可持续发展应遵循习近平生态文明思想指导。习近平生态文明思想的核心与突出特点是坚持“人与自然和谐共生”的理念。县域是实现城镇可持续发展的重要载体，县域城镇化过程是人与自然关系较为紧张的过程，因此坚持“人与自然和谐共生”的理念是实现县域可持续发展的重要思想来源。县城建设中要践行生态文明理念，处理好生产生活和生态环保的关系。具体来说，城镇可持续发展是以人为本，在经济、社会和环境三个维度实现协调发展，具体包括宏观经济、创新水平、主导产业、财政质量、绿色转型、环境质量、人口趋势、公共服务、基础设施、福祉等领域。

（二）构建指标评价体系

指标评价体系包括三层，第一层次为可持续发展的三维度经济、环境与社会。第二层次为宏观经济、创新水平、主导产业、财政质量、绿色转型、环境质量、人口趋势、公共服务、基础设施、福祉等城镇可持续发展的具体内涵。第三层次为具体指标，包括 25 个指标。根据城镇类型不同，第三层次的具体指标有所变化。本研究对县域尺度的评价指标体系进行了充分研究和论证，充分考虑指标反映的维度特征和可获得性。三级指标除了采用现有可用的统计指标，也进行了一定程度的创新，拟合了部分新指标来充分反映县域层面的可持续发展状态。表 1 给出了指标评价体系三层结构及具体指标。

表 1　基于城镇类型的指标评价体系

一级指标	二级指标	三级指标	城镇类型		
			重点开发区县	农产品主产区县	生态功能类型区县
经济	宏观经济	人均 GDP（万元）	√	√	√
		适龄劳动人口数量占比（%）	√	√	√
		消费占 GDP 比重（%）	√	√	√
	创新水平	全员劳动生产率（万元/人）	√	√	√
	主导产业	产业结构—农产品地区（%）一产比重		√	
		产业结构—生态功能区（%）三产比重			√
		产业结构—重点和优化（%）三产比二产	√		
	财政质量	税收占预算收入比重（%）	√	√	√
环境	绿色转型	地均产值（万元/公里^2）	√	√	√
		土地城镇化率（%）	√	√	√
	环境质量	地表水达到或好于Ⅲ类水体比例（%）	√	√	√
		城市空气质量优良天数比例（%）	√	√	√
		建成区绿化率（%）	√	√	√

续表

一级指标	二级指标	三级指标	城镇类型		
			重点开发区县	农产品主产区县	生态功能类型区县
社会	人口趋势	常住人口城镇化率(%)	√	√	√
		总抚养比(%)	√	√	√
		老龄化程度(%)	√	√	√
	公共服务	师生比(%) (中小学专任教师数量除以中小学在校学生数量)	√	√	√
		每千人医疗卫生机构床位数(张)	√	√	√
	基础设施	人均道路面积(平方米)	√	√	√
		建成区路网密度(公里/公里^2)	√	√	√
		建成区排水管道密度(公里/公里^2)	√	√	√
		生活污水处理率(%)	√	√	√
	福祉	劳动年龄人口平均受教育年限(年)	√	√	√
		文盲率(%)	√	√	√
		城乡居民可支配收入比(%) (农村居民人均可支配收入除以城镇居民人均可支配收入)	√	√	√

注:"√"代表该城镇类型需要考虑该指标。

本报告数据来源于《四川统计年鉴》、四川省各市（州）县统计年鉴、四川省各市（州）县统计公报以及环境质量公报、四川省各市（州）县人民政府网站和各部门网站、《中国县域统计年鉴》、EPS 数据平台区域 & 县域统计数据、中国区域经济数据库、中国城市数据库、中国城乡建设数据库、《中国城乡建设统计年鉴》、《中国区域经济统计年鉴》、《第七次全国人口普查公报》（各市、州、县）等。

（三）设置权重

权重设定遵循等权原则，在此基础上针对每种城镇类型发展侧重点，予以权重上的适当倾斜。一级指标设置为：重点开发区县经济、环境和社会比例为 4∶3∶3，农产品主产区县经济、环境和社会比例为 3∶3∶4，生态功能类型区县经济、环境和社会比例为 3∶4∶3。二级指标在一级指标基础上等权设置，三级指标即具体指标在二级指标基础上等权设置。

（四）确定基准值

基准值的确定是评价结果测算的基础，合理的基准值是获取有效评价信息的重要保障和关键。第一，针对城镇可持续发展指标体系相关指标的特点，基准值以城镇类型为出发点，针对不同的城镇类型提出属于该类型的基准值。第二，要根据指标的具体性质判断基准值区间，如果一类指标具有明确的科学意义上的目标值，则应以该值作为其基准值，比如生活污水处理率应以 100%作为上限。第三，要通过一定的数据集来判断合理的基准值，在现有数据集的基础上，寻找最大值和最小值，作为基准值判断的基础。第四，要尽量排除一些异常值，异常值的存在会导致该指标的得分出现高者越高、低者极低的情况。

（五）结果测算方法

计算方法：通过综合指数法计算三级指标、二级指标、一级指标和可持续发展指数总得分。各层次使用加权法进行评价。

评价指标的指标化转换应遵循以下原则：保持不同年份数据的可比性、保持不同地区数据的可比性、消除统计数据异常值带来的影响。

指标原始数据计算方法。采用极差正规法求得指标化值。对于正向型指标用式（1）转化，对于逆向型指标用式（2）转化：

$$x_i' = \frac{x_i - R_{\min}}{R_{\max} - R_{\min}} \tag{1}$$

$$x_i' = \frac{R_{\max} - x_i}{R_{\max} - R_{\min}} \tag{2}$$

式中，x_i 表示 i 指标的原始数值，$R_{\min}$ 表示由基准值确定原则和公式所决定的 i 指标基准值的下限，$R_{\max}$ 表示由基准值确定原则和公式所决定的 i

指标基准值的上限。

指标评价分值计算公式如下：

$$P_i = W_i \times x'_i \tag{3}$$

式中，P_i是第 i 个评价指标的评价分值，W_i是第 i 个评价指标的权重，x'_i是第 i 个评价指标的指标化得分。

可持续发展指数计算公式为：

$$P = \sum W_i \times x'_i \tag{4}$$

式中，P 为综合指数分值。

三　评价结果及分析

评价结果分为总体评价、分类型评价、分维度评价、分区域评价。评价结果显示人口趋势指标是四川省城镇可持续发展中的关键短板，因此，下文分析人口趋势同城镇可持续发展指数的关系。

（一）总体评价

四川省城镇可持续发展指数总体略低于全国平均水平。2020 年，四川省 110 个县城的城镇可持续发展指数平均得分为 64.6 分，略低于全国平均得分 67.8 分。通过全国评价发现，我国县域城镇可持续发展总得分超过 80 分的并不多，占全部县域样本的 2.8%。70~79 分的占 28%，60~69 分的占 61.7%，60 分以下的占 7.5%。全国绝大多数县域可持续发展指数得分都在 60~69 分。与全国评价结果相比，四川省 80 分以上的有 1 个，70~79 分以上的占比 15.5%，60~69 分的占比 65.5%，60 分以下的占 19.1%。可以看出，四川省县域可持续发展指数得分绝大多数为 60~69 分。与全国情况相比，四川省 70~79 分的占比小，60 分以下的占比大，这导致四川省平均分低于全国平均水平。四川省县域城镇可持续发展指数得分偏低反映了当前四川省县域城镇可持续发展质量有待提升，可持续发展面临较大压力，是“十四五”期间乃至面向 2035 年远景目标新型城镇化建设中较为明显的短板。排名较为靠前的为石棉县、理县、北川羌族自治县、汶川县等生态功能类型区县，说明四川省生态功能类型区县的可持续发展状态较好。表 2 给出了三种县域类型得分排名前 10 名的情况。

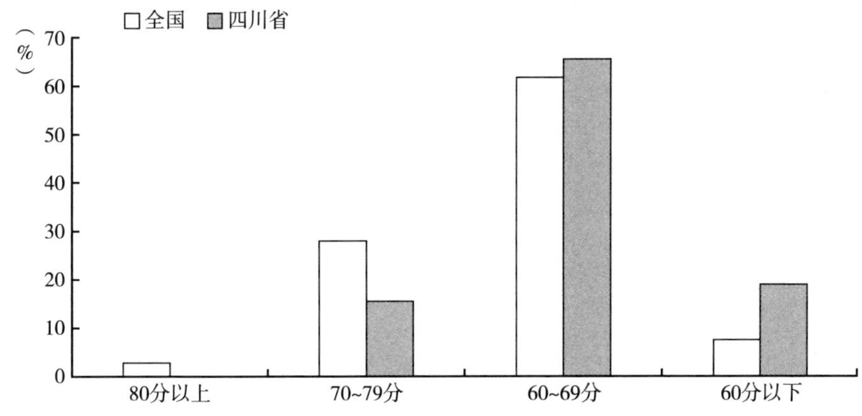

图 1 四川省和全国县域城镇可持续发展指数对比

表 2 2020 年各类型县域城镇可持续发展指数得分前 10 名

排名	农产品主产区县	得分	生态功能类型区县	得分	重点开发区县	得分
1	汉源县	73.2	石棉县	80.4	犍为县	72.3
2	米易县	72.3	理县	76.3	蒲江县	71.7
3	夹江县	72.1	北川羌族自治县	75.5	荥经县	69.7
4	剑阁县	70.3	汶川县	74.4	大邑县	69.4
5	梓潼县	69.7	稻城县	74.3	武胜县	67.4
6	苍溪县	68.8	宝兴县	73.6	青神县	65.6
7	荣县	68.6	平武县	73.1	盐边县	64.5
8	洪雅县	68.6	黑水县	72.1	大英县	64.3
9	芦山县	67.4	新龙县	71.7	威远县	62.6
10	宣汉县	67.4	天全县	70.8	大竹县	62.4

（二）分类型评价

生态功能类型区县得分最高，但内部差异最大。图 2 给出了四川省三种县域类型的箱线图。2020 年，生态功能类型区县可持续发展指数平均得分为65分，中位数为64.1，为三种类型中的最高分。农产品主产区县可持续发展指数平均得分为64.1分，中位数为63.8；重点开发区县可持续发展指数平均得分为63.9分，中位数为62.5。

从中位数来看，四川省生态功能类型区县中位数最大，重点开发区县的中位数最小，但两者差距并不大，说明生态功能类型区县的可持续发展总体状态较好，同时各类型得分比较接近。从中位数的位置来看，生态功能类型区县、农产品主产区县的中位数都靠近中间位置，说明两者数据基本呈现正态分布，重点开发区县中位数靠近下四分位，说明数据右偏，即四川省重点开发区县的可持续发展指数都集中在偏小的一侧。

从箱子长度来看数据分布集中程度，四川省农产品主产区县数据分布最为集中，生态功能类型区县的箱子最长，说明其数据最分散，即四川省生态功能类型区县的内部差异最大。

总体来看，四川省生态功能类型区县的得分最高，但城镇可持续发展指数内部差异最大，说明生态功能类型区县发展不均衡。农产品主产区县的得分次之，可持续发展指数内部差异最小，这说明农产品主产区县发展较均衡。

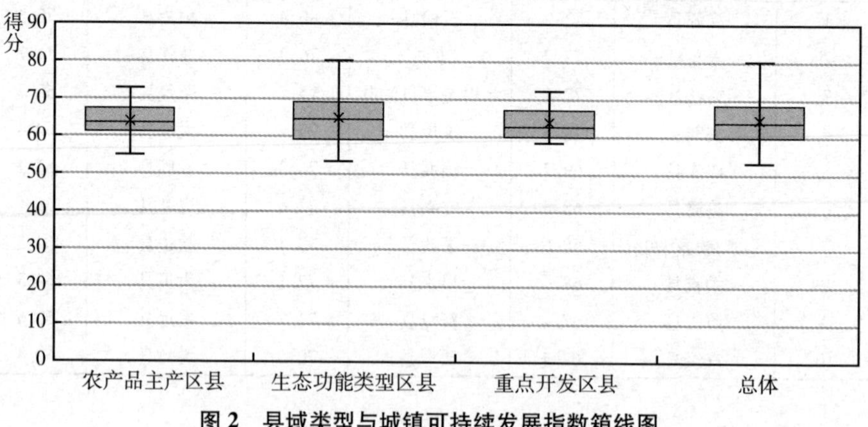

图2　县域类型与城镇可持续发展指数箱线图

（三）分维度评价

四川省农产品主产区县三个维度协调性最好。通过计算经济、社会和环境三个维度得分，得出四川省不同县域各维度情况（见图3）。2020年，生态功能类型区县环境维度得分最高、重点开发区县经济维度得分最高、农产品主产区县社会维度得分最高。生态功能类型区县的社会维度在所有类型中得分最低，说明生态功能类型区县可持续发展的主要制约因素在社会维度。农产品主产区县可持续发展短板在经济维度，重点开发区县可持续发展短板在社会维度。从协调性来看，四川省生态功能类型区县的协调性最差，农产品主产区县协调性最好。

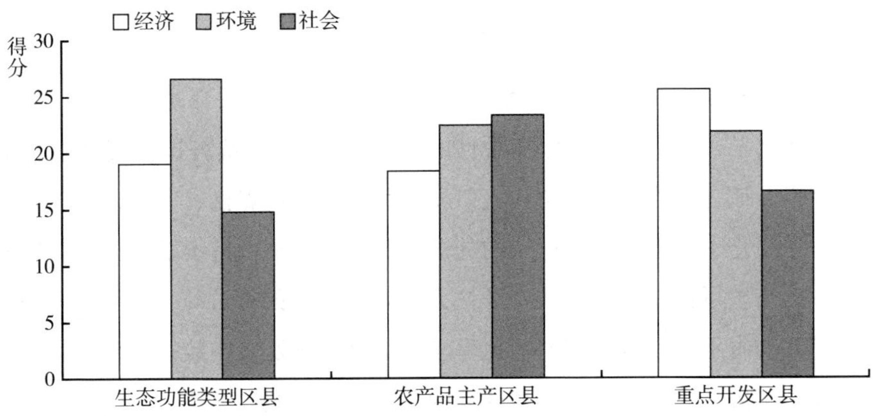

图3　县域类型三维度得分

（四）分区域评价

成都平原经济圈得分最高，但内部差异最大。将110个县城划分为成都平原经济圈、川东北地区、川南地区、川西地区。其中，成都平原经济圈以农产品主产区县、重点开发区县为主，城镇可持续发展指数平均得分为67分。川东北地区以农产品主产区县为主，城镇可持续发展指数平均得分为63.6分。川南地区以农产品主产区县、重点开发区县为主，城镇可持续发展平均得分为62.2分。川西地区全部为生态功能类型区县，城镇可持续发展指数平均得分为65.5分。总体来看，成都平原经济圈与川西地区在得分上差距较小，川南地区、川东北地区在得分上差距较小。可持续发展指数得分在60分以下的涉及各个地区和所有县域类型。通过计算各区域可持续发展指数的标准差，可得各区域内部差异，成都平原经济圈标准差为5，川东北地区标准差为3.5，川南地区标准差为4.5，川西地区标准差为4.9，说明成都平原经济圈可持续发展指数内部差异最大，即内部各县间发展最不均衡。川东北地区内部差异最小，即内部各县间发展较均衡。

分区域评价，成都平原经济圈得分最高，但内部差异最大，川东北地区可持续发展指数内部差异最小。川南地区可持续发展水平有待进一步提高。

（五）人口趋势与城镇可持续发展指数

四川省县域人口趋势指标对城镇可持续发展指数的影响较大。评估发现，2020年，二级指标中的人口趋势是影响四川省城镇可持续发展指数的关键因素。该二级指标包括常住人口城镇化率、总抚养比、老龄化程度。常住人口城镇化率是城镇化进程中的关键指标，对城镇可持续发展指数影响较大。在四川省可持续发展指数中常住人口城镇化率的得分较低。图4至图6给出了四川省不同县域类型城镇化率与城镇可持续发展指数的关系。四川省农产品主产区县、生态功能类型区县的城镇化率同城镇可持续发展指数正相关，且生态功能类型区县的斜率更大，说明生态功能类型区县城镇化率提高1单位带来的城镇可持续发展指数得分的提升幅度更大。重点开发区县的城镇化率与城镇可持续发展指数负相关，说明重点开发区县提高城镇化率会带来城镇可持续发展指数得分的下降。

四川省县域老年抚养比和少儿抚养比呈现反比现象。评估发现，2020年，四川省三种县域类型的总抚养比指标得分非常低，重点开发区县、农产品主产区县的老龄化程度指标得分非常低，生态功能类型区县的老龄化程度指标得分非常高。总抚养比意味着劳动人口的负担，四川省县域的总抚养比过高，远超全国平均水平（46%）。四川省110个县中仅有6个县低于全国平均水平。劳动人口的负担对于可持续发展形成较大的制约。将四川省县域总抚养比分成老年抚养比（60以上人口除以15~59岁人口）和少儿抚养比（0~14岁人口除以15~59岁人口）发现两者呈现反比现象（见图7），即老年抚养比高的县，少儿抚养比低。少儿抚养比高的县，老年抚养比低。少儿抚养比高的有阿坝州、凉山州、甘孜州，主要为生态功能类型区县。老年抚养比高的有川东北、成都平原经济圈，主要为农产品主产区县和重点开发区县。

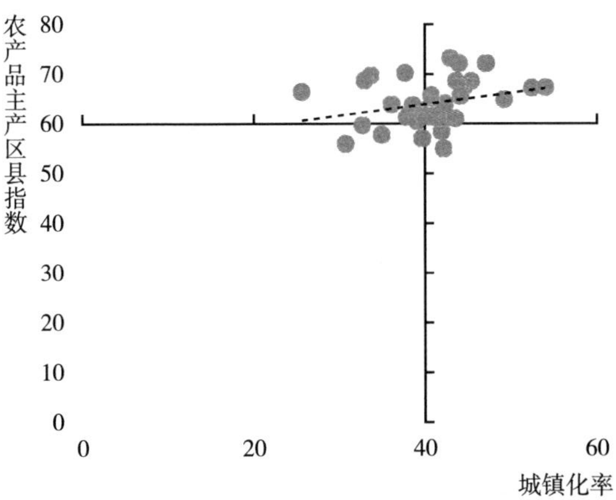

图 4　农产品主产区县指数与城镇化率散点图

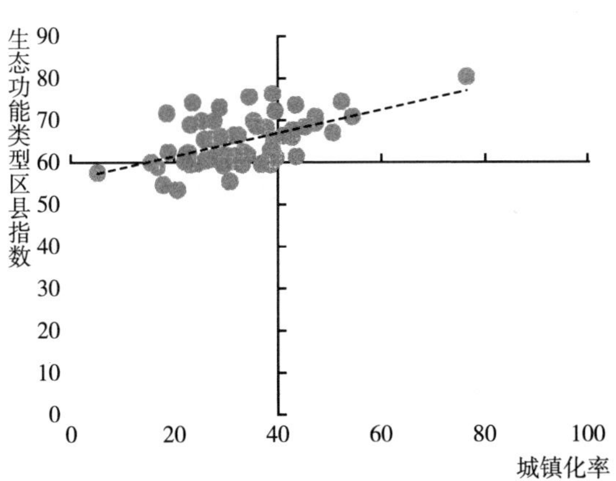

图 5　生态功能类型区县指数与城镇化率散点图

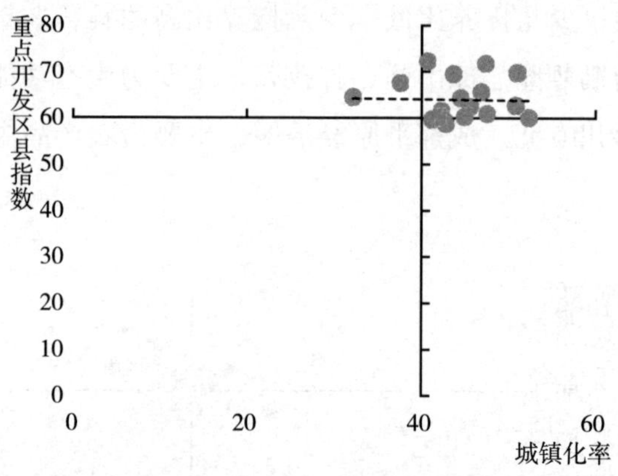

图6　重点开发区县指数与城镇化率散点图

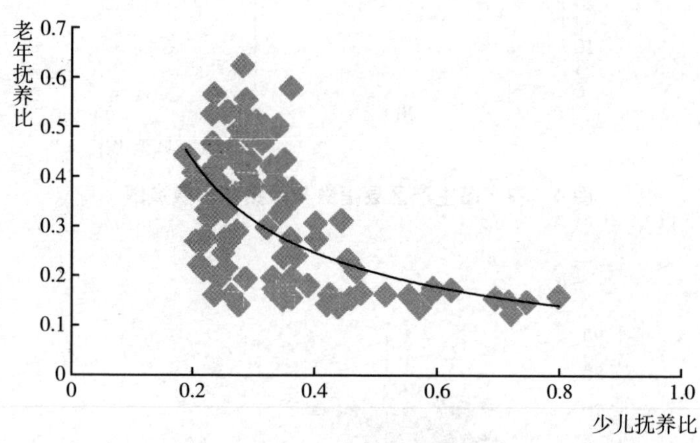

图7　少儿抚养比与老年抚养比

四　主要结论及建议

（一）主要结论

本文立足于当前阶段新型城镇化的主要特点，以县域为切入点，在主体功能区规划基础上将四川省110个县划分为三个类型，并构建指标评价体系，确定各类型权重，分县域类型设置基准值。

与全国平均水平相比，四川省县域城镇可持续发展指数得分总体略低。2020年，四川省110个县的城镇可持续发展指数平均得分为64.6分，略低于全国平均水平。四川省县域城镇可持续发展指数得分绝大多数在60～69分，可持续发展面临较大的压力，城镇可持续发展总体质量有待提升。

四川省生态功能类型区县的可持续发展指数得分最高，排名较为靠前的有石棉县、理县等生态功能类型区县，但城镇可持续发展指数内部差异最大，生态功能类型区县发展不均衡，呈现两极分化。农产品主产区县的得分次之，可持续发展指数内部差异最小，这说明农产品主产区县发展较均衡。

四川省生态功能类型区县的社会维度在所有类型中得分最低，说明制约生态功能类型区县可持续发展的主要因素在社会维度。农产品主产区县可持续发展短板在经济维度，重点开发区县可持续发展短板在社会维度。

将四川省各县划分为成都平原经济圈、川东北地区、川南地区、川西地区后发现，成都平原经济圈县域可持续发展指数得分最高，但内部差异最大，川东北地区县域可持续发展指数内部差异最小。川南地区县域可持续发展水平有待进一步提高。

（二）主要建议

本文在主体功能区规划基础上划分了县域类型，实现了对不同县域类型的差异性评价，评价方式、评价结果都对当前四川省城镇可持续发展评价工作有借鉴价值。

城镇可持续评价应与主体功能区建设紧密相接。《全国主体功能区规划》对不同地区城镇化建设提供了重要指导。主体功能区规划为城镇类型的划分提供了重要支撑，采用主体功能区对城镇类型的划分，一方面有利于地方政府准确把握城镇可持续发展的方向，避免了信息沟通成本，另一方面也降低了地方政府的行政成本，由于多数地方政府已将主体功能区发展纳入日常工作范畴，并有相关部门负责规划，在此基础上设置城镇类型能够推动政策有效落地。

要注重补齐当前四川省城镇可持续发展中的短板。从城镇类型来看，生态功能类型区县内部差异最大，呈现两极分化。要重点扶持排名较低的生态功能类型区县，同时，四川省县域可持续发展指数排名靠前的县多数为生态功能类型区县，所以要注意总结这些发展较好的生态功能类型区县的经验，将其运用到同类型但发展较慢的地区。从城镇所处区域来看，成都平原经济圈县域可持续发展指数内部差异最大，因此，要进一步推动成都平原经济圈协同发展，争取在“十四五”期间有效缩小内部差异。从评价维度来看，生态功能类型区县和重点开发区县要大力提升社会因素的贡献度，农产品主产区县要注重提升经济因素的贡献度。

针对四川省不同类型县域的人口趋势，精准施政。首先，在持续推动城镇化率提升方面要因类施策。四川省农产品主产区县、生态功能类型区县的城镇化率与城镇可持续发展指数正相关，且生态功能类型区县的斜率更大，生态功能类型区县城镇化率提高1单位带来的城镇可持续发展指数的提升幅度更大。因此，要重点提升生态功能类型区县的城镇化率，将生态功能类型区县作为推进以县城为载体的新型城镇化建设的重点，在政策及投资方面给予政策倾斜。重点开发区县城镇化率的提升会带来可持续发展指数得分的下降，应该在人口集聚到城镇的同时，以人为中心，积极推动公共服务均等化，按照人口空间变迁的特征提供相匹配的基础设施和公共服务。其次，对于人口老龄化问题，要在遵循四川省各地发展规律的情况下，因地施策。少儿抚养比高的主要是生态功能类型区县，位于阿坝州、凉山州、甘孜州。老年抚养比高的主要是农产品主产区县和重点开发区县，位于川东北、成都平原经济圈。因此，针对总抚养比过高的县要因地制宜地制定政策，对老年抚养比过高的县，要加快完善老年人相关的公共服务和基础设施。对少儿抚养比过高的县，要加快完善少儿相关的公共服务和基础设施。

参考文献

国家发展和改革委员会编《国家新型城镇化报告（2019）》，人民出版社，2020。

方创琳：《中国新型城镇化高质量发展的规律性与重点方向》，《地理研究》2019 年第 1 期。

陈明星、叶超、陆大道等：《中国特色新型城镇化理论内涵的认知与建构》，《地理学报》2019 年第 4 期。

郭晨、张卫东：《产业结构升级背景下新型城镇化建设对区域经济发展质量的影响——基于 PSM-DID 经验证据》，《产业经济研究》2018 年第 5 期。

徐成龙、庄贵阳：《新型城镇化下城镇可持续发展的内涵解析与差异化特征探讨》，《生态经济》2021 年第 1 期。

张协奎、李惠惠：《西江经济带小城镇可持续发展能力分析》，《广西社会科学》2015 年第 11 期。

姜锐、马庆荣、陈德胜：《小型城镇可持续发展评价模型研究》，《测绘与空间地理信息》2022 年第 1 期。

Liang Anning, Yan Dongmei, Yan Jun, Lu Yayang, Wang Xiaowei, Wu Wanrong, "A Comprehensive Assessment of Sustainable Development of Urbanization in Hainan Island Using Remote Sensing Products and Statistical Data," *Sustainability*, 2023, 15 (2).

Antonio Nesticò, Pierfrancesco Fiore, Emanuela D'Andria, "Enhancement of Small Towns in Inland Areas, A Novel Indicators Dataset to Evaluate Sustainable Plans," *Sustainability*, 2020, 12 (16).

马延吉、艾小平：《基于 2030 年可持续发展目标的吉林省城镇化可持续发展评价》，《地理科学》2019 年第 3 期。

B.3
“双碳”战略视域下四川省农业绿色发展的现实情景与未来路径

张俊飚　彭子怡　何培培

摘　要：　在“双碳”战略的背景下，研究四川作为重要农业大省的农业绿色发展状况，可以为我国其他地区的降碳减排和实现农业绿色可持续发展提供参考。本文基于2011～2020年的数据，测算分析了四川省农业碳排放演进轨迹，并将农业碳排放纳入农业绿色发展指标体系，利用熵值法测度了四川省农业绿色发展的现实情景。结果表明，四川省农业碳排放总量呈下降趋势，农业绿色发展水平上升趋势明显。在各个一级指标的分析中，环境友好指标在测度期间内表现最好。在未来发展中，四川省必须不断强化农业绿色转型发展，进一步优化财政支农资金结构，推动农业生态环境保护与农业经济协同发展，建立健全农业绿色发展服务平台，为全面提升农业绿色发展水平创造更好的政策环境。

关键词：　“双碳”战略　农业　绿色发展

一　引言

随着我国进入新发展阶段，高投入、高污染的传统粗放型农业生产方式使得生态环境、资源约束等问题逐渐凸显。2017年由中共中央办公厅、国务院办公厅联合印发《关于创新体制机制推进农业绿色发展的意见》，标志着我国农业发展方式的绿色转型全面开始，走向产出高效、产品安全、资源节约、环境友好的绿色发展。[①] 中国农业绿色发展研究院等发布的《中国农业绿色发展报告2021》显示，2020 年全国农业绿色发展指数为 76. 91，较 2019 年提高 0. 36%，较 2015 年提高 2. 29%。[②] 但农业绿色可持续发展仍面临资源与环境的双重约束，尤其是在全球变暖和极端天气频发的背景下。[③] 2020 年 9 月，国家主席习近平在第七十五届联合国大会上宣布，中国力争 2030 年前达到碳排放峰值，2060 年前实现碳中和。农业生产中大量投入的农业机械和化学农业生产资料产品，虽然大幅提高了土地生产率和农产品商品率，但同时造成了大量的温室气体排放。相关数据显示，来自农业的碳排放占全球碳排放总量的 13%，[④] 是重要的碳排放源之一。因此，在“双碳”战略视域下，农业碳减排是实现农业绿色发展的关键，也是突破当前我国农业发展面临的资源环境瓶颈的重要手段，以低碳推动农业绿色转型已成为广泛共识。[⑤]

目前学术界已经对农业碳排放和农业绿色发展进行了大量的研究。在测量农业碳排放总量时，针对农业碳排放来源有些学者仅讨论了狭义的农业碳排放，[⑥] 包括化肥、农药、农膜、农业机械、灌溉、翻耕和秸秆焚烧等由土地利用活动引发的碳排放源；也有学者在广义农业的视角下，测量了农地利用、水稻种植、畜禽养殖和秸秆焚烧等几个重要活动类型引发的碳排放；[⑦]

---

① 李学敏：《生态文明导向下农业绿色发展的时代意蕴与实现方略》，北京林业大学硕士学位论文，2020。

② 《中国农业绿色发展报告 2021》，http：//www. zhangye. gov. cn/nyj/dzdt/gzdt/202207/t20220706_873454. html，2022 年 7 月 6 日。

③ 张康洁、于法稳：《“双碳” 目标下农业绿色发展研究：进展与展望》，《中国生态农业学报（中英文）》2023 年第 2 期。

④ UNFCCC，“Climate Action and Support Trends，” https：//unfccc. int/sites/default/files/resource/Climate_ Action_ Support_ Trends_ 2019. pdf，2019.

⑤ 金书秦、林煜、牛坤玉：《以低碳带动农业绿色转型：中国农业碳排放特征及其减排路径》，《改革》2021 年第 5 期。

⑥ 白建军：《我国农业碳排放水平的区域差异和影响因素分析》，江南大学硕士学位论文，2014；徐子悦：《安徽省农业碳排放效率测算及分析》，安徽农业大学硕士学位论文，2022；杨雪：《我国农业碳排放测算与碳减排潜力分析》，吉林大学硕士学位论文，2022。

⑦ 潘婷：《长江经济带农业碳排放时空差异及影响因素分析》，江西财经大学硕士学位论文，2020；卢奕亨、田云、周丽丽：《四川省农业碳排放时空演变特征及其影响因素研究》，《中国农业资源与区划》（网络首发）2023 年 1 月 18 日。

在核算方法上，国际环境统计工作主要采用实测法、物料平衡算法和排放因子法，例如，张宏武利用物料平衡法计算了我国1980~1996年各种能源引起的碳排放量，[①] 但在农业领域，学者们大多采用排放因子法来计算农业碳排放总量。[②] 在农业绿色发展水平指标选取方面，多数学者从社会经济、生态环境、资源利用、绿色供给、生产投入、农民生活等方面构建指标体系；[③] 在确定指标权重方法上，张乃明等指出目前的指标权重确定有多种方法，主要可以分为主观赋权法和客观赋权法，[④] 如黄炎忠等同时运用德尔菲法与层次分析法这两种主观赋权法对相关指标赋予权重。[⑤] 而在客观评价法方面，学者们的文献相对较多，主要包括熵权法[⑥]、主成分分析法[⑦]、EWM-AHP组合赋权法和加权综合评价指数法[⑧]等；在影响因素分析方面，

---

① 张宏武：《我国的能源消费和二氧化碳排出》，《山西师范大学学报》（自然科学版）2001年第4期。

② 田云、李波、张俊飚：《我国农地利用碳排放的阶段特征及因素分解研究》，《中国地质大学学报》（社会科学版）2011年第1期；李张巍：《四川农业经济增长对二氧化碳排放影响的实证研究》，四川农业大学硕士学位论文，2012；邵远强：《湖北省农业碳排放测算及碳减排途径研究》，武汉轻工大学硕士学位论文，2022。

③ 何承阳：《四川省农业绿色发展水平及影响因素研究》，西南财经大学硕士学位论文，2020；侯相成、李涵、王寅、冯国忠、刘亚军、李晓宇、高强：《吉林省县域农业绿色发展指标时间变化特征——以梨树县为例》，《中国生态农业学报（中英文）》2023年第5期；靖培星、赵伟峰、郑谦等：《安徽省农业绿色发展水平动态预测及路径研究》，《中国农业资源与区划》2018年第10期；唐一帆、吴波：《财政支农促进了农业绿色发展吗？——基于PVAR模型的实证检验》，《湖南农业大学学报》（社会科学版）2022年第6期。

④ 张乃明、张丽、赵宏、韩云昌、段永蕙：《农业绿色发展评价指标体系的构建与应用》，《生态经济》2018年第11期。

⑤ 黄炎忠、罗小锋、李兆亮：《我国农业绿色生产水平的时空差异及影响因素》，《中国农业大学学报》2017年第9期。

⑥ 余永琦、王长松、彭柳林、余艳锋：《基于熵权TOPSIS模型的农业绿色发展水平评价与障碍因素分析——以江西省为例》，《中国农业资源与区划》2022年第2期。

⑦ 田云、张俊飚：《中国绿色农业发展水平区域差异及成因研究》，《农业现代化研究》2013年第1期。

⑧ 喻保华、王肖杨、宋春晓、毕文泰：《中国农业绿色发展时空演化及耦合协调研究》，《生态经济》2023年第5期。

财政支农[①]、外包服务[②]、城镇化和产业聚集[③]等均对农业绿色发展具有一定的促进作用。

已有文献为本文研究提供了有益参考。但鉴于四川省的资源禀赋与生产条件与其他地区有很大的不同，加之目前学术界从地方层面将农业碳排放总量纳入农业绿色发展水平测度体系来研究的文献还相对较少，本文期望通过2011~2020年四川省的宏观统计数据，采用排放因子法测算四川省的农业碳排放量，并将农业碳排放作为农业绿色发展水平评价指标之一，利用熵值法分析四川省农业绿色发展水平，剖析四川省农业绿色发展的现实情景，并据此提出推动四川省农业绿色发展的未来路径，以期为推动四川农业低碳转型和绿色发展提供参考，也为促进我国农业绿色发展和实现乡村振兴并服务于国家“双碳”战略提供有益借鉴。

二　研究区域、方法与数据来源

（一）研究区域概况

四川省自古就是我国农业大省，也是西部第一经济大省，自然资源禀赋和农业生产条件优越，素有“天府粮仓”之称。近年来，四川农业持续发展壮大，玉米、油菜、生猪、蚕桑等农产品广泛供应全国各地，花椒等特色农产品更是不断满足“一带一路”沿线国家需求。截至2022年，四川省第一产业增加值为5964.3亿元，是我国13个粮食主产区之一，也是我国西南地区唯一的粮食大省；生猪出栏量名列全国前茅，达到6548.4万头，是重要的生猪调出省份。但高产出的同时也带来了高碳排放，一定程度上制约了

① 唐一帆、吴波：《财政支农促进了农业绿色发展吗？——基于PVAR模型的实证检验》，《湖南农业大学学报》（社会科学版）2022年第6期。

② 张露、杨高第、李红莉：《小农户融入农业绿色发展：外包服务的考察》，《华中农业大学学报》（社会科学版）2022年第4期。

③ 贾宁宁：《我国农业绿色发展的时空差异与影响因素研究》，西北大学硕士学位论文，2022。

农业绿色发展，尤其是“双碳”战略下农业绿色发展面临更大的挑战，因此，四川省农业绿色减排仍有较大的空间。

（二）农业碳排放测算方法

参考李波等[①]的研究，采用排放因子法来测算四川省农业碳排放，计算公式如下：

$$E = \sum E_i = \sum T_i \cdot \delta_i$$

式中，E 代表四川省农业碳排放总量，E_i代表各类碳源的碳排放量，T_i代表各碳排放源的量，δ_i代表各碳排放源的排放因子。

在农业生产活动过程中会直接或间接导致温室气体排放，金书秦等的研究认为，能源消耗、化肥施用、动物肠道发酵、水稻种植是农业碳排放的最主要来源，2018 年占排放总量的 76.9%。[②] 因此，根据《中华人民共和国气候变化初始国家信息通报》[③] 以及田云[④]、何炫蕾[⑤]等学者的研究，同时考虑数据的可得性，本文主要从农地利用、水稻种植和畜禽养殖三个方面来衡量碳源。

1. 农地利用碳排放

农地利用活动导致的碳排放主要源于两个方面：一是农用化学品消耗引发的碳排放，如化肥和农药施用、农用塑料薄膜使用和农业机械使用过程中的柴油消耗；二是农事活动引发的碳排放，如翻耕造成土壤中有机碳的挥发和用于灌溉的能源消耗。具体的农地利用碳排放因子如表 1 所示。

---

① 李波、张俊飚、李海鹏：《中国农业碳排放时空特征及影响因素分解》，《中国人口·资源与环境》2011 年第 8 期。

② 金书秦、林煜、牛坤玉：《以低碳带动农业绿色转型：中国农业碳排放特征及其减排路径》，《改革》2021 年第 5 期。

③ 《中华人民共和国气候变化初始国家信息通报》，2004。

④ 田云：《中国低碳农业发展：生产效率、空间差异与影响因素研究》，华中农业大学博士学位论文，2015。

⑤ 何炫蕾：《中国农业碳排放、农业生产效率及经济发展的实证研究》，兰州大学硕士学位论文，2018。

表 1　农地利用碳排放因子

农地利用活动	碳源	碳排放系数	单位	参考来源
农用化学品消耗	化肥	0.8956	kg/kg	美国橡树岭国家实验室
	农药	4.9341	kg/kg	美国橡树岭国家实验室
	农膜	5.18	kg/kg	IPCC
	柴油	0.5927	kg/kg	IPCC
农事活动	翻耕	312.6	kg/hm^2	中国农业大学农学与生物技术学院
	灌溉	266.48	kg/hm^2	段华平等

资料来源：段华平、张悦、赵建波、卞新民：《中国农田生态系统的碳足迹分析》，《水土保持学报》2011 年第 5 期；《2006 IPCC 国家温室气体清单指南》。

2. 水稻种植碳排放

水稻在生长发育过程中会排放 CH_4 等温室气体，且不同的气候条件、水热条件使得早稻、中季稻和晚稻的 CH_4 排放情况也不尽相同。参考闵继胜[①]的研究，四川省不同生长周期内水稻 CH_4 排放因子如表 2 所示。

表 2　四川省不同生长周期内水稻 CH_4 排放因子

单位：g/m^2

地区	早稻	晚稻	中季稻
四川	6.55	18.5	25.73

注：1t CH_4 = 6.82t C。

3. 畜禽养殖碳排放

畜禽养殖，尤其是反刍动物养殖，在肠道发酵和粪便管理等过程中会排放大量的 CH_4 和 N_2O 等温室气体。从《四川统计年鉴》可以发现，四川省的畜禽养殖以猪、牛、羊、马为主。具体的畜禽养殖碳排放因子如表 3 所示。

① 闵继胜、胡浩：《中国农业生产温室气体排放量的测算》，《中国人口·资源与环境》2012 年第 7 期。

表 3 畜禽养殖碳排放因子

单位：kg/（头·年）

碳源	肠道发酵	粪便管理	
	CH_4	CH_4	N_2O
猪	1	4.00	0.53
牛	47	1.00	1.39
山羊	5	0.17	0.33
绵羊	5	0.15	0.33
马	18	1.64	1.39

注：1t CH_4 = 6.82t C，1t N_2O = 81.27t C。

资料来源：《2006 IPCC 国家温室气体清单指南》。

（三）农业绿色发展水平评价方法

农业绿色发展的核心是维持农业发展的经济社会效益和生态环境效益的协调统一，实现环境友好、生态保育、资源节约和高产优质，强调在产地环境、农产品生产加工过程中都要实现绿色化。[①] 虽然学界尚未形成一套统一的农业绿色发展水平评价指标体系，但参考陈瑾瑜和张文秀[②]、赵会杰和于法稳[③]、余永琦等[④]和熊延汉[⑤]的研究，本文从低碳发展和农业绿色发展的内涵、特点等维度出发，将资源利用、环境友好、生态保育、经济效益四个方面作为一级指标，同时，参考王娜[⑥]和邓悦等[⑦]的研究，将农业碳排放纳入

① 魏琦、张斌、金书秦：《中国农业绿色发展指数构建及区域比较研究》，《农业经济问题》2018 年第 11 期。

② 陈瑾瑜、张文秀：《低碳农业发展的综合评价——以四川省为例》，《经济问题》2015 年第 2 期。

③ 赵会杰、于法稳：《基于熵值法的粮食主产区农业绿色发展水平评价》，《改革》2019 年第 11 期。

④ 余永琦、王长松、彭柳林、余艳锋：《基于熵权 TOPSIS 模型的农业绿色发展水平评价与障碍因素分析——以江西省为例》，《中国农业资源与区划》2022 年第 2 期。

⑤ 熊延汉：《云南省低碳农业发展水平测度及影响因素研究》，云南财经大学硕士学位论文，2018。

⑥ 王娜：《河南省低碳农业发展水平及其评价》，《中国农业资源与区划》2018 年第 2 期。

⑦ 邓悦、崔瑜、卢玮楠等：《市域尺度下中国农业低碳发展水平空间异质性及影响因素——来自种植业的检验》，《长江流域资源与环境》2021 年第 1 期。

指标体系，结合四川省农业发展特点和数据可得性特征，选取了 19 个二级指标，详细指标体系见表 4。

表 4　四川省农业绿色发展水平评价指标体系

目标层	一级指标	二级指标	指标含义	指标属性
四川省农业绿色发展水平	资源利用	人均耕地面积(m^2)	耕地面积/农村人口数	正
		节水灌溉率(%)	节水灌溉面积/耕地面积	正
		农机使用效率(kW/hm^2)	机械总动力/耕地面积	负
		农业用电强度(千瓦时/元)	耗电量/农林牧渔总产值	负
		财政支农力度(%)	农林水事务支出/一般公共预算支出	正
		耕地复种指数	农作物播种面积/耕地面积	负
	环境友好	化肥使用强度(kg/hm^2)	化肥使用量/耕地面积	负
		农药使用强度(kg/hm^2)	农药使用量/耕地面积	负
		农膜使用强度(kg/hm^2)	农膜使用量/耕地面积	负
		农业碳生产率(万元/万吨)	农林牧渔业总产值/农业碳排放量	正
		单位农耕面积碳排放量(t/hm^2)	农业碳排放量/耕地面积	负
	生态保育	造林面积(hm^2)	统计指标	正
		森林覆盖率(%)	统计指标	正
		水土流失治理面积(千公顷)	统计指标	正
	经济效益	农村居民人均可支配收入(元)	统计指标	正
		第一产业占 GDP 比重(%)	第一产业增加值/地区生产总值	正
		农业劳动生产率(万元/人)	农林牧渔业总产值/农林牧渔业从业人数	正
		粮食单产(t/hm^2)	粮食总产量/粮食作物播种面积	正
		土地产出率(万元/公顷)	农林牧渔业总产值/农作物播种面积	正

不同的指标对农业绿色发展的影响程度不同，因此在计算农业绿色发展水平时需要对各指标赋予相应的权重。考虑到主观赋权法易受经验判断偏好的影响，本文采取熵值法，利用指标所提供的信息来客观地确定各指标层的权重，具体步骤如下：

假设共有 r 年，n 个地区，m 个指标；X_{ijk} 表示第 i 年第 j 地区第 k 个指标的值。

第一步，数据标准化处理。

对于正向指标：$X'_{ijk}=\frac{x_{ijk}-\min(x_k)}{\max(x_k)-\min(x_k)}$

对于负向指标：$X'_{ijk}=\frac{\max(x_k)-x_{ijk}}{\max(x_k)-\min(x_k)}$

由于标准化后的数据会出现 0 值，对标准化后的数据进行平移处理：$X''_{ijk}=X'_{ijk}+0.001$，偏移量可以自由调节。

第二步，确定指标的比重。

$$p_{ijk}=\frac{X''_{ijk}}{\sum_{i=1}^{r}\sum_{j=1}^{n}X''_{ijk}}$$

第三步，确定第 k 项指标的熵值。

$$H_k=-\frac{1}{\ln rn}\sum_{i=1}^{r}\sum_{j=1}^{n}p_{ijk}\ln p_{ijk}$$

第四步，确定第 k 项指标的差异系数。

$$e_k=1-H_k$$

第五步，确定第 k 项指标的权重。

$$W_k=\frac{e_k}{\sum_{k=1}^{m}e_k}$$

第六步，通过熵值法得到各指标的权重，从而计算四川省农业绿色发展水平综合评分。

$$M_{ij}=\sum_{k=1}^{m}W_kX''_{ijk}$$

（四）数据来源

本研究的数据来源于 2011~2020 年《中国统计年鉴》《中国农村统计年鉴》《四川统计年鉴》等。化肥、农药、农膜和柴油使用量以当年实际使用量为准，翻耕面积用当年农作物总播种面积代替，灌溉面积以当年耕地有效灌溉面积为准。早稻、晚稻、中季稻以当年实际播种面积为准，其中，2011 年和 2012 年仅有早稻和总稻谷播种面积，由于四川省晚稻播种面积极少，用总稻谷播种面积和早稻播种面积之差代替中季稻播种面积。猪、牛、羊、马以当年年末存栏量为准，① 其中，羊的碳排放系数取山羊和绵羊碳排放系数的均值。② 由于 2014 年之后耕地面积的统计口径有所变化，2011~2013 年的耕地面积数据采用插值法补齐。对于部分省级缺失数据，本文也采用插值法补齐。为便于计算，本文的碳排放量全部转化为碳当量计算。

三　四川省农业绿色发展现实情景

（一）四川省农业碳排放量

基于排放因子法，四川省 2011~2020 年农业碳排放总量如表 5 所示。2011~2020 年四川省农业碳排放总量呈波动下降趋势，2011 年四川省农业碳排放总量为 1940.83 万吨，2020 年四川省农业碳排放总量为 1813.56 万吨，年均下降 0.72%。其中，2019 年碳排放总量下降幅度最大，达 5.55%，究其原因，可能是该年严重的非洲猪瘟使得年末生猪存栏量大幅下降，进而畜禽养殖碳排放量大幅下降。而 2011~2020 年的 10 年间，仅 2014 年、2017 年和 2020 年四川省农业碳排放总量有所上升，增幅分别为 0.45%、1.48% 和 4.69%，通过对比分析各类碳源发现，这三年农业碳排放总量上升的主要原因均是畜禽养殖规模扩大而引发的碳排放大幅上升，可见降低畜禽养殖碳排放对实现“双碳”战略而言有着至关重要的作用。

① 何艳秋、陈柔、吴昊玥等：《中国农业碳排放空间格局及影响因素动态研究》，《中国生态农业学报》2018 年第 9 期。

② 闵继胜、胡浩：《中国农业生产温室气体排放量的测算》，《中国人口·资源与环境》2012 年第 7 期。

表 5　2011~2020 年四川省农业碳排放总量

单位：万吨

年份	农地利用	水稻种植	畜禽养殖	农业碳排放总量
2011	701.97	352.20	886.66	1940.83
2012	708.75	350.43	849.38	1908.56
2013	710.86	349.17	830.32	1890.35
2014	714.40	349.41	835.12	1898.93
2015	719.43	349.34	811.34	1880.11
2016	719.79	349.20	779.59	1848.58
2017	715.61	329.00	831.24	1875.85
2018	704.73	328.85	800.66	1834.24
2019	695.77	328.14	708.48	1732.39
2020	686.70	327.50	799.36	1813.56

从农业碳排放结构来看，三类碳排放源的碳排放量均呈波动下降趋势，但畜禽养殖引发的碳排放量最大，其次为农地利用。2011 年畜禽养殖引发的碳排放量为近十年来的最高值 886.66 万吨，占总碳排放的 45.68%，2019 年非洲猪瘟使得畜禽养殖碳排放达到最低值 708.48 万吨，但占比也高达 40.90%；农地利用引发的碳排放占比呈波动上升趋势，均值为 38.03%；水稻种植引发的碳排放量最小，但占比也为 18.33%左右。

农业碳排放强度表示农林牧渔业总产值所引发的农业碳排放量（吨/万元）。由图 1 可知，2011~2020 年农业碳排放强度呈下降态势，从 0.39 吨/万元下降到 0.20 吨/万元，年均降幅为 7.33%，说明四川省在提高农业产值和提升农业效益的同时，也在一定程度上实现了农业减排降碳。

（二）四川省农业绿色发展水平分析

采用熵值法，本文计算了四川省农业绿色发展各评价指标体系的权重（见表 6），指标权重越大代表其在四川省农业绿色发展中的贡献度越大。根据表 6 分析可知，环境友好下大部分二级指标权重较大，在经济效益指标中，除粮食单产外，其他指标的权重偏小。在所有的指标中，化肥使用强度

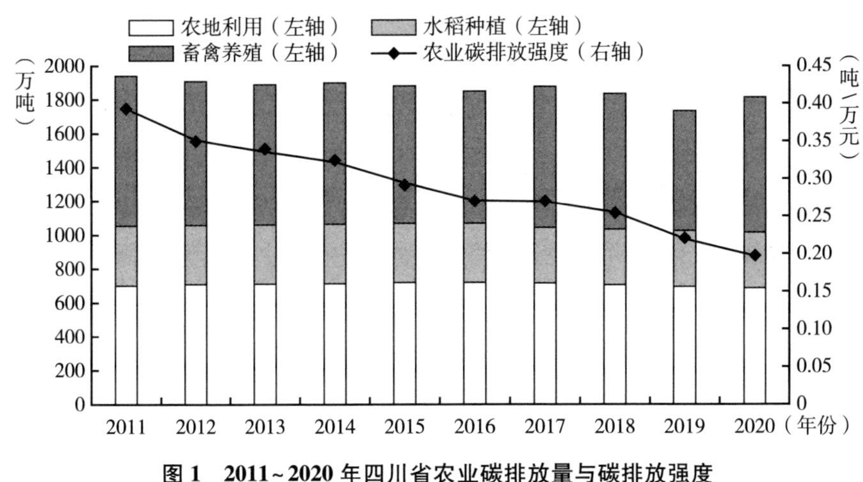

图1　2011~2020年四川省农业碳排放量与碳排放强度

的权重为0.1170，远远高于其他指标，农药使用强度、人均耕地面积、森林覆盖率、农膜使用强度和财政支农力度的权重也相对较大，农业碳生产率的权重处于中等水平，农村居民人均可支配收入、单位农耕面积碳排放量、水土流失治理面积、节水灌溉率和耕地复种指数的权重相对较小。总体来说，资源利用、环境友好、生态保育和经济效益及其二级指标均可以在不同程度上反映“双碳”战略视域下四川省农业绿色发展的实际情况。

表6　各级指标权重结果统计

目标层	一级指标	二级指标	权重	排序
四川省农业绿色发展水平	资源利用	人均耕地面积(m^2)	0.0676	3
		节水灌溉率(%)	0.0394	18
		农机使用效率(kW/hm^2)	0.0531	8
		农业用电强度(千瓦时/元)	0.0432	12
		财政支农力度(%)	0.0577	6
		耕地复种指数	0.0277	19
	环境友好	化肥使用强度(kg/hm^2)	0.1170	1
		农药使用强度(kg/hm^2)	0.0690	2
		农膜使用强度(kg/hm^2)	0.0607	5
		农业碳生产率(万元/万吨)	0.0435	11
		单位农耕面积碳排放量(t/hm^2)	0.0408	16

续表

目标层	一级指标	二级指标	权重	排序
四川省农业绿色发展水平	生态保育	造林面积(hm^2)	0.0563	7
		森林覆盖率(%)	0.0664	4
		水土流失治理面积(千公顷)	0.0403	17
	经济效益	农村居民人均可支配收入(元)	0.0414	15
		第一产业占 GDP 比重(%)	0.0432	13
		农业劳动生产率(万元/人)	0.0448	10
		粮食单产(t/hm^2)	0.0457	9
		土地产出率(万元/公顷)	0.0421	14

根据农业绿色发展水平评价指标体系和各指标权重，本文测算得到了四川省农业绿色发展综合得分情况，具体结果如表 7 和图 2 所示。综合得分越高代表农业绿色发展状况越好；反之，则代表农业绿色发展水平较低。分析可知四川省农业绿色发展水平从 2011 年的 0.1931 上升至 2020 年的 0.7942，年均上升 17.78%，说明 2011~2020 年四川省农业绿色发展水平呈现提升态势，且增长速度较快。从时间序列的阶段来看，测度期间四川省农业绿色发展水平可以分为“缓慢增长—快速增长”两个阶段：第一阶段为 2011~2014 年，年均增长率为 3.87%，其中，2012 年较上年有所下降；第二阶段为 2015~2020 年，年均增长率为 24.74%，这可能是由于党的十八大强调了“绿水青山就是金山银山”的理念，坚定不移走生态优先、绿色发展之路，进而使得各地加快了推进农业绿色发展的步伐。

资源利用 2011 年综合得分为 0.0808，为四个一级指标中得分最高的一项，而 2020 年综合得分上升到 0.1592，仅高于生态保育。2011~2020 年，资源利用除 2013 年、2017 年和 2019 年得分有所下降外，其余年份得分呈缓慢上升趋势，年均增长率为四个一级指标中最低的，约为 9.45%，这可能是由于农机使用效率和耕地复种指数得分呈波动上升趋势，使得资源利用得分增速放缓。

环境友好得分于 2011~2020 年上升速度较快，年均增长率为 27.78%，2011 年综合得分为 0.0518，仅低于资源利用，但此后几年波动上升，2020 年升至 0.3147，远高于其余 3 个一级指标综合得分。其中，2018 年较上年增长率高达 108.78%。通过分析可知，在测度期间化肥使用强度、农药使用强度、农膜使用强度和单位农耕面积碳排放量均不断下降，农业碳生产率大幅上升，这说明近年来人们逐渐认识到以环境为代价的粗放型传统农业生产方式的不利之处，也说明了四川省在减碳、农药化肥减量等方面取得了显著成效。

生态保育得分近年来一直处于低位，除 2015~2017 年，其余年份得分均为各一级指标中得分最低。得分从 2011 年的 0.0154 波动上升到 2020 年的 0.1314，但年均增长率为 47.29%，远远高于其余三个指标的增长率。得分在 2012 年和 2018 年有所下降，其中 2012 年下降幅度高达 61.04%，这可能是由造林面积大幅下降导致的。

在测度期间，经济效益得分一直保持中等水平，呈稳步攀升的趋势，从 2011 年的 0.0451 上升到 2020 年的 0.1889，年均增长率为 17.73%，这也与近年来四川省经济发展与农业发展实际情况相符合。

表 7　2011~2020 年四川省农业发展水平

年份	资源利用	环境友好	生态保育	经济效益	综合得分
2011	0.0808	0.0518	0.0154	0.0451	0.1931
2012	0.0894	0.0430	0.0060	0.0508	0.1891
2013	0.0813	0.0494	0.0196	0.0589	0.2092
2014	0.0856	0.0367	0.0236	0.0698	0.2156
2015	0.1038	0.0391	0.0524	0.0916	0.2870
2016	0.1274	0.0612	0.0934	0.1157	0.3977
2017	0.1120	0.0877	0.1223	0.1202	0.4422
2018	0.1700	0.1831	0.1154	0.1221	0.5906
2019	0.1485	0.2530	0.1270	0.1418	0.6703
2020	0.1592	0.3147	0.1314	0.1889	0.7942

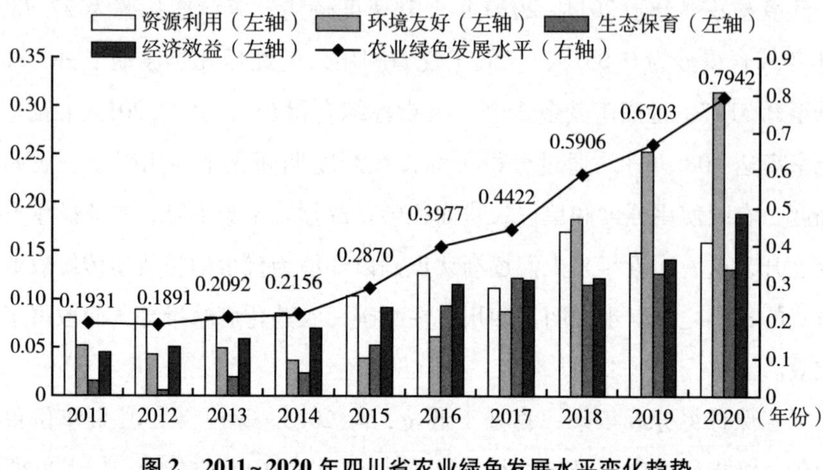

图 2　2011~2020 年四川省农业绿色发展水平变化趋势

四　四川省农业绿色发展未来路径

作为农业大省，四川省已经初步形成了低碳高效的农业生产模式，并成为推动“双碳”目标实现的重要手段。根据对四川省农业绿色发展水平的分析，结合四川农业发展现实情景，为不断推进和持续提升四川农业绿色发展水平，本文提出了以下路径，以期为四川省实现农业减排降碳目标提供参考。

（一）推行农业绿色生产方式，切实提高投入品使用效率

传统的生产方式是利用高投入带来高产出，但也导致了高污染高排放，农业绿色发展要推动农业从粗放型转变为集约型，必须提高农业投入品的利用效率，最大限度地减少碳排放。从前文的分析可知，畜禽养殖碳排放在农业碳排放中占比最大，化肥、农药、农膜的使用强度极大地影响着四川省农业绿色发展水平。因此，在全省范围内推行农业绿色生产方式，重点关注畜禽养殖场，采用种养结合方式，建立种植业与畜牧业的良性循环发展机制，开展畜禽粪污资源化利用，推进粪肥还田利用；鼓励农户使用有机肥，减少

传统化肥的使用；推广使用加厚农用塑料薄膜，鼓励农膜回收，减少土壤中的白色污染；推广宣传生物农药，增加生物农药使用，降低对传统农药的依赖并减少其使用量。同时，创新化肥农药等投入品施用方式，可考虑应用数字技术，使用无人机等机械化手段，加强肥药精准施用，不断提高使用效率。

（二）优化财政支农资金结构，助力农业绿色科技创新

随着中央和地方的财政支农力度不断加大，农村地区也加快了农业生产生活方式的绿色化转型。作为西南地区最大的粮食主产省，四川省农林水事务支出呈增长趋势，在全国处于较高水平，2020 年农林水事务支出金额为 1339 亿元，占全省一般公共预算的 12%。且通过前文的分析可知，财政支农力度对四川省农业绿色发展有着重要的贡献，因此在今后的发展中，需要进一步优化财政支农资金结构，使资金配置合理化，完善农业绿色补贴制度，进而推动四川省农业绿色发展，为实施“双碳”战略贡献力量。要不断提高财政支农资金透明度，追溯资金从分配到利用的各个环节，保证各部门的财政支农资金落实到点。同时，吸引社会资本投资农业发展，引导金融行业助力农业绿色发展，完善保险、担保、信贷政策，拓展多元化的支农资金来源，在减轻财政部门压力的同时也降低财政资金风险。此外，引领农业绿色发展的第一动力是绿色技术的研发与创新，通过应用农业绿色技术，可以有效减少化肥农药的使用量、实时监测农产品供给质量、减少农业碳排放等。而农业绿色技术的研发创新离不开财政部门的支持，要重视财政资金对农业绿色科技创新的支撑作用，推进农业绿色科技创新和成果转化，构建四川省农业绿色发展技术支撑体系。

（三）推动农业生态环境保护与农业经济协同发展

保护生态环境就是保护生产力。在农业绿色发展过程中不能忽视生态环境保护，尤其是在“双碳”目标下，更要深刻践行习近平总书记提出的“绿水青山就是金山银山”的理念，坚持人与自然和谐共生理念。由前文可

知，森林覆盖率和造林面积对四川省农业绿色发展水平的提升发挥着重要作用，同时森林系统排放的碳较少，且又可以通过植被的光合作用吸纳大量的碳，是一个巨大的碳汇系统，因此，要不断推进植树造林，增加生态林面积，进而增加农业碳汇总量。同时，采用环境友好型农业生产方式，减少农业碳排放，降低农业面源污染，严格保护耕地质量安全，系统性地推进水土流失综合治理，推动四川省农业生态环境持续向好发展。此外，不断优化农业生产条件，提高农业生产效率，维持生态环境与农业经济发展之间的平衡，将绿色生态优势转化为农业经济发展优势，从而形成农业生态环境保护与农业经济协同发展的格局，创造更多的农业生态产品。

（四）建立农业绿色发展服务平台，增强对农业绿色发展的支撑力

尽管四川省农业绿色发展水平呈现不断提升态势，但还没有建立起较为完善的农业绿色发展服务平台，如许多市州层面的农业投入产出数据不够系统，影响了对农业绿色发展水平的综合研判和相关政策科学制定的支撑，进而在一定程度上阻碍了对四川省各地区的系统分析。在快速推进的数字经济发展背景下，建立健全农业绿色发展服务平台，可以将省内、国内，甚至是国际上的技术、人才、资金等相关农业资源整合起来，推动农业发展的低碳转型与农业产业结构优化。例如，通过农业绿色发展平台引进已有的农业绿色技术，或是大范围推广自身的农业绿色技术，并收集反馈信息，优化技术推广方式。也可以通过平台及时了解农业金融信贷、农业保险、智慧农业等重要信息，进而引导和吸纳社会资本参与绿色农业发展，加快创新农业绿色发展模式。此外，四川省已有数据资源的全面性和完整性较我国其他省区市还有待加强，在当前信息化数字化的大背景下，通过农业绿色发展平台，构建碳排放和农业绿色发展水平评价指标体系，有利于提升农业绿色发展政策的科学性，为全面提升农业绿色发展水平提供强大的支撑力。

绿色转型篇

Green Transformation Reports

B.4 生态旅游的创新与变革*

赵　川**

摘　要： 党的二十大报告强调了生态文明建设的重要性，高质量发展生态旅游对推进生态文明建设、促进人与自然和谐共生的现代化建设具有重要意义。本文通过分析当前生态旅游发展趋势和研究成果，结合绿色低碳发展、体验经济、社区参与和目的地品牌塑造等理念，探讨了目前我国生态旅游发展中存在的主要问题，提出了全面推动生态旅游创新与变革的措施，并围绕自然奇观、珍稀动植物等生态旅游资源转化方式与生态研学、生态住宿等高质量生态产品及生态景区打造提出了对策建议。

关键词： 生态文明　生态旅游　高质量发展　创新发展

---

* 本文为绿色创新发展四川软科学研究基地系列成果之一。

** 赵川，博士，四川省社会科学院副研究员，主要研究方向为旅游经济、旅游资源开发与规划、旅游市场营销等。

一 引言

党的二十大报告强调了生态文明建设的重要性，提出了站在人与自然和谐共生的高度谋划发展，推动绿色发展，加强生态保护和修复，积极参与全球生态治理的目标。生态旅游作为具有保护自然环境和维护当地人民生活双重责任的旅游活动，可以充分利用绿水青山的宝贵资源，增强人们的环保意识和责任感，有效保护和恢复自然景观、生物多样性和文化遗产，展示我国在生态文明建设方面的成就和经验。

目前，生态旅游发展呈现欣欣向荣的态势，生态旅游产品不断丰富，逐渐朝着多样化、专业化、特色化、体验化的方向发展。生态旅游者的数量持续增加，游客的生态环保意识不断增强，生态旅游发展所带来的经济效益逐渐凸显，越来越成为生态资源富集的革命老区、边远地区、贫困地区等地居民参与社区发展、实现共同富裕、助力乡村振兴的重要抓手。同时，我国也在探索生态旅游新模式，如积极推广生态旅游教育、发展旅游民宿等，通过盘活存量资源，释放旅游价值，实现生态资源合理配置、生态产品价值转化与增值。

在生态旅游研究方面，学者们从不同方面进行了研究。在生态旅游的发展与影响方面，张毓利等基于中国 31 个省份的面板数据，发现生态旅游能够显著提高地方经济发展水平和环保水平，证实了生态旅游建设能够助力区域“绿水青山”与“金山银山”兼得。① 石映昕等指出生态旅游作为我国优秀传统文化的重要组成部分，与当代生态旅游具有天然耦合性，也是实现党和国家倡导的“文化、生态、旅游”“三位一体”的重要举措。② 卜诗洁等通过对三江源国家公园黄河源园区居民生计变化情况的分析，探讨了影响国家公园

---

① 张毓利、徐彤：《全域生态旅游建设能否助力区域“绿水青山”与“金山银山”兼得？——基于福建的经验分析》，《干旱区资源与环境》2023 年第 12 期。

② 石映昕、杨尚勤：《传统文化观与现代生态旅游的融合发展价值及路径》，《社会科学家》2021 年第 5 期。

居民生计韧性的因素及促进其生计韧性提升的策略。① 张艳楠等构建了多元参与主体视角下生态脆弱区旅游开发演化博弈模型，指出社区居民与旅游企业形成合作开发联盟，可以促使价值共创演化路径进入生态旅游开发成熟阶段。②

在生态旅游产业创新发展方面，刘俊等指出在生态旅游领域迫切需要提升科技支撑水平，围绕资源功能、游客行为、环境承载力、空间管控、价值认知五个方面开展科技创新。③ 张海霞等指出通过市场化手段推动特许经营以提高生态旅游产品供给质量，建立更有效的人与自然联结，帮助生态旅游发展节约交易成本、提高资源配置效率。④ 何伟等从社区参与障碍的角度出发，探索了西藏乡村生态旅游社区参与生态文明建设和乡村振兴的解决方案。⑤ 孙宝生等基于在线旅游评论数据和网络文本挖掘技术，构建游客满意度评价指标体系和评价模型，为准确评价生态旅游目的地的游客满意度提供新视角。⑥

在生态旅游融合发展研究方面，赵丽华基于“生态+融合+共享”理念，提出了通过国际化发展、标准化建设，以科技赋能、绿色发展推动青海生态旅游产业创新发展的策略。⑦ 牛森等指出我国“一带一路”沿线地区特色体育文化与生态旅游融合可以从生态、绿色、低碳等维度进行品牌创新。⑧ 刘

① 卜诗洁、王群、卓玛措：《生态旅游发展模式演变下三江源国家公园居民生计韧性分析》，《地域研究与开发》2023 年第 1 期。

② 张艳楠、邓海雯、王磊：《多元参与主体视角下生态脆弱区旅游开发的利益联结机理与价值共创机制研究》，《旅游科学》2022 年第 4 期。

③ 刘俊、王胜宏、余云云：《科技创新：生态旅游发展关键问题的思考》，《旅游学刊》2021 年第 9 期。

④ 张海霞、黄梦蝶：《特许经营：一种生态旅游高质量发展的商业模式》，《旅游学刊》2021 年第 9 期。

⑤ 何伟、桑森垚：《基于社区的乡村生态旅游参与障碍分析——以林芝嘎拉村和唐地村为例》，《西藏大学学报》（社会科学版）2021 年第 2 期。

⑥ 孙宝生、敖长林、王菁霞、赵明阳：《基于网络文本挖掘的生态旅游满意度评价研究》，《运筹与管理》2022 年第 12 期。

⑦ 赵丽华：《“两山理论”背景下青海打造国际生态旅游目的地的时代价值与策略选择》，《青海民族研究》2022 年第 4 期。

⑧ 牛森、李伟良、宋杰：《我国“一带一路”沿线特色体育文化与生态旅游融合品牌创新路径研究》，《广西社会科学》2021 年第 12 期。

林星等针对黄河流域民族体育文化与生态旅游深度融合发展进行了研究，提出了构建多维推进机制、增强竞争力、创新推广模式、加快国际化进程以及构建安全保障体系等实现路径。[①] 孟乐等对中国和德国生态景区的实际情况进行了多视角的比较研究，提出人性化设计是我国生态旅游发展的关键，需实现经济、社会、生态协同发展，借助信息技术实现旅游体验升级和数字化转型。[②] 王胜今等指出我国进入老龄化社会，互联网为乡村生态旅游养老服务提供了产业供给结构优化和创新的机遇，有利于为老年人提供更优质的旅游养老服务。[③]

二　生态旅游创新与变革的理论基础

在生态旅游的创新与变革过程中，以绿色低碳发展理念、体验经济理论、社区参与式旅游理念以及目的地品牌塑造理论等为指导，提高生态旅游产品的吸引力、可持续性和竞争力，进一步推动生态旅游产业高质量发展。

（一）绿色低碳发展理念在生态旅游中的应用

绿色低碳发展理念强调在经济发展过程中减少对自然资源的消耗，减少环境污染，实现经济、社会与生态环境的协调发展。在生态旅游中，践行绿色低碳发展理念意味着要在交通、住宿、用水、能源等方面采取环保措施，降低生态旅游活动对环境带来的负面影响。例如，提倡绿色出行，采用可再生能源，减少一次性用品的使用，发展循环经济等。

---

① 刘林星、李越苹、朱淑玲、刘健：《黄河流域民族体育文化与生态旅游深度融合发展研究》，《西安体育学院学报》2022 年第 2 期。

② 孟乐、徐媛媛、周武忠：《中德生态旅游景区可持续发展比较研究》，《上海交通大学学报》（哲学社会科学版）2021 年第 2 期。

③ 王胜今、张少琛：《“互联网+”背景下乡村生态旅游养老服务策略》，《社会科学家》2020 年第 9 期。

（二）体验经济理论在生态旅游产品设计中的运用

体验经济理论认为，消费者在购买产品和服务时，更注重所获得的独特体验和感受。在生态旅游产品设计时，合理运用体验经济理论可以提升游客的满意度，从而拉动游客对生态旅游产品的需求，具体措施包括提供个性化、定制化的旅游线路和服务，如生态旅游民宿、生态研学活动、户外生态探险等活动能够打造独特的旅游主题和文化氛围，以及引入多元业态，使游客获得丰富的感官、情感和心灵体验。

（三）社区参与式旅游理念在生态旅游发展中的作用

社区参与式旅游理念强调当地居民在生态旅游发展中的深度参与和利益共享。发展社区参与式旅游有助于提高当地居民的生态保护意识、增强生态旅游的可持续性，同时促进地区经济发展。通过引入当地社区参与旅游项目的规划、开发和管理，可以充分利用当地的文化和生态资源与当地人的生态知识，为游客提供独特的旅游体验，同时带动当地居民的就业。

（四）目的地品牌塑造理论对生态旅游创新的影响

目的地品牌塑造理论关注的是如何运用有效的传播策略和手段，提升目的地知名度、塑造独特形象，并在竞争激烈的旅游市场中脱颖而出。随着移动互联网和社交媒体的普及，生态旅游目的地有了更广泛的传播渠道。通过社交媒体、自媒体等形式，目的地可以迅速将生态旅游资源传递给更多潜在的游客，提高目的地的知名度和吸引力。移动互联网使游客参与度得以提高，用户生成内容（UGC）如点评、照片、短视频等，丰富了目的地品牌形象，使游客更容易产生认同感，并使目的地品牌塑造更具针对性和互动性。基于大数据分析，旅游目的地还可以针对不同群体的需求，推出定制化的生态旅游产品和活动。新的传播技术为目的地品牌塑造提供了新的机遇，助力生态旅游产业创新与变革。

三　目前生态旅游发展中存在的问题

目前，我国生态旅游发展仍然存在以观光旅游为主，深度游、度假游、体验游产品相对薄弱的问题，在提供更多优质生态产品，不断满足人民群众日益增长的优美生态环境需要方面还有所欠缺，主要体现在以下几个方面。

（一）产业发展层次低，高质量产品“供给力”欠缺

目前国内旅游业已进入“大项目、大资本、大企业”发展时代，但由于受用地等因素限制，生态旅游企业和产品的发展存在不足。

一是文化旅游龙头企业少，带动能力不足。特别是生态旅游资源密集的西部地区的旅游龙头企业与广东、北京、上海等发达省份相比，差距较大，特别是旅游投资龙头企业规模小，难以发挥带动作用。

二是企业规模普遍小且创新能力弱，生态旅游开发企业以中小微为主，开发能力有限，发展依赖原始资源，高端创新能力弱，特别是在“文化+”“旅游+”“+旅游”时代，文化与旅游产业成为越来越依赖科技、创新和智慧的产业。生态旅游企业发展滞后，难以满足现代人对文化旅游新产品、新体验的需求。

三是高质量产品供给能力欠缺。从旅游消费看，许多生态旅游产品仍然以观光为主。大多数旅游产品是对资源简单的粗包装，缺乏对旅游资源的整体开发与地域特色挖掘，高质量产品供给能力欠缺。在生态旅游“吃、住、行、游、购、娱”传统六要素中，“吃、住、行、游”等基础要素消费比重远高于“购、娱”等提升要素消费比重，在康养旅游、研学旅游、休闲旅游、户外旅游等新业态、新产品的研发和培育方面亟待加强。

（二）资本运作不够好，文旅资源“转化力”较弱

随着文旅产业在经济发展中的地位日益凸显，许多地区加大了对旅游业

的投资力度，促成生态旅游资源与资本有效对接，但是由于旅游行业本身的复杂性，生态旅游资源的开发转化还存在很多问题。

一是文旅产业投融资机制不健全。当前生态旅游投融资机制存在诸多短板。中小微企业融资难，投融资机构考核机制对文旅项目不利，银行对于开发周期长而风险大的生态旅游业很难给予所需的贷款支持。缺少高效的生态旅游投融资沟通平台，造成投资途径、种类单一等问题。

二是文旅产业投融资结构不平衡。东西部经济发展不平衡，投融资主要集中在大中城市和发达地区，但具有开发潜力的生态旅游资源却往往位于偏远地区，生态旅游资源长期得不到较好的开发。此外受政策倾向和市场环境影响，受投融资主体青睐的多为补贴较多、用地条件较好的乡村旅游以及文旅综合体项目，很多有价值的生态旅游资源并不被投融资主体看好。此外，投融资主体更多地将资本用于生态旅游硬件建设，在运营、配套、管理上投入较少，这也导致生态旅游产品后期利润主要来自门票收入，出现运营不强、配套不够、管理不专等问题。

（三）整体宣传不到位，生态旅游“传播力”不足

生态旅游需要使旅游与生态、文化深度融合，但目前许多开发主体还存在泛文化、泛旅游的浅层认知，提升目的地的传播力的能力不足。当前生态旅游的传播问题主要体现在理念、内容、技巧等层面。

一是传播理念尚不到位。目前的生态旅游对宣传不够重视，重硬件建设轻宣传推广问题比较突出。各生态旅游目的地也难以形成传播合力，打造响亮的生态旅游品牌。同时，宣传推广缺乏明确的目标指向，“覆盖多影响小”“有爆款无用户”等问题凸显。

二是传播内容创新不足。好的内容是提升传播力的基础。但许多目的地对生态旅游口号的提炼不足，缺少“入耳入心”的口号。同时缺乏内容创新。嫁接互联网时代新文化内涵，体现时代感是生态旅游目的地必须破解的传播问题。此外，宣传视角雷同，缺乏差异性，集中于大熊猫、红叶等固有品牌，缺乏对新角度的发掘，窄化了公众认知。

三是传播技巧有待提升。生态旅游目的地的传统宣传方式仍旧占据主流，在覆盖新受众或者年轻群体方面存在短板。新的宣传阵地运用较为机械，公众号、抖音、小红书等新媒介的“僵尸平台”现象较普遍。传播主体身份与角色固定不变，以“我”为主的模式导致宣传语调单一、生硬，缺乏对公众参与热情的调动，缺乏口碑效应。

四　推动生态旅游创新与变革的措施

生态旅游在面对生态环境压力时，需要在经济发展和生态保护之间寻求平衡。要营造生态旅游创新发展环境，推动优质的生态旅游资源转化为生态旅游产品。

第一要加强科学规划与管理。通过对生态旅游目的地进行全面、系统评估，合理规划生态旅游区域，确保旅游开发与生态保护之间的平衡。采用景观生态学、地理信息系统（GIS）等技术手段辅助规划和管理，提高资源保护与利用效率。

第二必须强调绿色低碳发展理念。在生态旅游业发展过程中，始终强调绿色低碳发展理念，将“绿水青山就是金山银山”理念贯彻于保护与开发的全过程，注重在经济、社会、环境三个方面取得平衡。在保护与利用生态旅游资源的过程中，遵循生态承载能力、环境容量等生态学原理，确保资源的可持续利用。

第三要做好生态教育与宣传推广。通过加强生态教育和宣传，增强游客和当地居民的生态保护意识，形成共同参与生态保护的良好氛围。引导游客发挥监督作用，对不利于生态保护的行为进行约束。

第四是推动社区参与。要在生态旅游开发中制定合理的措施，让当地居民和社区参与生态旅游资源的保护与利用，提高其环保意识和参与度。通过实现资源共享和利益共赢，促进地方经济发展，同时保护生态环境。

第五是加大绿色科技与创新力度。积极引入绿色科技，如绿色建筑、清洁能源、智能导览等技术，降低生态旅游业对环境的影响，提升游客体验，实现经济效益和生态效益的平衡。

第六是做好监测与评估。建立生态旅游目的地的生态环境监测与评估机制，定期对生态旅游区域的生态环境状况进行评估，以便及时发现并解决问题。同时，对生态旅游业发展状况进行评估，为政策调整和制定提供依据。

通过以上策略和措施，生态旅游业的发展可以实现经济发展与生态保护之间的平衡，提供更加优质的生态旅游产品，为未来的绿色低碳发展奠定基础。

五　生态旅游产品高质量发展的建议

（一）转化开发新的气象景观

随着人们对旅游产品的要求不断提升，独特的气象资源逐渐成为生态旅游业的新热点。这些资源包括云海、日出、星空等气象景观。为了将这些资源转化为高质量的生态旅游产品，可以从以下几个方面进行创新和改进。首先，可以将当地的文化、历史和民俗融入气象景观旅游产品。在观赏云海、日出、星空等气象景观时，可以邀请当地的民间艺人表演传统歌舞，让游客在欣赏气象景观的同时，体验当地的人文风情。此外，还可以将地域特色食品融入旅游产品，让游客在观赏气象景观的时候品尝当地美食。其次，依据云海、日出、星空等气象景观，设计多条主题线路以满足不同游客的需求。例如，可以开发云海徒步之旅、日出观赏之行、星空露营体验等。这些主题线路可以吸引各类游客前来体验，从而提高生态旅游的吸引力。此外还可以结合气象景观创新旅游服务，提高游客体验感。如在云海之上设立观景餐厅和观景民宿，让游客在舒适的环境中欣赏气象景观；同时，可以开展户外拓展、摄影比赛等活动，满足游客多样化的需求。

在开发气象景观这样的生态旅游产品时，需要增强环保意识，确保生态旅游的可持续发展。如可以使用环保建材、采用绿色能源、减少一次性用品等。同时要对游客进行环保教育，鼓励其参与生态保护活动，共同保护自然

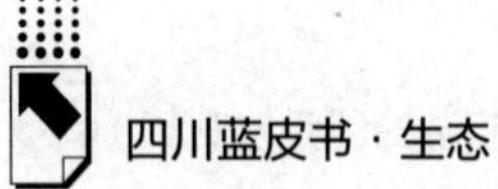

环境。还需要在气象景观旅游产品中融入科普知识。如设立科普展示区，介绍云海、日出、星空等气象景观的形成原理。

（二）开发新的生物主题生态旅游产品

我国拥有丰富的植物物种和特有珍稀动物资源，将这些生态资源转化为高质量的现代生态旅游产品可以通过以下几个方面来实现。一是设立自然教育中心。在生态旅游目的地设立自然教育中心，通过展示和讲解的形式，向游客传播生物多样性的知识，增强游客的生态保护意识。同时，组织科普讲座、研讨会等活动，提高游客的生态文化素养。二是发展观光旅游，通过开发生物资源密集的观光路线，让游客在保护生态的前提下，近距离观赏特有的植物物种和珍稀动物。例如，可以组织专业的生态导游带领游客参观，讲解各种植物、动物的特点及其生态价值。三是打造特色旅游产品。面向摄影爱好者，设计专门的生态摄影旅游线路，带领游客深入生态资源丰富的地区，捕捉特有植物和珍稀动物的美丽瞬间。例如可以开发以红叶、野花、鸟类为主题的摄影之旅。或者打造野生动植物考察深度线路，组织专业生态导游带领游客走进生态保护区，近距离观察和了解特有的植物物种和珍稀动物，如观赏大熊猫、金丝猴等动物，增进游客对生态保护的认识。

在开发以动植物为主题的生态旅游产品时，必须牢牢使保护与利用相结合，在保护的前提下进行适度的旅游开发。例如要对生态敏感区域实行严格管控，限制游客数量，同时，加强对游客行为的管理，减少对生态环境的影响。

（三）打造全年龄段的生态研学旅行产品

生态研学旅行产品能将生态知识、生态保护和环境教育等元素融入研学旅行，帮助游客在实践中了解生态环境，培养其环保意识。打造高质量的生态研学旅行产品要注意以下几个方面。设计多样化的生态研学项目。开展生态科普之旅，组织学生参观生态科普教育基地，了解生态知识和环境保护技术，如参观地质博物馆，了解当地生物多样性。可以进行生态探险，带领学生参观自然保护区、国家公园等，了解当地的生态环境、生物多样性及其保护意义。如国家公园、自然保护区等。成立环保夏令营，组织学生参与环保志愿者活动，如清理垃圾、植树造林、保护野生动物等，让学生在实际行动中培养环保意识，如参与水源地保护志愿者活动。进行农业体验，带领学生参观有机农场，了解绿色农业和可持续农业的实践。如参观成都周边的有机农场，学习有机农业种植技术。

在生态研学旅行的过程中要高度注重过程的实践性和体验性。要鼓励游客亲自动手实践，如采集水质样本、观察昆虫、参与树木种植等，在实践中了解生态知识。在课程活动设置上要以互动式学习的思路设计有趣的互动环节，如生态知识竞赛、环保主题演讲比赛等，提高游客学习兴趣和参与度。要结合旅行的异地性让游客体验当地的生活方式，如参与当地农耕、了解传统手工艺、品尝地道美食等，增强游客对当地生态文化的认识。还可以邀请生态学、环境保护等领域的专家讲解相关知识，确保科学性和权威性。并配备专业的研学旅行指导师来带领游客进行实地考察，解释各种生态现象、动植物特点及其保护意义，提高游客的认知水平。

（四）打造高质量生态旅游住宿度假产品

在打造高质量生态旅游住宿产品的过程中，旅游民宿和野奢酒店是两个非常重要的方向，不仅能够提供舒适的住宿环境，还能够提供与当地自然环境和文化相融合的旅游体验。

旅游民宿是指以农家院、别墅、庭院等自然资源和农村生活环境为基础，通过改造和装修，将其打造成为能够接待游客的住宿场所。旅游民宿可以让游客更深入地了解当地文化和风土人情，还可以提供更加个性化的服务和住宿体验。旅游民宿可以根据不同游客的需求，提供多样化的住宿方式，如家庭式、主题式、文化式等。旅游民宿具有独特的地域特色和文化内涵，能够让旅游者更加深入地了解当地的文化和生活方式。同时，旅游民宿也能够为游客提供独特的住宿体验，使其更好地融入当地生活。

野奢酒店则是将豪华住宿和自然环境完美融合的一种住宿形式。野奢酒店是将自然风光和现代舒适设施完美结合的一种住宿形式，与传统的豪华酒店不同，采用更加轻松、自由和环保的方式，为旅客提供独特的体验。越来越多的旅游度假区开始打造野奢酒店，以迎合旅客的需求。野奢酒店通常位于风景秀丽的山区或者海岸线，周围被原始森林、峡谷、河流、海滩等自然景观所环绕。野奢酒店使豪华住宿和自然景观相结合，为旅游者提供了独特的住宿体验。野奢酒店还通常提供高品质的餐饮、文化、户外探险等服务，让旅游者能够在享受豪华住宿条件的同时，更好地融入自然环境。

为了提升生态旅游住宿产品质量，可以从以下几个方面入手。一是重视设计和装修。通过合理的设计和装修，将当地的自然环境和文化元素融入住宿环境，营造独特的氛围和风格。二是提供高品质服务。在旅游民宿和野奢酒店方面，结合当地特色提供高品质的餐饮、文化、户外服务，如利用草原、山地、海滩开展各种休闲活动，提供更好的度假体验，增加游客的满意度和回头率。三是加大推广和营销力度。通过建立网站、使用社交媒体、参加旅游展会等方式来提升生态住宿产品的影响力。值得注意的是，在打造精品生态住宿产品时，应注重环保和可持续发展，确保住宿设施与自然环境的和谐共存。同时，也要关注住宿体验的个性化和舒适度，为旅客提供在生态环境中的“家外之家”。

（五）以经营景区的理念，提升现有生态旅游景区

当前生态旅游经济效益主要来源于门票收入，如何用经营景区的理念，丰富景区业态，提升现有生态旅游景区的体验度，延长游客停留时间，可以从以下几个方面入手。

一是要优化景区规划和布局。根据游客需求和当地特色，科学规划景区布局，合理地分配景点、活动区、休闲区、餐饮区等，提升游客的体验感。

二是要引进丰富多样的旅游业态。比如基于当地的动植物特色资源，在景区内开辟一定面积的场地，开展科普采摘、动物体验等活动，让游客了解当地特色生物，体验自然生态乐趣。要结合自然条件开发文化旅游项目，通过文化展览、文化体验、文化演艺等，向游客展示当地的历史文化、民间文

化和特色文化。要引进低碳环保旅游项目，开发步行、自行车、溯溪等低碳环保旅游项目，为游客提供环保、健康、有益的项目选择。

三是丰富景区内的文化娱乐活动。要增加娱乐内容，在景区内设置体育运动区域，提供丰富多样的体育活动，如爬山、骑行、漂流、滑雪等。这些活动有利于吸引喜欢运动的游客，增加游客的停留时间。要在景区内推出当地特色美食，如农家菜、野味、特色小吃等，提供更加丰富的饮食，同时增加景区的经营收入。在景区内举办摄影、绘画、非遗等主题文化活动，让游客能够感受当地文化气息，同时也可以创造新的营收来源。

四是加强景区服务和管理。要加强景区安全保障，围绕新业态的布局提高景区安全保障能力，完善安全设施和应急预案，确保游客在景区内的安全。要加强景区内环境保护，加强对游客的环境保护宣传，让游客在体验活动中增强环保意识。要提高景区服务质量，改善针对游客的服务，完善景区内的设施和配套，如引入先进的智慧旅游服务系统，如人脸识别、智能导游、智能语音导览等，为游客提供更加便捷的旅游服务。

六　结论

本文探讨了促进生态旅游创新与变革的策略，强调了生态旅游与环境保护的紧密联系，倡导绿色低碳的旅游方式，并注重生态环境的保护和修复，指出了培育生态旅游特色品牌的重要性，以满足消费者个性化的体验需求，探讨了基于气象奇观、动植物等生态旅游资源开发高质量生态产品，以提升游客体验，提出了打造高质量生态旅游住宿度假产品的重要性，以经营景区的理念改造生态旅游景区。

展望未来，还可以从更多的方面促进生态旅游创新与变革，包括深入挖掘当地文化资源，打造富有地域特色的生态旅游产品。可以积极利用新技术，如大数据、电子商务、新媒体营销、人工智能等，为生态旅游提供更智能、便捷的服务。需要高度重视当地向导、研学导师、民宿管家等生态旅游人才培养，使旅游从业者具备更强的专业能力、环保意识和服务意识。还要

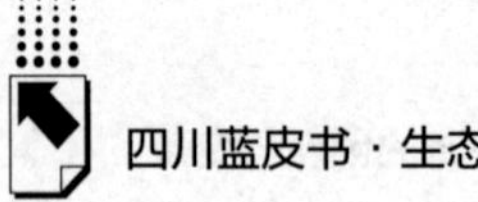

加强国际合作与交流，借鉴国外先进的生态旅游发展理念，推动我国生态旅游产业的创新发展。政府也应加大对生态旅游产业的扶持力度，出台优惠政策、提供资金支持和技术指导，鼓励企业和个人参与生态旅游产业发展。

参考文献

羊进拉毛：《黄河源园区社区参与生态旅游开发研究》，《青海社会科学》2022 年第 3 期。

张玉钧、高云：《绿色转型赋能生态旅游高质量发展》，《旅游学刊》2021 年第 9 期。

朱珈莹、张克荣：《少数民族地区生态旅游扶贫与乡村振兴实现路径》，《社会科学家》2020 年第 10 期。

B.5
生态康养型旅游民宿投资风险识别、性态演变与防控体系

何成军*

摘　要： 本文基于生态康养旅游民宿消费和投资现状，提出生态康养旅游民宿投资作为远离城市、投资金额大、回报周期长、专业性较强的投资活动，天生具有一定风险性。来自内部的主体决策风险、经营管理风险和产品特色风险，与来自外部的自然环境风险、市场风险和法律法规风险，受到多重因素影响而被引发，产生链条式、交互式影响，对生态康养旅游民宿的投资和经营形成挑战。基于以上分析，提出在生态康养旅游民宿投资的创投期、发展期、稳定期和衰退期的不同阶段，要根据各自主要风险的影响力，采取对应防范举措，降低风险危害性或者防止风险发生，保证生态康养旅游民宿投资的健康发展，助力乡村全面振兴。

关键词： 生态康养旅游　民宿　投资风险

生态康养旅游是旅游与健康有机结合的特色旅游模式，在旅游过程中，自然美景、空气负离子、温泉矿物质、适宜的温度湿度、文化活动等自然类和人文类因子能够对旅游者的生理、心理健康起重要的调解作用，可有效辅助疗养各类疾病，因此近年来受到广大消费者的青睐。在此背景下，以生态性、私密性和治愈性见长的康养型旅游民宿逐渐成为重要的消费场景和

---

* 何成军，四川城市职业学院副教授，主要研究方向为乡村旅游与乡村振兴。

投资领域。桂林等地涌现出的“天价”康养民宿套餐逐渐受到业界和学界的关注，[①] 与此同时，康养旅游民宿的投资也成为热点，在贵州黔东南[②]、四川攀枝花[③]等地，康养旅游民宿成为乡村振兴的重要抓手和旅游转型升级的重要支撑。《民宿蓝皮书：中国民宿发展报告（2020~2021）》显示，2020年全国有76.91%的生态康养旅游民宿位于乡村地区，近60%的民宿投资在200万元以上，其来源有76.34%为自有资金，且生态康养旅游民宿的投资回报周期较长，即便是在发展条件较好的头部区域，其收回投资也需8~10年时间。另据如家集团调研数据，我国民宿市场进入门槛较低，很多投资人和企业争相入场，有很多品牌，但单体规模都非常小，大约80%都不赚钱。但据中国旅游协会民宿客栈与精品酒店分会数据，截至2022年7月底，全国民宿企业121538家，比2021年增加18037家，比2020年增加47110家，比2019年增加69257家，[④] 民宿投资热潮仍在继续。而在远离城市、投资金额大、回报周期长、专业性较强等条件下，生态康养旅游民宿的投资风险问题逐渐暴露，引起学界重视。已有研究表明，民宿的投资要面临治安风险、财务风险、特色化与标准化失衡风险和同质化竞争市场风险、法律法规风险等多重风险。这要求针对生态康养旅游民宿的投资要进行风险评估和风险管控，有序引导民宿健康投资发展。有学者尝试对民宿的治安风险进行评估，从人防因素、物防因素、技防因素、制度因素和效果因素五个维度开展风险评估；也有学者从个案角度探讨农户民宿投资行为过程及其影响机制；还有学者从集群社会资本视角，深入剖析生态康养旅游民宿的投资和成长影响因素，提出处于集群中的生态康养旅游民宿企业同时受到个体与集体社会资本

① 《收费上万元，康养旅游火出圈！值不值?》，https：//www.163.com/dy/article/I0EF2NUV0514UDA0.html，2023年3月22日。

② 《“生态+康养”特色民宿助力乡村振兴》，http：//www.qdn.gov.cn/xwzx_5871605/xsdt_5871610/202208/t20220803_75937332.html，2022年8月3日。

③ 《探索康养民宿产业发展新路径》，https：//baijiahao.baidu.com/s?id=1686032463219964257&wfr=spider&for=pc，2020年12月14日。

④ 中国旅游协会民宿客栈与精品酒店分会：《七月民宿红似火——2022年7月全国民宿产业发展研究报告》，https：//mp.weixin.qq.com/s，2022年8月15日。

的影响等观点。已有的研究成果为生态康养旅游民宿投资的风险识别和防控提供了理论指导。

在市场推动和政策引导下，当前生态康养旅游民宿投资行为日趋复杂化，其潜在的风险越来越多，且风险的传染性越来越强，给投资主体、村集体、社区居民、游客乃至社会稳定带来明显的外溢负面影响，若对生态康养旅游民宿投资的风险不予充分重视与控制，极易导致投资行为的无序扩张、区域行业恶性竞争直至民宿破产、资产流失，引发区域性投资信任危机发生，进而影响到整个乡村发展的稳定性。厘清生态康养旅游民宿投资的风险引发因素，界定生态康养旅游民宿投资的风险类型，建构生态康养旅游民宿投资的风险生成机理，找准生态康养旅游民宿投资风险的动态性演变规律，建立风险防控体系，这是生态康养旅游民宿投资的基础性工作需求，但当前学界对此的系统性研究较为薄弱。本研究聚焦生态康养旅游民宿投资的风险因素和类型及其相互影响关系和演变规律，致力于防控风险和降低风险危害系数，为生态康养旅游民宿的高质量发展和投资提供建议。

一　生态康养旅游民宿投资风险的引发因素与表征形式

生态康养旅游民宿作为一项中长期的综合性投资活动，一般受到来自自然环境、法律法规、经济、社会、文化、科技等多领域的因素影响。根据投资主体是否可控这一条件，可以把这些因素划分为内部因素和外部因素，内外因素多重交织、相互影响，在一定程度上引发生态康养旅游民宿的投资风险。

（一）生态康养旅游民宿投资风险的内部引发因素及表征形式

1. 投资主体的决策能力与民宿发展趋势之间的“鸿沟”风险

规范的生态康养旅游民宿的投资，一般涉及前期的市场调研、选址、可行性论证、策划设计、资金筹措，中期的建设、装修、取证、团队搭建，后期的营销、服务、管理等，整个过程环环相扣。国际、国内旅游行业不断变革和发展，对生态康养旅游民宿的投资专业决策能力要求越来越高，这对于投资主体来说是一种考验。而综观我国生态康养旅游民宿的投资主体，主要包括村民、村集体组织、返乡创客、外来资本投资者等，总体上呈现学术知识水平、投资和经营管理能力等参差不齐的现象，尤其是大批乡村本土村民在外来投资者或者“乡村精英”的影响下，以模仿、参照等形式加入生态康养旅游民宿投资活动，但受到自身专业知识和能力水平限制，盲目进行民宿投资，忽略了生态康养旅游民宿的创造性、个性化本质，在民宿投资大潮中难以找到精准的定位，不能进行科学有效的经营管理，在决策上始终处于“跟跑”节奏，投资结果难以达到预期目标，与民宿发展之间形成了一道不可逾越的“鸿沟”。由此可能为投资活动埋下决策风险。

2. 从业人员的经营管理与顾客需求之间的冲突引发风险

生态康养旅游民宿的服务活动既涉及“台前”的预定、接待、餐饮、康体、养生、旅游、茶艺、花艺、卫生等，也涉及“幕后”的医疗、客房、财务、仓储、物流、营销等，要求从业人员具备综合性的专业知识和经验，特别是民宿主人或者民宿管家要做好业务管理、财务管理、物料管理、市场管理、人力管理等。但从业界调查来看，当前生态康养旅游民宿的从业人员学历偏低现象突出，民宿员工 30 岁以上的占 70%以上，民宿人才职业化水平普遍较低，培养高素质民宿服务人才已经成为投资者的当务之急。民宿消费水平之所以相较于普通酒店价格更高，最主要的原因就是能提供差异化、高水平、有特色的服务，生态康养旅游民宿不能提供稳定的服务，顾客在民宿的消费得不到对等的价值体验，这就容易形成供需不对等这组冲突，由此可能引发经营管理风险。

3. 民宿产品的品牌特色与行业竞争之间的矛盾触发风险

生态康养旅游民宿投资能实现盈利的重要保证之一就是能提供与其他住宿设施不一样的产品和服务，这种民宿特质的形成主要来源于房屋建筑、主人故事、饮食服饰、节庆活动等乡土文化元素，这些元素在互联网技术和平台的催化下，能够产生强大的市场号召力，形成品牌符号，这是生态康养旅游民宿被认可的关键。但由于这些文化元素一般在当地具有一定的公共属性，不具有专利权，先行发展形成的民宿品牌极易被其他民宿快速模仿，在其周边涌现出“山寨”版民宿，出现民宿同质化现象，使得原有的特色民宿品牌不再具有特色，区域内民宿发展陷入恶性竞争。如果没有合理的品牌运营和规范引导，这种行业竞争形成的矛盾极可能导致集体利益受损，由此触发的危害可以被归纳为产品特色风险。

（二）生态康养旅游民宿投资风险的外部引发因素及表征形式

1. 自然环境的不稳定性与民宿投资的强固定性预示风险

生态康养旅游民宿的投资选址一般要求自然生态环境质量高、人流量少、地质条件稳定等，能够给客人提供较佳的自然环境体验。因此，这样的地区一般处于远离大城市的有山有水的乡村，而这样的乡村地区往往基础设施水平不高、发生极端灾害的救援难度大。近年来极端天气频发，多地乡村区域历史天气数据记录呈现反常趋势，生态康养旅游民宿遭遇洪涝、干旱、冰冻、冰雹、地震、泥石流、滑坡等自然灾害的概率上升。而生态康养旅游民宿的投资主要是房屋建筑、设施设备等固定资产，可移动性低，一般在自然灾害来临的时候极易造成损失。因此，生态康养旅游民宿从投资开始就注定要面临自然环境风险。

2. 市场需求的高弹性与民宿供给的稳定性隐藏风险

生态康养旅游民宿的消费归根到底仍然属于旅游消费，这种消费不具有“刚需”特质，可替代性较强，还容易受到广告宣传、交通线路、周边资源、季节变化等因素的影响，属于需求弹性较高的消费。但是生态康养旅游民宿的投资涉及房屋改造、基建装修、家具家电采购安置、物资采购、人员配置、活动策划等，一旦形成一定风格和主题的民宿产品和服务后，就难以在短期内作出调整和改变，这就决定了民宿产品供给具有稳定性，难以根据市场变化做出快速反应和调整。这种高弹性和稳定性的对比，隐藏了生态康养旅游民宿投资面临的市场风险。

3. 法律法规的强制性与民宿本质的非标性表露风险

生态康养旅游民宿的投资一定是需要经过相关行政部门批准后进行的合法、合规的活动，涉及土地、市场监管、公安、卫生健康、消防等相关职能部门，包括房屋性质、工商许可、消防验收、公安备案、卫生许可、环保评估、食品药品监督等多重法律法规要求。这一系列要求随着国家相关政策和标准的制定而不断调整。国家先后出台《旅游民宿基本要求与评价》（LB/T 065-2019）、《关于促进生态康养旅游民宿高质量发展的指导意见》、《旅游民宿基本要求与等级划分》（GB/T 41648-2022）等，生态康养旅游民宿经历了从没有标准到有行业标准再到有国家标准的发展过程。这就使得生态康养旅游民宿的投资活动在具体操作中可能要面临不断整改的情况，容易陷入法律法规风险，因此，生态康养旅游民宿投资面临着法律法规风险。

二　生态康养旅游民宿投资风险的性态演变及防范体系构建

从理论上讲，生态康养旅游民宿投资仍然属于一般性投资活动，具有生命周期本质和阶段性特征。按照项目投资的一般规律，可以把生态康养旅游民宿投资的过程划分为四个阶段，既创投期、发展期、稳定期和衰退期，每个阶段投资活动的重心和侧重点不同，因此风险生成的可能性也不一样。由于自然环境整体上在短期内不会有太大改变，发生自然环境风险的可能性在整个项目投资期间较稳定，可不作单独性态演变讨论。在具体民宿投资项目中，需要根据不同风险的生成性态演变，积极采取不同的防范对策，争取投资效益最大化。

（一）民宿投资从创投期向发展期演变，风险由单一化向复杂化演变

生态康养旅游民宿的创投期指的是投资主体对某一民宿项目进行建设和尝试性运营的阶段。这个时期包括立项、策划与规划、施工、运营、前期成

本回收等。在创投期，投资主体可能遭遇的风险主要包括投资主体的决策风险和法律法规风险，随着项目运营，风险逐渐增加，包括经营管理风险、市场风险、产品特色风险等。如古道别院和洱海的民宿群，在创投期向发展期过程中就遭遇了自然地质灾害和法律法规风险，遭遇了多重风险挑战。

对于投资主体而言，在这个阶段要制定相应的风险防控措施，一方面，在投资前期要做好项目的科学论证，在选址上要基于专业的地理、地质、环境等论证进行布局，明确土地、房屋等的所有权、使用权、经营权归属问题，在成本允许条件下，进行详细的民宿策划与规划、施工，在满足当下市场需求的同时考虑未来市场变化。另一方面，在试运营期间，一旦发现运营能力不足，后续投资成本逐渐增加而收益不能达到预期，又恰逢有安全规范的接盘资本时，投资主体可以考虑退出。在投入不大或者后续的损失可能更大时，果断采取“短尾求生”，及时转移风险。另外，项目顺利进入发展期，如果运营收益基本达到预期，但是项目整体估值已经能够覆盖或超过成本，有时候甚至出现倍增现象，而后续运营、管理又具有较大的不确定性时，同样也可以考虑及时转出，防范风险发生。

（二）民宿投资从发展期向稳定期演变，风险由低风险向高风险演变

创投结束后，项目运营进入较快的发展期，基于产品服务特色逐渐形成品牌效应，形成了较为稳定的市场，前期的投入成本已经进入收回期，项目开始增值；或者运营收入稳步上升，项目整体估值已经远超投入成本，盈利状况良好。这时项目就逐步进入发展期。这一时期经营开始稳定，拥有稳定的现金流。但创投期存在的隐患也逐渐暴露，主要是遭遇来自经营管理风险和市场风险的挑战，同时受到产品特色风险、法律法规风险和主体决策风险的影响。

在这个时期，项目投资主体要对投资过程进行复盘，精准排查运营管理中存在的风险，比如在建设用地、安全、生态、股权等方面要根据法律法规主动补证和调整；前期运作中不规范的，要逐步规范。同时，要根据民宿发展水平，不断完善功能，提升服务水平，增强抵御市场变化的能力，积极与

保险公司和行业协会合作，购买民宿保险。随着项目进入发展期后半段，面对客源爆发式增长潮的回落，也不能精准预测资本投入带来的增值效应，因此这个阶段也是一个重要的退出时期，股东对项目未来发展的看法出现分歧，对未来投入的产出存疑，对合作股东的战略方向、意图存疑，及其是否能够继续在此项目中发挥应有的作用存疑，那么有计划的退出也是较好的选择。

（三）民宿投资从稳定期向衰退期演变，风险由高水平状态向平稳状态演变

生态康养旅游民宿在经历快速发展之后，往往进入客源市场稳定、产品稳定、盈利稳定的阶段。在这个时期，项目补足了缺陷、排除了隐患，但同时项目的品牌特色、运营经验等被广为熟知，其投资和发展模式被学习和模仿，出现了产品被复制、自身设施老化、管理水平下降、产品不符合市场需求等问题，项目的产品特色风险、经营管理风险等凸显，早期创投项目时候的“一招鲜”不再足以大规模地吸引游客，民宿的客流量停止增长，甚至出现负增长。

在这个时期，投资主体要防范来自产品特色、经营管理等方面的风险，一方面，主动利用周边地区已有的资源等进行品牌扩张，即向综合性民宿集群发展，有效利用相应的流量，发展周边业态，形成规模化经营；另一方面，要利用前期建立起的品牌，利用品牌影响力进行模式扩张与复制，建立属于自己的民宿连锁店。

从产品生命周期角度看，任何的产品总有退出市场的时候。当多重风险并发、游客量下滑剧烈、多次尝试提升或转型无果、不再被外部资金青睐、民宿运营连续亏损的情况下，投资主体就可以考虑退出市场。但生态康养旅游民宿项目的退出不代表投资主体从市场彻底退出，生态康养旅游民宿的遗产可以用作其他用途，如生态康养旅游民宿难以为继，但是土地增值，为周边其他乡村旅游产品的打造奠定了基础。

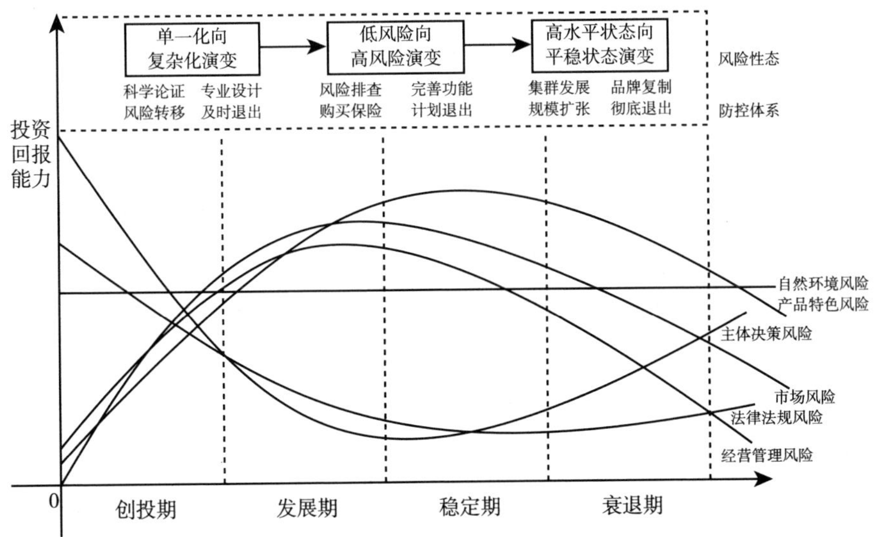

图 1　生态康养旅游民宿投资风险的性态演变及防范体系

三　结论与展望

随着乡村振兴战略的全面推进，建设生态康养旅游民宿作为一种重要的手段被广泛运用到各地。随着生态康养旅游民宿投资热潮的到来，其暴露出来的风险也成为普遍现象，由风险引发造成的乡村危机引起了各界关注，找到生成风险的因素，明确风险类型，厘清各类风险生成机理和演变规律，制定精准的防范对策，在当下具有较强的学术和现实意义。从生态康养旅游民宿投资的内部环境看，投资主体的决策能力与民宿发展趋势之间的鸿沟埋藏着风险，是生成主体决策风险的重要影响因素，投资主体的决策能力不足，导致决定失误，容易掉入情怀、资本陷阱；从业人员的经营管理与顾客需求之间的冲突易引发风险，是生成经营管理风险的重要影响因素，从业人员的经营管理水平不足，导致民宿经营不善，引发顾客不满，使民宿经营陷入困境；民宿产品的品牌特色与行业竞争之间的矛盾易引发风险，是生成产品特色风险的重要影响因素，成功的生态康养旅游民宿产品和服务容易被复制和模仿，导致品牌效应被稀释，原有的稳定市场被瓜分、市场份额缩小。从生态康养旅游民宿投资的外部环境看，自然环境的不稳定性与民宿投资的强固定性预示风险，是生成自然环境风险的重要影响因素，自然灾害导致民宿所处环境突变，对民宿本体造成伤害；市场需求的高弹性与民宿供给的稳定性隐藏着风险，是生成市场风险的重要影响因素，生态康养旅游民宿的整个市场随着消费者需求、营商环境等变化而发生波动，民宿产品的价格起伏不定，导致民宿客源不稳；法律法规的强制性与民宿本质的非标性表露风险，是生成法律法规风险的重要影响因素，相关法律法规的动态调整使得生态康养旅游民宿的管理逐步规范，在政府主导的乱象整治中，部分民宿会被要求整改甚至拆除。

除了自然环境风险外的五大风险在生态康养旅游民宿投资的不同阶段的影响力不同。在民宿投资从创投期向发展期演变过程中，投资主体的决策风险和法律法规风险是主要风险，随着项目投入运营，风险逐渐增加，包括经营管理风险、市场风险、产品特色风险等，风险由单一化向复杂化演变，对于投资者而言，要做好前期专业论证和法律法规咨询；民宿投资从发展期向稳定期演变过程中，经营管理风险和市场风险成为主要挑战，风险由低风险向高风险演变，这个阶段，既要做好风险排查、产品优化等工作，同时要做好风险研判，必要时退出投资；民宿投资从稳定期向衰退期演变过程中，项目的产品特色风险、经营管理风险等达到最大化，风险由高水平状态向平稳状态演变，投资者可以开展联合发展和品牌扩张，但运营出现亏损时，投资主体就可以考虑退出市场了。

本研究主要对生态康养旅游民宿投资的风险来源、性态演变和防范对策进行了系统归纳，后续将进一步选取更多案例对生态康养旅游民宿投资行为进行详细调研，引入风险评价矩阵，精准识别投资风险因子，定量分析各因子的影响，系统构建投资风险防范体系，继续探索生态康养旅游民宿投资风险应对措施，为生态康养旅游民宿健康投资和乡村振兴全面推进提供支持。

参考文献

过聚荣主编《民宿蓝皮书：中国民宿发展报告（2020~2021）》，社会科学文献出版社，2021。

鲁元珍：《民宿产业如何提质升级》，光明网，2018 年 8 月 15 日。

徐士虎：《可移动式民宿治安风险治理的困境与出路》，《江西警察学院学报》2022 年第 3 期。

周婷、宋锦波：《江苏省民宿行业财务风险及影响因素研究》，《全国流通经济》2020 年第 34 期。

周修岚、冉炼、潘弟等：《乡村振兴视域下生态康养旅游民宿标准化发展的风险防控与治理对策研究》，《中国标准化》2022 年第 S1 期。

徐林强、童逸璇：《各类资本投资乡村旅游的浙江实践》，《旅游学刊》2018 年第 7 期。

吴文智、崔春雨、戴玉习：《风险感知影响外来经营者投资生态康养旅游民宿行为决策吗？——基于拓展 TPB 模型的实证研究》，《农林经济管理学报》2021 年第 6 期。

卫兰兰：《民宿业治安风险评估研究》，《安徽工业大学学报》（社会科学版）2018 年第 4 期。

王俊鸿、刘双全：《民族村寨农户民宿投资行为影响机制研究——以四川省木梯羌寨为例》，《旅游学刊》2021 年第 7 期。

何成军、赵川：《乡村民宿集群驱动乡村振兴：逻辑、案例与践行路径》，《四川师范大学学报》（社会科学版）2022 年第 2 期。

王华、刘钰娴、石颖曜：《集群社会资本对生态康养旅游民宿企业成长的影响研究——以丹霞山两村为例》，《人文地理》2021 年第 4 期。

B.6

基于"供—需"理论框架的生态产品价值实现路径研究*

王 倩　冯豫东**

摘　要： 本文阐释了生态产品及其价值实现的概念内涵与重要性，通过分析相关经济学理论视角下生态产品价值实现路径，建立了生态产品价值实现的"供—需"理论分析框架，并基于此分析了成都市大邑县生态产品价值实现的成效与困境，同时围绕如何进一步推进生态产品价值实现，提出了应进一步完善生态产品基金制度、多维度设计生态产品开发转化项目、高层次构建生态产品供需适配体系等政策建议。

关键词： 生态产品价值实现　供需理论　科斯定理　福利经济学

生态产品价值实现的本质是生态保护中利益主体之间利益关系的调整，其所针对的问题是如何使得生态保护主体在生态保护与生态产品开发的过程中获得经济利益。[①] 解决好这个问题，既可以弥补生态保护主体为保护生态所牺牲的经济利益，改善公平状况，也可以建立生态保护的科学激励机制，有效扩大生态产品供给，增进社会福祉，还可以降低政府对生态保护的监管

---

* 本文为绿色创新发展四川软科学研究基地系列成果之一。

** 王倩，博士，四川省社会科学院副研究员、硕士生导师，主要研究方向为区域经济与生态文明；冯豫东，四川省社会科学院，主要研究方向为生态文明。

① 王会、李强、温亚利：《生态产品价值实现机制的逻辑与模式：基于排他性的理论分析》，《中国土地科学》2022 年第 4 期。

成本，减少对控制型政策的依赖。可以说，生态产品价值实现是将绿水青山转化为金山银山、促进生态保护与社会经济协调发展的重要途径。[①]

因此，中国采取了一系列政策措施来推动生态产品价值实现。2018 年 4 月，在深入推动长江经济带发展座谈会上习近平指出，要积极探索推广绿水青山转化为金山银山的路径，选择具备条件的地区开展生态产品价值实现机制试点。[②] 2020 年，自然资源部先后发布了两批共 21 个生态产品价值实现的典型案例，为各地区探索生态产品价值实现路径提供了重要的参考与借鉴。2021 年 4 月，中共中央办公厅、国务院办公厅印发了《关于建立健全生态产品价值实现机制的意见》，在全国部署推动生态产品价值实现。各地先后开展了生态产品价值实现在实践层面的探索，多个地区先后被列为国家生态产品价值实现机制试点地区。在此背景下，从经济学视角解析生态产品价值实现路径，分析其所面临的现实困境并提出相应的政策建议，对于进一步推进生态产品价值实现具有重要意义。

一　生态产品的内涵

生态产品概念最早由中国学者于 20 世纪 90 年代提出，但学者对其概念内涵的认识并不统一，有的从环境友好角度出发，如任耀武和袁国宝认为生态产品是通过生态环保技术产出的绿色安全无公害产品；[③] 有的从产品来源出发，如曾贤刚等认为生态产品是来源于自然生态系统之中的自然要素，可以调节生态平衡并维护环境舒适。[④]

近年来，作为践行“两山”理念的关键路径，[⑤] 生态产品价值实现问题

① 王金南、王夏晖：《推动生态产品价值实现是践行“两山”理念的时代任务与优先行动》，《环境保护》2020 年第 14 期。

② 《在深入推动长江经济带发展座谈会上的讲话》，http：//www. cppcc. gov. cn/zxww/2019/09/02/ARTI1567381828870106. shtml，2018 年 4 月 26 日。

③ 任耀武、袁国宝：《初论“生态产品”》，《生态学杂志》1992 年第 6 期。

④ 曾贤刚、虞慧怡、谢芳：《生态产品的概念、分类及其市场化供给机制》，《中国人口·资源与环境》2014 年第 7 期。

⑤ 《关于建立健全生态产品价值实现机制的意见》，http：//www. gov. cn/xinwen/2021-04/26/content_ 5602763. htm，2021 年 4 月 26 日。

逐步成为学界研究的重点，众多学者从不同来源、不同学科等角度对生态产品的概念内涵进行了深入的阐释。从生态产品的来源角度，俞敏等①、杨艳等②认为生态产品是从自然生态系统中获取的直接物质与非物质服务的总称，但这种获取必须以可持续的方式。李宏伟等则强调生态产品的生态与经济双重属性，由自然力和人类劳动共同作用形成。③ 随着对生态系统服务研究的深入，学界对生态产品的概念内涵也产生了新的认知。高晓龙等分别从狭义与广义两种维度理解生态产品内涵，认为生态产品狭义上是生态系统调节服务，广义上则是具有正外部性的生态系统服务。④ 王金南和王夏晖从生态系统服务角度出发，将生态产品分为物质供给类、文化服务类和生态调节服务类产品。⑤ 而从经济学角度，丘水林和靳乐山⑥、陈岳等⑦认为生态产品可分为公共、准公共、俱乐部和私人生态产品四类。总的来说，尽管目前国内学者对生态产品的概念表述各有侧重，但本质上均认可生态产品是人类从自然生态系统中直接或间接获取的物质与服务的总称。

二　经济学理论下的生态产品价值实现

生态产品价值实现的本质在于将生态产品的使用价值转化为交易价值，这也是推进生态文明建设的关键问题。不同类型的生态产品价值实现路径有

---

① 俞敏、李维明、高世楫、谷树忠：《生态产品及其价值实现的理论探析》，《发展研究》2020年第2期。

② 杨艳、李维明、谷树忠、王海芹：《当前我国生态产品价值实现面临的突出问题与挑战》，《发展研究》2020年第3期。

③ 李宏伟、薄凡、崔莉：《生态产品价值实现机制的理论创新与实践探索》，《治理研究》2020年第4期。

④ 高晓龙、林亦晴、徐卫华、欧阳志云：《生态产品价值实现研究进展》，《生态学报》2020年第1期。

⑤ 王金南、王夏晖：《推动生态产品价值实现是践行“两山”理念的时代任务与优先行动》，《环境保护》2020年第14期。

⑥ 丘水林、靳乐山：《生态产品价值实现：理论基础、基本逻辑与主要模式》，《农业经济》2021年第4期。

⑦ 陈岳、伍学龙、魏晓燕、寇卫利、张永林：《我国生态产品价值实现研究综述》，《环境生态学》2021年第11期。

所差异，如果从生态产品的公共属性出发对其进行分类：公共型生态产品对应政府路径，私有型生态产品对应市场路径，准公共型生态产品则是两者的结合，故对应政府与市场协调融合的路径。目前各地区针对生态产品价值实现开展了大量探索，从总体上看可归纳为四种实践模式，[①] 分别是：①生态治理及价值提升；②生态资源指标及产权交易；③生态产业化经营；④生态保护补偿。而从经济学理论视角来看，这四种模式又可作如下划分。

（一）科斯定理视角

科斯定理指的是，在交易费用为零与产权明晰的情况下，市场条件下的均衡结果总是有效率的。因此，产权明晰是资源有效配置的必要条件，而生态资源指标及产权交易便是科斯定理视角下生态产品价值实现的重要路径。所谓生态资源指标及产权交易，指的是政府调控和市场运行相结合，在明确生态产品产权归属的基础上，通过政府管控下的自然资源指标限额交易和产权交易来实现生态产品价值。如重庆市拓展“地票”生态功能，通过城乡土地要素的市场化流转，促进城乡用地的协调发展，推动生态产品价值实现；福建省南平市推行“森林生态银行”，通过林权赎买、林地租赁、林木托管等举措，整合并优化碎片生态资源，推进生态产品价值核算与确权，为生态产品进一步资本化、市场化创造条件。

（二）福利经济学定理视角

福利经济学第一和第二定理指出，在市场条件下所达到的均衡结果总是帕累托最优的，同时改变初始资源配置不会影响市场效率。当前生态产品所面临一个问题便是部分地区以牺牲发展为代价保护地区生态环境，而地区生态环境保护具有极高的正外部性，但这些地区一般难以得到充足的补偿。因此，通过生态保护补偿等转移支付，直接改变这些地区的初始资源配置，促进地区之间的公平协调发展，这并不干扰市场竞争条件，从而既有助于生态

① 靳诚、陆玉麒：《我国生态产品价值实现研究的回顾与展望》，《经济地理》2021 年第 10 期。

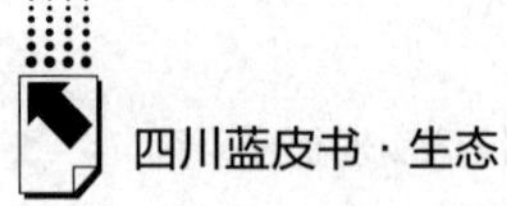

产品价值实现，也不会影响资源配置效率。如江西东江源区在综合考虑流域环境保护与生态建设成本的基础上，建立了科学合理的生态保护补偿标准，在保障流域水资源生态安全的同时，有效解决了区域之间社会经济失衡问题，达到了公平与效率的平衡。

（三）供需定理视角

供需定理指的是，任何一种商品价格的调整都会使该商品的供给和需求达到平衡。当前我国社会的主要矛盾是人民日益增长的美好生活需要和不平衡不充分的发展之间的矛盾，但当前较低的生态产品供给数量与质量仍难以满足人民的需求。在供需定理视角下，生态产品价值实现路径无外乎增加供给，且目前生态产品价值实现模式本质上多是由此出发：①生态治理及价值提升通过生态修复与治理，恢复生态系统原有的物质供给与调节功能；再通过多样化开发、因地制宜发展各类生态产业进行价值提升，增加文化服务等功能，从而在增加生态产品供给的同时实现生态载体溢价。如威海市在矿坑生态修复的基础上，基于地貌特色发展文旅产业，推动了生态产品价值的实现。②生态产业化经营作为一种市场主导的生态产品价值实现路径，以可持续的方式开发和交易经营性生态产品，在扩大生态产品供给的同时，兼顾生态产品的多样性和创新性。如丽水市将生态资源优势转化为品牌价值收益，不断释放生态红利。而生态资源指标及产权交易与生态保护补偿虽然不直接涉及生态产品供给，但本质上仍是为达到生态产品供给的最优效率创造有利条件。

三　生态产品价值实现的“供—需”分析框架

供需定理是经济学的基石，贯穿于市场经济的始终。生态产品价值实现的根本在于供给满足需求，两者相互适配。科斯定理所要解决的是市场失灵现象，而福利经济学定理则为公平和效率的取舍提供了科学的决策依循，这些理论着重解决的是生态产品供给维度的难题。因此，在经济学理论基础上，本文基于供需结构建立了生态产品价值实现的系统性分析框架，希冀为生态产品价值实现提供一个理论依循（见图1）。

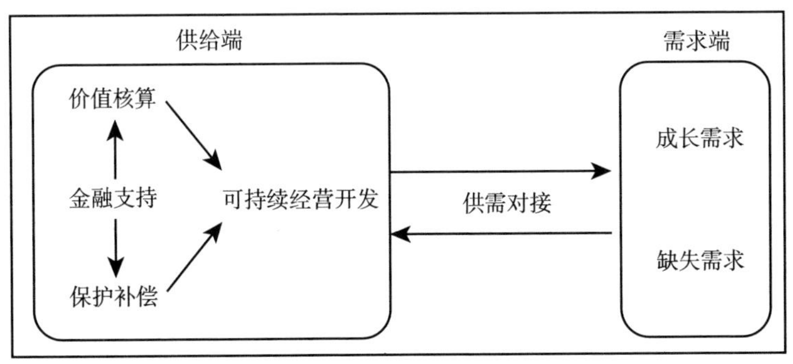

图1 生态产品价值实现的“供—需”分析框架

供需定理为整个分析框架的基础，供给匹配并满足需求的过程即生态产品价值实现的过程；科斯定理与福利经济学定理实际上解决的均是生态产品供给层面的问题：界定生态产权，完成生态产品价值核算；在提高效率的基础上保证公平，实施生态产品保护补偿。金融支持满足生态产品价值核算与保护补偿的融资需求，从而达到生态产品供给的最优效率——生态产品的可持续经营开发。

但经济学理论仅能解决生态产品价值实现供给方面的问题，而对于生态产品价值实现的微观需求则难以提供针对性的指导意见。实际上，对生态产品的需求无外乎实现人本身价值的需求，马斯洛需求层次理论所提出的缺失需求和成长需求则可以对此进行解释。亚伯拉罕·马斯洛通过将需求划分为缺失需求和成长需求，提出了人类需求的层次结构，即只有低级需求被满足后，才能追求更高级的需求。其中，缺失需求是人的基本需求，如食物、水、住房、安全、社交和尊重等。这些需求的满足是人的生存和健康的基础，如果这些需求得不到满足，会对人的身心健康造成负面影响。在这个过程中，动机会不断增强，直到满足了这些需求。与缺失需求不同的是，成长需求是人更高级别的需求，包括认知需求、审美需求和自我实现需求等。这些需求的满足不仅仅是为了生存和健康，而是为了满足人的内在需要，其不依赖于外界的刺激，而是依赖于人的内在动力和人与“无人”环境的互动。而且，满足这些需求并不意味着动机的停止，而是动机进一步增强。比如，一个成功的企业家不会因已经成功就停止努力，反而会更加努力地去追求更大的成功。

因此，解决生态产品价值实现的需求问题，需要充分考虑人的需求层次，如果是为了满足人的缺失需求，如生产生态农产品，在当前农产品市场供给如此庞大的形势下，如何让产品脱颖而出？使缺失需求与成长需求相结合是很好的思路：农产品本身是为了满足消费者的生理需求，但在产品中融入美学文化，满足人的审美需求，或是将产品与某些“收集荣誉”相结合，增加挑战性，满足人的自我实现追求等，这将有助于促使生态产品的供给与需求相适配。生态产品价值实现不能只解决供给的问题，还需要将需求的问题摆在同等重要的地位进行考量。

四　基于“供—需”分析框架下的生态产品价值实现——以成都市大邑县为例

（一）生态产品价值实现的成效

大邑县是四川省生态产品价值实现机制试点县之一，是成都市唯一的川西林盘保护修复示范县。在全面推进乡村振兴和城乡融合发展的重大战略部署下，大邑县依托川西林盘保护修复与开发利用的契机，积极探索川西林盘生态价值转化：通过金融赋能为生态产品项目开发创造条件，同时创造性的融合推进生态产品价值核算与保护补偿，并在此基础上，积极探索可持续开发新模式，从而取得了显著成效。

1. 金融赋能推进生态产品项目开发

大邑县积极探索多元化的生态产品项目开发资金来源，与多家金融机构签署授信合同，包括农业发展银行、国家开发银行、农业银行、成都银行、成都农村商业银行等，总计达到530亿元，这些资金将用于支持川西林盘等生态项目的开发建设。在执行层面上，大邑县不断推动绿色信贷项目的发展，以此来满足生态项目建设的资金需求。仅 2021 年大邑县就已经发放了 48439 万元的绿色贷款、538 万元的农村承包土地经营权抵押贷款、2391 万元的农民住房财产权抵押贷款，以及 200 万元的集体建设用地使用权抵押贷款。金融赋能为大邑县生态产品项目开发创造了条件，使得生态产品项目开发得以更加顺利地进行，这不仅为大邑县提供了重要的发展机遇，而且也为其他地区提供了重要的参考和借鉴，帮助其他地区更好地开展生态产品项目开发，推动地方经济发展。

2. 价值核算与保护补偿共同推进

大邑县的生态产品价值核算与保护补偿工作取得了显著成效。通过启动生态产品价值核算基础工作，大邑县对全县自然资源资产开展了全面调查，基本完成了森林资源信息普查，建立了包括森林、动物与植物在内的各类资源清单，不断推进森林、湿地等各类生态资产的统计登记；同时划定 271 平方公里生态保护红线，大力实施天然林保护与退耕还林保护工程，管护全县 45 万余亩国有林和 4. 8 万余亩集体公益林。此外，大邑县还实施了雪山生态保护修复工程，关闭了大熊猫国家公园范围内小水电 18 家，使得西岭雪山匿迹多年的“千年飞瀑”重现山间；龙门山大熊猫栖息地也得到了部分修复，并认证了大熊猫原生态产品 2 个。这些措施不仅有效保护了当地的生态环境和生物多样性，还带动了生态旅游产业发展。

不仅如此，大邑县还创新性地开启了生态产品“以价值核算带动保护补偿，以保护补偿推动价值核算”的新模式。如以川西林盘保护修复为契机，逐步推动典型区域生态核算，不仅编制了《大邑县川西林盘保护利用规划》《新川西林盘民居建设导则》，还组织四川省社会科学院课题组围绕川西林盘开展调查研究，形成报告《大邑高质量推进川西林盘资源保护与利用战略研究》，并在拓展林盘资源生态功能方面进行了积极探索，现已建成以溪地阿兰若等国内十大民宿品牌为引领的精品林盘 44 个，7 家民宿酒店获评携程五星级。

3. 探索可持续经营开发新模式

大邑县积极探索可持续经营开发新模式。一是采用“政府+央企/民企+

集体经济”模式，加快推进生态旅游、康养与研学等融合发展的生态文旅一体化项目。依托川西平原优良的林盘自然资源资产和深厚的历史文化底蕴，引进华侨城集团、朗基集团等，建成南岸美村、稻乡渔歌田园综合体等“生态+文旅”产业项目，引进乡永归川、溪地·阿兰若等民宿集群，以美学经济激活文旅经济，积极推动农商文旅体多产业融合发展，推进生态产品的最大价值转化。2022 年 1~8 月，全县共接待乡村旅游游客 261.35 万人次，同比增长 28.16%；实现乡村旅游收入 10.43 亿元，同比增长 33.71%。

二是积极探索“集体经济+村民自治”模式，充分盘活集体资产，鼓励居民发挥主观能动性，自主改变乡村。江镇太平社区实施“场镇改造+生态移民”工程，清理盘活斜源矿区国有闲置用地、废弃工矿用地等1000 余亩，建成成都市“最美街道”晒药巷等特色街区，引入半山小院、阡陌田园等精品民宿，实现集体与企业共建共享，将废弃的煤炭乡镇建设成诗意栖居文化创意型社区。此外，太平社区还开发了青梅果酒、大邑古茶、药香抱枕等系列农创产品，建设集生态种植观光、田园采摘体验、精品民宿度假于一体的农旅综合体，实现生态产品价值多元共建共享。

（二）生态产品价值实现的困境

1. 资金来源方式难以推广

大邑县通过举办公园城市·大邑全域川西林盘招商推介暨项目签约仪式，发布 90 个川西林盘保护修复机会清单，与 58 家知名金融机构、企业等签约了 33 个项目，签约金额达 543 亿元，另外还与多个金融机构授信签约 530 亿元。这些成果充分展现了大邑县发挥自身得天独厚的生态资源优势，积极推进生态保护与经济发展有机融合。然而，由于各地资源禀赋差异较大，有些地区在涉及生态产品开发与保护补偿项目时往往难以获得如此大规模的金融支持。因此，对于其他地区来说，大邑县的融资策略较难为其提供参考与借鉴价值。

2. 产品开发转化相对同质

借助“成都时尚消费品设计大赛”等平台，大邑积极探索，如西岭雪山滑雪场、斜源共享旅居、天府花溪谷山地运动、雾山森林康养等生态价值转化方面的尝试。但从本质上来讲，这些生态产品项目仍然难以跳脱出传统旅游业的桎梏，主要原因是生态产品开发缺少系统性的方法论指导，一方面部分地区开发生态产品项目时，仍然保持惯性思维，多从传统行业入手，而较少考虑自身的资源禀赋与人民的迫切需求；另一方面，在进行典型案例成功经验推广时，其他地区可能难以跳脱出典型区域的探索模式，从而可能导致较为严重的生态产品同质化现象。

3. 产品供需难以精准对接

2020 年，大邑县核算得出其生态系统生产总值为 386.51 亿元，是同期 GDP 的 1.29 倍，生态产品价值按生态系统类别排序占比最大的是农田生态系统，按生态功能区类型来看文化服务价值占比达到 29.01%，全县旅游康养、休闲游憩等文旅产业发展对生态产品价值转化的贡献度较大。但各类绿色农产品等物质型生态产品的知名度则较低，没有形成规模化、品牌化的市场，难以实现生态产品价值的最大化。导致该现象的一个关键因素便是没有建立完善的供需适配体系，出现“买者难买，卖者难卖”的情况：一方面，产品同质化竞争下，单个卖者难以加大产品的宣传力度，从而使得此类产品价值实现较为困难；另一方面，买者也难以从各类购物平台上获得相关地区生态产品的出售信息。

供需错位也导致生态产品价值的挖掘力度有所欠缺，有待进一步加大。生态产品供给固然是生态产品价值实现的一大难题，其与需求的适配问题也应放在同等重要的地位上。如何更好地发掘人民的需求，同时回应人民对生态产品的迫切期待，达到供需适配，这也是当前生态产品价值实现过程中必须要解决的重要问题。

五　政策建议

（一）进一步完善生态产品基金制度

应建立生态产品基金，统一管理分散的生态补偿资金，提高资金使用效率，促进生态产品保护与开发机制长效化。生态产品基金的最大作用不仅仅在于实现生态产品的保护补偿，也应在一定程度上覆盖生态产品项目开发。这是因为生态产品本身就具有外部性，基金仅用于生态产品保护补偿，则较难从根本上解决生态产品供给问题，为此，建立完善的生态产品基金运行机制可以在一定程度上有效缓解该问题。

首先，按照政府和市场等主体在生态产品保护补偿、项目开发等方面的受益范围和各自的责任，兼顾不同地区和行业的差异，科学合理的划分基金相应的出资比例。例如，政府应当着眼于生态产品的生态效益对于地区财政收入和经济发展水平的影响；市场则应当侧重于生态产品的直接经济效益等。其次，建立信息公开平台，追踪披露每笔生态产品基金使用信息。生态产品基金有助于最大限度地提高产品的供给数量与质量，是将生产者与受益者联系起来的重要纽带。建立信息公开平台既能够使生态产品筹资情况更加公开透明，又能追踪到每笔资金的具体流向，便于公众更好地开展监督。

（二）多维度设计生态产品开发转化项目

结合马斯洛需求层次理论，可以发现生态产品开发转化项目的成功不仅需要满足人们的基本需求，还需要满足更高层次的需求，如自我实现和社会认可等。因此，可以鼓励群众参与生态产品开发转化项目，发掘群众需求，从而提高人民对生态产品的满意度与社会认可度。如设立公益性质的生态产品开发转化平台，广大市民可以在平台上针对生态产品开发转化项目建言献策。一旦意见被采纳，可以通过通报表扬、适度物质奖励等方式进行激励，提高市民参与的积极性。

此外，还应定期举办生态产品开发经验分享会，建立完善的联合交流机制，并由更高一级政府统筹。这种机制可以促进不同地区围绕开发生态产品项目进行沟通和交流，分享成功经验和最佳实践，由更高一级政府统筹也能够为生态产品开发提供更好的政策支持和资源保障，推动生态产业发展和创新。同时，注重发挥品牌开发联动效应，不仅要借鉴某些地区成功的生态产品开发经验，还应充分结合地方特色，突出地方文化与美学价值，使生态产品更具吸引力和竞争力，推动生态旅游产业可持续发展。

（三）高层次构建生态产品供需适配体系

首先，应建立公益性的统一供需适配平台，生态产品供需适配离不开政府和市场的协作融合。政府的职能决定了其在建立供需适配体系的过程中应扮演主体角色，而生态产品供需适配平台所具有的公共属性和外部性，导致如果单纯依靠市场的力量，将难以避免平台的各类垄断行为，进一步引发市场失灵现象。而政府在建立统一的供需适配平台方面具有诸多优势，如通过自身的公共服务职能避免生态产品交易“搭便车”行为；利用系统化的部门和权威性的规则可节约交易成本；根据其代表最广大人民利益的特性，可以极大程度地降低平台的交易费用，在相对高效的前提下充分体现公平性。

此外，平台的首要作用在于撮合交易，至于产品的实际运输等则有赖于市场的力量。借由市场化手段，依托于我国较为成熟的物流运输体系，交易层面的生态产品供需适配问题能够以较低成本得以解决，由政府平台与市场化物流运输体系所构成的生态产品供需适配体系运行效率也将达到较高的水平。

B.7

川西北生态脆弱区域乡村旅游助力乡村振兴的机制构建*

黄 寰　赵 千　黄 辉**

摘　要： 川西北生态脆弱区域拥有丰富的自然风景资源，当地乡村旅游业的快速发展对于乡村振兴具有重要意义。本文首先对乡村旅游与乡村振兴的相关研究成果进行梳理，然后解析乡村旅游助力乡村振兴的作用机制，随后对川西北生态脆弱区域2011~2021年乡村旅游与乡村振兴的发展状况进行综合评价及耦合协调分析，发现两个系统均迅速发展并处于优质协调、互相促进的良好运行状态，但存在地质灾害易发、基础设施不完善等问题，基于此提出政策建议：当地有关管理部门可从合理规划乡村旅游空间格局、推动旅游基础设施持续完善、深入推进文化旅游产业发展、优化乡村旅游环境等方面大力推进乡村旅游产业发展。

关键词： 乡村旅游　乡村振兴　川西北　生态脆弱区域

---

* 基金课题："研究阐释党的二十大精神"四川省哲学社会科学规划重大项目"加快推动四川绿色低碳转型发展研究"（SC22ZDYC45）、2022年度四川省科协第二批科技智库调研课题"绿色低碳技术创新推动四川农业高质量发展的重点领域和实现路径研究"（sckxkjzk2022-12-2）。

** 黄寰，成都理工大学商学院和数字胡焕庸线研究院教授，中国人民大学长江经济带研究院高级研究员，成都大学文明互鉴与"一带一路"研究中心研究员，博士生导师，研究方向：区域可持续发展；赵千，成都理工大学，研究方向：区域经济与产业经济；黄辉，成都理工大学，研究方向：区域经济与产业经济。

一 引言

（一）研究背景及意义

1. 研究背景

2017 年 10 月，党的十九大报告提出乡村振兴战略，此后，中共中央、国务院发布多项文件对新发展阶段全面推进乡村振兴的具体工作做出部署安排。2018 年 1 月，出台《中共中央 国务院关于实施乡村振兴战略的意见》（称为“中央一号文件”），明确指出实施乡村振兴战略，是决胜全面建成小康社会、全面建设社会主义现代化强国的重大历史任务，是新时代“三农”工作的总抓手。2021 年 2 月，去掉“扶贫开发”的旧衣，位于北京市朝阳区的“国家乡村振兴局”全新出发，代表着我国“三农”工作开启了全面推进乡村振兴的新阶段。其中，在保护传统村落的方式中，最多被采用的方式为：利用乡村优势特色资源，与产业相结合进行乡村旅游开发，可以达到既保护特色资源又促进乡村经济发展的双赢目的，① 这与乡村振兴战略中央一号文件对传统村落提出的“延续性”保护要求的内涵一致。

自 20 世纪 80 年代四川省成都市开办中国第一家农家乐起，我国现代乡村旅游的形式和范围逐渐丰富，发展至今已有 40 余年的历史。在这几十年的发展历程中，我国乡村旅游已达到相当规模并呈现出明显的转型提升，总体表现为：一是旅游需求的个性化、多元化和定制化，二是旅游供给的专业化、精品化和高端化，三是旅游科技应用的数字化、智慧化、平台化。当前，乡村旅游模式已逐渐由“农家乐模式”向“乡村休闲模式”“乡村度假模式”“乡村旅居模式”转型升级，是乡村旅游转型升级高质量发展的重要路径。为了促进并引导乡村旅游提质增效，实现高质量发展，国家相关部门制定出台了多项利好政策，其中，农业部在《关于开展休闲农业和乡村旅

---

① 屈虹：《城市化背景下传统村落的保护与发展》，《理论研究》2020 年第 2 期。

游升级行动的通知》中提出“以高质量的农业发展驱动乡村旅游提质升级”、国家发改委在《促进乡村旅游发展提质升级行动方案（2018 年—2020 年）》中提出“补足我国乡村地区建设短板”、文旅部在《关于促进乡村旅游可持续发展的指导意见》中提出“实施乡村旅游精品工程，培育农村发展新动能”。四川省近年来一直把乡村旅游作为推动乡村全面振兴的重要路径，2022 年 11 月，四川省文旅厅印发《四川省乡村旅游提升发展行动方案（2022—2025 年）》，提出接下来将推动乡村旅游从观光旅游向观光度假转型发展，以此吸引更多游客延长观光旅游时间，为当地带来更多的旅游收益。

川西北生态脆弱区域包括甘孜州与阿坝州两个地区，该区域也是四川省划定的生态示范区，区域面积约 23 万平方公里。作为我国重要的生态安全屏障与生态功能区，川西北生态脆弱区域资源富集，拥有众多物种、矿产及特色旅游资源，如国家 5A 级景区九寨沟、若尔盖大草原、黄龙溪、海螺沟、稻城等全国知名景点，目前共拥有 5 个 5A 级景区、47 个 4A 级景区。阿坝州多处常年荒地被重新开发用于农业种植，在旅游线路上规划了色彩丰富的产业园区向游客开放，以打造“以农造景、以景带旅”的乡村旅游发展模式，为乡村振兴下的旅游发展注入活力。

2. 研究意义

经过 6 年的脱贫攻坚，2020 年甘孜州 18 个贫困县（市）全部摘帽、1360 个贫困村全部退出，贫困发生率降低约 23 个百分点；阿坝州 13 个贫困县（市）全部摘帽、606 个贫困村全部退出。在脱贫攻坚的 6 年间，川西北生态脆弱区域共实现旅游收入 2900 亿元，接待游客人数超 3.1 亿人次，旅游收入占比在数年间超 70%，乡村旅游为当地经济发展贡献了重要力量。在脱贫攻坚阶段，川西北生态脆弱区域多个贫困村被纳入国家乡村旅游规划，以旅游扶贫推进乡村振兴，基于良好的自然资源环境发展旅游业是该区域打赢脱贫攻坚战的最大优势，在巩固当地脱贫攻坚成果、推动乡村振兴的新阶段，研究如何使当地的特色生态优势向产业与经济优势转化、构建起乡村旅游助力乡村振兴的有效机制具有重要的理论意义和现实意义。

（二）乡村旅游与乡村振兴研究现状

1. 乡村旅游研究现状

随着城市经济快速发展，一些城市问题如噪声污染、空气污染、环境污染随之出现，伴随着高强度、快节奏的工作生活方式，人们越来越向往去安静、舒适、优美的环境休憩，部分城市人在休假期间选择去远离城市的农村休养生息，由此出现了早期的乡村旅游行为。欧洲被认为是乡村旅游发展最早的区域，20 世纪 60 年代就出现了乡村旅游浪潮，其乡村旅游发展规模最广、产业形态成熟和规范，与之相关的研究较为综合全面，涵盖旅游开发、管理策略、影响因素及发展的问题等方面。相对于国外，我国乡村旅游兴起较晚，在 20 世纪 80 年代才逐渐开始发展，乡村旅游研究也随之丰富，在此后的 20 年间，与之相关的研究呈缓慢增长态势，直到 2010 年起出现大量针对乡村旅游的研究，2019 年学者关注达到顶峰，发表的期刊文章达 3600 余篇，研究主题涉及乡村旅游发展模式、乡村旅游精准扶贫、乡村旅游发展影响因素等。

在乡村旅游发展模式的研究方面，邹统钎对成都与北京的两个乡村旅游典型案例进行比较分析，通过对两者的发展模式、政策支持、发展历程等方面进行分析后指出，我国乡村旅游的“乡村性”正在逐渐消失，而“乡村性”作为乡村旅游的核心应该从氛围、主题、地理特点等方面进行维系。[①] 马勇等通过对我国乡村旅游发展的现实背景进行分析，归纳出乡村旅游的发展路径：从 20 世纪 80 年代初的“资源特色导向”到 20 世纪 90 年代的“农业产业带动”和“政府政策驱动”再到现阶段的“产品市场导向”。随后对在全国受到广泛关注的成都市郊乡村旅游发展模式进行整理归纳，得出四种具有代表性的乡村旅游模式。[②] 张树民等系统地总结归纳了我国乡村旅游的

① 邹统钎：《中国乡村旅游发展模式研究——成都农家乐与北京民俗村的比较与对策分析》，《旅游学刊》2005 年第 3 期。

② 马勇、赵蕾、宋鸿、郭清霞、刘名俭：《中国乡村旅游发展路径及模式——以成都乡村旅游发展模式为例》，《经济地理》2007 年第 2 期。

发展模式，按照不同类型和特点分为需求拉动、供给推动、中介影响、支持作用、混合驱动这五类发展模式。① 李东和等对黄山市的乡村旅游发展模式进行解析，提出成熟化的发展模式应具备资源基础独特、动力机制强大、发展定位高端、目标市场广阔等特点。② 莫莉秋总结出乡村旅游的国际模式：法国的政府主导型、美国的都市依托型、日本的功能复合型。③

在乡村旅游精准扶贫的研究方面，张春美等认为通过乡村旅游开展精准扶贫可以拓宽收入渠道、提高贫困地区自我发展能力、提升乡村价值等。④ 李烨指出乡村旅游作为新型扶贫方式可以为贫困地区带来信息流、资金流、人才物资流，带动乡村产业融合发展，让农民实现物质和精神的"双脱贫"，具有较好的扶贫效果。⑤ 孙春雷、张明善以位于湖北山区的16个县市为例，在测算当地乡村旅游扶贫效率的基础上进一步探索了其在空间分布上的差异性及规律，通过研究将16个地区分为四种效率类型并提出了相应的扶贫模式建议。⑥ 全世文等认为旅游扶贫的核心为消费扶贫，通过分析游客对旅游产品的溢价支付意愿提出景点管理者应更加关注游客的扶贫需求。⑦

在乡村旅游发展影响因素的研究方面，卢小丽等通过实证分析指出乡村旅游的发展受多方面因素影响，采用DEMATEL方法对可能影响乡村旅游发展的50个因素进行识别，结果表明：游客居住地至旅游地的距离为最重要的影响因素，旅游地居民满意度及其对乡村旅游的接纳程度则最容易被改

---

① 张树民、钟林生、王灵恩：《基于旅游系统理论的中国乡村旅游发展模式探讨》，《地理研究》2012年第11期。

② 李东和、汪燕、王云飞：《非大城市周边地区乡村旅游发展模式研究——以黄山市为例》，《资源开发与市场》2012年第6期。

③ 莫莉秋：《国外乡村旅游发展的典型模式》，《人民论坛》2017年第31期。

④ 张春美、黄红娣、曾一：《乡村旅游精准扶贫运行机制、现实困境与破解路径》，《农林经济管理学报》2016年第6期。

⑤ 李烨：《中国乡村旅游业扶贫效率研究》，《农村经济》2017年第5期。

⑥ 孙春雷、张明善：《精准扶贫背景下旅游扶贫效率研究——以湖北大别山区为例》，《中国软科学》2018年第4期。

⑦ 全世文、黄波、于法稳：《旅游消费扶贫的价值评估及新阶段的接续转型》，《农村经济》2022年第7期。

变。[①] 尹奎运用层次分析法对具有不同影响作用的因素的相对重要性进行评估分析，并根据排序提出应合理开发和保护乡村旅游资源、提高游客的绿色旅游意识、加大对旅游地和特色旅游产品品牌的宣传力度等。[②] 杨静等对新兴的乡村美食文化旅游的影响因素进行分析，研究发现美食种类、食材品质、饮食习惯等是关键的影响因素。[③]

2. 乡村振兴研究现状

随着城市化的快速推进，大量农村人口为了追求更高的收入和生活水平选择进驻城市，造成农村空心化，农村经济衰退成为世界各国普遍面临的社会发展难题。为了推动农村经济复苏和城乡区域均衡协调发展，国外采取了提高驻留当地的农村人口素质、推进农村基础设施建设、推动农业发展、建立城乡一体化保障体系等措施。我国现阶段的乡村发展也面临着乡村发展落后、城乡差距日益拉大的问题，实施乡村振兴战略是缩小城乡差距、复苏乡村经济的重要举措。自 2017 年乡村振兴战略实施以来，与乡村振兴相关的研究迅速增加并呈不断上升的趋势，研究主题涉及乡村振兴战略政策内容解读、乡村振兴发展路径、乡村文化振兴等。

在乡村振兴战略政策内容解读的研究方面，孔繁金提出党中央将乡村振兴战略放入中央一号文件，是“三农”政策向现阶段乡村治理实际靠拢的关键体现。[④] 卢向虎、秦富认为构建乡村振兴战略政策体系的关键在于用人、用地、资金这三方面保障体系的建立和完善。[⑤] 汪三贵、冯紫曦在总结脱贫攻坚成效和经验的基础上，对推动脱贫攻坚与乡村振兴有序衔接的内涵进行剖析。[⑥] 李楠、黄合探讨了在乡村振兴战略实施初期如何与脱贫攻坚进

---

① 卢小丽、赵越、王立伟：《基于 DEMATEL 方法的乡村旅游发展影响因素研究》，《资源开发与市场》2017 年第 2 期。

② 尹奎：《基于绿色旅游的乡村发展影响因素分析》，《中国农业资源与区划》2019 年第 6 期。

③ 杨静、侯智勇、宋霞：《乡村振兴背景下美食文化旅游发展影响因素分析——基于 DEMATEL 模型的实证分析》，《农村经济》2022 年第 3 期。

④ 孔繁金：《乡村振兴战略与中央一号文件关系研究》，《农村经济》2018 年第 4 期。

⑤ 卢向虎、秦富：《中国实施乡村振兴战略的政策体系研究》，《现代经济探讨》2019 年第 4 期。

⑥ 汪三贵、冯紫曦：《脱贫攻坚与乡村振兴有机衔接：逻辑关系、内涵与重点内容》，《南京农业大学学报》（社会科学版）2019 年第 5 期。

行有效衔接以实现二者的融合推进。[①] 林敏霞从哲学理论的角度（包括社会、文化、制度、经济四个方面的逻辑）对乡村振兴战略的实施进行解析。[②]

在乡村振兴发展路径的研究方面，何仁伟将城乡融合与乡村振兴放在同等位置，从推进城乡融合的理论和机制角度探索了实现乡村振兴的制度和空间发展路径。[③] 宋伟以农村人口承载力为研究切入点，提出我国农村发展落后的主要原因是农村人口过多，在实施乡村振兴的过程中，不应在政策上过度偏向农村，而应寻求城乡融合发展。[④] 冯旭、王凯以铜仁市为例，对市域层面实施何种及如何实施差异化的乡村振兴路径进行了探讨，并提出了相应的空间规划。[⑤] 吴高辉、朱侃运用历史制度分析法进行案例分析并提出了乡村振兴社会政策存在的问题和进一步完善的方向。[⑥] 雷明、于莎莎提出促进乡村产业、人才、文化、生态、组织这五方面的振兴是实现乡村振兴的有效途径。[⑦]

在乡村文化振兴的研究方面，龙文军等认为文化振兴是推动实现乡村振兴的根本力量，在追求乡村物质文明的同时应注重精神文明，文化教育是支撑农民提高素质和精神修养的重要途径。[⑧] 杨永恒、杨楠提出目前乡村文化

① 李楠、黄合：《脱贫攻坚与乡村振兴有效衔接的价值意蕴与内在逻辑》，《学校党建与思想教育》2020 年第 22 期。

② 林敏霞：《乡村振兴战略的四重逻辑：经济人类学视角的探讨》，《湖北民族大学学报》（哲学社会科学版）2022 年第 5 期。

③ 何仁伟：《城乡融合与乡村振兴：理论探讨、机理阐释与实现路径》，《地理研究》2018 年第 11 期。

④ 宋伟：《基于农村人口承载力的乡村振兴多维路径》，《农业经济问题》2019 年第 5 期。

⑤ 冯旭、王凯：《市域乡村振兴战略的空间规划与实施路径——以贵州省铜仁市为例》，《城市规划》2022 年第 6 期。

⑥ 吴高辉、朱侃：《接续推进乡村振兴中的社会政策发展路径与动力机制》，《华中农业大学学报》（社会科学版）2022 年第 5 期。

⑦ 雷明、于莎莎：《乡村振兴的多重路径选择——基于产业、人才、文化、生态、组织的分析》，《广西社会科学》2022 年第 9 期。

⑧ 龙文军、张莹、王佳星：《乡村文化振兴的现实解释与路径选择》，《农业经济问题》2019 年第 12 期。

存在文化衰落、文化活动形式单一、文化建设机制缺乏等问题。[①] 马一先、邓旭指出可以从推进乡村教育实现现代化、本土化、传承性、创新化等方面助力乡村振兴。[②] 李重、林中伟认为乡村文化振兴的核心在于乡村思想道德、公共文化生活、特色文化、传统文化等方面的重塑与振兴。[③]

3. 乡村旅游与乡村振兴关系的研究现状

对于二者的关系，一部分学者在乡村振兴的背景下研究乡村旅游的发展方向：刘楝子对乡村振兴战略进行解读后提出，随着旅游业范围不断扩大，追求生活品质和旅游质量的“全域旅游”是乡村旅游的发展方向。[④] 宋慧娟、陈明认为乡村振兴战略对乡村旅游的后续发展提出了更高要求，需要朝着生态化、多元化、本土化等五个方向提质增效。[⑤] 杨桂华、孔凯分析了乡村旅游对乡村振兴的助推机制，发现社会与政府起到了重要的驱动作用。[⑥] 牛艺飞指出乡村旅游作为乡村经济发展的重点产业，除了村民的自我管理之外，其转型还需要规范化的法治保障。[⑦] 夏冬指出在当前大力发展乡村旅游的浪潮中，出现了从旅游产业经营向囤地圈地的“地产化”方向发展的实践误区。[⑧]

一部分学者对二者进行耦合关联分析，李志龙通过分别构建乡村振兴与乡村旅游的评价指标体系，对湖南凤凰县两方面的耦合机制进行解析，并将

---

① 杨永恒、杨楠：《文化助力乡村振兴的难点及路径》，《行政管理改革》2022年第11期。

② 马一先、邓旭：《乡村教育助力乡村振兴的价值意蕴、目标指向与实践路径》，《现代教育管理》2022年第10期。

③ 李重、林中伟：《乡村文化振兴的核心内涵、基本矛盾与破解之道》，《北京工业大学学报》（社会科学版）2022年第6期。

④ 刘楝子：《乡村振兴战略的全域旅游：一个分析框架》，《改革》2017年第12期。

⑤ 宋慧娟、陈明：《乡村振兴战略背景下乡村旅游提质增效路径探析》，《经济体制改革》2018年第6期。

⑥ 杨桂华、孔凯：《脱嵌与嵌入：乡村旅游助推乡村振兴机制分析——以四川省XJ村为例》，《广西社会科学》2020年第6期。

⑦ 牛艺飞：《乡村振兴的实践功能及法治保障——以乡村旅游为视角》，《社会科学家》2022年第9期。

⑧ 夏冬：《乡村振兴背景下乡村旅游“地产化”与乡村建设困境研究》，《贵州社会科学》2022年第12期。

当地二者的耦合变化过程划分为三个阶段：低度、中度、高度。[①] 聂学东以河北省为例，对各市 2017 年乡村振兴和乡村旅游发展的状况进行评价并做耦合协调度分析。[②] 马小琴计算出山西省 2010~2016 年乡村旅游与乡村振兴的耦合协调度，发现二者的耦合协调状态随着地方政府推进乡村振兴政策的实施而逐渐优化。[③] 董文静等在前述学者的研究基础上加入了对两系统空间异质性的研究，结果表明两系统的耦合协调状况不仅随着时间的推移而变化，还在空间上具有差异性。[④] 李一格、吴上认为乡村旅游通过促进乡村空间、经济、社会结构改善而对乡村振兴具有引导作用。[⑤]

4. 文献研究述评

通过梳理乡村旅游与乡村振兴方面的研究文献发现，在乡村振兴战略提出之前，较多学者将二者分别作为研究对象，着重对其发展路径、影响因素、发展模式等方面进行研究，在政策更新后学界逐渐转向于研究二者的关系，尤其侧重于依据问卷调查所获得的资料数据采用不同的分析方法构建二者的指标评价体系，对某地数年间二者耦合协调或耦合关联的程度进行分析。针对乡村旅游助力乡村振兴的机制构建研究较少，部分学者通过调查问卷梳理了村民对乡村旅游助推乡村产业、生态、文明、治理、生活等的改善及发展的看法，依据问卷统计数据梳理出二者的作用机制。目前，较少学者以川西北生态脆弱区域为研究对象，将乡村旅游与乡村振兴纳入同一研究框架并探析二者的互动关系。因此，对川西北生态脆弱区域乡村旅游助力乡村振兴的机制进行研究十分必要。

---

① 李志龙：《乡村振兴—乡村旅游系统耦合机制与协调发展研究——以湖南凤凰县为例》，《地理研究》2019 年第 3 期。

② 聂学东：《河北省乡村振兴战略与乡村旅游发展计划耦合研究》，《中国农业资源与区划》2019 年第 7 期。

③ 马小琴：《山西省乡村旅游与乡村振兴耦合协调度测度》，《中国农业资源与区划》2019 年第 9 期。

④ 董文静、王昌森、张震：《山东省乡村振兴与乡村旅游时空耦合研究》，《地理科学》2020 年第 4 期。

⑤ 李一格、吴上：《乡村旅游引导乡村振兴的机理阐释与典型模式比较》，《西北农林科技大学学报》（社会科学版）2022 年第 5 期。

（三）研究思路及方法

本文首先通过对现有的研究文献进行归纳梳理，了解乡村旅游及乡村振兴的研究热点、研究现状，明确研究目的和学界针对二者的研究分析方法。其次对乡村旅游助力乡村振兴的可能作用机制进行探讨，随后结合以往研究与现实需求构建评价指标体系，采用熵权法计算综合评价值对川西北生态脆弱区域乡村旅游和乡村振兴的发展现状进行评分，运用耦合协调模型分析二者耦合协调度随时间推移而形成的动态变化过程。最后，根据前述研究构建起川西北生态脆弱区域乡村旅游助力乡村振兴的机制，提出优化乡村旅游助力乡村振兴的措施。

二　乡村旅游助力乡村振兴的作用机制解析

（一）乡村旅游引导多产业融合发展

乡村旅游的发展需要丰富的物种资源、优美的自然环境作支撑，在这种区域，通常也非常适合发展农牧业，如阿坝州围绕牛羊、禽蜂、特色蔬果、药材等六大主导产业和 N 个特色产业建有多个蔬果种植、牦牛养殖示范基地及产业示范区，培育了多项省级优质农产品，是成渝及周边地区重要的蔬果供给地。阿坝州利用当地特色优势资源发展全域旅游，旅游线路规划以果林和草原风光为主，创新康养旅游模式，推进农业与旅游业相结合、畜牧业与旅游业相结合、草旅结合，促进农牧业与旅游康养业融合发展。甘孜州以甲洼田园综合体、康藏阳光“双创”中心、圣地农庄为依托，在国道沿线打造农业产业带、现代家庭牧场、牧草基地等，通过种养循环和三产融合建设全面发展的农业产业区，通过沿线特色草原风光、游牧文化及独特风味餐饮建设具有本地特色的农家乐吸引旅客体验当地文化，以实现牧旅融合、以旅促牧。两地乡村旅游的发展不仅带动了服务业、农牧业的各自发展，还使多产业融合创新，带动农村实现产业结构升级，助力乡村振兴。

（二）乡村旅游引导乡村生态宜居

实现乡村生态宜居是实施乡村振兴战略的重要一步，体现了人们对美好生活和良好居住环境的向往，发展乡村旅游可以激活乡村的发展潜力，提高乡村生态环保水平，提升村民居住舒适度。如今，人们对于美好生活的向往不仅仅体现为好工作、高工资、舒适住房之类的物质需求，还体现为心灵放松与疗愈的需求，因而越来越多的城市人在休假期间会选择前往风景优美、具有浓烈生活气息的乡村旅游。旅游需求越来越多的同时，游客的标准和要求也随之提高，开展乡村旅游的地区为了吸引更多客流，会对村庄和景点先行修缮装饰、优化垃圾处理设施、开展农厕改造、修建公厕等基础设施，以突出当地的文化特色、自然风景、生态资源优势，这在一定程度上也改善了村民的居住环境。在旅游开发过程中，管理部门也会稳定地投入资金以保护当地的生态资源和环境，提高村民生态保护意识，而良好的后续维护也有利于带来更持续的经济效益，从而实现生态宜居、推动乡村振兴。

（三）乡村旅游推动乡风文明建设

传统文化是乡村发展旅游业的灵魂和核心所在，乡风文明建设意味着对当地乡土文化的复兴和延续，乡村旅游的开展有助于推动当地乡风文明建设。如甘孜州居住着以藏族为主体的40余个民族，是多民族聚居区，拥有灿烂丰富的民族历史、民族风情、民族文化，获批多项州级及以上级别的非物质文化遗产，当地管理部门在规划乡村旅游路线时，将极具本地民族特色的村寨建筑和丰富多彩的歌舞文化充分利用起来，大力发展藏村休闲旅游。除传承与发扬本地民族文化之外，在规划开发时还发掘了当地与红军长征有关的故事，促进红色经济与旅游业的融合发展，充分发挥各项非物质文化遗产的特质，推进“文化+旅游”融合发展。旅游经济的发展会吸收众多本地村民参与管理和服务，面对这些旅游从业人员定期开展的系统培训则会进一步提高当地人对本地乡土文化的认识和了解，提升其文化素养，甚至吸引当地年轻人投身传统文化和技艺的传承事业，实现乡村传统文化的可持续发展。

（四）乡村旅游推动乡村治理机制完善

合理有效的治理机制可为乡村经济发展提供坚实的保障。由于文化习俗、地理区位、交通状况等因素的异质性，我国乡村之间缺少交流，逐步形成了村民自治的乡村治理模式。在乡村旅游加速发展的新阶段，乡村地区的村民自治面临着新挑战和新要求。开展乡村旅游可以加速原封闭村落间人才、技术、资本等经济要素的流通，重构乡村在生产、生活、生态空间等方面的治理结构。乡村旅游带来的巨大经济效益会吸引原本在外就业的村民回到家乡工作、吸引留守的村民参与乡村旅游的服务和管理，如阿坝州通过创新实施环境网格化监管机制落实生态环境监督管理责任到村户，激发村民参与乡村治理的创新性和积极性，推动村民自治机制不断完善。逐渐完善合理的治理机制又会推动乡村旅游发展，最终形成乡村旅游与乡村治理互相促进的良性发展态势。

（五）乡村旅游推动农民收入水平提升

提升农民收入水平是实施乡村振兴战略的重要目标，乡村旅游对当地多产业融合发展的促进作用则有助于实现这个目标。乡村旅游的发展对当地交通运输仓储和邮政、居民服务、批发零售、信息传输、文化体育和娱乐业、住宿餐饮等行业的发展有良好的拉动作用，一方面可以创造更多的工作岗位以吸纳当地村民或吸引外村居民就业，为农民带来高于传统农业生产的收益；另一方面，乡村旅游为当地带来许多商机，为村民提供如售卖特色农副旅游产品、宣传本地特色文化、传承传统工艺之类的创业机会，提升个人专业技能，拓宽家庭收入渠道。如甘孜州制定对外宣传营销方案提升当地特色文化 IP 的知名度，树立乡村旅游的精品品牌形象，以电商平台为载体直播带货售卖特色农副产品带动了十余万人就业。阿坝州针对在乡村旅游中大受欢迎的旅游产品如羌绣、唐卡、藏式板画等特色品牌组织开展人员培训，提升农民职业技能。

三　川西北生态脆弱区域乡村旅游与乡村振兴评价模型建构

（一）评价指标体系的构建

1. 在乡村振兴的衡量指标方面

2018 年，中共中央、国务院印发《乡村振兴战略规划（2018—2022 年）》，指出乡村振兴的总要求为“产业兴旺、生态宜居、乡风文明、治理有效、生活富裕”，此后，多位学者在对乡村振兴的评价指标体系进行构建研究时，从总要求的这五个维度入手。本文参考庞艳华[①]与李志龙[②]的研究，再结合对两者作用机制的梳理和解析并综合考虑指标的代表性、科学性、综合性及两地的数据可得性后，最终采用地区生产总值、全社会固定资产投资增长率、农业机械总动力、森林覆盖率、卫生机构床位数、学龄儿童入学率、农家书屋与文化站个数、教育支出、一般公共预算支出、农村居民人均可支配收入、居民恩格尔系数共 11 个指标对乡村振兴的效果进行评价。

2. 在乡村旅游的衡量指标方面

学界在对乡村旅游的评价方面，多从旅游需求、旅游基础、产业效应、当地的旅游支撑条件等方面选取评价指标。本文参考学者李志龙[③]的研究，在综合考虑指标的代表性、科学性、综合性及甘孜州和阿坝州的数据可得性之后，最终采用旅游人数、旅游收入、A 级景区数、星级饭店数、公路里程、旅游总收入占 GDP 比重共 6 个指标对乡村旅游现状进行评价。

---

① 庞艳华：《河南省乡村旅游与乡村振兴耦合关联分析》，《中国农业资源与区划》2019 年第 40 期。

② 李志龙：《乡村振兴—乡村旅游系统耦合机制与协调发展研究——以湖南凤凰县为例》，《地理研究》2019 年第 38 期。

③ 李志龙：《乡村振兴—乡村旅游系统耦合机制与协调发展研究——以湖南凤凰县为例》，《地理研究》2019 年第 38 期。

综上，本文构建的川西北生态脆弱区域乡村振兴和乡村旅游的评价指标体系如表 1 所示。

表 1　乡村旅游与乡村振兴系统评价指标体系

系统	指标(变量,单位)
乡村振兴	地区生产总值(a_1,亿元)
	全社会固定资产投资增长率(a_2,%)
	农业机械总动力(a_3,万千瓦)
	森林覆盖率(a_4,%)
	卫生机构床位数(a_5,张)
	学龄儿童入学率(a_6,%)
	农家书屋与文化站个数(a_7,个)
	教育支出(a_8,亿元)
	一般公共预算支出(a_9,亿元)
	农村居民人均可支配收入(a_{10},元)
	居民恩格尔系数(a_{11},%)
乡村旅游	旅游人数(b_1,万人次)
	旅游收入(b_2,亿元)
	A 级景区数(b_3,个)
	星级饭店数(b_4,个)
	公路里程(b_5,公里)
	旅游总收入占 GDP 比重(b_6,%)

资料来源：笔者整理所得。

（二）发展状况综合评价

1. 数据来源与处理

（1）数据来源

甘孜州泸定县在 2011 年举办了首届乡村旅游节，将本地特色樱桃种植产业与旅游相结合，开启了甘孜州乡村旅游的发展之路。因此，本文选取两州 2011~

2021年的相关数据作为川西北生态脆弱区域发展的整体数据，对川西北生态脆弱区域乡村旅游和乡村振兴两个系统的发展水平及耦合协调发展现状进行测算。本文数据来源于《阿坝州国民经济和社会发展统计公报》、《甘孜州国民经济和社会发展统计公报》、《四川统计年鉴》、《阿坝州统计年鉴》、《甘孜州统计年鉴》、甘孜州统计信息网、甘孜州文旅局、《中国城市统计年鉴》等。对部分指标的缺失数据采取前后均值法或者线性插值法进行补齐。

（2）数据标准化处理

由于各项指标测量的方法及统计单位不一，且选取的指标较多，为了消除度量尺度对指标数值的影响，本文运用Min-Max方法对基础数值进行标准化的处理，计算公式为：

正向指标：
$$Y_{ij} = \frac{X_{ij} - X_{min}}{X_{max} - X_{min}} \tag{1}$$

负向指标：
$$Y_{ij} = \frac{X_{max} - X_{ij}}{X_{max} - X_{min}} \tag{2}$$

其中，Y_{ij}表示各指标通过标准化处理后的数值，X_{ij}表示各指标的基础数值，X_{max}表示各项指标数值之中最大数值，X_{min}表示各项指标数值之中最小数值。2011~2021年17项指标共187个数值经过标准化处理后的数值如表2所示。

表2　标准化处理后的指标数值

指标	2011年	2012年	2013年	2014年	2015年	2016年	2017年	2018年	2019年	2020年	2021年
a_1	0.00	0.10	0.20	0.23	0.27	0.33	0.41	0.59	0.79	0.87	1.00
a_2	1.00	0.74	0.75	0.36	0.07	0.22	0.00	0.71	0.61	0.45	0.63
a_3	0.00	0.19	0.39	0.56	0.68	0.88	0.94	0.71	0.81	0.92	1.00
a_4	0.03	0.03	0.03	0.15	0.33	0.45	0.48	0.50	0.00	1.00	0.98
a_5	0.00	0.17	0.07	0.64	0.65	0.68	0.68	0.81	0.90	1.00	0.96
a_6	0.03	0.03	0.00	0.01	0.02	0.02	0.04	0.06	0.06	1.00	0.99
a_7	1.00	1.00	0.97	1.00	1.00	1.00	1.00	1.00	1.00	0.00	0.00
a_8	0.00	0.30	0.34	0.25	0.51	0.50	0.66	0.87	0.86	0.88	1.00

续表

指标	2011 年	2012 年	2013 年	2014 年	2015 年	2016 年	2017 年	2018 年	2019 年	2020 年	2021 年
a_9	0.00	0.13	0.28	0.34	0.44	0.41	0.53	0.79	0.78	1.00	0.80
a_{10}	0.00	0.09	0.16	0.24	0.41	0.49	0.57	0.67	0.77	0.88	1.00
a_{11}	0.14	0.00	0.37	0.52	0.68	0.57	0.68	1.00	0.92	0.17	0.21
b_1	0.00	0.15	0.21	0.37	0.50	0.66	0.56	0.56	0.95	1.00	0.79
b_2	0.00	0.11	0.19	0.31	0.44	0.55	0.45	0.44	0.82	0.91	1.00
b_3	0.00	0.02	0.03	0.05	0.06	0.08	0.18	0.23	0.86	0.89	1.00
b_4	1.00	0.88	0.76	0.53	0.41	0.29	0.35	0.24	0.24	0.18	0.00
b_5	0.00	0.15	0.26	0.35	0.53	0.84	1.00	0.75	0.74	0.75	0.78
b_6	0.00	0.22	0.28	0.57	0.84	1.00	0.58	0.27	0.70	0.74	0.73

资料来源：笔者计算整理所得。

2. 确定指标权重

将表 2 通过标准化处理后的数值用熵权法确定各项指标的权重，计算步骤如下：

第一步，计算Z_{ij}，公式为：

$$Z_{ij} = \frac{Y_{ij}}{\sum Y_{ij}} \tag{3}$$

第二步，计算熵值T_i，公式为：

$$T_i = -\frac{\sum Z_{ij}\ln Z_{ij}}{\ln n} \tag{4}$$

n 为样本数，此处为 11。

第三步，计算指标权重H_i，公式为：

$$H_i = \frac{1 - T_i}{\sum(1 - T_i)} \tag{5}$$

经过计算得到的各指标权重如表 3 所示。

表 3　乡村旅游与乡村振兴系统各指标权重

系统	指标(变量,单位)	权重
乡村振兴	地区生产总值(a_1,亿元)	0.0773
	全社会固定资产投资增长率(a_2,%)	0.0615
	农业机械总动力(a_3,万千瓦)	0.0448
	森林覆盖率(a_4,%)	0.1342
	卫生机构床位数(a_5,张)	0.0617
	学龄儿童入学率(a_6,%)	0.3183
	农家书屋与文化站个数(a_7,个)	0.0537
	教育支出(a_8,亿元)	0.0505
	一般公共预算支出(a_9,亿元)	0.0589
	农村居民人均可支配收入(a_{10},元)	0.0709
	居民恩格尔系数(a_{11},%)	0.0682
乡村旅游	旅游人数(b_1,万人次)	0.1186
	旅游收入(b_2,亿元)	0.1356
	A 级景区数(b_3,个)	0.3913
	星级饭店数(b_4,个)	0.1385
	公路里程(b_5,公里)	0.1117
	旅游总收入占 GDP 比重(b_6,%)	0.1044

资料来源：笔者计算整理所得。

3. 综合评价值计算

综合评价值能够反映乡村旅游与乡村振兴综合发展水平，对乡村振兴与乡村旅游两个系统分别计算得出综合评价值 C，计算公式为：

$$C = \sum Y_{ij} \cdot H_i \tag{6}$$

（三）耦合协调模型

耦合度通常用来测量两个或多个系统的相互影响程度，可以揭示乡村旅游与乡村振兴的内在联系，计算公式为：

$$Cou. = \left\{ \frac{C_T C_R}{\left[\frac{(C_T + C_R)}{2} \right]^2} \right\}^{1/2} \tag{7}$$

其中，$Cou.$ 为耦合度，$Cou.\in[0,\ 1]$，值越大表明耦合度越高；C_T为乡村旅游综合评价值，C_R为乡村振兴综合评价值。

但耦合度无法区分系统间的耦合水平高低，也无法反映不同系统及要素之间的协调水平。因此，需要引入耦合协调度以测算乡村旅游和乡村振兴两系统的协调发展水平，耦合协调度的计算公式为：

$$D = (Cou.\ \cdot t)^{\frac{1}{2}} \tag{8}$$

$$t = \alpha C_T + \beta C_R \tag{9}$$

其中，D 为耦合协调度，D ∈ [0，1]，α、β 为待定系数，t 为中间变量，参考相关文献，本文取 $\alpha=\beta=0.5$。本文参照冯俊华等①的研究，对耦合协调度进行等级划分，具体划分见表 4。

表 4　耦合协调度类型划分

耦合协调度	耦合协调类型	耦合协调度	耦合协调类型
[0,0.1)	极度失调	[0.5,0.6)	勉强协调
[0.1,0.2)	严重失调	[0.6,0.7)	初等协调
[0.2,0.3)	中度失调	[0.7,0.8)	中等协调
[0.3,0.4)	轻度失调	[0.8,0.9)	良好协调
[0.4,0.5)	濒临失调	[0.9,1.0]	优质协调

四　川西北生态脆弱区域乡村旅游与乡村振兴模型结果分析

（一）研究区域概况

川西北生态脆弱区域包含甘孜州与阿坝州两地，甘孜州位于四川省西

① 冯俊华、张路路：《“生态—经济—社会—人口”城镇化耦合协调动态演化研究》，《经济界》2021 年第 3 期。

部，其地方生态具有全国地位独特、功能作用突出、环境优良的特点，是黄土高原—川滇生态屏障、青藏高原生态屏障两者的核心区域，也是长江上游生态保护屏障及“中华水塔”的重要组成。阿坝州是国家规定限制开发的重点生态功能区，是长江黄河上游十分重要的水源涵养地，也是川滇林木及生物保护与青藏高原生态屏障的重要组成部分，其区域内森林、湿地和草原等生态系统在水源的涵养与补给、水土的保持与循环、生物的多样性保护、区域的气候调节等方面起到了重要作用。

（二）乡村旅游与乡村振兴发展总体水平分析

如表5、图1所示，2011~2021年川西北生态脆弱区域乡村旅游综合评价值与乡村振兴综合评价值处于上升状态。乡村旅游综合评价值从2011年的0.1385增长为2021年的0.7831，年均增长率约20%；乡村振兴综合评价值从2011年的0.1397增长为2021年的0.8501，年均增长率约19%。较高的年均增长率说明两系统在11年间均迅速发展。乡村旅游综合评价值在2012~2017年一直略高于乡村振兴综合评价值，2017年乡村旅游综合评价值开始下降，2018年下降至0.3590，低于当年乡村振兴综合评价值0.5154。乡村振兴综合评价值2019年下降至0.4704。乡村振兴与乡村旅游两系统的综合评价值在2019年后上涨明显，可能是党的十九大提出乡村振兴战略后，各村通过大力发展旅游业来推进乡村振兴的成效开始显现。

表5　乡村旅游与乡村振兴系统综合评价值及耦合协调度

年份	乡村振兴综合评价值	乡村旅游综合评价值	中间变量 t	耦合度	耦合协调度	耦合协调类型
2011	0.1397	0.1385	0.1391	1.0000	0.3729	轻度失调
2012	0.1671	0.2016	0.1844	0.9956	0.4284	濒临失调
2013	0.2099	0.2283	0.2191	0.9991	0.4679	濒临失调
2014	0.2677	0.2772	0.2725	0.9998	0.5219	勉强协调

续表

年份	乡村振兴综合评价值	乡村旅游综合评价值	中间变量 t	耦合度	耦合协调度	耦合协调类型
2015	0. 3266	0. 3454	0. 3360	0. 9996	0. 5795	勉强协调
2016	0. 3650	0. 4241	0. 3946	0. 9972	0. 6273	初等协调
2017	0. 3974	0. 4186	0. 4080	0. 9997	0. 6387	初等协调
2018	0. 5154	0. 3590	0. 4372	0. 9839	0. 6559	初等协调
2019	0. 4704	0. 7496	0. 6100	0. 9734	0. 7706	中等协调
2020	0. 8277	0. 7768	0. 8023	0. 9995	0. 8955	良好协调
2021	0. 8501	0. 7831	0. 8166	0. 9992	0. 9033	优质协调

资料来源：笔者计算整理所得。

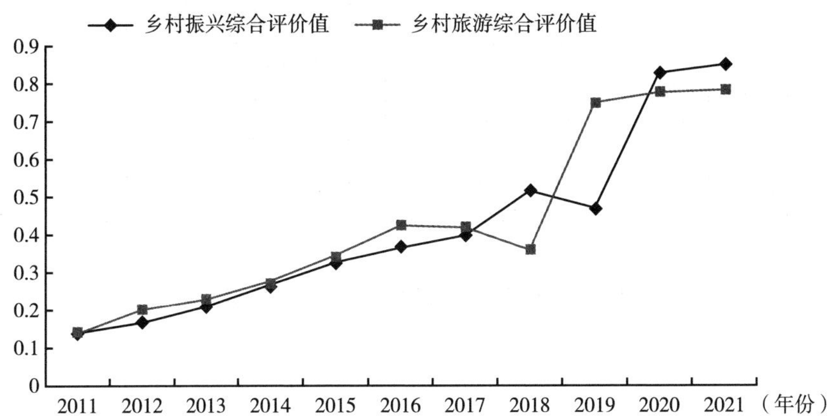

图 1　2011~2021 年乡村旅游与乡村振兴系统综合评价值变化趋势

资料来源：笔者计算整理所得。

（三）乡村旅游与乡村振兴耦合协调分析

如表 5 所示，2011~2021 年川西北生态脆弱区域乡村旅游与乡村振兴的耦合度大部分年份处于 0. 9900 左右，变化幅度不大，最低为 0. 9734，最高为 1，呈现高耦合度水平状态，表明两系统一直处于相互促进的发展状态。

虽然两系统耦合度一直处于高水平，但耦合协调度则是从最初的轻度失调转向优质协调。如图 2 所示，耦合协调度在 11 年间呈现不断上升的趋势，由 2011 年的 0.3729 上升至 2021 年的 0.9033，年均增长率达 9.2%。2017 年乡村振兴战略提出后，两系统的耦合协调水平在 5 年间从初等协调提升为优质协调，11 年间经历了“轻度失调—濒临失调—勉强协调—初等协调—中等协调—良好协调—优质协调”共 7 个变化阶段。两系统的发展协调水平不断上升，说明川西北生态脆弱区域乡村旅游有利于促进乡村振兴，乡村经济发展则进一步支撑着乡村旅游发展。

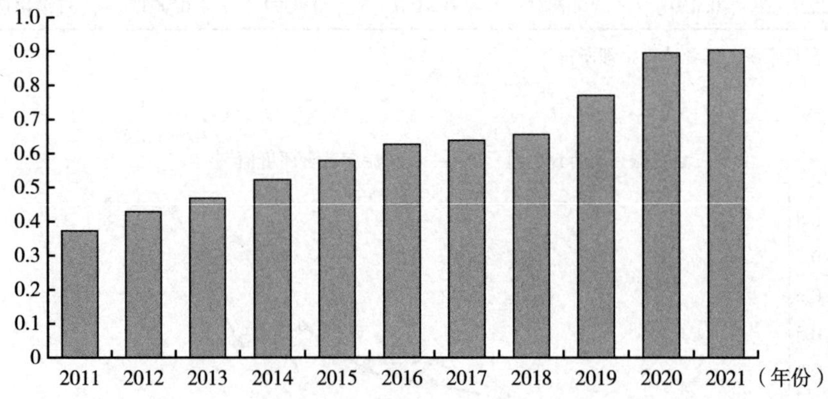

图 2　2011~2021 年乡村旅游与乡村振兴系统耦合协调度

资料来源：笔者计算整理所得。

（四）乡村旅游助力乡村振兴过程中存在的制约与挑战

1. 乡村旅游在一定程度上受生态环境脆弱的制约

川西北生态脆弱区域虽然拥有优势旅游资源，但区域内生态环境较为脆弱，对乡村旅游的稳定开展产生了一定影响。如阿坝州位于龙门山断裂带上，区域内地震活动频发，2021 年发生 2.5 级及以上地震共计 100 余次，主要发生在九寨沟、马尔康、汶川地震余震区，其中理县、壤塘、黑水、茂县、若尔盖县等地为较大震级发生地。除地震外，阿坝州还易发洪涝、滑坡、泥石流等自然灾害，如2019年阿坝州发生暴雨洪涝灾害，部分游客在去往目的地的路上遭遇道路毁损，部分游客的生命财产安全和身体健康受到威胁。甘孜州易发雪灾、地震、泥石流、洪涝等自然灾害，2022年泸定县发生6.8级地震，造成酒店坍塌、游客被困。凉爽宜人的天气条件使阿坝州和甘孜州成为人们夏季避暑的选择之地，但当地夏季易发暴雨进而引发泥石流、山体垮塌滑坡等灾害，迫使游客滞留景点，当地较脆弱的自然环境使得乡村旅游发展的稳定性较差。

此外，区域内的景区建设通常采用的方式是招商引资，由于开发商的开发水准参差不齐，在开发前缺乏合理规划，在开发过程中不注重生态保护，导致后续出现环境污染问题，加重了对当地生态环境的伤害。

2. 乡村旅游基础设施有待继续完善

公路运输方面，区域内公路里程虽然在11年间持续缓慢增长，甘孜州2021年公路里程为32980公里，阿坝州2021年公路里程为15833公里，但占省内公路总里程的比重较低，甘孜州为8.4%，阿坝州为4%。由于区域内自然风景较好的地方大多地处偏僻，还需继续完善交通基础设施，提高这些地方的通达性。旅游地基础设施方面，部分景点因所处海拔较高，气温多变、气候寒冷，受天气情况和地形限制，部分房屋存在住宿环境条件较差、供暖不足的问题。此外，还存在高峰期住房供给不足、应对短期游客暴增时的管理接待能力不足、食物美味度和游客接受度较低、旅游开发项目较少、娱乐设备缺乏、不能满足游客的多元化需求等问题，造成游客的综合旅游体验感不佳。

五　乡村旅游助力乡村振兴的机制构建

从上文针对川西北生态脆弱区域两系统发展现状和耦合协调状态的分析可以发现，两系统处于优质协调、互相促进的良好运行状态，当地乡村旅游与乡村振兴高度耦合，应继续大力推进当地乡村旅游发展。结合前文指出的两系统在发展中存在的问题，可以从以下几方面优化乡村旅游助力乡村振兴的实践路径。

（一）合理规划乡村旅游空间格局

川西北生态脆弱区域拥有丰富的乡村旅游资源，但分布较散且开发程度具有明显差异，因此，地方政府应在进行充分考察调研之后合理规划布局，既要加快区域内代表性景区、景点的建设，也要加大对小微、偏远景点的开发和宣传力度，充分利用当地特色旅游资源，增加乡村旅游产品类别，丰富旅游形式，以满足不同时节的旅游需求，促进区域内旅游产业整体平衡发展。

此外，要充分考虑旅游资源开发所在地的自然生态环境，避开地质灾害易发区域。在现有景区做好灾害预警工作，及时通报区域内的自然灾害情况，让游客在出行前了解当地气象、地质情况，尽量为游客留出充分的反应时间。安排部署更多的景点安全巡查人员，对安全隐患进行定期排查整治，在森林旅游区域做好防火措施，定期对警示标志、山体防护措施、减速带、防护栏进行维护，降低自然灾害对旅游基础设施的毁坏程度。在旅游高峰期时，要做好游客秩序维护，预备应急处理方案，以防拥挤踩踏和其他意外事故的发生。

（二）完善乡村旅游基础设施建设

旅游产业是具有综合性特点的服务行业，需要众多环节，如餐饮、交通、住宿等的配合和带动。川西北生态脆弱区域由于地形地势以山地和高原为主，在一定程度上限制了旅游资源的开发，提高地区可进入性对当地旅游业的发展而言尤其重要，应加大政策支持力度，根据当地实际对乡村旅游的基础设施进行升级完善。在公共交通道路建设方面，可与国家道路建设规划相配合，结合当地气候因素和地理条件进行总体设计，提升各景点与村寨交通的便利程度。在景区环境管理方面，加强对景区厕所、垃圾桶、道路的清洁维护，引入、推广无污染的污物处理技术，设置文明劝导员岗位，对游客乱扔垃圾、破坏景区生态的行为进行劝阻教育。在住宿方面，合理规划住房布局，在旅游旺季时增加民宿供给。对酒店、民宿进行装修时，在提升住宿质量的同时尽可能地展现当地的民俗特色，可适当增加配套文化小屋对当地民族文化进行宣传，利用碎片化时间增进游客对本地文化的了解，提升消费者黏性。

（三）深入推进文化旅游产业发展

甘孜州具有丰厚的红色文化底蕴，应继续发挥红色文化旅游对本地经济的带动作用，整合区域红色资源点位，科学规划红色旅游线路，对重点红色遗址进行保护与修复。深挖红色故事与具有当地特色的红色文化旅游资源路径，提高本地红色文化旅游资源的辨识度，将无形的红色精神转化为有形的旅游产品，如策划红色民俗表演、红色文化主题的民宿农家乐等，创新红色演绎方式与表现形式，探索将史实与教育、休闲相结合，让游客在悠闲玩乐的同时切身感受到红色精神的魅力，寓教于乐。

此外，在发展全域旅游的同时，随着开放范围的扩大，当地民众接触外来文化的种类越来越多，更要做好对少数民族传统文化的保护与传承工作。一方面，可以通过建立符合村民的利益分配机制增强本土村民对乡土文化的自信心，提升其保护与传承文化的主动性。另一方面，大力发展乡村文化产业，在旅游开发中展现独特民族风情，支持当地乡村文化产业品牌的培育工作，扶持当地特色文创产品发展。

（四）优化乡村旅游环境

一是针对开发商质量问题，可以探索创建要求更加严格的引进开发商的机制，以合同形式明确规定政府与开发商将采取什么样的合作方式。在进行开发规划前可以向国内有成功经验的省区市和景区学习，借鉴这些地方在选择和判断开发商方面的方法和评价体系，以挑选到合适的开发商。此外，还可以借鉴这些地方的景区管理模式，明确政府、景区管理局和开发商三者之间的权责关系，避免旅游资源开发同质化带来的资源浪费，力求在旅游资源开发这一最初环节上保障乡村旅游朝着健康和可持续的方向发展。二是提升旅游配套接待能力，加强对各景点现有从业人员的定期管理培训，通过内引外培，培养具有高素质的旅游管理人才，提高当地旅游业的从业人员素质，带给游客更好的旅游服务体验。三是随着电销、旅游直播带货等业态的发展，要严格管控网销产品质量，充分考虑运输过程中可能出现的问题，加强对电商平台农副产品的售后服务管理，用“品质+服务”赢得游客信赖，树立良好的品牌形象，稳定客源。

环境污染防治篇

Prevention and Control of Environmental Pollution Reports

B.8

协同推进降碳、减污、扩绿、增长研究*

王 倩 陈诗薇**

摘 要： 良好的生态环境是最普惠的民生福祉，聚焦降碳、减污、扩绿、增长的协同治理是建设美丽中国的关键路径。本文基于协同推进降碳、减污、扩绿、增长这一新要求、新举措，在厘清其基本内涵的基础上，探讨降碳、减污、扩绿、增长的协同机制，进一步测算中国降碳、减污、扩绿、增长的耦合协调度，分析其在协同治理中存在的问题，并从政策、管理和技术三个维度出发提出降碳、减污、扩绿、增长协同治理的建议。

关键词： 降碳 减污 扩绿 增长

* 项目基金来源：四川省社科规划 2022 年度项目“基于自然解决方案推进降碳、减污、扩绿、增长协同增益研究”（项目编号：SC22ST14）。

** 王倩，经济学博士，四川省社会科学院副研究员、硕士生导师，主要研究方向为区域经济与生态文明；陈诗薇，四川省社会科学院，主要研究方向为生态文明。

党的二十大从人与自然和谐共生现代化的高度提出“要推进美丽中国建设，坚持山水林田湖草沙一体化保护和系统治理，统筹产业结构调整、污染治理、生态保护、应对气候变化，协同推进降碳、减污、扩绿、增长，推进生态优先、节约集约、绿色低碳发展”[①] 这一新命题。推动实现降碳、减污、扩绿、增长及其协同治理，是贯彻落实习近平生态文明思想的重要举措，是建设美丽中国的关键路径，是促进经济绿色增长的重要推动力，是建设人与自然和谐共生的必然要求。

当前，中国仍然面临污染治理、温室气体减排、生态保护和修复、经济绿色增长等多重压力，亟须推进落实降碳、减污、扩绿、增长相关工作，并通过合理统筹来实现协同治理。然而，针对降碳、减污、扩绿、增长这一新命题的研究仍较为匮乏。基于此，本文首先梳理了降碳、减污、扩绿、增长的基本内涵及其协同关系；其次，测算中国降碳、减污、扩绿、增长的耦合协调度，进一步分析其存在的问题；最后，立足于当前的政策制度，从推进降碳、减污、扩绿、增长协同治理，促进中国经济高质量发展的角度出发提出相应的政策建议。

一　降碳、减污、扩绿、增长的基本内容

（一）降碳的基本内容

降碳，又称减碳，相关概念包括脱碳、去碳、碳移除、碳抵偿等，也包括低碳、零碳、负碳，泛指碳排放的降低或吸收。“十四五”时期，我国生态文明建设进入以降碳为重点战略方向的新阶段，降碳开始进入由党和国家的重要政策予以推进的重要阶段。[②] 降碳是根本，扩绿是补充，全面绿色转

① 习近平：《高举中国特色社会主义伟大旗帜　为全面建设社会主义现代化国家而团结奋斗——在中国共产党第二十次全国代表大会上的报告》，人民出版社，2022。

② 陈梓铭：《减污降碳协同治理的环境法典表达》，《南京工业大学学报》（社会科学版）2022年第5期。

型是核心。突出以降碳为源头治理的“牛鼻子”，让降碳成为减污、扩绿、增长的牵引性力量，可以促进经济社会发展绿色转型和生态环境持续改善。

1. 降碳的目标

2020 年 9 月，国家主席习近平在第七十五届联合国大会上宣布，中国力争 2030 年前二氧化碳排放达到峰值，努力争取 2060 年前实现碳中和目标。进一步地，2021 年 10 月，国务院印发《2030 年前碳达峰行动方案》（国发〔2021〕23 号），提出到 2025 年，非化石能源消费比重达到 20%左右，单位国内生产总值能源消耗比 2020 年下降 13.5%，单位国内生产总值二氧化碳排放比 2020 年下降 18%。到 2030 年，非化石能源消费比重达到 25%左右，单位国内生产总值二氧化碳排放比 2005 年下降 65%以上，顺利实现 2030 年前碳达峰目标。①

2. 降碳的内容

降碳的内容涉及多个方面，可以从战略层面、重点任务层面、碳达峰行动层面等进行梳理。在战略层面，中国工程院院士、中国工程院原副院长杜祥琬提出八大战略，包括节约提效优先战略、能源安全战略、非化石能源替代战略、再电气化战略、资源循环利用战略、固碳战略、数字化战略、国际合作战略。在重点任务层面，2022 年 8 月，工信部、国家发改委、生态环境部联合印发《工业领域碳达峰实施方案》，提出六大重点任务，包括“深度调整产业结构，深入推进节能降碳，积极推行绿色制造，大力发展循环经济，加快工业绿色低碳技术变革，深化数字化、智能化、绿色化融合”。② 在碳达峰行动层面，2021 年 10 月，国务院印发《2030 年前碳达峰行动方案》，提出要重点实施能源绿色低碳转型行动、节能降碳增效行动、工业领域碳达峰行动、城乡建设碳达峰行动、交通运输绿色低碳行动、循环经济助

① 《国务院关于印发 2030 年前碳达峰行动方案的通知》（国发〔2021〕23 号），http：//www.gov.cn/zhengce/content/2021-10/26/content_ 5644984.htm，2021 年 10 月 26 日。

② 工业和信息化部、国家发展改革委、生态环境部：《工业领域碳达峰实施方案》（工信部联节〔2022〕88 号），http：//www.gov.cn/zhengce/zhengceku/2022 - 08/01/content _ 5703910.htm，2022 年 8 月 1 日。

力降碳行动、绿色低碳科技创新行动、碳汇能力巩固提升行动、绿色低碳全民行动、各地区梯次有序碳达峰行动等碳达峰十大行动。①

3. 降碳的技术

根据科技部碳中和技术分类，降碳的相关技术可以分为五个大类，分别是零碳电力能源、零碳非电能源、燃料/原料与过程替代、CCUS/碳汇与负排放、集成耦合与优化，这五大类又包含了18个子类和65个亚类，具体如表1所示。

表1　降碳技术分类

大类	子类	亚类
零碳电力能源	可再生电力与核电	太阳能发电、风能发电、地热发电、海洋能发电、生物质发电、水力发电、核能发电
	储能	机械能储能、电气储能、电化学储能、热化学储能
	输配电	高比例可再生能源并网、交直流混联电网安全高效运行、先进电力装备
零碳非电能源	氢能	工业副产氢、电解水制氢、化工原料制氢、物理储氢、化学储氢、运氢、燃料利用、原料利用
	非氢燃料	生物质制备燃料、CO_2 制备燃料、新型燃料、氨能燃料利用
	供暖	低品位余热利用、水热同产、热储能、热力与电力协同、其他热利用
燃料/原料与过程替代	电气化应用	工业电气化、建筑电气化、农业电气化、交通电气化
	燃料替代	生物质燃料替代、氧燃料替代
	原料替代	生物质原料替代、绿氧原料替代、捕集 CO_2 原料替代、低碳建材怡金/化工原料替代
	工业流程再造	钢铁流程再造、有色流程再造、化工流程再造、建材流程再造
	回收与循环利用	能量回收利用、物质回收利用
CCUS/碳汇与负排放	CCUS	捕集、压缩与运输、地质利用与封存
	负排放技术	碳移除、强化碳转化
	碳汇	陆地碳汇、海洋碳汇

① 《国务院关于印发2030年前碳达峰行动方案的通知》（国发〔2021〕23号），http://www.gov.cn/zhengce/content/2021-10/26/content_5644984.htm，2021年10月26日。

续表

大类	子类	亚类
集成耦合与优化	能源互联	多能协同发电、多能互补耦合应用
	产业协同	全产业链低碳集成与属合、跨产业低碳集成与机合
	节能减污降碳	效率提升、碳减排与大气污染物协同治理、碳减排与水污染物协同治理、碳减排与固体废弃物协同治理
	管理支持	碳排放监测核算体系、碳中和决策支撑

（二）减污的基本内容

减污，相关概念包括减排、污染治理等，泛指减少污染物的排放量。党的十九大报告首次将污染防治与防范重大风险、精准脱贫并列成为三大攻坚战。减污成为我国经济由高速增长阶段转向高质量发展阶段后必须迈过的三道关口之一，在我国生态环境保护中占据重要地位，对建设人与自然和谐共生的美丽中国有重大意义。以改善生态环境质量为核心，推动精准治污、科学治污、依法治污，倒逼增长方式转变，促进节能环保产业蓬勃发展，推动实现高质量发展。

1. 减污的目标

2021 年 11 月，中共中央、国务院发布《关于深入打好污染防治攻坚战的意见》，提出到 2025 年，生态环境持续改善，主要污染物排放总量持续下降。对污染物浓度、空气质量和地表水质量提出了具体要求，即地级及以上城市细颗粒物（$PM_{2.5}$）浓度下降 10%，空气质量优良天数比例达到 87.5%，地表水Ⅰ～Ⅲ类水体比例达到 85%，近岸海域水质优良（一、二类）比例达到 79%左右。[①]

2. 减污的内容

减污的内容可以从三大保卫战层面展开。减污就是要持续发力，全面推

---

① 《中共中央　国务院关于深入打好污染防治攻坚战的意见》，http：//www.gov.cn/zhengce/2021-11/07/content_5649656.htm，2021 年 11 月 7 日。

进实施蓝天保卫战、碧水保卫战和净土保卫战。①打好蓝天保卫战就是要着重打好重污染天气消除攻坚战、臭氧污染防治攻坚战、柴油货车污染治理攻坚战与加强大气面源和噪声污染治理[①]；②打好碧水保卫战就是要打好城市黑臭水体治理攻坚战、长江保护修复攻坚战、黄河生态保护治理攻坚战，巩固提升饮用水安全保障水平，着力打好重点海域综合治理攻坚战，强化陆域海域污染协同治理[②]；③打好净土保卫战就是要持续打好农业农村污染治理攻坚战，推进农用地土壤污染防治和安全利用，管控建设用地土壤污染风险，推进“无废城市”建设，加强新污染物治理，强化地下水污染协同防治[③]。

3. 减污技术

减污技术可以按照领域划分为三大类，包括空气污染防治领域的技术、水污染防治领域的技术、土壤污染防治领域的技术，每一个大类下又包含多项具体的技术，具体如表 2 所示。

表 2　减污技术分类

大类	技术
空气污染防治领域	大气环境预警预报技术、大气环境污染物溯源技术、大气污染防治管控技术、扬尘污染防治技术、汽修污染复制技术、餐饮油烟污染防治技术、移动源大气污染防治技术等
水污染防治领域	MBR-DF 组合污水处理技术、高校节地复合生物膜污水处理技术、硫自养主导型污水深度脱氮技术、耦合沉淀矩形气升环流生物反应器污水处理技术、微氧循环流污水处理技术、高效气浮净水器技术、模块化装配式污水处理技术等
土壤污染防治领域	固化—稳定化技术、土壤淋洗修复技术、土壤修复氧化—还原技术、土壤光催化降解技术等

① 《中共中央　国务院关于深入打好污染防治攻坚战的意见》，http://www.gov.cn/zhengce/2021-11/07/content_5649656.htm，2021 年 11 月 7 日。

② 《中共中央　国务院关于深入打好污染防治攻坚战的意见》，http://www.gov.cn/zhengce/2021-11/07/content_5649656.htm，2021 年 11 月 7 日。

③ 《中共中央　国务院关于深入打好污染防治攻坚战的意见》，http://www.gov.cn/zhengce/2021-11/07/content_5649656.htm，2021 年 11 月 7 日。

（三）扩绿的基本内容

扩绿，相关概念包括用绿、活绿、增绿、生态保护、生态修复、生态产品价值实现等，泛指提升生态系统多样性、稳定性和持续性的各项措施，涵盖了生态产品价值实现的多种手段。

1. 扩绿的目标

2020 年 6 月，国家发展改革委、自然资源部联合印发《全国重要生态系统保护和修复重大工程总体规划（2021~2035 年）》，提出“到 2035 年，森林覆盖率达到 26%，森林蓄积量达到 210 亿立方米，天然林面积保有量稳定在 2 亿公顷左右，草原综合植被盖度达到 60%；确保湿地面积不减少，湿地保护率提高到 60%；新增水土流失综合治理面积 5640 万公顷，75%以上的可治理沙化土地得到治理；海洋生态恶化状况得到全面扭转，自然海岸线保有率不低于 35%；以国家公园为主体的自然保护地面积占陆域国土面积的 18%以上，濒危野生动植物及其栖息地得到全面保护。[①]

2. 扩绿的内容

扩绿的内容可以根据达成多样性、稳定性和持续性的路径展开。①在提升生态系统的多样性方面，可以推进自然保护地体系建设，以保持丰富的生物多样性；实施生物多样性保护重大工程，将生物多样性作为生态文明建设的重要内容。②在提升生态系统的稳定性方面，可以推动国土绿化高质量发展，提高土地覆盖率和植被覆盖率，增强土地的生态功能，夯实生态文明建设的重要基础；深化集体林权制度改革，促进森林资源的合理利用，推动林业生态建设。③在提升生态系统的持续性方面，可以健全耕地休耕轮作制度，保障生态系统的持续稳定发展，促进生态保护和经济发展的良性互动；建立生态产品价值实现机制，完善生态保护补偿机制，推动绿水青山向金山银山转化；加强生物安全管理，保障生态系统的稳定性。

---

① 国家发展改革委、自然资源部：《全国重要生态系统保护和修复重大工程总体规划（2021—2035 年）》，http：//www. gov. cn/xinwen/2020-06/12/content_ 5518797. htm，2020 年 6 月 12 日。

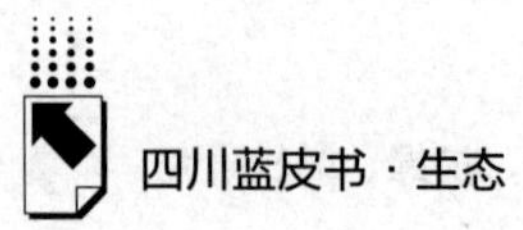

（四）增长的基本内容

增长，相关概念包括绿色增长、可持续增长等，泛指兼顾生态环境保护的经济总量增长。绿色增长的思想最早出现于英国环境经济学家皮尔斯等在1989年出版的《绿色经济蓝图》中，此后绿色增长并未受到足够的重视。直到2009年经济合作与发展组织（OECD）意识到环境问题将给发展中国家的发展带来巨大的负担，环境保护与经济增长不应该被孤立地考虑，[①] 于是OECD首次明确了绿色增长的内涵，将之定义为在防止代价昂贵的环境破坏、气候变化、生物多样化丧失和以不可持续的方式使用自然资源的同时，追求经济增长和发展。[②] 2012年，“里约+20”联合国可持续发展大会将“绿色增长”作为一个关键主题，自此绿色增长的理念被推向高峰，随之渗透到各国的政治、经济和环境政策之中。2020年，中国政府明确提出2030年碳达峰与2060年碳中和目标，将实现“双碳”目标当作一场广泛而深刻的经济社会系统性变革，这正是致力于使环境保护与经济绿色增长相协调的重大举措。

绿色增长与降碳、减污、扩绿是相辅相成的，降碳、减污、扩绿可以成为经济绿色增长的新动能，推动可持续性、高质量的发展，同时高质量、可持续性的增长也能够为生态文明建设提供坚实的物质基础、强大的产业支撑和高效的科技保障。从严格保护生态、高效利用资源的角度，统筹高质量发展和高水平保护，推动中国走更加绿色、可持续的发展道路。

二　降碳、减污、扩绿、增长的协同关系

降碳、减污、扩绿、增长在生态环境建设和经济发展中关系密切，降

① 张旭、李伦：《绿色增长内涵及实现路径研究述评》，《科研管理》2016年第8期。

② 郭玲玲、卢小丽、武春友、曲英：《中国绿色增长评价指标体系构建研究》，《科研管理》2016年第6期。

碳、减污、扩绿与增长存在协同关系，其协同是高质量发展的重要要求，也是中国式现代化的本质特色。降碳、减污、扩绿为增长提供新动能，其协同关系可概括为：通过降低碳排放，减少污染物排放，提升生态系统的多样性、稳定性和持续性，实现生态产品价值，为经济永续发展提供原料、能源、环境，支持经济增长绿色转型，增强经济增长韧性，最终实现经济、社会和环境的协同发展。

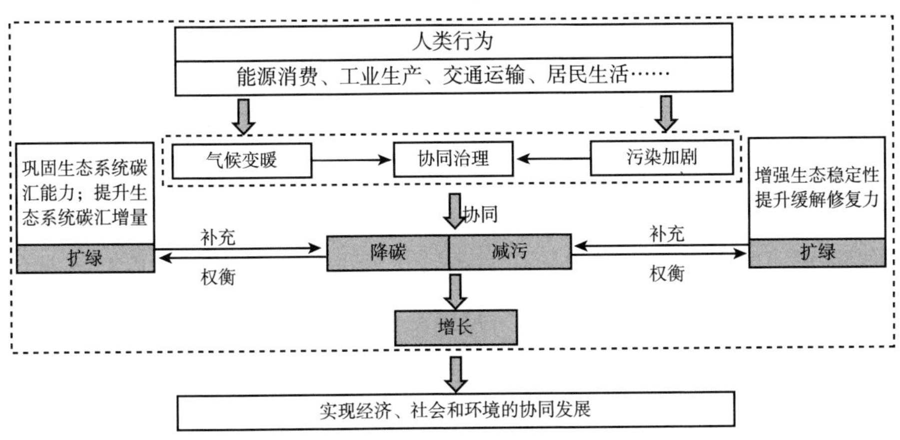

图 1　降碳、减污、扩绿、增长的权衡与协同机制

（一）降碳、减污协同增效促进经济社会全面绿色转型

减污、降碳协同增效是促进经济社会发展全面绿色转型的总抓手。协同推进减污、降碳，将这两个领域紧密联系在一起，推进生产方式和生活方式绿色低碳转型，既是解决污染问题和气候问题的根本之策，也是实现经济高质量发展的必由之路。

降碳与减污，同根同源同过程。从碳排放来源看，污染排放和温室气体具有高度的同根同源性。人类活动是环境污染与温室气体排放的根源。① 碳排放和污染物排放往往伴随着能源的消耗和工业化进程的推进。温室气体和污

① 郑逸璇、宋晓晖、周佳、许艳玲、林民松、牟雪洁、薛文博、陈潇君、蔡博峰、雷宇、严刚：《减污降碳协同增效的关键路径与政策研究》，《中国环境管理》2021 年第 5 期。

染物是不可分割的，二者之间存在内在的联系。比如能源消费、工业生产、交通运输等都会产生以二氧化碳为主的温室气体和大气污染物、水体污染物、土壤污染物等各类环境污染物。这意味着碳排放和污染物排放有着相近的来源，因此，降碳和减污不是两个孤立的议题，而是两个相互依存的概念。降碳和减污在本质上是同根同源同过程的，它们共同关注的是减少环境污染和改善生态环境。

降碳和减污促进经济社会全面绿色转型。降碳和减污贯穿于产业结构调整的全过程，通过源头替代、过程减排、末端治理全流程，在源头端加快推动能源结构从化石能源向清洁能源转变；在过程端转变运输结构、提升能源利用效率、减少温室气体和污染物排放；在末端加强管制污水处理、垃圾埋填等污染排放行为。降碳、减污协同增效，对进一步优化生态环境治理、助力建设美丽中国与实现碳达峰碳中和目标而言具有重要意义。不同于高碳高污染的粗放型经济增长模式，降碳和减污能有效提升经济增长质量，转变增长模式，实现经济增长的质的转化，为绿色增长提供充足的动能。

（二）扩绿通过生态产品价值实现产生协同效应

生态系统可以向人类提供调节服务、供应服务、文化服务和支持服务，是经济绿色增长的来源。扩绿通过生态产品价值实现，促进增长并产生协同效益。“绿水青山”就是“金山银山”，保护生态环境就是保护生产力、改善生态环境就是发展生产力。坚持生态优先，为可持续增长提供原料、能源等，提升绿色经济发展的量级，增强绿色增长的韧性和可持续性。比如城市绿色空间的增加，可以产生经济、社会、环境、健康等多种效益。经济层面，绿色空间的增加会带动周边土地价格的提升，增加城市经济效益；社会层面，绿色空间的增加相当于公共服务空间增多，可以增加城市社会效益；环境层面，绿色空间可以提升空气质量，带来环境效益；健康方面，居民在绿色空间活动，有利于其身心健康，带来健康效益。

（三）降碳、减污、扩绿、增长“一减一增”推进高质量发展

降碳、减污、扩绿、增长，一增一减，可以有效推进高质量发展。“一减”主要指的是通过采取各种手段和措施减少碳排放和污染物排放，给环境污染做减法，推进高质量发展。比如，降碳既可以通过提高能源效率、降低化石能源使用量等方式实现，也可以通过发展清洁能源、推广低碳生活等措施达成。减污则可以通过加强污染物治理、推广清洁生产技术等措施实现。“一增”主要是指通过生态保护和生态修复等手段，扩绿可以释放碳汇、吸收污染物，降低碳排放和污染物排放，增加生态系统的服务功能。同时，扩绿还可以推进生态产品价值实现，提高生态产品的价值，进一步推动经济高质量增长。因此扩绿属于给环境保护做加法，也是推进高质量发展的重要手段之一。这种协同作用不仅可以减少环境污染的负面影响，还能增加生态保护的正面效益，进而实现经济、社会和生态的协同发展。

（四）降碳、减污、扩绿、增长的协同也是有效避免权衡的重要手段

降碳、减污、扩绿、增长的协同可以有效避免权衡。在降碳和增长的权衡上，中国面临着经济快速增长和人民生活水平提高带来温室气体排放需求增长的矛盾。中国经济仍然处于较快增长的过程中，人民生活水平不断提高，意味着对能源消耗的需求也会增加。因此，降碳与增长之间存在权衡关系，不能只顾经济增长而忽视碳排放，也不能只顾降碳而忽视经济增长，要真正将碳达峰碳中和纳入生态文明建设和经济社会发展的全局，处理好降碳和增长、整体和局部、短期和长期的关系。在扩绿和增长的权衡上，要兼顾扩绿成本与经济增长，扩绿不是一味地增加绿色面积，而是要通过合理有效的经营手段，实现生态产品价值的最大化。权衡扩绿成本与经济增长，是要在扩绿和增长上持续发力，继续培育绿色经济和文旅经济，全力推动存量企业绿色转型，积极推进人与自然和谐共生。此外，减污要起到优化发展的作用，让环境优化倒逼增长。比如，减污有助于环境保护，降低生态破坏和生

态系统的损失，这有助于促进可持续发展；减污可以减少环境中的有害物质，从而减少人类暴露于这些物质的风险，降低疾病发生率和提高健康水平。

绿色增长与降碳、减污、扩绿是协同推进、相辅相成的，持续深化和系统推进降碳、减污、扩绿，让其成为经济增长的新动能，推进绿色增长实现质的转变、量的提升，让发展建立在高效利用资源、严格保护生态环境的基础上，推动绿色增长迈上新台阶。

三 中国降碳、减污、扩绿、增长的协调度测算

近年来，中国一直在努力平衡环境保护和经济发展之间的关系，走绿色经济发展道路。在过去的几十年中，中国在降碳、减污、扩绿、增长领域都取得了显著的成就。然而，关于降碳、减污、扩绿、增长的协调度尚无准确测算，本文基于耦合度理论及模型尝试测算中国降碳、减污、扩绿、增长的协调度。

（一）降碳、减污、扩绿、增长耦合度模型

耦合度是测算两个（或者两个以上）系统或者要素彼此影响程度的模型。耦合作用及其协调程度决定了系统由无序走向有序的趋势，耦合度可以反映系统内部要素之间的协同作用。[①] 由此，可以把降碳、减污、扩绿、增长作为四个系统通过各自的耦合元素产生相互彼此影响的程度定义为中国降碳、减污、扩绿、增长的协调度，该协调度模型由耦合度模型和耦合协调度模型共同组成。

1. 耦合度模型

设变量U_i（$i=1, 2, 3, 4$）是降碳、减污、扩绿、增长的协调度系统中的序参量，U_{ij}为第 i 个序参量的第 j 个指标，其值为X_{ij}（$j=1, 2, \cdots, n$），M_{ij}和m_{ij}是序参量的最大值和最小值。因而，降碳、减污、扩绿、增长的协调度系统对系统有序的功效系数U_{ij}可以表示为：

① 刘耀彬、李仁东、宋学锋：《中国城市化与生态环境耦合度分析》，《自然资源学报》2005年第1期。

$$U_{ij} = \frac{X_{ij} - m_{ij}}{M_{ij} - m_{ij}},\ U_{ij}\text{ 具有正功效}$$

$$U_{ij} = \frac{M_{ij} - X_{ij}}{M_{ij} - m_{ij}},\ U_{ij}\text{ 具有负功效}$$

其中，U_{ij}为变量X_{ij}对系统的功效贡献度，$U_{ij} \in [0, 1]$。

降碳、减污、扩绿、增长处于四个不同又相互作用的子系统，对子系统总各个序参量的贡献度测度可以通过集成方法来实现，在实际应用中一般采用几何平均法和线性加权和法：①

$$U_i = \sum_{j=1}^{m} \mu_{ij} U_{ij}$$

$$\sum_{j=1}^{j=m} \mu_{ij} = 1$$

参考刘耀彬等②构建的耦合度系数模型，推广成多个系统（或者要素）相互作用的耦合度公式为：

$$C_n = \left(\frac{U_1 U_2 \cdots U_m}{\prod (U_i + U_j)} \right)^{\frac{1}{n}}$$

其中，C_n代表耦合度，$C_n \in [0, 1]$，耦合度越大代表系统之间或者系统内部要素之间达到良性共振耦合，系统趋向于新的有序结构；耦合度越小，代表系统之间或系统内部要素之间呈现出无序发展。

为了匹配降碳、减污、扩绿、增长四个系统的耦合度函数，可以将其进一步表示为：

$$C_n = \left(\frac{U_1 U_2 U_3 U_4}{\prod (U_i + U_j)} \right)^{\frac{1}{4}}$$

显然，耦合度值$C_n \in [0, 1]$，当 $C=1$ 时，耦合度最大，降碳、减污、

① 曾珍香：《可持续发展协调性分析》，《系统工程理论与实践》2001 年第 3 期。

② 刘耀彬、李仁东、宋学锋：《中国城市化与生态环境耦合度分析》，《自然资源学报》2005 年第 1 期。

扩绿、增长四个系统之间或者内部要素之间达成良性共振耦合；反之，当 C =0 时，耦合度最小，系统之间或者系统内部要素之间处于无关状态。此外，当 0<C≤0.3 时，降碳、减污、扩绿、增长四个系统处于较低水平的耦合阶段；当 0.3<C≤0.5 时，降碳、减污、扩绿、增长四个系统处于拮抗时期；当 0.5<C≤0.8 时，降碳、减污、扩绿、增长四个系统处于相对较高水平的耦合阶段，四个系统之间进入磨合阶段，开始良性耦合；当 0.8<C≤1 时，降碳、减污、扩绿、增长四个系统则进入了高水平耦合阶段。

2. 耦合度、耦合协调度模型

耦合度有助于判别降碳、减污、扩绿、增长四个系统之间的作用和强度，对度量四者的协同发展而言有十分重要的意义。然而，耦合度在有些情况下很难反映出系统之间的整体协同效应。为此，要进一步构建耦合协调度模型，判别中国降碳、减污、扩绿、增长四个系统之间的协同作用，公式如下：

$$D_n = (C_n \cdot T_n)^{\frac{1}{2}}$$
$$T_n = aU_1 + bU_2 + \cdots + m\,U_n$$

其中，D_n代表耦合协调度；C_n代表耦合度；T_n代表各个系统之间的综合调和指数，反映各个系统对整体协同效应的贡献度；a，b，…，m 为待定系数，设定待定系数之和为 1。本文认为降碳、减污、扩绿、增长四个系统对整体协调度的贡献相当，因此设定为相同的待定系数，即 0.25。

在实际应用中，可以对耦合协调度进行大致划分，一般认为当 0<D≤0.4 时，为低度协调的耦合；当 0.4<C≤0.5 时，为中度协调的耦合；当 0.5<C≤0.8 时，为高度协调的耦合；当 0.8<C≤1 时，为极度协调的耦合。①

（二）指标选取与数据来源

1. 指标选取

为了揭示降碳、减污、扩绿、增长之间发展的耦合强度与协调程度，本

① 刘耀彬、李仁东、宋学锋：《中国城市化与生态环境耦合度分析》，《自然资源学报》2005 年第 1 期。

着指标选取的主导性原则、层次性原则、动态性原则和可操作性原则，分别筛选出降碳、减污、扩绿、增长四个系统的相关指标，共计 14 个指标，具体如表 3 所示。

表 3　降碳、减污、扩绿、增长协调度指标选取

系统层	指标层	单位	指标类型
降碳(U_1)	碳排放总量(X_{11})	百万吨	负向指标
	碳排放强度(X_{12})	百万吨/亿元	负向指标
减污(U_2)	全国地级及以上城市平均优良天数比例(X_{21})	%	正向指标
	$PM_{2.5}$浓度(X_{22})	微克/米^3	负向指标
	O_3浓度(X_{23})	微克/米^3	负向指标
	NO_2浓度(X_{24})	微克/米^3	负向指标
	CO 浓度(X_{25})	毫克/米^3	负向指标
	全国地表水Ⅰ~Ⅲ类水质断面占比(X_{26})	%	正向指标
扩绿(U_3)	森林覆盖率(X_{31})	%	正向指标
	造林总面积(X_{32})	千公顷	正向指标
	当年人工造林面积(X_{33})	千公顷	正向指标
	当年飞机播种面积(X_{34})	千公顷	正向指标
	封山育林面积(X_{35})	千公顷	正向指标
增长(U_4)	国内生产总值(X_{41})	亿元	正向指标

2. 数据来源

研究时段为 2015~2020 年，研究数据来源为：用于计算碳排放的基本数据来源于《中国能源统计年鉴》（2016~2021 年），社会经济数据来源于中国国家统计局（2015~2020 年），社会环境数据（优良天数比例、污染物浓度、地表水水质、森林覆盖率、造林面积等基础指标）来源于中国国家统计局（2015~2020 年）、《中国生态环境状况公报》（2015~2020 年）。本文所有涉及价格的数据均消除了通货膨胀影响，以 2015 年为基期的不变价格，对于部分缺失数据通过插值法进行补齐。

（三）中国降碳、减污、扩绿、增长的协调度评估

本文收集了 2015~2020 年相关资料，根据以上算法，分别计算出各个

年份中国降碳、减污、扩绿、增长的耦合度和耦合协调度（见表4），可以看出，①从耦合度数值大小来看，2015~2020年中国降碳、减污、扩绿、增长的耦合度数值为0.50~0.98，表明了中国降碳、减污、扩绿、增长四个系统之间的相互作用力较高。②从耦合度的变动趋势来看，中国降碳、减污、扩绿、增长四个系统的相互作用力在整体上呈现出增长趋势，2020年的耦合度略有下降，表明中国降碳、减污、扩绿、增长四个系统间的相互作用力逐渐调整，还需要进一步加强四者之间的相互影响力。③从耦合协调度的数值来看，2015~2020年中国降碳、减污、扩绿、增长的耦合协调度数值为0.10~0.21，平均值为0.1766，说明中国降碳、减污、扩绿、增长的协调度情况相对较低。④从耦合协调度的趋势来看，中国降碳、减污、扩绿、增长的耦合协调度从2015年的0.1092增长至2020年的0.1966，表明中国降碳、减污、扩绿、增长的耦合协调度虽然仍处于低协调状态，但是协调度整体呈现出逐步攀升的趋势，后续仍需增加降碳、减污、扩绿、增长的耦合协调度。

表4　中国降碳、减污、扩绿、增长的耦合度和耦合协调度

年份	耦合度	耦合协调度	耦合强度与协调程度
2015	0.5174	0.1092	较高水平耦合，低度协调
2016	0.8317	0.1590	高水平耦合，低度协调
2017	0.9750	0.1888	高水平耦合，低度协调
2018	0.9800	0.2020	高水平耦合，低度协调
2019	0.9311	0.2038	高水平耦合，低度协调
2020	0.7693	0.1966	较高水平耦合，低度协调
平均值	0.8341	0.1766	
标准差	0.1608	0.0336	

整体来看，中国降碳、减污、扩绿、增长四个系统的耦合度和耦合协调度都呈现出整体攀升的趋势，但是都在2020年出现小幅下降趋势，这可能是源于2020年中国降碳和扩绿这两个系统的作用力相对于2019年略有下降，进而导致降碳、减污、扩绿、增长这四个系统的协调度下降。具体来

讲，在降碳方面，中国的碳减排路径还在持续探索和调整之中，2020 年中国的碳排放量小幅提升，而经济又受到疫情冲击而增速放缓，使得中国的碳排放强度出现小幅提升，综合导致降碳水平略微下降。在扩绿方面，2020 年中国的造林总面积低于 2019 年，使得扩绿与其他系统的作用力减弱。在综合因素的作用下，2020 年降碳、减污、扩绿、增长的耦合度和耦合协调度出现小幅下降。

四　中国降碳、减污、扩绿、增长协同治理存在的问题及原因

中国降碳、减污、扩绿、增长的耦合度和协调度仍有较大的增长空间，这源于中国降碳、减污、扩绿、增长的协同治理仍然面临着许多问题亟须解决，诸如地区治理效果不一、产业结构转型困难、技术创新仍有不足等。

（一）地区协同治理差异大

中国在降碳、减污、扩绿、增长及其协同领域采取了一系列的政策措施，也取得了较为瞩目的成果。但是，这些政策的实施效果受到地方资源禀赋差异、产业结构差异等因素的影响，导致不同地区的协同治理情况存在较大差异，甚至存在一部分地区治理效果不佳的情况。例如，山西、贵州等化石能源资源富集的地区，其环保政策的实施成效受到能源、矿产等产业结构的限制，需要面对保护环境和促进经济增长的双重压力。因此需要针对地区资源禀赋和产业结构的差异，因地制宜地设置符合当地实际情况的“双碳”路径，走好环境保护和经济发展相协同的道路。应该重点关注这些地区在降碳、减污、扩绿和增长中面临的挑战，采取针对性措施，推动这些地区在生态文明建设和绿色发展方面取得更好的成果。同时，也需要进一步完善相关政策体系，提高政策执行力度和有效性，加强协同治理机制建设，实现降碳、减污、扩绿、增长的协同发展，促进全国环保事业的全面发展。

（二）产业结构转型困难

中国经济在过去的几十年里经历了快速发展，但由于历史原因和过度依赖经济增长，中国产业结构仍面临转型的问题。国家统计局数据显示，2022年中国 GDP 达到了 1210207.2 亿元，其中工业增加值和建筑业增加值分别达到了 401644.3 亿元和 83383.1 亿元，占 GDP 的 33.18%和 6.89%。[①] 这也意味着传统的能源、钢铁、水泥等行业的集中度相对较高，这些行业对环境污染的影响也更为突出，进一步限制了中国在降碳、减污、扩绿、增长协同治理方面的发展空间。尽管政府已经提出了一系列政策措施，鼓励企业实现转型升级，但许多企业在技术上还未能快速适应新的环保标准和技术要求，这使得中国在产业结构的转型升级方面仍需做出更大的努力。因此，政府需要继续推进产业结构的转型升级，通过提高环保标准和技术要求来促进企业技术创新和产业升级。同时，也应针对不同地区的资源禀赋和产业结构的差异，因地制宜地制定产业转型升级的政策和措施，为不同地区提供相应的支持和帮助。在转型升级的过程中，政府应该加强与企业的沟通和协调，为企业提供相关支持和指导，鼓励企业加强技术研发和创新，使产业结构更加符合绿色发展的要求，实现降碳、减污、扩绿、增长协同治理的目标。

（三）技术创新仍有不足

中国作为一个人口众多的发展中国家，人均资源量较低，因此必须高度重视资源利用效率。为此，中国政府一直致力于推进资源节约型、环境友好型发展模式，通过技术创新来提高能源利用效率。在这方面，中国已经取得了一些成就。比如，在化石能源领域，中国已经发展出了一些自主创新的技术，比如“煤改气”“煤改电”等，大幅度提高了清洁能源的占比。然而，

① 《中华人民共和国 2022 年国民经济和社会发展统计公报》，http：//www.gov.cn/xinwen/2023-02/28/content_ 5743623.htm，2023 年 2 月 28 日。

与发达国家相比，中国在高端技术领域仍然存在一定的差距。例如，在原煤入选率方面，虽然中国的原煤入选率在过去几年有所提高，2020年中国的原煤入选率达到74.1%，相比于2015年提高了8.2个百分点，但仍未达到主要产煤国家80%的平均水平。相比之下，发达国家的原煤入选率已经超过90%，美国的入选率已经接近100%。这说明中国在提高能源利用效率方面还需要更多的技术创新和研发。在资源利用方面，中国目前对煤炭、石油和天然气等传统的能源资源依赖度仍然较高。与发达国家相比，中国在清洁能源、可再生能源等领域的技术创新和研发还有一定差距，这也制约了中国在降碳、减污、扩绿等方面的发展。因此，中国需要在技术创新方面加大投入，提高清洁能源等新兴产业的技术水平和生产效率，同时推进传统行业的转型升级。通过产业升级，中国可以实现资源利用效率的提升，从而更好地实现可持续发展的目标。

五　降碳、减污、扩绿、增长协同治理的政策建议

实现绿色增长要处理好发展和降碳、减污、扩绿的关系，要在经济发展中促进绿色转型，在绿色转型中实现更大的发展。这要求中国要全面推进降碳、减污、扩绿、增长的协同工作，将建立起降碳、减污、扩绿、增长的协同机制作为我国实现高质量发展的重要原则之一。同时，降碳、减污、扩绿、增长的协同治理又是一个综合性的工作，需要在政策、管理、技术等多个方面进行协同。

（一）制定降碳、减污、扩绿、增长协同治理政策

在政策方面，政府需要加强降碳、减污、扩绿、增长的协同和配合。首先，要制定更具体的降碳、减污、扩绿、增长目标和计划，并进一步因地制宜地将其分解为不同地区的目标，同时制定具体的实施方案和时间表，包括减少化石能源消费占比、增加非化石能源消费占比、减低单位GDP二氧化碳排放量、降低单位GDP能耗、提高能源利用效率等。其次，继续推行碳

排放权交易制度、排污权交易制度，拓宽生态产品价值实现路径，同时积极探索降碳、减污、扩绿的融合机制，以促进不同领域之间的协同和配合。再次，支持绿色金融发展，通过设立绿色基金、发行绿色债券等方式，支持绿色产业和项目的发展，促进绿色经济的转型和发展。最后，政府应该制定全社会参与的环保法规，对污染和生态破坏行为进行惩罚，同时鼓励全社会参与环保工作，共同推动降碳、减污、扩绿和增长的协同治理。

（二）构建降碳、减污、扩绿、增长协同指标体系

在管理方面，政府可以建立降碳、减污、扩绿、增长的指标体系，以确保政策的实施效果和管理的有效性。这个指标体系可以分为不同的层次，包括全国层面、地方层面和企业层面。

在全国层面，政府可以制定碳排放量、空气质量、水质量、土壤质量、森林覆盖率、非化石能源消费占比等指标，以衡量在降碳、减污、扩绿、增长方面的整体表现，确保政策的全面协同性。这些指标可以通过各种监测和数据收集手段进行实时跟踪和监管，以确保政策的实施效果和管理的有效性。在地方层面，政府可以制定更具体的指标体系，包括区域碳排放量、地方污染物排放量、固体废弃物处理率、地方森林覆盖率、非化石能源消费占比等，以衡量各地在降碳、减污、扩绿、增长方面的表现。这些指标可以根据地方的自然环境和资源禀赋进行因地制宜的设置，以实现目标的精准落实和管理的有效性。在企业层面，政府可以建立一套独立的指标体系，提出有科学依据的考核评价指标，同时考虑指标之间的关联性，包括企业碳排放量、污染物排放量、绿色产品和技术占比等，促进降碳、减污、扩绿、增长之间的协同。这些指标可以通过各种监测和数据收集手段进行实时跟踪和监管，以确保企业遵守环保法规和政策要求，同时鼓励企业创新和研发更环保的产品和技术，推动绿色产业的发展。

进一步地，政府还需要不断完善指标体系，对指标体系进行评估和调整，协同指标体系应该不断完善和更新，以适应时代发展和需求变化，确保能够指导协同治理的长期实施。

（三）支持降碳、减污、扩绿、增长协同创新技术

在技术方面，政府要大力支持降碳、减污、扩绿、增长协同创新技术，以促进经济转型和可持续发展。

首先，从技术人才输入层面，政府可以加大对科研机构和高校的投入，支持相关科研项目的研发，提高创新技术的水平和效率。其次，技术创新的激励层面，政府可以建立创新技术推广机制，鼓励企业采用降碳、减污、扩绿、增长相关的协同技术，并给予税收和财政补贴等政策支持。同时，加大清洁能源技术的投资和支持力度，推广利用太阳能、风能、水能等清洁能源；加大对生态修复技术的研究和应用力度，以提高生态系统的稳定性和可持续性。再次，在技术合作层面，政府可以加强国际和国内的技术交流和合作，与国际社会共同推动全球环保技术的发展和应用。最后，在技术监管层面，政府要积极加强对新兴环保技术的监管和规范，确保其在实践中的安全性和有效性，避免可能带来的环保和社会风险。

总的来说，技术创新是实现中国降碳、减污、扩绿、增长协同治理的关键，政府应该在政策和投资上加强对技术创新的支持，鼓励科技人员积极探索和应用新技术，促进技术的快速发展和推广应用。

B.9
新型集体经济发展引领农村生态环境改善*

——以成都福洪镇为例

韩 冬 黄 寰 韩立达 陈 亮 杜 娟**

摘 要： 农村生态环境治理需要汲取政府主导模式的经验教训，通过多方力量发展集体经济，以农民集体为主导来推动生态环境内生治理。成都市福洪镇以“集体决策、企业主导、政府协助”的路径，将土地综合整治与产业融合结合起来，在实践中走出了一条通过新型集体经济发展引领农村生态环境改善的道路。本研究指出福洪镇在新型集体经济发展过程中，通过土地综合整治、农地高效利用、农民积极性调动等方式，确实提高了地区生态环境的质量水平，以此总结出一些经验：通过成功的先行案例给予农民直接的短期经济激励和合理预期以提高其参与意愿，并构建合理的融资渠道和分配方式降低农民对生态环境治理投入的货币成本；

* 支撑课题：国家社科基金“市场与政府协调下的农村土地制度与户籍制度系统联动改革研究”（19BJY110）、四川省哲学社会科学规划重大项目“加快推动四川绿色低碳转型发展研究”（SC22ZDYC45）、数学地质四川省重点实验室开放基金项目“美丽中国中脊带视域下成渝地区人口—经济—生态地质环境系统协同发展研究”（SCSXDZ2021ZD02）和2022年度四川省科协第二批科技智库调研课题“绿色低碳技术创新推动四川农业高质量发展的重点领域和实现路径研究”（sckxkjzk2022-12-2）。

** 韩冬，博士，成都理工大学管理科学学院副教授，硕士生导师，主要研究方向为土地经济、人资环经济等；黄寰，博士，成都理工大学商学院教授，博士生导师，主要研究方向为区域可持续发展；韩立达，博士，四川大学经济学院教授，博士生导师，主要研究方向为土地经济、房地产经济、环境资源经济等；陈亮，博士后，成都理工大学商学院讲师，主要研究方向为区域可持续发展、资源环境评价与管理、环境系统分析；杜娟，成都理工大学，主要研究方向为遥感监测和生态环境评价。

通过集体经济发展来壮大农民集体与政府和企业博弈的谈判能力，成为乡村振兴及生态治理的主导者；完善涉及城乡二元管理的财产制度、土地制度和户籍制度；加强在乡村地区的法制教育和生态文明宣传，加强党的队伍建设，始终贯彻乡村振兴“产业兴旺、生态宜居、乡风文明、治理有效、生活富裕”的战略总要求，逐渐形成城乡经济—社会—生态协同发展的体制机制。

关键词： 新型集体经济　农村　生态环境　土地综合整治

一　问题的提出

党的十九大提出乡村振兴战略，强调“要坚持农业农村优先发展”，提出了“产业兴旺、生态宜居、乡风文明、治理有效、生活富裕”的总要求。2018年中央一号文件《中共中央　国务院关于实施乡村振兴战略的意见》指出“乡村振兴，生态宜居是关键”；全国生态环境保护大会上，习近平总书记特别强调，要“持续开展农村人居环境整治行动，打造美丽乡村，为老百姓留住鸟语花香田园风光”。[①] 2019~2022年的中央一号文件均提出农村农业污染治理和生态环境改善举措。习近平总书记的系列讲话及中央相关政策文件，对农村生态环境治理进行了全面阐述，为“生态宜居”明确了顶层设计和行动指南。

然而，在我国沿袭至今的乡村经济和社会治理体制下，农村生态环境保护面临着双重困境。一方面，改革开放后农村向以农户家庭为基本单元的生产结构转变，农村集体经济统一经营功能弱化，[②] 属于公共产品且依附于农业农村生态的生态环境不可避免地陷入了“公地悲剧”的困境，农户为追

① 习近平：《坚决打好污染防治攻坚战　推动生态文明建设迈上新台阶》，《光明日报》2018年5月20日。

② 高鸣、芦千文：《中国农村集体经济：70年发展历程与启示》，《中国农村经济》2019年第10期。

求农业生产效率，大量施用农药化肥，过度耕作土地，占用属于集体的林地、四荒地和水面进行生产，创办的乡镇企业随意排污，造成了严重的农业面源污染、工业污染、土壤退化、水土流失、水体富营养化等环境问题，产生了“市场失灵”；另一方面，我国的法律和行政制度中农村集体权能模糊，使其在与地方政府的博弈中陷入绝对弱势地位，在“唯 GDP”政绩观的驱动下，地方政府不仅在财政投入方面偏向城市，造成农村地区各项公共投入匮乏，甚至忽视了地方企业对农村环境造成的污染问题，以牺牲生态环境为代价换取 GDP 的短期快速增长，农村生态环境治理缺乏外部干预，产生了“政府失灵”。有别于早期农村生态环境治理中出现的问题，在乡村振兴战略提出之后，在中央各部委的推动下，各级地方政府将一二三产业融合发展作为乡村振兴前期工作的核心来进行部署，并配套实施了生态景观打造、人居环境提升、农村污染治理等生态环境方面的措施，取得了显著的成效与一些可供借鉴的经验；但因缺乏理论指导或长期的路径依赖，绝大多数依然采用的是政府主导模式，部分地区出现了片面追求农地流转规模、农旅景观开发同质化、工业下乡破坏环境、以旅游康养项目名义建设别墅大院等问题，为此中央不断出台相应政策。

国内学者也从多方面对我国农村生态环境治理问题进行了较为系统的研究，探讨了社区①、政府②、农户及公众③、企业④等主体在农村生态环境治

① 彭小霞：《我国农村生态环境治理的社区参与机制探析》，《理论月刊》2016 年第 11 期；陈秋云、姚俊智：《通过村规民约的农村生态环境治理——来自海南黎区的探索与实践》，《原生态民族文化学刊》2020 年第 5 期；常亚轻、黄健元：《项目进村与社区回应：农村生态环境治理机制研究》，《河海大学学报》（哲学社会科学版）2021 年第 5 期。

② 冯阳雪、徐鲲：《农村生态环境治理的政府责任：框架分析与制度回应》，《广西社会科学》2017 年第 5 期；李成：《中国农村生态环境治理现代化政策发展研究》，《学术探索》2022 年第 8 期。

③ 李咏梅：《农村生态环境治理中的公众参与度探析》，《农村经济》2015 年第 12 期；王晓莉、何建莹：《农民参与农业农村生态环境治理的内生动力研究——基于五个典型案例》，《生态经济》2021 年第 10 期。

④ 肖永添：《社会资本影响农村生态环境治理的机制与对策分析》，《理论探讨》2018 年第 1 期；王炜、张宏艳：《社会资本视阈下农村生态环境治理问题研究》，《农业经济》2020 年第 10 期。

理中的角色、作用机制及问题，提出农村生态环境需要多元共治的系统性治理体系①；采用了定性和定量的多种方法对农村生态环境治理效率进行了分析②；对不同时期、不同区域、不同尺度的农村生态环境治理情景进行了案例分析③。中央政策与法律制度及学者的系统性研究为乡村振兴战略背景下农村生态环境的治理提供了顶层设计、理论基础并总结了有价值的经验，目前更达成需要构建系统型多元治理体系的共识。

农村生态环境治理大致可分为内生治理和外生治理两种类型。外生治理一般以政府或企业为主导，主要通过政府的农业污染综合治理、土地综合整治、人居环境整治、生态保护修复等项目由上至下推进农业农村绿色发展，以及企业根据投资需求在项目范围内进行生态景观打造，治理过程中农村集体和农户有知情权、参与权和收益权，但无决策权；内生治理指农村集体和农户以最大化自身利益为目标，多渠道筹集资金自建或寻求项目和政策支持，在相关法律和政策框架内，对农村生态环境进行针对性治理，治理过程中农村集体和农户占据主导地位。学者们提出的多元共治是生态环境治理的较高级阶段，其能有机结合内生治理和外生治理两种类型并达到扬长避短的效果，但缺点在于多元共治需要客观上农村具有较好的自然资源禀赋或地方政府有充沛的财力，这对中西部大多数村庄而言是难以做到的；主观上对地方政府的道德水平、企业的社会责任及农村集体的自主行为能力有较高要

① 张志胜：《多元共治：乡村振兴战略视域下的农村生态环境治理创新模式》，《重庆大学学报》（社会科学版）2020 年第 1 期；温暖：《多元共治：乡村振兴背景下的农村生态环境治理》，《云南民族大学学报》（哲学社会科学版）2021 年第 3 期；李桂花、杨雪：《乡村振兴进程中中国农村生态环境治理问题探究》，《哈尔滨工业大学学报》（社会科学版）2023 年第 1 期。

② 黄英、周智、黄娟：《基于 DEA 的区域农村生态环境治理效率比较分析》，《干旱区资源与环境》2015 年第 3 期；孟旭彤、宋川：《河北省北部山区农村生态环境治理及绩效评价》，《中国农业资源与区划》2018 年第 10 期。

③ 卢智增：《西南民族地区农村生态环境治理研究——以广西博白县为例》，《学术论坛》2015 年第 9 期；李尧磊：《农村生态环境治理中环保与生计的博弈——以华北 A 村为例》，《广西民族大学学报》（哲学社会科学版）2018 年第 6 期；运迪：《新时代农村生态环境治理的多样化探索、比较与思考——以上海郊区、云南大理和福建龙岩的治理实践为例》，《同济大学学报》（社会科学版）2020 年第 2 期。

求，在当前阶段又往往缺乏主观和客观的实践基础。此外，由于农村生态环境治理可能会涉及土地用途调整，考虑到当前国土空间用途更改的困难性，由政府和企业主导的治理模式不仅缺乏持续稳定性，还存在集体资产流失进而引发社会问题的风险。

中西部农村推进乡村振兴的最大难点在于，受制于区域中心城市的发展上限和国家农产品安全的宏观战略，绝大多数农村发展不能走发达地区逆城市化和城市蔓延的道路，从始至终都必须以农业生产为基础，将“绿水青山就是金山银山”作为指导理论，凸显生态环境这一可持续发展核心竞争要素，以绿色发展引领乡村振兴，因地制宜地落实国家生态环境部提出的“空气清新、水体洁净、土壤安全、生态良好、人居整洁”，为农业、旅游、康养等产业的高质量发展提供环境保障。

当前学者的大量研究已从整体上提出了农村生态环境的治理路径，但普遍存在依赖政府自上而下治理、理论性过强而实践性不足的问题。由于农村生态环境治理中存在“政府失灵”和“市场失灵”问题，除了不涉及集体资产的环境治理可考虑外生治理模式外，自然资源较匮乏、社会经济发展水平较低的中西部农村更需要形成村集体和农户自主决策的内生治理模式，本文以成都市福洪镇为例，探究通过新型集体经济发展来改善农村生态环境的路径。

二　研究设计

（一）方法选择

本文采用探索性单案例研究方法。案例研究方法能对研究对象进行丰富细腻的描述，适合回答“如何”的问题[①]，单一案例更容易把“是什么”

---

① Yin R. K., *Case Study Research and Applications: Design and Methods*, California: Sage Publications, 2017.

和“怎么样”说清楚①。本文研究的是新型集体经济如何引领农村地区生态环境改善，是典型的“如何”问题范畴。此外，本文采用遥感技术进行土地利用和遥感生态指数的可视化，以定量描述研究区生态环境质量提升的时空特征。

（二）案例选择

本文选择成都市福洪镇作为研究案例，理由有三：其一，福洪镇起点是中西部典型的传统农业乡。早年产业以种植业为主，工业只有藏毯手工业和少量能源、建材生产站点；服务业仅有 1 个加油站、1 个化工仓储点和 12 个烟花爆竹销售点。其二，福洪镇以新型集体经济作为发展主体。在所有制上，福洪镇除政府及国有单位外的土地均为各级农民集体所有；在合作原则上，福洪镇所有项目均建立在农民自愿、民主决策的基础上；在合作形式上，福洪镇各级农民集体成员采取土地入股、集体托管等方式参与集体经济，通过民主决议、集体公示的方式做到项目过程和财务收支的公开透明；在分配形式上，福洪镇各村大多采取的是按劳分配、按股分配和按地分配的分配制度，尽可能让更多村民享受到集体经济发展红利。可见，福洪镇各村的集体经济基本符合现有研究所强调的新型集体经济的资源共建、社区共治、成果共享特征②。其三，福洪镇的生态环境治理是一种过渡型的内生治理。福洪镇的村集体和村民已具备生态环境保护的朴素意识，在新型城镇化和产业融合发展过程中，开始将生态效益视作自身的切身利益。此外，由于资源禀赋、地理区位和农户财富的不同，集体经济在实践中衍生出多种形式，并随着产业融合和升级，不仅地区经济快速发展，农民收入不断提高，而且地区整体生态环境质量提高，不断践行着乡村振兴的战略要求。因此，本文选择成都福洪镇为研究案例，希望为新型集体经济引领农村生态环境内部治理提供成功的实践借鉴，更期望为更广大的农村新型集体经济发展贡献有益的经验参考。

---

① 李飞等：《关系促销理论：一家中国百货店的案例研究》，《管理世界》2011 年第 8 期。

② 周立等：《资源匮乏型村庄如何发展新型集体经济？——基于公共治理说的陕西袁家村案例分析》，《中国农村经济》2021 年第 1 期。

（三）数据收集

本文的数据收集主要通过非正式访谈，辅以村集体、镇政府及土地整理企业内部文档、公开报道等资料，并基于 Google Earth 高分影像、Landsat 影像和实地调查进行土地利用和生态环境质量分析。笔者所在课题组于 2013 年开始参与福洪镇土地综合整治项目，随后持续进行当地土地利用与产业发展的跟踪调查研究（2013～2021 年），通过课题组入户访谈和问卷调查、组织学生以教学实习形式进行田野调查等方式获取和积累了案例区大量详细的一手数据资料，为开展探索性的单案例研究奠定了基础。

三　福洪镇新型集体经济发展状况

（一）发展基础

福洪镇位于成都市青白江区西南部丘陵地带，总面积 39.36 平方公里，辖 9 个村 131 个村民小组[①]，六普人口 29097 人，其中非农业人口仅 1003 人，尽管位于成都市半小时经济圈，但因主导经济为传统的种植业，20 世纪 90 年代末是成都市有名的贫困乡，2002 年农村居民人均纯收入仅 3077 元，2011 年达到 8738 元。21 世纪初因三农政策倾斜及 2007 年震后重建，杏花村、幸福村、民主村和字库村先后开始实施土地整理项目和新型社区项目，同时地方政府开始规划和建设优质水果产业带并扶持手工业发展，但由于并未重视农村集体的健康发展，集体内部和集体之间贫富分化加剧，大量村民离地前往城镇务工，平原处的耕地多数处于半撂荒状态。

在 2011 年之前，福洪镇仅优质杏生产基地所在地的杏花村在村集体带领下最早进行土地整理，大力发展乡村旅游经济，2010 年成功创建“客家

---

① 由于福洪镇 2019 年进行了行政区划调整，为前后一致，文中所述福洪镇为区划调整前的九个行政村村域范围。

杏花村”国家AAA级旅游区，其余村依然实行以家庭为单元的传统生产模式。直到2012年，和盛公司抢抓成都统筹城乡综合配套改革试验区建设机遇，以开展全域土地综合整治为切入点，与村集体和镇政府展开长期紧密合作，驱动福洪镇走出了一条“既化地又化人”、村镇融合发展的新路[1]。在与和盛公司合作开发的过程中，福洪镇各村集体积极向杏花村及其他典型村庄学习，在村“两委”和能人精英的带领下，因地制宜地发展出适宜自身的集体经济，并最终引领了生态环境改善。

（二）主要模式

当前福洪镇的新型产业结构中，第一产业以家庭农场、合作社、规模农业为主，工业以规划工业区引入的劳动密集型产业为主，第三产业包括引进的各类依托农业景观和杏花山景区的农旅、文创、康养等观光体验性旅游产业，以及被场镇集聚的近3万人口吸引而来的零售餐饮等本地服务业。经营者包括本地和邻近乡镇的种植大户、由福洪镇各村村民自行组建的专业合作社、引进的社会资本、青白江区的个体商贩等。各村产业类型不同，发展出不同类型的集体经济，主要分为以下三大模式。

1. 社区服务型

随着农村集体内新型社区和景区的建设，原本封闭的农村社区日益开放，各类生产要素流动加快，如何协调市场秩序、降低产业运行和管理成本、维护集体成员合法权益、促进农民收入有序增长、保障社区公共安全和卫生环境，成为福洪镇各农民集体的主要工作之一。社区服务型集体经济以村“两委”为牵头单位，安排专业人员开展指向性工作，主要包括：①景区经营管理，如杏花村景区建立游客服务中心和景区管理中心；②社区物业管理，如中心场镇组建集市管理、环卫清洁等部门，各社区成立物业并推行楼长制；③大型促销活动运营，如每年镇政府协同村集体举办杏花桃花

① 姚树荣、周毓君：《乡村城镇化的市场驱动模式与实现路径——以成都市福洪镇为例》，《农村经济》2018年第5期。

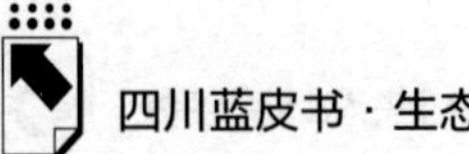

（果）旅游节会活动，至2020年年均接待游客170余万人次，旅游收入超亿元；④本地居民劳务安排，如村集体要求进入的社会资本优先招聘本村居民务工就业；等等。社区服务型集体经济因为需要处理大量的市场业务和人际事务，牵涉集体内部的熟人关系、内部人员与外来人员的生人关系、集体和企业与政府之间的协调，因此具体规则主要通过非正式制度如村“两委”干部、乡贤精英或镇政府工作人员协调来执行，只有当非正式制度无法解决时，才会走行政仲裁或司法途径。

2. 资产管理型

福洪镇集体经济的初始资产主要是土地资产，包括参加农户的承包地、宅基地、新区配套用地和成都市政策规定的5%预留集体建设用地指标，农民集体通过土地流转、土地入股、土地租赁等形式与社会工商资本进行合作开发，并按照集体民主决策的规章制度进行收支分配。福洪镇资产管理型集体经济以土地整理撬动了农村土地资源开发，包括：①以集体建设用地资产吸引企业参与新型城镇化建设，例如先锋村集体通过民主决策，将建成区商铺使用权和集体建设用地节余指标使用权作为交易物，引进和盛公司全权负责全村的农用地整理和集体建设用地整理项目，并负责本村和场镇两处安置新区的建设，全部拆旧建新、安置补偿、宅基地复垦、新居建设、农地整理工作共投入2.7亿元，节余建设用地指标580余亩；②盘活闲置宅基地资源，以土地入股方式推动旅游业，如杏花村以废弃住房和宅基地入股，引进民宿打造“杏花山上”品牌民宿，提供工作岗位20余个，参与分红的集体成员月均收入增加3000余元；③统筹新区生产性用房用以招商引资，如拦冲村和先锋村通过民主讨论，将安置方案中的人均5平方米建设用地面积入股成立汇力源土地股份专业合作社，以9000元/（亩·年）的价格将土地出租给成都多多食品有限公司并制定了租金增长机制；④以集体托管方式将村民的承包地整理后规模流转，如各村集体在村民集中居住后，将农用地整理后规模流转给社会资本进行产业融合开发，打造田园综合体、康养示范基地、高标准水果生产基地等，集体成员按地获取土地流转金。由于土地收益巨大，村民更愿意与熟人“搭伙”，资产管理型集体经济通常以组集体为核心组建，只有当涉及多个组的合作或纠纷时，才需要村集体介入。

3. 合作经营型

在经过土地综合整治后，福洪镇部分村民并没有选择将农地流转给社会资本进行规模种植，而是转变传统的农业生产方式，选择以家庭农场和农民专业合作社的方式生产经济价值更高的农产品。福洪镇的合作经营型集体经济可以大致分为三种类型：①“合作社试点+农户生产”模式，如早期先锋村鑫锋农副产品专业合作社以转包的200余亩承包地为示范，通过“统一购种、统一病虫防治、统一生产管理、统一销售、统一结算”的生产经营方式将其特色产品扩散至周边地区，2014年便形成了4000余亩“福洪乡黑色有机农产品生产基地”；②“托管运营”模式，如福洪杏标准化基地运营中，星兴农业公司承担杏园建设期的种植与运营成本，挂果期后村集体可以选择向公司支付技术和跟踪服务费用接手经营或享有一定重量的杏子自行销售权（或现金）作为流转金，企业对杏园的产出做统一的市场营销，以此收回全部成本并获利；③“组集体合作经营”模式，如先锋村华玥土地股份合作社，发动集体成员以闲置土地、闲置资金和闲置劳动力等多种方式入股，在合作社对入股土地统一规划后选择性地进行了住宅翻新和农用地整理，建成集乡村旅游体验、创意菜品、团建培训、儿童自然教育于一体的乡村旅游小型综合体①。由于福洪镇地形起伏，难以推广大规模的种植业生产，成立的农民专业合作社通常以具有一定行政和社会资源的乡贤精英领头，依托政府、企业、研究所和高校的技术支持进行水果、药材、苗木等高附加值农产品生产，规模和组织形式更为灵活。

（三）发展成效

福洪镇通过引入社会资本，激活集体经济，将土地整理、产业融合、场镇改造结合起来，几年内便从一个产业单一、农户贫困的农业乡发展成为一

① 《福洪镇华玥新村人居环境整治促产业发展》，http：//gk. chengdu. gov. cn/govInfo/detail. action？ id=2794565&tn=2。

二三产融合发展、农民富裕的新型小城镇。2019 年末，福洪镇有工业企业 9 家（规上 3 家），综合商店（营业面积 50 平方米以上）20 家；引进和实施农旅项目 30 余个，规模化流转土地超过 3 万亩，项目协议投资额达 120 亿元。福洪杏获农业农村部地理标志认证。福洪镇先后获得“四川省实施乡村振兴战略工作先进乡镇”“四川省乡村旅游特色乡镇”等荣誉 40 余项；户籍人口达到 30420 人，农村居民人均可支配收入约 25000 元，是 2011 年的 2.41 倍（已平减），堪称乡村建设发展的奇迹。

（四）集体经济发展与土地综合整治

本文基于 Google Earth 高分辨率影像（1 米）通过现地调查确认，获取研究区 2019 年土地利用现状和土地利用变化情况（见表 1）；2009 年数据通过和盛公司调研获取并整理。

表 1　2009~2019 年福洪镇土地利用变化

单位：公顷

地类	2009 年		2019 年		变动量
	面积	包含地类	面积	包含地类	
耕地	2657.98	水田、水浇地、旱地	1579.68	水田、水浇地、旱地、可调整果园	-1078.30
园地	394.76	果园、其他园地	942.83	果园、其他园地	548.07
林地	78.26	林地	417.73	乔木林、灌木林、竹林、其他	339.47
草地	2.67	其他草地	36.62	其他草地	33.95
其他土地	12.06	设施农用地	10.23	设施农用地	-1.83
居民点	493.80	村庄、建制镇、风景名胜及特殊用地	267.53	城镇住宅、公用设施、公园绿地、广场、机关团体、科教文卫、农村宅基地、特殊用地	-226.27
水域及水利设施用地	201.48	河流、坑塘、沟渠、内陆滩涂、水工建筑用地	301.07	河流、坑塘、沟渠、内陆滩涂、水工建筑用地	99.59
交通用地	83.49	公路、铁路、农村道路	223.90	城镇村道路、公路、农村道路、管道运输、交通服务场站、铁路用地	140.41

续表

地类	2009年		2019年		变动量
	面积	包含地类	面积	包含地类	
产业用地	16.49	矿用地	102.31	采矿、工业、商业服务、物流仓储用地	85.82
农用地	3346.81	—	3345.29	—	-1.52
建设用地	594.19	—	595.71	—	1.52
总　计	3941.00				

注：表中主要数据通过遥感测绘、现地调查和土地整理公司调研获取。地类划分未严格按照土地利用分类标准（2017），根据研究需要将城镇村工矿用地及特殊用地分为居民点、交通用地和产业用地。表中地类为福洪镇土地利用的实际种类。

由于实行"集体决策、企业主导、政府协助"的土地综合整治模式，在土地利用变化上，福洪镇与政府主导下实施土地综合整治的其他地区存在极大不同：①在建设用地整理方面，原本以零散和小聚落宅基地为主的493.8公顷农村居民点用地在集体建设用地整理（包括增减挂钩项目与农民集中建房项目）后减少为267.53公顷，其中约240公顷为宅基地和居住性质的集体建设用地，27.53公顷用于新型场镇的公共管理与服务用地和特殊用地；在建设用地总量控制约束下，通过宅基地复垦得到的建设用地空间（226.27公顷）并未以挂钩节余指标形式转移至区中心城镇建设，而是用于交通条件改善（增加140.41公顷）和地方产业发展（增加85.82公顷）。相较于2009年，2019年全镇仅增加了1.52公顷建设用地。②在农用地整理方面，福洪镇各村集体积极推进新型集体经济建设，逐渐建立以农业相关企业、合作社、家庭农场为主体经营者，以水果、花卉、林木、有机作物、水产养殖为主业的农业产业体系，形成"平原—耕种、浅丘—果园、深丘—林业"的空间布局。十余年来，低效利用的耕地面积大幅下降，其中水田减少了约1/3，旱地减少了约1/2，合计约1067公顷；农地整理后主要用于水果基地和花卉苗木产业发展（新增果园366.67公顷和其他园地173.33公顷，共计540公顷），杏花山景区整体打造和分散景观林盘改造

（新增各类林地约 340 公顷，其他草地 33.95 公顷），水产养殖业发展（坑塘水面及养殖坑塘增加 73.33 公顷），灌溉和交通条件改善（沟渠增加约 30 公顷，农村道路增加 58.67 公顷）。建设用地和农用地的空间调整和用途变化为新型集体经济的发展夯实了土地基础和环境景观基础。

（五）福洪镇生态环境治理状况

本文采用遥感生态指数（RSEI）量化福洪镇生态环境质量的时空演化。遥感生态指数包含绿度、湿度、热度、干度四个分量指标，分别用归一化植被指数（NDVI）、缨帽变换的湿度分量（WET）、地表温度（LST）和建筑与裸土指数（NDBSI）表示①：

$$RSEI = f(G, W, T, D) \tag{1}$$

选用的基础数据来自地理空间数据云（http：//www.gscloud.cn），包括 2009 年 5 月 3 日、2013 年 4 月 20 日、2017 年 5 月 1 日、2018 年 6 月 5 日、2019 年 8 月 11 日共五期的 Landsat 影像。借鉴学者研究结果完成各指标的构建及计算公式，得到研究区各年的分量指标均值如表 2 所示。

表 2　福洪镇各期遥感生态指数分量指标均值

年份	NDVI	WET	NDBSI	LST
2009	0.6631	0.8709	0.5201	0.5248
2013	0.6759	0.8221	0.5010	0.4278
2017	0.7543	0.7650	0.4270	0.5422
2018	0.7862	0.5502	0.4245	0.4959
2019	0.7954	0.6271	0.4184	0.2745

采用 CRITIC 法对分量指标权重进行计算，得到 $w_1 = 0.2650$，$w_2 = 0.1619$，$w_3 = 0.2567$，$w_4 = 0.3164$，有：

$$RSEI = w_1 \times NDVI + w_2 \times WET + w_3 \times (1 - NDBSI) + w_4 \times (1 - LST) \tag{2}$$

① 徐涵秋：《城市遥感生态指数的创建及其应用》，《生态学报》2013 年第 24 期。

可以得出，2009 年、2013 年、2017 年、2018 年、2019 年福洪镇的 RSEI 均值分别为 0.5897、0.6222、0.6167、0.6056、0.6918，虽然 2013~2018 年下降了 0.0166，但 11 年间 RSEI 总体上升了 0.1021，呈现先下降后上升的趋势。进一步将观察年份的 RSEI 以 0.2 为间隔划分为 5 个等级，分别表示生态环境质量状况，即差［0，0.2］、较差（0.2，0.4］、中等（0.4，0.6］、较好（0.6，0.8］、好（0.8，1.0］。表 3 为福洪镇各期不同质量等级的面积和占比，由此可以得出福洪镇整体生态环境质量的时间变化趋势。

表 3　2009~2019 年福洪镇各等级所占面积和比例

单位：公顷，%

RSEI 等级	2009 年		2013 年		2017 年		2018 年		2019 年	
	面积	占比	面积	占比	面积	占比	面积	占比	面积	占比
差	0.00	0.00	0.00	0.00	0.02	0.00	0.00	0.00	0.00	0.00
较差	6.40	0.16	11.23	0.28	106.45	2.70	43.13	1.09	0.67	0.02
中等	2194.25	55.68	1614.46	40.97	1547.16	39.26	1681.35	42.66	210.45	5.34
较好	1671.87	42.42	2195.05	55.70	2135.30	54.18	2210.43	56.09	1380.04	35.02
好	68.48	1.74	120.26	3.05	152.07	3.86	6.09	0.15	2349.83	59.63
合计	3941.00	100.00	3941.00	100.00	3940.98	100.00	3941.00	100.00	3940.99	100.00

①2013 年较 2009 年生态环境质量有所上升。2009 年评价为“差”、“较差”和“中等”的面积占 55.84%，2013 年相同评价的面积则降低至 41.25%，减少了 14.59 个百分点；②2018 年较 2013 年生态环境质量有所下降。2018 年评价为“差”、“较差”和“中等”的面积占 43.75%，较 2013 年增加了 2.50 个百分点，但较 2009 年则减少了 12.09 个百分点；③2019 年生态环境质量较 2013 年和 2009 年有明显改善。2019 年评价为“差”、“较差”和“中等”的面积仅占 5.36%，且评价为“好”的面积占 59.63%，而往年评价为“好”的面积占比仅为个位数。可以看出，福洪镇 2009~2019 年生态环境质量经历了一个“N”形调整优化过程。

从空间来看（见图 1），①2009~2013 年福洪镇全域生态环境质量均有不同程度的提升，其中明显变好的区域主要集中在杏花村和幸福村。两村生态环境质量显著提升的直接原因是大量低效农地规模流转用于林木、水果等规模化生产基地的建设；在项目层面，杏花村是受到客家杏花村旅游区打造及后续优化提升措施的直接影响，幸福村是整村农地流转用于生态农业产业园区和福洪杏标准种植示范基地，在 2013 年初步完成园区产业及配套设施建设。生态环境质量改善不明显的区域主要集中在民主村和字库村，主要受到中心场镇建设工程对周边环境造成的负面影响。②2013~2019 年福洪镇全域生态环境质量出现波动，其中波动明显的区域主要集中在先锋村、民主村、字库村。民主村和字库村受到中心场镇建设进度的影响，生态环境质量在 2017 年前出现明显下降，后随一期和二期主体工程及配套设施完成在 2018 年出现小幅回升；先锋村东部因集中安置区的建设，生态环境质量出现明显下降。随着 2011 年后以水果、花卉、林木、有机作物、水产养殖为主业，包含农业企业、合作社、种植大户为主体经营者的农业产业体系在

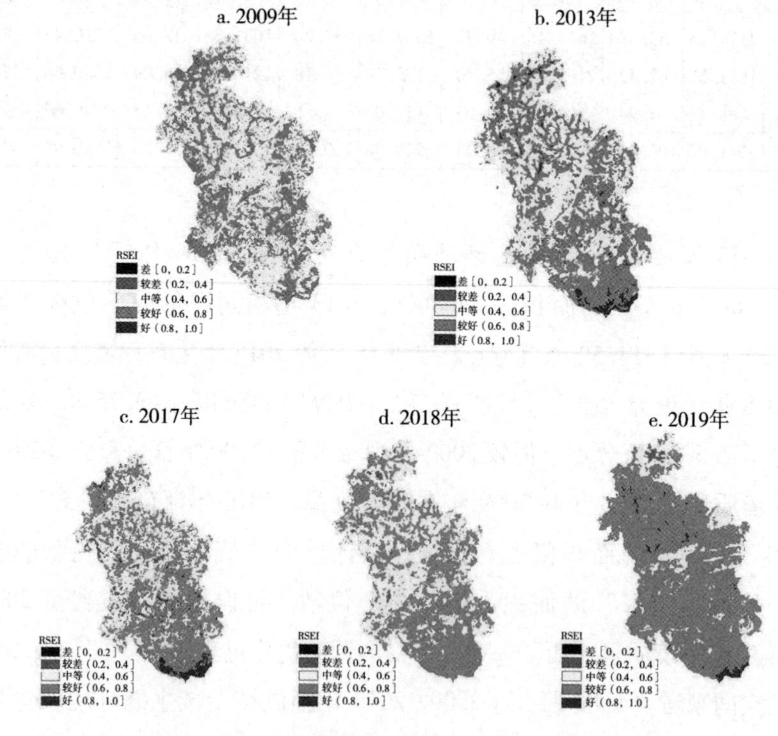

图 1　2009~2019 年福洪镇生态环境质量评级示意

全镇范围内基本构建，以及中心场镇一二期建设完成和三期建设的有序开展，2019年全镇范围内已基本不存在农地抛荒撂荒现象，不适合耕种的浅丘、黄壤区也从耕地转为植被覆盖和水土养护效果更好的园地和林地，全域生态环境质量明显提升，仅先锋村东部、民主字库村中部中心场镇建设、幸福村东南部出现生态环境质量下降的问题，其原因分别是园地作物刚调整为柑橘种植，中心场镇和幸福村工业区的投入使用。

四　福洪镇以集体经济发展促进生态环境改善的经验分析

本文基于 Williamson 社会四层次分析框架①来总结福洪镇“自下而上”的生态环境治理经验。

（一）资源配置层面讨论主体行为激励

长效的生态环境治理固然重要，但农民现阶段的收入水平需要切实感知到保护生态环境带来的短期经济效益提升并持有良好的预期。由于农业结构调整和农业景观打造的高投入和高风险，完全依靠风险厌恶型的农户自己投资是不现实的；而土地几乎占据了农户家庭的全部资产，农户不可能在预期不明的情况下让外部主体如政府或社会资本主导农村产业发展。因此在农村宣传以绿色产业来间接改善生态环境，必须建立在看得见、摸得着的项目基础上，一方面是需要一个先行案例的成功让农户了解项目细节并对生态环境改善会提高收入有一个直接的经济激励；另一方面是构建合理的融资渠道和分配方式，尽可能降低农户对生态环境治理投入的货币成本，增强农户的主观能动性。如福洪镇杏花村通过打造客家杏花村国家3A级景区获得乡村旅游方面的成功，使杏花村及福洪镇其他村的村民发现高品质水果种植和旅游景区经营真的能“赚大钱”，同时要赚这种钱必须要好好保护生态环境；与

① Oliver E. Williamson, “The New Institutional Economics: Taking Stock, Looking Ahead,” *Journal of Economic Literature*, 2000 (38).

和盛公司的长期合作过程中，村民也逐渐体会到“就算不征地也能用土地赚钱”，发现“不用花多少钱就能住进和城市小区一样的房子”，开始思考“为什么企业这样种地能够赚钱但我们原来却赚不到”；村干部在企业和政府的组织下对成都市周边农旅小镇进行了参观，总结了成功与失败的经验，体会到了“因地制宜”和“主动权要掌握在自己手中”的重要性。

（二）治理结构层面讨论交易成本和价格实现

农村生态环境利益相关者包括地方政府、社会资本、农民集体和村民、迁入人口和流动人口等。所有利益相关者中只有农民集体和村民的收益函数与农村生态环境在长期能趋于一致，但由于在博弈中处于弱势地位，村民难以发挥关键作用，应通过集体经济发展来增强农民集体与政府和企业博弈的谈判能力，成为乡村振兴及生态环境治理的主导者；唯有此，才能向内增强农民的高度参与意愿，向外争取外部干预不会影响地区的经济、社会、生态协同态势。如福洪镇华玥土地合作社（原先锋村 13 组），在与福洪镇建立了“一对一”保姆式推进服务机制后，建立“社员入股一点、村民筹工筹劳一点、向上争取一点、向社会借贷一点”的资金解决方案，首先发动 9 户农民将“闲钱”入股建社；然后动员组民自筹人、财、力对村落的基础设施、闲置土地进行整治、景观打造和院落“内七改”；再在村集体和政府协调下与雨花露家庭农场、鑫锋合作社进行“资产重组”，向社会吸引有才之士以技术、资金入股，对闲置房屋进行翻新和艺术设计，全面优化提升林盘空间和配套品质；最后还依托基层文化活动和留守老人妇女就业等多种手段，培养集体成员发展现代农业和参与乡村治理的能力，增强群众的主观能动性。当从集体成员变成合作社的“股民”，集体经济的管理、运行、发展与村民利益直接挂钩，村民的全力支持为合作社运营降低了大量的交易成本，快速推动一三产业融合发展，2019 年农产品销售收入便达到 400 万元。①

---

① 《福洪镇华玥新村人居环境整治促产业发展》，http：//gk. chengdu. gov. cn/govInfo/detail. action？id=2794565&tn=2。

（三）制度环境层面探讨利益相关者的博弈规则

良好的生态环境条件是践行乡村振兴战略的核心竞争力，需要通过基础性制度安排推进乡村地区的经济发展、社会平等及生态可持续，做好农村生态环境治理各利益相关者在治理权力、公私权利及个体能力层面的平衡。福洪镇集体经济发展是一种“自下而上”的路径创新，导致其与我国基础性制度内容产生了一些冲突：一是财产制度中的不动产登记与交易制度。福洪镇土地综合整治中的亮点是宅基地复垦后产生的节余建设用地指标经市政府批准后在乡镇范围内以集体建设用地的属性落地用于场镇建设和产业发展。新增建设用地依然是集体所有，而鉴于我国尚未在农村集体居住用地上实行商品房制度，集体经营性建设用地入市的具体管理办法还在编制当中，因此为农民新居颁证、社区商铺销售及产业开发使用土地埋下了隐患。二是农村土地使用制度。通过福洪镇遥感生态指数的时空演变和土地利用状态的变化可以看出，因人类活动而产生的土地利用变化对区域生态环境影响深刻，在较小的时间尺度内，超越自然力量作用强度成为驱动区域生态环境变化的主导因素①；其中成片的工业建设用地和地表裸露的农用地均会降低生态环境质量，而点状分布在农用地和林盘中的建设用地则对生态环境质量影响不大。国内已有点状供地的相关研究②，但涉及农村土地特别是建设用地的全面调整以及集体土地上的产业开发，需要打通土地综合整治和集体经营性建设用地制度的梗阻，并加快建立“同地同权同价同责”的城乡统一建设和用地制度体系③。三是户籍制度。福洪镇的发展思路是产城融合，通过产业规模发展带动基础设施和公共服务改善，以此逐步形成新型城镇化的小规模

---

① Nagendra H., Munroe D. K., Southworth J., “From Pattern to Process: Landscape Fragmentation and the Analysis of Land Use/Land Cover Change,” *Agricultural Ecosystems and Environment*, 2004 (101).

② 臧旲、梁亚荣：《乡村振兴背景下乡村旅游点状供地的实践困境及破解之道》，《云南民族大学学报》（哲学社会科学版）2021 年第 4 期。

③ 姚树荣、周毓君：《乡村城镇化的市场驱动模式与实现路径——以成都市福洪镇为例》，《农村经济》2018 年第 5 期。

集聚效应。然而福洪镇的居民点用地性质属于集体建设用地，受到城乡分割的户籍制度限制，宅基地和集体土地上的住房不能合法转让给本集体经济组织以外的人，集体经营性建设用地不能用于商品住房开发，使跨行政区域的人口流动和聚居不够顺畅，影响了人口、资金和技术的自由进入。

（四）社会基础层面推动人的价值判断以适应社会变化

随着经济社会的城乡二元分割被进一步破除，各类要素在城乡之间加速流动，互联网技术使农民获取信息的成本大大降低，乡村原有较封闭的社区边界被打破，熟人社会直面商品经济的直接冲击。如何让村民将“保护生态环境可以发展旅游业，可以让农产品卖大钱”的经济激励进一步升华为“保护生态环境人人有责”的价值观取向，在生态环境与经济利益直接挂钩的基础上，还需要推进乡村地区的法制教育和生态文明宣传，加强党的队伍建设，始终贯彻乡村振兴“产业兴旺、生态宜居、乡风文明、治理有效、生活富裕”的战略总要求，逐渐形成城乡经济—社会—生态协同发展的体制机制，最终实现建设生活环境整洁优美、生态系统稳定健康、人与自然和谐共生的美丽乡村之目标。

B.10

长江上游水权制度建设的若干思考*

巨　栋**

摘　要： 长江上游既是我国水权矛盾最多样最复杂的区域，又是我国水权制度建设中试点布局的“盲区”。在我国实行最严格水资源管理制度的背景下，在长江上游流域积极推进水权制度建设是完善国家水权制度的重要抓手和保障我国水生态安全的重要举措。本研究聚焦长江上游的水资源特征和涉水矛盾，结合流域水权制度建设基础和存在的问题，提出建设分水有体、兴水有序、治水有效的长江上游水权制度框架，并基于这一框架进行讨论和展望，以期为缓解长江上游水资源配置矛盾提供决策参考，为完善我国水权制度建设体系贡献力量。

关键词： 长江上游　水权制度　水资源管理

建立具有中国特色的流域水权制度是我国市场经济体制改革的基础性任务，是实现长江经济带高质量发展的基础性制度，是促进长江上游绿色共建、利益协同、发展共享的有效工具，当前面临的紧迫任务是建立具有区域针对性的水权制度，重点难点是水权试点“盲区”长江上游的水权制度建设。构建符合长江上游特殊区情的水权制度，是切实践行习近平总书记关于长江经济带要“生态优先、绿色发展”、要以广大人民群众福祉为宗旨、要

* 本文为绿色创新发展四川软科学研究基地系列成果之一，得到国家社科基金重大项目“长江上游水权制度建设综合调查与政策优化研究”（批准号 19ZDA065）资助。

** 巨栋，四川省社会科学院生态文明研究所助理研究员，研究方向：流域经济、区域经济。

保护好长江上游，以及水利发展“十六字”方针等系列指示，实现长江上游高质量发展的基础性制度保障。

一 我国水权制度建设的政策演进分析

中国是世界上流域发展差异最大的国家之一，不仅南北流域差异巨大，即使南方流域和长江上中下游流域也在自然地理、发展阶段、流域功能、改革进程等各方面存在巨大差异，水权制度建设的有效性面临巨大挑战。我国《宪法》规定国家也即全民是自然资源的所有者，《水法》规定国务院代表国家行使水资源所有权，具体的水权使用权制度建设始于北方地区黄河流域“八七”分水及之后逐步推进的宁蒙河段水权试点等黄河实践，水权制度实践集中在北方缺水地区。2013 年国务院颁布《实行最严格水资源管理制度考核办法》及 2014 年全国七地试点促使水权制度建设提速，2016 年国务院颁布《水权交易管理暂行办法》，标志着我国水权制度建设初步成形，黄河等北方流域在水权初始分配、水权确权和交易体系等领域已实现突破，长江中下游和珠江流域水权制度建设也取得一定经验，整体呈现出流域性分配、区域性统筹、点状化使用等基本特点，即流域将水权分配到各政区，各政区将水权分配到用水户，最终各用水户进行水资源利用，水权交易则在各政区和用水户间展开。2022 年水利部、国家发展改革委、财政部三部门联合发布《关于推进用水权改革的指导意见》，旨在“加快用水权初始分配，推进用水权市场化交易，健全完善水权交易平台，加强用水权交易监管，加快建立归属清晰、权责明确、流转顺畅、监管有效的用水权制度体系”。自此，我国水权制度从缺水地区的水量分配拓展至覆盖全国的水权分配、交易、使用、监管等环节的制度体系。

但遗憾的是，我国现行水权制度主要源于黄河经验，全国性试点时间仅两年且试点区域仅七地，尤其是长江上游在国家多轮次水权试点中均未有任何布局。现行水权制度对南方流域尤其是长江上游缺乏针对性和有效性，成为我国水权制度建设方面的紧迫任务。

二　长江上游水权制度建设的特殊性分析

长江上游秉承我国丰水地区水资源分布的基本特征，但其水情区情与黄河等北方流域迥异，特别是在区域资源特征、流域水事冲突、体制机制矛盾三个层面具有显著的特殊性。

（一）资源特征

一是水量丰沛，水情稳定。长江干流宜昌以上为上游，由通天河及以上河段、金沙江和川江组成，长约 4500 公里，集水面积约 100 万平方公里，占长江流域总面积的 56%，流经中国地势阶梯交界处，支流众多，水资源量占全流域的 37. 7%，多年平均径流量超过 4500 亿立方米，约占全流域的 48%、占全国的 17%，其中供用水总量占全流域的 18. 6%。① 近年来，长江流域所有水资源二级区地表水量均有所增加，但上游及金沙江以上河段增幅较小。地下水资源量为 2830. 60 亿方，平均模数为 16. 0 万方/公里^2，以金沙江石鼓以上河段最小，仅 8. 6 万方/公里^2。②

二是生态地位独特，山区流域特性突出。长江上游是我国重要的生态屏障，区域水系多是源于山地和位于山地地区的河流，山地的垂直性和水平地带性关系复杂，水能资源理论蕴藏量和可开发量居全国之冠，导致干支流、上下游、左右岸、河道内外水量水质关系联动，取用水行为的外部性极强，水利工程修建受到诸多掣肘，导致水利工程配套不足，取水、用水及计量难度较大。

三是区域要素集中，流域发展差异大。岷沱江等平原发达流域，水利设施完善，区域内产业和人口高度集中，未来还需承担成渝地区双城经济圈上亿人的供水任务；“两江一河”等高山流域，屯蓄水设施建设滞后，大中型

① 水利部长江水利委员会:《长江流域综合规划（2012—2030 年）》，2012 年 12 月。

② 《长江流域及西南诸河水资源公报》（2016~2021 年）。

调蓄水库覆盖不足，部分地区生活用水保障需建四级以上梯度引水工程，取用水成本高、保障差；嘉陵江、赤水河等跨界流域，分别为跨两省、三省的复杂流域，小流域也往往跨多个市县，且流域内各行政区发展水平不均衡，协同发展需求强烈。

（二）水事矛盾

一是水资源管理矛盾突出。长江上游是国家最大最重要的能源基地，三峡库区和金沙江下游更是世界性特大型水库群集中区域，流域深陷水调电调航调矛盾、灌区水权管理与区域水权管理矛盾、政府市场公众水权利益协调矛盾等诸多困境，水资源配置不仅涉及域内各个水系利益关系，更可能影响长江中下游涉水利益。如三峡水库的调度使其下游地区入湖泥沙显著减少，从而减缓通江湖泊特别是洞庭湖的淤积和萎缩，也会对长江口产生影响，通过水库调节后长江口枯水期流量有所增加，从而减小咸潮上溯的概率。

二是水安全保障任务艰巨。长江上游是重要水源地，不仅是本流域数亿人民的水源地，而且是南水北调中线的重要水源地，承担着巨大的外调水任务，更影响着藏、羌、彝等众多民族地区和集中连片贫困地区的供水安全。2009 年以来，云南、贵州、重庆、四川等省（区、市）都遭遇过大范围持续干旱，尤其是滇中地区，它是云南经济社会发展的核心地区，也是长江流域三大干旱区之一，多年平均径流量仅占全省水资源量的 12%，资源性缺水与工程性缺水并存。被称为天府之国的成都平原是缺水地区之一，以 2020 年 6 月上旬为例，据气候干旱 MCI 指数监测分析，除崇州、都江堰和简阳无干旱外，其余地区均为干旱状态，其中新都和金堂处于重旱水平，新津、龙泉驿和双流处于中旱水平。随着成都“东进”战略的实施，水问题备受关注，东进区域水资源缺乏，水环境压力增大。

三是水生态环境治理困难重重。长江上游水环境污染主要来自矿产业和化工业的点源污染与农业畜禽养殖和渔业网箱养殖的面源污染，面临生态补偿和流域治理权责分配问题、民族地区共同富裕与长江上游生态屏障建设问题、跨界水事纠纷与流域水环境综合治理问题等众多挑战。另外，上游地区干支流水电梯级高强度开发，长江被分割成不同片段，河流生境阻隔、生物多样性下降。水库蓄水还改变了河流天然水流情势，导致水库下游鱼类产卵繁殖条件发生变化，渔业资源总量不断降低，一些经济鱼类难以形成渔汛。

（三）制度基础

一是水资源管理精细化程度不足。长江上游对流域水资源主要实行流域管理机构和省、市、县三级政府水行政主管部门分割管理的水资源管理体制，中小河流由地方管理，许多地方取水许可尚停留在简单办证收费层面，发证环节缺乏公众参与和社会监督，容易引发侵害公共利益和第三方利益的行为；流域机构只针对取水大户进行取水许可管理，发放的取水许可证数量有限，而更了解实际情况的地方水行政主管部门却难以阻止不合理用水行为，很难控制取水总量。这种管理体制下，取水许可总量难以得到有效控制，“超计划超许可”取水现象时有发生。

二是水权制度建设尚处于起步阶段，区域用水控制的“三条红线”已经分配完成，但流域水量分配、灌区供水管理与区域用水总量控制尚未衔接，特别是特大型、大中型灌区的干支渠水量分配问题几乎均处于无监管状态，基层的农业用水计量设施更显不足，农业水权监管难度较大；过境水量丰富，局部性的水权交易比较罕见；航运、发电、灌溉等水权类型复杂多样，干支流、上下游、河道内外水权关系非常复杂。

三是水权制度建设任务艰巨。长江上游水权制度建设不仅涉及流域普遍面临的上下游左右岸关系而且涉及区内外矛盾，不仅涉及一般水权而且涉及公共水权，不仅涉及水权的复杂性而且涉及水权优先序的复杂性，不仅涉及上下游和跨行政区水权交易的需要而且涉及跨流域水权交易的迫切要求，不仅涉及公平与效率而且涉及如何评价公平、效率与可持续。

三　长江上游水权制度建设的关键问题

长江上游水资源相对丰富、水系庞大复杂、生态功能突出，使用权归属不清，水权分配和交易体系不完善；水资源开发中电力保障、移民安置、航运发展、生态保护和灌区现代化等方面用水秩序混乱，水权使用制度缺失；流域管理、区域管理、工程管理等边界模糊，统的不够分的无序，水权管理制度效能不足。因此，水权配置无体、水权使用失序、水权管理低效，构成长江上游水权制度建设中的基本制约，相应的，分水有体、兴水有序、治水有效也成为长江上游水权制度建设的基本原则和核心问题，从而形成丰水地区上游流域水权制度建设的“三水框架”。

（一）水权配置无体

长江上游属于丰水地区，资源相对丰富时配置矛盾并不突出，该区域水权分配和交易积极性不足。我国现行农业水权交易标的主要来自灌溉渠系防渗节水形成的节余水权和农户错峰灌溉的调节水权，长江上游水权制度建设的特点和需求与黄河迥异，现行水权分配和交易思路也无法为该区域提供有效参考，突出体现在以下三个方面。

一是长江上游水调、电调、航调需求多样，流域水权分配时需优先考虑河道内各段航道的现状等级和目标等级、各电站发电库容和发电目标、河流最小生态基础流量，以及河道外用水总量、引水量等因素，综合确定最小下泄流量，但如何协调河道外取水和河道内用水尚无充分的制度基础和政策指导。二是长江上游年降雨量较大，在800~1600mm，但主要集中在汛期，灌区水权分配时需考虑降水的季节差异、区域差异及地下水的相互补给关系，否则面临灌溉需水和农业水权错配问题。三是考虑到区域水权分配需要与流域生态补偿机制衔接，为强化地方政府节水政策的激励，区域水权分配还需考虑水质指标，否则上下游间各区域水权分配指标与实际可用指标差异较大，难以满足区域协调发展和产业优化布局需求。可见，长江上游的流域、区域、灌区水权分配制度建设均缺乏科学合理的体系参考。

（二）水权使用失序

长江上游水资源量丰期和枯期差异巨大，水权使用失序在丰枯期有不同的表现，其中最突出的是在枯水期水资源量供需匹配出现问题时，即枯水期水资源供应量难以达到水权配置制度中的既定分配量，水权分配制度便转化为水资源取用的比例性制度，然而在实际操作中根本无法监测这种比例，这必然导致各区域各主体用水秩序混乱，具体有以下三个方面的问题。

一是各区域各行业用水优先序差异导致水权使用失序。在不同发展导向和经济结构下，上下游间不同区域针对农牧业、传统工业、新兴产业、城镇、环境等的用水需求的满足顺序有明显差异，需要从流域整体发展利益出发对各区域各主体的水权使用次序进行科学安排，特别是枯期的排序问题更为突出。二是河道内外各主体用水需求差异导致水权使用失序。不同行业对水体的“占用”时间和规模明显不同，以水调电调航调矛盾为例，河道外用水对水体为排他性和确定规模的“绝对占用”，而航运为具有发展性和波动性的“相对占用”，水力发电对水体为特定时间段的“阶段占用”，如何确定各区域各主体用水权利、对其他区域和主体用水权利的保障责任，以及如何分享流域整体发展利益成为重要难题。三是各区域各主体用水行为偏好差异导致水权使用失序。如农业灌溉水权使用水平与区域降水量高度相关，灌溉期的降水能够显著减少农户取水规模；城镇水权使用水平与供水水质则高度相关，较低水质供水可能促进区域要素流出导致水权闲置。

（三）水权管理低效

长江上游水电资源丰富，生态地位突出，灌区功能极其重要，考虑到我国机构改革尚未完成，长江上中下游区情水情差异极大，长江委、长航局等作为国家部委派出机构难以实施水权统筹管理，现行体制无法满足长江上游水权管理需求。

一是河道内水权管理内容涉及重要断面下泄流量、变幅和水质，需协调水利、能源、航运、生态、农业等多个部门，考虑各类企业、沿河居民以及地方政府三个层面的利益，现行管理体制主要针对应急水事矛盾调控，缺乏常态化的管理措施。二是河道外水权管理面临流域水权、灌区水权、区域水权三个层次的嵌套关系，特别是由于灌区水权缺乏有效的制度安排，灌区水权分配、管理和使用严重脱节，流域水量和区域水权实际中并无法完全对应，区域水权难以保障。三是上下游间水权管理涉及跨流域、跨省、跨市三层次的交叉关系，在水权管理博弈中，多由地方政府进行经济性协调，缺乏流域管理单位从宏观利益进行的整体调控，难以避免府际用水的“囚徒困境”从而影响水资源配置效率。

四　长江上游水权制度建设的“三水框架”

长江上游水资源时空分布不均、用水关系复杂、水资源管理粗放，水权配置、使用、管理矛盾突出，据此明确长江上游水权制度建设的逻辑起点，着力构建分水有体、兴水有序和治水有效的“三水框架”，促进长江上游实现区域经济协调发展、流域经济高质量发展、流域经济与政区经济协同发展三层次目标。

（一）分水有体

分水有体即建立体系完善的水权分配和交易制度，包括一切与分水行为相关的水权制度，重点是流域水量分配与区域用水总量控制的衔接，河道内用水和河道外用水的分配，区域中农户节水、渠系防渗节水的水权交易模式，跨流域调水为标的的水权交易模型，上下游市场化水权交易模式，跨省区水权交易模式，用水户取水权和排污权转换制度等。

传统水权制度建设将确权和分配作为基础，长江上游具有一定特殊性，应当强化水资源环境评估基础地位，根据丰水流域资源和区域发展特点，制定系统化动态评估指标，推进分配水量向用水效率高的地区倾斜，为水量分配方案的协商主体与决策者博弈提供参考。完善水量分配制度方法，全面完成水资源三级区套地级行政区用水总量控制指标分解工作，关键是通过灌区管理改革推进水权分配与灌区用水计划有机衔接，进而促进流域管理机构和地方水行政主管部门协调配合，根据区域分水方案结合当年实际制定年度水量分配方案，切实统一技术基础，规范技术要求，并与相关的流域规划和技术标准相衔接。明确水权分配深度和适用范围，长江上游农业水权分配和确权的重要性突出但难度极大，可从灌区水权向渠系分配入手，对干支斗三级渠系进行分配和确权，并根据现实情况逐级推进，形成以灌区为单位的水权确权登记工作准则和行动指南。建立健全河道流量管理制度，明确跨界河流及重要湖泊的流量保障水平，建立以流域管理机构为统领、省级水行政主管部门实际负责、各相关单位部门全权落实的河道管理组织机构，水工程运行管理单位严格落实流量泄放措施，将航运、电力、生态用水调度纳入日常运行调度规程，建立健全常规调度机制和应急处置机制。

（二）兴水有序

兴水有序即建立科学合理的水权使用和责任制度，重点是行业水权使用制度，三生水权使用制度，取水许可制度，项目水资源论证审批制度，不同流域中水权使用优先序，上下游、干支流间水权关系特征和水量分配情况，水权确权至终端用水户的可行方法等。

确权是分配的实现过程，取水是确权的实现手段，按获得的水权进行合规的水资源利用即水权实现过程，区域或用户获得水权后实现权利的过程一般表现为水资源取用过程。长江上游的重点在于建立取水许可负面清单制度，按照禁止准入、限制准入和清单外三类事项对取用水单位或个人取水许可申请进行分类审批，采取不办理、限制条件办理和直接办理进行差异话核准。建立水资源使用时序协调制度，根据流域用水需求设立生态用水权、居民基本生活用水权、农业用水权、工业用水权、旅游景观用水权、航运用水权、发电用水权、养殖用水权等，结合《水法》对水资源用途和开发利用顺序的原则性规定，用水顺序应遵循城乡居民生活用水享有绝对优先利用权。建立量质协同的水资源使用权制度，在设施条件可保障的河段，可对用户获得水权的水量、取水点和水质级别进行明确，并对其排水水量和水质进行相应规定，进一步以水环境容量为目标值，综合考虑水环境容量、权利供需状况、用户负担等，推进水权排污权集成定价，探索建设水权与排污权转换制度。

（三）治水有效

治水有效即建立协同高效的水权管理和保护制度，重点是用水户水权使用监管、奖励与补偿，区域水质换水权治理模式，跨行政区和跨流域水权分配监测、资金筹集和清算，跨省区水权制度建设与横向生态补偿、财政兜底等。

水权管理是保障长江上游跨界流域水资源确权、分配能够真正落实起效的关键所在。针对区域内存在的水权分配未全面落实、水权使用超量无序等问题，流域管理机构和各级水行政主管部门应当加强水资源和水环境协同管理监控信息系统建设，提高水量、水质监控信息采集、传输的时效性，完善用水统计制度，建立数据共享制度，保障水量分配方案的有效实施。建立水权用途动态管理制度，重点推进工业用水、环境用水、农业用水等用途审批水权的动态管理，其中，工业用水根据不同行业或产品的特性、用水过程、节水目标和取水位置等确定用水定额指标；环境用水则根据水功能区纳污控制指标以及断面考核要求，增补或退减被挤占的生态环境用水，通过节水、调水或水权交易等方式保障河流湖泊和地下水的水量；农业用水根据供需水量、水源类型和种植结构，建立适宜长江上游各区域的定额指标。

五　长江上游水权制度建设的未来展望

从国家战略来看，“三条红线”时代全国水资源配置格局已然基于制度约束形成，水资源刚性约束制度出台后各地用水总量控制、用水效率、水功能区纳污等红线控制水平也将进一步提升，而“双碳”目标下水资源作为清洁能源的战略地位也将进一步提高，围绕用水时序配置推进长江上游水权制度建设，将与南方地区的长江中下游、珠江、北方地区的黄淮海流域水权制度建设联动，进一步筑牢夯实全国水资源配置策略轴心。

从经济发展来看，随着我国水权制度建设逐渐深化、细化、广化，西北地区广大农户已经普遍拥有定量水权，成为其辛勤劳动的心里依靠和致富增收的重要保障；南水北调中线工程向华北地区各省份输送大量优质水源，给华北平原居民带来广泛的生活质量改善；东北地区流域治理和水权分配，使得松辽流域经济发展焕发新生，水权制度建设已然成为北方流域各大地区富民强省的重要手段。长江上游流域水资源量大、质优、用途广泛，加快推进水权制度建设，可望进一步推进水权成为基本人权的组成部分，从而助力流域经济高质量发展，促进流域人民走向共同富裕。

从气候变化来看，近年来全球加速变暖趋势逐渐明显，平均气温较工业化前水平高出约1℃。2021年中美气候变化合作对话会召开，我国将进一步推进落实《联合国气候变化框架公约》，绿色发展已然成为时代主题。我国是全球气候变化的敏感区和影响显著区，气候极端性逐渐增强，中高纬度的黄河流域将持续呈现出降水增加的趋势，而较低纬度的长江上游可能呈现降水量下降的趋势，“北湿南干”将成为我国未来一段时间内面临的新的气候现象。当下我国南方地区经济发展和人口集中趋势不断加速，长江上游降水量减少可能导致整个流域水生态环境进一步恶化，水质性缺水、工程性缺水问题进一步突出，流域综合治理难度进一步加大。

此时，长江上游水权制度建设的“三水框架”更具时代价值和创新意义，特别是对于广大的丰水流域和地理环境更加复杂的南方地区而言，在这一框架中，分水有体是基础，完善的水权配置体系能够推进流域水资源高效利用，促进用水户合理取水用水，同时让水权管理有章可循；兴水有序是核心，科学的水权使用秩序直接指导着水权分配和交易，也是水权管理和保护的核心目标，其中生活和生态水权在使用秩序中前置需要水权配置和水权管理来协同实现；治水有效是保障，严格的水权管理和保护制度必须以水权分配和交易为抓手，依托流域治理手段和多部门协同，确保水权使用秩序符合区域发展和流域治理的要求。

未来，长江上游水权制度建设实践有望为我国水资源管理提供政策优化方向，需要进一步注重水权制度与其他制度的有机融合和协同联动，重点考虑水权制度与排污权制度、生态补偿机制、产业调整机制、公众参与机制、市场培育机制等相关制度及管理落实等相衔接，真正建成有体、有序、有效

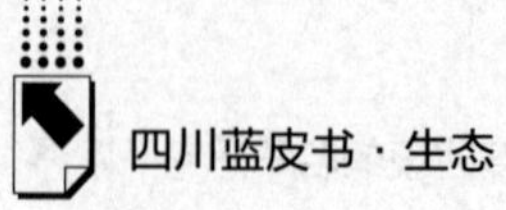

的长江上游水权制度体系，为长江经济带高质量发展夯实制度基础，为水利事业实现中国式现代化提供路径参考，为中华民族伟大复兴贡献力量。

参考文献

陈艳萍、吴凤平：《基于演化博弈的初始水权分配中的冲突分析》，《中国人口·资源与环境》2010 年第 11 期。

范可旭、李可可：《长江流域初始水权分配的初步研究》，《人民长江》2007 年第 11 期。

付实：《国际水权制度总结及对我国的借鉴》，《农村经济》2017 年第 1 期。

胡碧玉：《流域经济非均衡协调发展制度创新研究》，四川人民出版社，2005。

马晓强、韩绵绵：《我国水权制度 60 年：变迁、启示与展望》，《生态经济》2009 年第 12 期。

王亚华、舒全峰、吴佳喆：《水权市场研究述评与中国特色水权市场研究展望》，《中国人口·资源与环境》2017 年第 6 期。

大熊猫国家公园建设篇

Construction of Giant Panda National Park Reports

B.11 大熊猫国家公园自然资源资产清查及价格体系建设研究*

——以安州片区为例

李曜汐　邓宗敏　刘海英　李　旻　张仕斌　马莲花　肖博文**

摘　要： 自然资源资产清查有利于摸清自然资源家底，推动建立归属清晰、权责明确、保护严格、流转顺畅、监管有效的自然资源资产产权制度，支撑自然资源合理开发、有效保护和严格监管，夯实生态文明建设基础。本报告以大熊猫国家公园安州片区为试点区域，开展森林和草原本底及资产调查研究，清查实物量、核算价值量，真实、完整地反映大熊猫安州片区的自然资源资产状况，

* 支撑课题：四川省林业勘察设计研究院有限公司“四川省林草生态产品计量核算基础研究”。

** 李曜汐，四川省林业勘察设计研究院有限公司助理工程师，主要研究方向为自然资源管理，主要负责本文的撰写与数据分析；邓宗敏，四川省林业和草原调查规划院工程师，主要研究方向为自然资源管理，主要负责本文的选题与撰写；刘海英，四川省林业勘察设计研究院有限公司助理工程师，主要研究方向为自然保护地社区发展，主要负责本文社区调查分析；李旻、张仕斌、马莲花、肖博文为课题组成员，参与项目外业调查、数据分析。

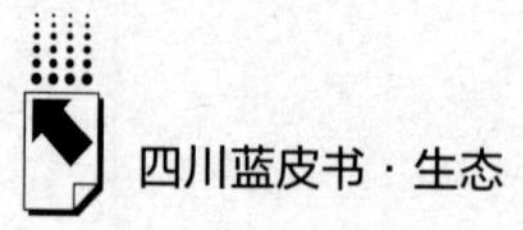

总结自然资源现状并提出建议，为后续大熊猫国家公园各个片区自然资源资产负债表编制、资源资产管理等工作的开展提供科学的调查方法。

关键词： 大熊猫国家公园　自然资源资产清查　生态文明　安州片区

一　自然资源资产清查及价格体系建设背景

2016 年 12 月，国务院印发《国务院关于全民所有自然资源资产有偿使用制度改革的指导意见》，要求“以各类自然资源调查评价和统计监测为基础，推进全民所有自然资源资产清查核算”。2019 年 4 月，中办、国办印发《关于统筹推进自然资源资产产权制度改革的指导意见》提出，“研究建立自然资源资产核算评价制度，开展实物量统计，探索价值量核算”。2021 年 9 月，中办、国办印发《关于深化生态保护补偿制度改革的意见》，要求“加快构建统一的自然资源调查监测体系，开展自然资源分等定级和全民所有自然资源资产清查”。2022 年 3 月，中办、国办印发《全民所有自然资源资产所有权委托代理机制试点方案》，要求“开展资产清查统计相关工作”。

二　研究目的及意义

在以国家公园为主体的自然保护地体系建设与自然资源统一管理改革的背景下，国家公园范围内自然资源本底调查与资产清查有利于摸清自然资源家底，推动建立归属清晰、权责明确、保护严格、流转顺畅、监管有效的自然资源资产产权制度，支撑自然资源合理开发、有效保护和严格监管，夯实生态文明建设基础。但目前仍缺乏在大熊猫国家公园开展自然资源本底调查的相关研究。

为建立全民所有自然资源资产清查制度，根据《四川省林业和草原局关于开展自然资源资产管理体制试点工作的通知》（川林栖函〔2020〕289号）等相关要求和《自然资源部办公厅关于开展全民所有自然资源资产清查第二批试点工作的通知》（自然资办函〔2021〕291号）有关要求，以大熊猫国家公园安州片区为试点区域，开展森林、草原本底及资产调查研究，为后续大熊猫国家公园安州片区自然资源资产负债表编制、资源资产管理等工作的开展提供科学基础资料。

三　清查地区概况

（一）清查地区基本情况

大熊猫国家公园安州片区位于四川省绵阳市安州区，其范围主体前身为四川千佛山国家级自然保护区安州区范围。四川千佛山国家级自然保护区（以下简称“保护区”）是以保护大熊猫、川金丝猴等珍稀野生动物及其栖息地为主的野生动物类型自然保护区。1992年，林业部向国务院上报了《保护大熊猫及其栖息地工程》项目建议书，以求从根本上解决大熊猫保护和经济发展问题。经国务院同意，国家计委以计农经〔1992〕991号文批准了保护大熊猫及其栖息地工程的总体规划。1993年8月28日，四川省人民政府以《四川省人民政府办公厅转发省林业厅关于实施保护大熊猫及其栖息地工程有关问题请示的通知》（川发办〔1993〕67号）文件批准建立省级自然保护区。为了更好地保护大熊猫、川金丝猴、红豆杉、珙桐等珍稀动植物及其栖息地，2014年12月5日，国务院办公厅公布《关于公布内蒙古毕拉河等21处新建国家级自然保护区名单的通知》（国办发〔2014〕61号），千佛山国家级自然保护区为其中新建国家级自然保护区之一。

大熊猫国家公园安州片区总面积11307.63公顷，其中核心保护区面积6177.95公顷，一般控制区面积5129.68公顷。地处四川盆地西北边缘、青藏高原东南缘岷山南端、龙门山中南段的绵阳市安州区千佛镇、高川乡，共涉及千佛镇东益村、千佛村、宝藏村和高川乡高川村、泉水村2个乡镇5个村。[①] 涉及行政事业单位和国有企业5家：千佛山国家级自然保护区、千佛山国家森林公园、千佛山省级风景名胜区、绵阳市安州区龙峰安林业有限公司（原龙峰安国有林场）及四川安县生物礁国家地质公园。

表1　大熊猫国家公园安州片区面积

名称	功能分区	面积(公顷)	面积(亩)	面积占比(%)
大熊猫国家公园安州片区	一般控制区	5129.68	76945.2	45.36
	核心保护区	6177.95	92669.2	54.64
	总面积	11307.63	169614.4	100.00

表2　大熊猫国家公园安州片区涉及乡镇面积

单位：公顷，%

单位	安州片区		核心保护区		一般控制区	
	面积	占比	面积	占比	面积	占比
总计	11307.63	100.00	6177.94	100.00	5129.68	100.00
高川乡	7437.71	65.78	4640.53	75.11	2797.18	54.53
千佛镇	3869.92	34.22	1537.41	24.89	2332.50	45.47

（二）公园自然环境情况

大熊猫国家公园安州片区地处四川西部地槽区和扬子准地台区接合部，片区地形复杂，中山地貌为主，山峰林立，沟谷纵横，坡陡谷深，上缓下陡。山间河谷平地少，相对高差较大。

气候属亚热带湿润季风气候类型，特点是冬长夏短、温凉阴湿、雨量充沛、四季分明。片区的山地气候垂直变化显著，气温随海拔高度上升而降低，降水随海拔高度增加而增多。地表水系属涪江水系。片区内各条河流的

① 数据来源于最新行政界线。

径流季节变化具有明显的夏洪、秋汛特点。片区的土壤从低海拔到高海拔分布有黄壤、黄棕壤、山地棕壤、山地暗棕壤等类型。

四 清查方法

（一）基础数据资料

资产清查主要收集资料包括片区范围清查基准时点的卫星遥感影像数据、2020 年国土三调成果、2020 年度森林资源管理“一张图”成果数据、永久基本农田、生态保护红线、城镇开发边界与自然保护地边界范围调整矢量数据。

价格体系建设主要收集资料包括森林和草原国家级价格体系、省级价格体系建设成果、森林资源市场数据、草原资源市场数据。

（二）资料数据处理

1. 森林资源资产清查

（1）清查范围图层及专题图层提取

以大熊猫国家公园安州片区范围国土三调成果数据为基础，提取国土三调成果中林地图斑，存储为“森林_ 土地”（SLTD）图层，作为森林资源资产清查工作范围；提取国土三调中种植园地图斑，存储为“园林_ 土地”（YLTD）图层。

以大熊猫国家公园安州片区范围森林资源管理“一张图”为基础，从森林资源管理“一张图”数据库中提取“林地”要素层，保留要素层属性表信息的名称、数值不变，要素层重新命名为“森林资源”（SLZY）。

其中 SLTD 图层作为森林资源资产清查“林地”清查范围，SLTD、YLTD 叠加 SLZY 作为森林资源资产清查“林木”清查范围。分类提取实物量清查所需的矢量数据和属性字段信息，形成清查范围数据集、规范专题数据集。

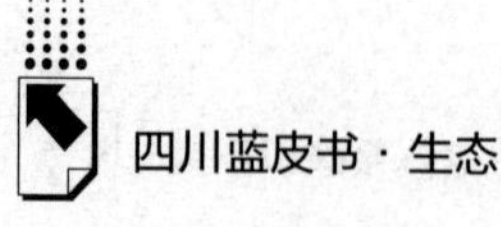

（2）数据叠加处理

将本底调查范围要素层和专题数据实物要素层进行叠加，通过联合、标识等工具实现数据套和，形成资源整合过程数据，并对数据进行规范化处理，包括林地界线区划、细碎图斑处理和三调面积平差。

（3）属性因子清查

国土三调与森林资源管理“一张图”地类一致图斑：森林资源资产实物量成果数据库中同时保留国土三调地类与森林资源管理“一张图”地类，二级地类以国土三调为准，森林资源管理“一张图”林地地类在国土三调林地地类基础上进一步细化至下一级地类。

国土三调与森林资源管理“一张图”地类不一致图斑（①国土三调和森林资源管理“一张图”均为林地，但二级地类属性不一致图斑；②国土三调地类为林地、森林资源管理“一张图”地类为非林地图斑；③国土三调地类为非林地与森林资源管理“一张图”地类为林地图斑）：地类以国土三调为准，通过其他专项调查成果赋值、邻近的遥感影像特征一致的子图斑赋值或县域内地类均值赋值等方式完善清查因子。

2. 森林资源价格体系建设

基于森林资源管理“一张图”成果数据以及安州区收集到的市场数据，按照《全民所有自然资源资产清查技术指南（试行稿）》计算安州区价格调整系数。结合国家林规院下发国家级价格体系成果与省级价格体系建设的初步成果，将均质区域平均林地、林木价格修正到县级单元，并明确县级价格修正体系建立方案。

3. 草原资源资产清查

（1）清查范围图层及专题图层提取

以国土三调成果为基础，按照“地类编码”（DLBM）或“地类名称”（DLMC），根据“国土三调”工作分类与本底调查资源资产清查地类范围分别归类，存储为“草原土地”（CYTD）图层，作为草原资源资产清查的清查范围。

（2）属性因子清查

草原资源属性因子清查主要是通过其他专项调查成果赋值、邻近的遥感影像特征一致的图斑赋值或县域内地类均值赋值，并对数据进行规范化处理。

4. 草原资源价格体系建设

根据草原调查监测数据及“国土变更调查”数据，按照《全民所有自然资源资产清查技术指南（试行稿）》计算安州区价格调整系数。结合前期国家级价格体系建设的初步成果，构建省级价格体系，将均质区域平均草地价格修正到县级单元。

五　森林草原清查与价格体系结果

（一）森林资源资产清查

大熊猫国家公园安州片区共有林地10596.33公顷，占安州片区总面积的93.7%，其中核心保护区5657.41公顷，占林地总面积的53.4%，占核心保护区面积的91.6%，一般控制区4938.92公顷，占林地总面积的46.6%，占一般控制区面积的96.3%（见表3）。

表3　大熊猫国家公园安州片区林地面积

单位：公顷，立方米

乡镇	核心保护区		一般控制区		安州片区	
	面积	蓄积	面积	蓄积	面积	蓄积
高川乡	4135.73	57416	2658.83	59315	6794.55	116731
千佛镇	1521.68	32088	2280.09	13282	3801.77	45370
总　计	5657.41	89504	4938.92	72597	10596.33	162101

资料来源：2020年国土三调成果、2020年度森林资源管理“一张图”成果数据。

1. 地类结构

根据地类分析，乔木林地共有8311.3公顷，核心保护区4244.57公顷，一般控制区4066.74公顷，为林地中面积最大的地类，占林地总面积的78.4%，总蓄积149127立方米。灌木林地共1957.75公顷，核心保护区

1314.07 公顷，一般控制区 643.68 公顷，灌木林地占林地总面积的 18.5%。其他林地共 327.26 公顷，核心保护区 98.77 公顷，一般控制区 228.5 公顷，占林地总面积的 3.1%，总蓄积 12974 立方米（见表 4）。

2. 权属结构

林地权属包括所有权和使用权（经营权），分为林地所有权、林地使用权。根据第三次全国国土调查，大熊猫国家公园安州片区林地共 10596.33 公顷，所有林地权属均为国有土地所有权，无集体和个人所有的土地。

表 4　大熊猫国家公园安州片区林地地类

单位：公顷，立方米

地类	乡镇	功能分区					
		核心保护区		一般控制区		安州片区	
		面积	蓄积	面积	蓄积	面积	蓄积
乔木林地	高川乡	3743.06	56007	2366.53	50472	6109.59	106479
	千佛镇	501.51	13097	1700.21	29551	2201.71	42648
	合　计	4244.57	69104	4066.74	80023	8311.3	149127
灌木林地	高川乡	297.14		149.79		446.93	
	千佛镇	1016.93		493.89		1510.82	
	合　计	1314.07		643.68		1957.75	
其他林地	高川乡	95.53	3308	142.51	6944	238.03	10252
	千佛镇	3.24	185	85.99	2537	89.23	2722
	合　计	98.77	3493	228.5	9481	327.26	12974
总　计		5657.41	72597	4938.92	89504	10596.33	162101

资料来源：2020 年国土三调成果、2020 年度森林资源管理“一张图”成果数据。

大熊猫国家公园安州片区林木权属以国有和个人为主，集体部分极少，面积仅 0.71 公顷，其中核心保护区面积 0.53 公顷，一般控制区面积 0.18 公顷。林木权属为国有的林木面积共 6931.35 公顷，占公园安州片区林木总面积的 65.4%，其中核心保护区面积 5015.15 公顷，一般控制区面积 1916.20 公顷；林木权属为个人的林木面积共 3664.27 公顷，占林木总面积的 34.6%，其中核心保护区面积 641.73 公顷，一般控制区面积 3022.54 公顷（见表 5）。

表 5　大熊猫国家公园安州片区林木权属

单位：公顷，%

林木权属	乡镇	功能分区				
		核心保护区		一般控制区		总计
		面积	占比	面积	占比	安州片区
国有	高川乡	3501.47	81.3	806.10	18.7	4307.57
	千佛镇	1513.68	57.7	1110.10	42.3	2623.78
	合　计	5015.15	72.4	1916.20	27.6	6931.35
集体	千佛镇	0.53	75.1	0.18	24.9	0.71
	合　计	0.53	75.1	0.18	24.9	0.71
个人	高川乡	634.26	25.5	1852.72	74.5	2486.98
	千佛镇	7.47	0.6	1169.82	99.4	1177.29
	合　计	641.73	17.5	3022.54	82.5	3664.27
总　计		5657.41	53.4	4938.92	46.6	10596.33

资料来源：2020 年国土三调成果、2020 年度森林资源管理“一张图”成果数据。

3. 林种结构

大熊猫国家公园安州片区内区划林种林地面积共计 10584.34 公顷，有 11.99 公顷的林地未区划林种。

根据林种划分，特种用途林地面积 7560.69 公顷，蓄积面积 107096 立方米，为片区内面积最大林种，占片区内林地总面积的 71.4%，其中核心保护区面积 5070.60 公顷，一般控制区面积 2490.09 公顷。防护林地面积 341.33 公顷，蓄积面积 6002 立方米，占片区内林地总面积的 3.2%，其中核心保护区面积 38.85 公顷，一般控制区面积 302.47 公顷。用材林地面积 1956.10 公顷，蓄积面积 42113 立方米，占片区内林地总面积的 18.5%，其中核心保护区面积 388.91 公顷，一般控制区面积 1567.19 公顷。经济林地面积 7.58 公顷，蓄积面积 220 立方米，占片区内林地总面积的 0.1%，其中核心保护区面积 0.36 公顷，一般控制区面积 7.22 公顷。薪炭林地面积 718.64 公顷，蓄积面积 6670 立方米，占片区内林地总面积的 6.8%，其中核心保护区面积 158.68 公顷，一般控制区面积 559.95 公顷（见表 6）。

表6 大熊猫国家公园安州片区林种面积

单位：公顷，立方米

林种	乡镇	功能分区					
		核心保护区		一般控制区		安州片区	
		面积	蓄积	面积	蓄积	面积	蓄积
特种用途林地	高川乡	3556.92	48945	1016.87	28400	4573.79	77345
	千佛镇	1513.68	13102	1473.22	16649	2986.90	29751
	合计	5070.60	62047	2490.09	45049	7560.69	107096
防护林地	高川乡	38.85	2217	302.47	3785	341.33	6002
	合计	38.85	2217	302.47	3785	341.33	6002
用材林地	高川乡	385.95	8153	941.03	19196	1326.99	27349
	千佛镇	2.96	180	626.16	14584	629.12	14764
	合计	388.91	8333	1567.19	33780	1956.10	42113
经济林地	千佛镇	0.36	0	7.22	220	7.58	220
	合计	0.36	0	7.22	220	7.58	220
薪炭林地	高川乡	154.00	0	386.46	6035	540.46	6035
	千佛镇	4.68	0	173.49	635	178.17	635
	合计	158.68	0	559.95	6670	718.64	6670
未区划林种地	高川乡			11.99	0	11.99	0
总计		5657.40	72597	4938.92	89504	10596.33	162101

资料来源：2020年国土三调成果、2020年度森林资源管理“一张图”成果数据。

4. 森林类别

根据森林类别划分，大熊猫国家公园安州片区共有公益林面积7902.02公顷，蓄积面积113098立方米，占安州片区林地总面积的74.6%，其中核心保护区面积5109.45公顷，一般控制区面积2792.56公顷。商品林面积共2694.31公顷，蓄积面积49003立方米，占安州片区林地总面积的25.4%，其中核心保护区面积547.96公顷，一般控制区面积2146.35公顷。商品林分为一般商品林与重点商品林，其中一般商品林面积2467.80公顷，重点商品林面积226.51公顷（见表7）。

表 7　大熊猫国家公园安州片区森林类别面积

单位：公顷，平方米

森林类别		乡镇	功能分区					
			核心保护区		一般控制区		安州片区	
			面积	蓄积	面积	蓄积	面积	蓄积
公益林		高川乡	3595.77	51162	1319.34	32185	4915.11	83347
		千佛镇	1513.68	13102	1473.22	16649	2986.90	29751
		合　计	5109.45	64264	2792.56	48834	7902.02	113098
商品林	一般商品林	高川乡	539.96	8153	1194.45	19226	1734.40	27379
		千佛镇	7.47	180	725.92	12463	733.40	12643
		合计	547.43	8333	1920.37	31689	2467.80	40022
	重点商品林	高川乡			145.04	6005	145.04	6005
		千佛镇	0.53	0	80.94	2976	81.47	2976
		合计	0.53	0	225.98	8981	226.51	8981
	合计		547.96	8333	2146.35	40670	2694.31	49003
总计			5657.41	72597	4938.92	89504	10596.33	162101

资料来源：2020 年国土三调成果、2020 年度森林资源管理“一张图”成果数据。

（二）森林资源价格体系建设

根据国家级价值体系成果对大熊猫国家公园安州片区森利资源价值进行计算，结果如表 8 所示。安州片区的林地总价值为 12890.96 万元，林木总价值为 18143.14 万元，其中高川乡林地价值 8706.90 万元，林木价值为 13445 万元，千佛镇林地价值 4184.06 万元，林木价值 4698.14 万元。按照林地分类，灌木林地的林地价值为 1510.93 万元；乔木林地的林地价值为 10983.39 万元，林木价值为 17284.58 万元；其他林地的林地价值为 396.65 万元，林木价值为 858.56 万元（见表 8）。

（三）草原资源资产清查

根据第三次全国国土调查成果，大熊猫国家公园安州片区内草地资源面

表8　大熊猫国家公园安州片区森林资源价值

单位：万元

乡镇	乔木林地价值		灌木林地价值		其他林地价值		安州片区	
	林地	林木	林地	林木	林地	林木	林地	林木
高川乡	8073.82	12880.24	344.59	—	288.49	564.76	8706.9	13445.00
千佛镇	2909.57	4404.34	1166.34	—	108.15	293.8	4184.06	4698.14
总　计	10983.39	17284.58	1510.93	—	396.64	858.56	12890.96	18143.14

资料来源：森林资源国家级价格体系、省级价格体系建设成果。

积较少，仅176.44公顷，占安州片区总面积的1.7%，其中核心保护区面积175.62公顷，占草地总面积的99.5%，占核心保护区面积的2.8%；一般控制区面积仅0.82公顷，占草地总面积的0.5%，占一般控制区面积的0.02%。草地资源全部为国有且分布在高川乡，千佛镇无草地资源分布（见表9）。

表9　大熊猫国家公园安州片区草原资源

单位：公顷，%

乡镇	权属	功能分区				
		核心保护区		一般控制区		安州片区
		面积	占比	面积	占比	
高川乡	国有	175.62	99.5	0.82	0.5	176.44
总计		175.62	99.5	0.82	0.5	176.44

资料来源：2020年国土三调成果。

（四）草原资源价格体系建设

根据国家级价格体系成果对大熊猫国家公园安州片区草原资源价格进行计算，安州片区仅高川乡有草原，总价格为60.34万元（见表10）。

表 10　大熊猫国家公园安州片区草原资源价格

单位：万元

乡镇	地类	权属	价格
高川乡	其他草地	国有土地所有权	60.34
总　计			60.34

资料来源：草原资源国家级价格体系、省级价格体系建设成果。

六　自然资源本底调查现状总体评价

（一）自然资源评价

大熊猫国家公园安州片区内自然资源以森林资源为主，土地资源（除林草湿）及草原资源较少，无湿地资源分布。片区内森林资源总面积占大熊猫国家公园安州片区总面积的93.7%，53.4%分布在核心保护区，46.6%分布在一般控制区。林地类型以乔木林地为主，其次是灌木林地。安州片区林木总蓄积为162101立方米，平均每公顷15.30立方米。国家公园安州片区的森林资源条件营造了国家公园优良的生态基底，对于公园内生物多样性的维护十分有益。

大熊猫国家公园安州片区内林地权属均为国有土地所有权，无集体所有的土地。林木权属以国有为主，个人所有的林木较少，集体部分极少。公园范围内核心保护区和一般控制区均涉及人工集体商品林，国家公园后续的管理存在一定难度。

（二）社会经济现状评价

据了解2015年安州区规划千佛山戏雪体验中心项目，建设地位于千佛镇千佛村，前期已完成投资2000万元。由于戏雪体验中心项目部分处于大熊猫国家公园一般控制区，2017年启动大熊猫国家公园试点建设后该项目停止建设，对当地生态旅游发展造成一定影响，使得地方经济发展受到一定限制。

森林资源资产清查中发现大熊猫国家公园安州片区范围内涉及林木权属个人的林地面积 3664.73 公顷。国家公园范围内的村民生产活动包括以柳杉、银杏、黄柏、厚朴、杜仲等为主的林木种植，以黄连、重楼为主的林下中药材种植。按照目前管理要求、病虫害和地质情况等，林木难以采伐，林地难以流转，群众和村集体的经济收益受到直接影响，导致部分村民生产活动受限，周边社区居民希望国家出台相关政策弥补其生产生活损失，为其创造更多的发展机会，以提高生活水平。

七　总结与建议

（一）优化探索生态补偿机制，缓解自然资源权属冲突

践行“绿水青山就是金山银山”理念，通过加大生态补偿力度，提高群众收入，改善生态环境，促进生态保护与社区发展相协调。明确生态公益林保护补偿、商品林停伐管护补助、林权所有者补偿等生态补偿内容，切实保障社区居民利益。在林农自愿的前提下，对核心保护区非国有商品林进行赎买，将其纳入生态公益林管理，有效实现“生态得保护、林农得实惠”的双赢目标。

探索制定陆生野生动物致害补偿办法，明确补偿责任主体，明确致害补偿范围，推动保险机构开展野生动物致害赔偿保险业务。建立人兽冲突预警体系，定期开展野生动物致害情况调查评估，掌握国家公园安州片区内野生动物主要致害区域、类型、时间频率、损失情况等，针对性开展居民生产生活引导。加强宣传教育防范与知识普及工作，在当地社区普及野生动物及其猎物种群的分布、生态习性等方面的知识，提高当地居民的自我保护意识及保护野生动物意识。

（二）构建产业发展引导机制，加大绿色产业引导和培育力度

依托大熊猫国家公园的品牌影响力和丰富的旅游资源，统筹生态系统保

护和社区发展需求，提高原住居民转产就业能力，引导转变生产生活方式，规范生物多样性友好型经营活动，适度发展有机农业、特色林业、生态体验服务业、文化创意业等环境友好型生态产业。通过强化产业准入，打造生态林农业、生态旅游业，探索生态产品价值实现机制，推动周边社区产业绿色发展，形成和谐共赢新格局。

鼓励原住居民参与特许经营活动，在特许经营管理办法出台后，选取适当区域开展经营项目，如自然教育、生态体验、交通、餐饮、商店及文化产业等，深耕地方优质自然资源，构建高品质、多样化生态产品体系。

（三）依托大熊猫国家公园安州片区自然资源和科普宣教设施，打造户外教学实践基地、科普宣教基地、自然教育基地

制定自然教育和户外体验教案，针对社区居民、访客等开展自然教育。积极聘请、培养本土化解说人才和解说志愿者，针对性开设解说基础理论课、解说技巧与实操课、在地课程等，提高解说人才专业能力。

按照绿色、循环、低碳理念，依托大熊猫国家公园安州片区现有服务设施条件和自然、文化资源禀赋，对提升改造现有科普教育基地，加快自然教育解说中心、户外宣教展示点、自然教育解说径、生态体验线路建设。

B.12

大熊猫国家公园特许经营试点研究*

——以平武王朗为例

陈俪心 党 巍 李绪佳 喻靖霖 李曜汐 杨海韵 朱文亭**

摘　要： 国家公园特许经营制度是促进自然资源资产科学保护和合理利用的重要手段，也是促进生态产品价值实现的有效路径。作为第一批正式成立的国家公园，大熊猫国家公园为特许经营制度建立做出了诸多探索。本文在对大熊猫国家公园四川片区进行广泛前期调研和重点考察的基础上，在王朗片区的一般控制区选取了1处试点区域，梳理相关法律法规、分析具体案例、开展实地调研，聚焦试点区域现状与重难点问题，对试点区域的特许经营项目范围、受许人准入、资产有偿使用、特许经营收益分配、社区协调发展等进行研究并提出建议。

关键词： 国家公园　特许经营　自然资源资产　生态产品价值

---

* 支撑课题：四川省林业勘察设计研究院有限公司“大熊猫国家公园生态产品价值评价体系构建及优化技术研究”。

** 陈俪心，四川省林业和草原调查规划院助理工程师，主要研究方向为自然资源管理，主要负责本文的理论研究与文本撰写；党巍，四川省林业和草原调查规划院工程师，主要研究方向为自然资源管理，主要负责本文的外业调查与数据分析；李绪佳，四川省林业和草原调查规划院高级工程师，主要研究方向为国家公园管理，主要负责本文的选题、理论研究；课题组成员喻靖霖、李曜汐、杨海韵、朱文亭参与本文的外业调查、数据分析。

一　国家公园特许经营研究现状

（一）特许经营概念及定义

依据授权主体不同，特许经营分为商业特许经营和政府特许经营两种类型。国家公园特许经营属于政府特许经营，但不同于其他政府特许经营。国家公园特许经营是指根据国家公园保护管理目标，由国家公园管理机构通过特定程序优选受让人，依法授权其在政府监管下开展规定期限、规定性质、规定范围和规定规模的可持续自然资源经营利用活动，提供高质量生态产品或服务的管理过程。特许经营要坚持“生态保护第一”和“全民公益性”的国家公园理念，充分发挥市场在资源配置中的高效作用，统筹保护与发展的关系，促进人与自然和谐共生。

（二）国外研究现状

不同国家在具体实施国家公园特许经营时有着不同的实践模式。加拿大国家公园鼓励特许经营商转型发展，给予其较大发展空间；美国的国家公园特许经营制度是以中央政府为主导、以充分竞争为导向的；新西兰实行经管分离的特许经营制度，并将项目特许给不同的经营者，杜绝垄断，促进竞争；澳大利亚国家公园的特许经营期限较短，特许经营权偏向于原住居民。国外国家公园特许经营起步早，无论是理论还是实践，尤其是在特许经营审批、运行及配套支持等方面的制度体系设计更为成熟和完善，能够很好地为国家公园管理及实现自然生态保护等公益性目标提供支持。

（三）国内研究现状

我国国家公园特许经营起步较晚，制度创新和实践还处于初级阶段。2015 年国家公园体制确立以来，三江源、大熊猫、普达措、武夷山、神农架等多个国家公园体制试点陆续制定了与特许经营相关的制度规范，对分区、立法、规划、机构及特许经营范围等方面做出了前期探索。但是前期探索成果有限，理论研究和实践经验还有待于深化。

目前我国国家公园体制已在“十四五”期间步入新的建设阶段，《关于统筹推进自然资源资产产权制度改革的指导意见》（中办发〔2019〕25号）、《关于建立健全生态产品价值实现机制的意见》（中办发〔2021〕24号）、《关于建立以国家公园为主体的自然保护地体系的指导意见》（中办发〔2019〕42号）、《国家公园管理暂行办法》（林保发〔2022〕64号）、《四川省大熊猫国家公园管理办法》（川府规〔2022〕2号）、《关于加强大熊猫国家公园四川片区建设的意见》（川府发〔2022〕21号）系列政策文件强调加快推进在国家公园一般控制区开展特许经营，规范特许经营秩序，实行自然资源合理利用，以加强大熊猫国家公园保护和管理，维护国家、公众、特许经营受许人的合法权益，保障自然资源资产权利人依法参与特许经营收益分配。因此，目前特许经营研究成为管理者和相关学者的关注重点。

二　试点区域概况

（一）试点区域选择

在全国有野生大熊猫分布的各市州中，绵阳市在大熊猫数量、种群密度和栖息地质量上均居首位，是大熊猫国家公园的重要组成部分。在国家公园体制试点期间，绵阳片区建设起步早、工作扎实、成效显著、亮点突出。一方面，绵阳片区在社区共建共管工作中做了有益探索，具有扎实的社区工作经验；另一方面，绵阳片区长期与各类社会公益组织合作，开展了系列自然教育和生态体验活动，具有良好经营业态探索经验。以上两方面工作为开展特许经营试点奠定了一定的基础。

课题组对整个大熊猫国家公园绵阳片区开展了市、县、乡镇多层级的调研以及多个重点区域的实地考察，基本摸清了平武、北川、安州片区自然资源、社会经济以及生产经营活动现状与存在的问题。在对各重点区域的资源禀赋、客源条件、已有经营基础、未来经营规划、相关利益者进行综合评分的基础上，结合专家综合研讨，最终试点区域选取在王朗片区的一般控制区，包括原王朗自然保护区和白马藏族乡亚者造组村的部分区域，总面积4.4平方公里。

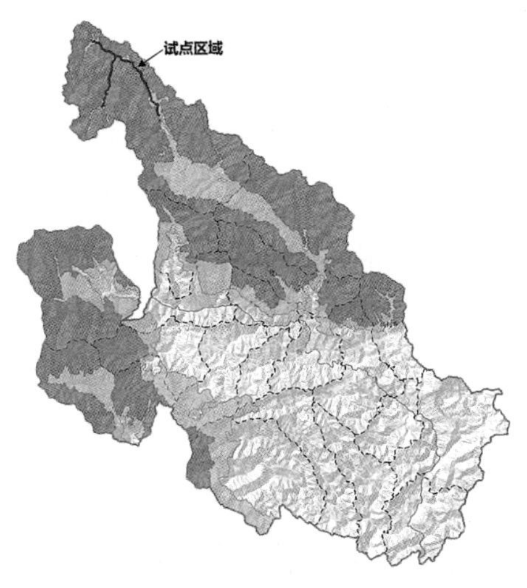

图1　试点区域位置示意

（二）试点区域现状

1. 资源条件

试点区域具有突出的资源禀赋。丰富的自然资源和多样的生态系统形成了优越的景观资源。同时，独特的民族传统和鲜明的社会风俗造就了优质的文化资源。此外，各类科研机构和高校在试点区域长期开展各类科研监测和科学研究工作，形成的系列研究成果，是开展特许经营活动的良好科研资源。

根据《自然保护区生态旅游总体规划编制技术规范》（DB51/T 2285-2016）、《旅游资源分类、调查与评价》（GB/T 18972-2017），结合试点区域实际情况，对区域内可供特许经营的资源按照自然景观资源、生态文化资源和科研教育资源进行分类。评价结果显示，区域有多种特色鲜明的特许经营资源，可以满足多种经营范围需求，具有优良的利用基础和发展前景。

表 1 试点区域资源条件

分类	基本类型	代表性内容	备注
自然景观资源	地文景观类	王朗大窝凼、竹根岔	四季
		76 年松潘大地震遗址“王朗伤疤”	夏季、秋季、冬季
	水域风光类	夺补河	夏季、秋季
		干海子湿地	夏季、秋季
	生物景观类	王朗自然保护区原始森林、大树瘤	四季
		王朗金草坡	秋季
		兰花、杜鹃	夏季
		大熊猫等野生动物栖息地、岩羊观测、黄喉貂	春季、冬季
		绿尾虹雉等鸟类栖息地	春季、冬季
	天象景观类	观日出、观星夜	四季
		平均气温 12.7℃	夏季
		王朗雨景(暴雨、细雨、雪雨)、雪景	春季、夏季
生态文化资源	传统节日	正月初五至初六白马朝山活动,祭拜白马老爷,保佑平安,风调雨顺,牛羊成群;正月初一至十五,各村寨举行大型祭祀活动;二月初一、三月十五、四月十八、七月十五、一年一度的山寨歌	节日仪式
	传奇故事	闹阎盖、阿尼嘎萨、马达古、波染莱惹、嘎日阿打介波、白羽毛的传说、一箭之地、创世传说、白马老爷	口述
	传统服饰	帽子、领褂子、鱼骨牌、腰带、小钱带、裹脚(夏冬两套)、男子烟荷包、火裢、冬夏秋三季女子服装和冬夏男子服装	实物体验
	传统建筑	土墙房、沙木板、独木梯、独木桥、吊脚楼、木碗柜、水磨房	实物体验
	传统艺术	曹盖舞、圆圆舞、熊猫舞、日安(头上用品、用于请神)	实物体验
	传统工艺	曹盖脸谱、铁三脚、织花带、赶粘、纸花	实物体验
	特色饮食	牦牛肉、腊肉、蜂蜜酒、白马咂酒、洋芋糍粑	实物体验

续表

分类	基本类型	代表性内容	备注
科研教育资源	四川农业大学	高寒森林土壤有机层生化特性对氮沉降的响应、森林多重效益项目王朗保护区大熊猫栖息地恢复、四川王朗国家级自然保护区昆虫生物多样性初步研究	
	四川大学	四川大学生命科学学院王朗教学科研基地/本科生实习	
	北京林业大学	北京林业大学王朗国家级自然保护区科研基地/大熊猫栖息地保护技术与示范、大熊猫栖息地保护和恢复研究	
	北京大学	岷山大熊猫及其栖息地破碎化、红外相机陷阱调查、王朗自然保护区中大熊猫发情场的嗅味树和嗅味标记调查、黑熊调查/北京大学自然保护与社会发展研究中心科研基地	
	中科院成都生物所	西部高寒植被系统和气候变化的互动、青藏高原东缘高山树线区复合群落地段碳库动态与全球气候变暖项目、森林生态系统研究站	
	中科院成都山地所	永久性森林大样地	
	世界自然基金	平武综合保护与发展项目（ICDP）、岷山森林景观项目、野生药用植物可持续利用项目	
	北京山水自然保护中心	熊猫蜂蜜	

2. 资产本底

（1）自然资源资产本底

依据《全民所有自然资源资产清查技术指南（试行稿）》（2021 年 8 月）中的技术方法，试点区域有土地（包括建设用地、农用地、未利用地）、森林、草原、湿地（内陆滩涂）4 类自然资源资产。基于对第三次全国国土调查、2021 年度森林资源管理“一张图”等基础数据的统计，试点区域总面积 452. 84 公顷，其中土地面积 89. 18 公顷、森林面积 354. 62 公顷、草原面积 6. 59 公顷、湿地面积 2. 45 公顷，各类资源的权属、数量如图 2 所示。

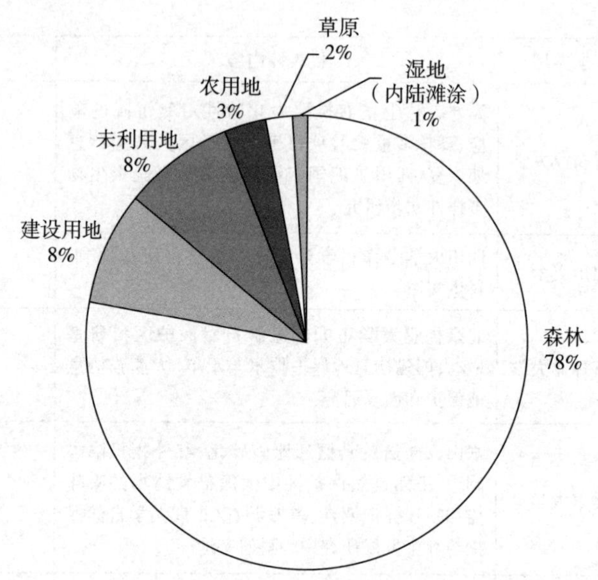

图 2　各类自然资源资产面积占比

市场价格数据采用最新的四川省全民所有自然资源资产价格体系建设成果（目前仅有建设用地、农用地、森林和草原资产价格体系建设成果），试点区域自然资源资产价值共计 8517. 99 万元，其中建设用地 7894. 94 万元，价值最高；农用地 140. 87 万元；森林 480. 11 万元；草原 2. 07 万元。

（2）其他相关资产本底

试点区域除自然资源资产外，还有各类人工修建的建筑及设施。根据建筑及设施的服务类型，将其分为公共服务类建筑及设施和经营服务类建筑及设施。依据《四川省大熊猫国家公园管理办法》中对建设项目的分类，各类建筑及设施进一步分为原住民生产生活类、保护设施类、灾害防治类、科普宣教设施类、其他类。

试点区域的各类资产按权属类型可以分为国有和其他所有。其中部分国有资产登记在原王朗自然保护区，部分国有资产分登记在其他单位。其他资产所有者包括原旅游经营企业、电力经营企业、科研机构以及原住居民。

表 2 试点区域自然资源资产（经济）价值分类统计

单位：万元

自然资源类型	资源类型	土地权属	地类	土地价格	林木价格	合计
土地	建设用地	国有	采矿用地	47.98		7894.94
			公路用地	3565.66		
			公用设施用地	116.99		
			公园与绿地	34.12		
			交通服务场站用地	289.69		
			科教文卫用地	848.22		
			农村宅基地	1.32		
			水工建筑用地	31.17		
			特殊用地	112.56		
		集体	采矿用地	1686.43		
			公用设施用地	41.82		
			广场用地	68.64		
			科教文卫用地	293.12		
			农村宅基地	757.22		
	农用地	国有	沟渠	0.59		140.87
			农村道路	109.65		
		集体	沟渠	0.50		
			旱地	28.48		
			农村道路	1.65		
	未利用地	国有	裸土地			
		集体	裸土地			
森林		国有	灌木林地	21.13	0.00	480.11
			其他林地	1.29	2.97	
			乔木林地	438.45	1365.52	
		集体	灌木林地	0.63	0.00	
			其他林地	0.09	0.20	
			乔木林地	18.52	35.98	
草原		集体	其他草地	2.07		2.07
湿地	内陆滩涂	国有	内陆滩涂			
水资源	未利用地	国有	河流水面			
总　计				8517.99	1404.67	

表 3　试点区域其他相关资产（经济）统计

<table>
<tr><th colspan="3">资产类型</th><th>资产名称</th></tr>
<tr><td rowspan="5">公共服务类建筑及设施</td><td rowspan="4">建筑</td><td>保护设施类</td><td>园区公路、管护站、科研中心、野生动物救助站</td></tr>
<tr><td rowspan="3">非保护性质设施类</td><td>自备电站、引水口、抽水房</td></tr>
<tr><td>管护站变电站</td></tr>
<tr><td>村组变电站、绵九高速建设工地</td></tr>
<tr><td>其他设施</td><td>保护设施类</td><td>科研监测设施</td></tr>
<tr><td rowspan="7">经营服务类建筑及设施</td><td rowspan="3">建筑</td><td>原住民生产生活类</td><td>居民房屋</td></tr>
<tr><td rowspan="2">科普宣教设施类</td><td>访客服务站、自然教育活动室、多功能厅、宣教中心、蜂蜜加工坊、专家楼、客房 2 处、公厕、办公楼、科普宣教点/科普观测站 5 处</td></tr>
<tr><td>原景区入口建筑、原景区入口房屋</td></tr>
<tr><td rowspan="4">其他设施</td><td>原住民生产生活类</td><td>观景栈道</td></tr>
<tr><td rowspan="3">科普宣教设施类</td><td>原景区入口大门、原景区入口棚子 2 处</td></tr>
<tr><td>大草坪(甘海子)木栈道</td></tr>
<tr><td>生态体验小区 2 处、生态体验步道、户外宣教展示点</td></tr>
</table>

3. 社区现状

试点区域外围亚者造组村辖 5 个农村社（组），农村社（组）呈散点状分布，现有户数 113 户，总人口 459 人，农村劳动力 226 人。试点区域内涉及色纳路组和刀切加组，共有户籍人口 21 户 84 人，常住人口约为户籍人口的 1/3。试点区域社区居民收入水平较低且收入来源较为单一，主要从事行业为旅游、畜牧和种植。

4. 基础设施

（1）交通道路

试点区域现阶段交通畅通，可达性一般。现有部分道路因山洪、泥石流灾毁和因绵九高速施工建设损毁，后续拟恢复重建。目前在建的九绵高速途经白马乡，建成通车后，到达试点区域的交通将更加便捷。

（2）通信设施

试点区域目前通信设施齐全，条件一般。目前已开通中国电信的固定电话、有线宽带和移动通信基站与中国移动的移动通信基站。试点区域具备电话、传真、无线上网条件。其余人为活动较少的区域网络信号不稳定。

（3）能源设施

试点区域有保护站自建自用的水电站，装机容量 1×200kW+1×320kW，正常工作时能满足豹子沟及以上区域国家公园的管理需求和部分接待需求。刀切加组和色纳路组都已接入农村电网，供电稳定，但在冬季或旅游旺季，也使用柴薪。

（4）供水及环卫设施

豹子沟及以上区域采用简易方式从山溪直接引水，无过滤、消毒设施及饮水管道冬季防冻措施，水质差，供水不能得到保证。刀切加组、色纳路组有稳定集中供水。牧羊场现有的垃圾均在区内挖设有垃圾堆放场进行堆埋，后期集中进行焚烧、填埋。污水则有自建化粪池进行消解。刀切加组、色纳路组垃圾处理方式为每周进行两次固体废物转运。此外，社区正恢复原垃圾处理设施，但无污水处理设施。

5. 历史经营情况

2006 年和 2014 年汉龙集团和成都天友旅游集团先后在试点区域打造生态旅游项目。其中成都天友旅游集团公司 2016～2017 年经营情况最好。2020 年因“8·17”洪灾经营受挫，目前景区停滞运营。因原来开展旅游经营，试点区域具备各类经营服务设施。

试点区域涉及的白马藏族乡亚者造祖村长期发展旅游业。村民主要利用自有房屋提供餐饮、住宿、商品销售等服务，具备接待访客的良好经营基础。

三　试点重点与难点

（一）试点重点

1. 自然资源资产管理

各类资产的管理难点在于平衡所有者和使用者的权力责任与利益如何公

平、有效、合理分配的关系。一方面，试点区域需要解决的首要问题是厘清各类资产边界、权属与价值。目前试点区域尚未开展自然资源确权登记工作，其他相关资产也并未被登记在不动产中心，自然资源资产以及其他相关资产的边界、权属仍不明晰，清查、核算、利用、监管存在困难。另一方面，试点区域需要探索解决各类资产处置、配置规则，推进自然资源资产有偿使用以及相关收益合理分配。开展特许经营涉及对不同类型、不同权属资产（特别是对于部分集体/个人所有资产）的直接或间接使用，需要突破特许经营模式和路径构建的难点，在保障资产所有者权益的前提下，利用市场对各类资产进行科学合理处置、配置，合法、有序地促进所有权和使用权、经营权的分离，以充分、高效、公平实现各类资产价值。

2.经营业态升级

试点区域曾有的大众观光旅游模式较为粗放，产业形态简单，对于“全民公益性”的理念践行不足，对当地资源特色彰显或铸造不到位，对相关从业人员的职业培养和服务意识提升还较为欠缺，不足以充分展示国家公园的品牌形象。因此，国家公园特许经营业态需要更加科学化、精细化、集约化，严防特许经营变成损坏生态环境的过度旅游开发。

（二）试点难点

1.相关法律法规不完备

已出台的以《四川省大熊猫国家公园管理办法》《关于推进国家公园建设若干财政政策意见的通知》《基础设施和公用事业特许经营管理办法》《四川省非税收入征收管理条例》《四川省非税收入管理实施办法》为主的法律法规对试点区域特许经营制度有着规范指引作用。但目前《国家公园法》《四川省大熊猫国家公园管理条例》暂未正式出台，国家公园特许经营制度缺乏专门性上位法，《大熊猫国家公园总体规划》也尚未被批复，国家公园管理的系列法律规范体系仍不完善。同时，我国自然资源资产所有权统一立法安排缺失，全民所有委托代理机制试点工作也还在探索阶段，在所有者履行模式仍然不明晰、自然资源资产所有权规制仍然不完备的情况下试点区域特许经营涉及的自然资源利用面临挑战。

2. 相关利益协调较难

特许经营项目的实施是利益相关者之间资源与利益的分配过程，是通过协调利益让渡和责任分担的博弈过程。不同利益相关者的利益诉求具有差异性，这会导致利益相关者的关系出现相互协作或相互矛盾。特许经营项目要顺利实施必须协调众多利益相关者并达成共识，建立互信与协作关系。试点区域各类资产涉及多个所有者、管理者和使用者、经营者，并且还面向外来访客，因此其中利益关系协调是需突破的关键点。

首先，目前国家公园管理体制机制尚未完全建立健全，相关管理权利责任与义务不甚明确，各部门之间的协调存在困难。其次，试点区域涉及原经营企业已经签订了长期合同，其退出机制、风险保障均不明晰，原有经营权处置以及相关资产的后续处理存在很大争议。同时，后续试点项目需要考虑如何吸引并优选拟进入的经营企业，保障受许企业的投资建设回报，营造良好的营商环境，推动开展可持续性经营。再次，试点区域原来由当地政府投资发展并获得收益，因此试点须保障地方利益，以充分调动地方政府支持试点的积极性。然而，目前试点区域涉及社区与国家公园的融合程度偏低，保护与发展之间的矛盾凸显，因此需适当考虑建立对原住居民的反哺机制，以带动社区发展。最后，试点项目面向的服务群体是外来访客，必须重视访客利益，提供优质的服务以及丰富的产品，合理制定相关收费标准。

四　试点区域特许经营试点建议

（一）试点项目范围建议

为推动生态、绿色、规范、有序的特许经营项目示范，建议试点白名单制度，严格控制试点项目类型和项目范围。参考国内外已有特许经营探索案例，基于试点区域市场条件和各类资产现状，开展住宿和餐饮、生态体验、低碳交通、商品销售与租赁、赛事及活动等项目。试点区域内的宗教活动、原住居民自发开展的非商业性节庆祭祀活动、原住居民开展传统的生产生活（不扩大现有规模和利用强度），由国家公园管理机构或中小学校等举办的公益性自然教育、科学研究、保护管理、环境卫生整治、基础设施维修养护及改扩建、公共医疗服务等不被列为试点区域特许经营项目。

表4　试点区域特许经营建议项目范围

类型	主要特许经营项目	涉及资产类型
住宿和餐饮	社区内的民宿、露营地、大众平价餐馆、特色小吃店、社区之外的其他区域的住宿点和餐厅等	经营服务类建筑及设施
生态体验	自然教育、生态游憩、文化体验，以及其他不对试点区域自然资源、生态环境和社会经济造成负面影响的生态旅游项目	自然资源资产、经营服务类建筑及设施
低碳交通	自行车、观光车、社区内通过预约进入的社会车辆，以及其他不对试点区域自然资源、生态环境和社会经济造成负面影响的交通工具、道路、停车场等项目	自然资源资产、经营服务类建筑及设施、公共服务类建筑及设施
商品销售与租赁	生态产品及其他各类商品的销售和租赁商店	经营服务类建筑及设施
赛事及活动	商业节事、商业拍摄等小型赛事及活动	自然资源资产、经营服务类建筑及设施、公共服务类建筑及设施

针对以上项目类型，试点项目须规划相关项目内容并明确相应经营服务标准，对试点项目开展环境与社会影响分析，特别是重点识别和筛查环境影响因子，评估环境影响等级，制定潜在影响消减措施，分析相关社会风险并进行管理应对。此外，建议在试点区域建立访客服务系统、配备专业的导赏人员，以规范访客行为，加强访客管理，同时保证试点区域访客安全和生态安全，为访客提供更优质的服务和产品。

（二）受许人准入方式建议

目前特许主体及相关特许程序均未明确，根据国内外已有的国家公园特许经营项目管理经验，国家公园一般通过授权、租赁或行政许可的方式将特许经营权出让给受许人。根据《四川省大熊猫国家公园管理办法》，大熊猫国家公园内全民所有自然资源资产属于国家所有，大熊猫国家公园管理机构履行大熊猫国家公园范围内的自然资源资产管理职责。集体土地在充分征求其所有权人、承包权人意见的基础上，采取租赁、置换等方式流转或协议保护，由管理机构统一管理。因此，对于试点区域全民所有自然资源资产，可通过管理机构特许，对于非全民所有自然资源资产，可以通过租赁等合法方式获得使用权。

为规范管理并防止垄断，建议试点区域科学设置与市场相适应的特许经营招投标规则，依法建立明确的招投标程序、评标机制，通过竞争准入的方式引入唯一特许经营企业法人或其他组织开展试点项目。中标的特许经营企业法人与管理机构签订特许经营合同，明确特许经营期限以及双方权利和义务。

（三）各类资产有偿使用建议

试点区域涉及各类资产，建议根据资产类型和权属分类制定有偿使用规则。对于全民所有自然资源资产，建议通过收取特许经营费的方式实现有偿使用，特许经营费是指试点区域的受许主体按照特许经营合同约定向特许主体缴纳的费用。对于国有不动产，按照行政事业单位国有资产相关规定进行管理；对于集体自然资源资产及相关不动产，建议通过租赁等方式获得集体资产的经营权。以上相关费用收取标准与方式可基于相关市场价格并通过协商、签订协议的方式予以明确。

（四）特许经营收益分配建议

根据《政府非税收入管理办法》（财税〔2016〕33号）和《四川省非税收入管理实施办法》（川财非〔2017〕7号），试点区域特许经营收入属于政府非税收入。非税收入是政府财政收入的重要组成部分，应当纳入财政预算管理。特许经营必须实现收入和支出之间脱钩，严禁各级国家公园管理机构“坐收坐支”。建议相关财政部门出台专门的国家公园特许经营收支管理办法，指导特许经营收益的规范化管理，在试点期间建议充分保障地方财政利益，并且规定一定比例的支出用于当地国家公园生态保护相关事业。

（五）社区协调发展建议

特许经营试点需要充分调动原住居民的积极性，特许经营企业可以与当地政府、管理机构和社区建立利益共享机制，一方面，鼓励特许经营企业为原住居民提供充分的就业机会，例如雇用原住居民从事项目建设及相关访客服务工作。另一方面，特许经营项目可与当地社区发展项目配套融合，完善社区基础设施，优化社区环境。此外，特许经营项目也可带动原住居民开展销售特色产品、开办民宿等合法合规的经营活动。

参考文献

苏杨、张海霞、何昉主编《中国国家公园体制建设报告（2021~2022）》，社会科学文献出版社，2022。

张海霞：《中国国家公园特许经营机制研究》，中国环境出版集团，2018。

闫颜、陈叙图、王群等：《我国国家公园特许经营法律规制研究》，《林业建设》2021年第2期。

陈涵子、吴承照：《社区参与国家公园特许经营的模式比较》，《中国城市林业》2019年第4期。

陈雅如、刘阳、张多等：《国家公园特许经营制度在生态产品价值实现路径中的探索与实践》，《环境保护》2019年第21期。

王锐：《我国国家公园特许经营法律制度研究》，湖南师范大学硕士学位论文，2021。

B.13

生态产品价值实现视角下大熊猫国家公园社区发展模式研究

——以四川卧龙为例

倪玖斌 陈美利*

摘 要： 我国2021年成立首批国家公园，标志着我国国家公园体制建设有了质的突破。但是国家公园自然资源保护与利用发生冲突、涉及社区较多、社区参与程度不足等社区发展的现实困境依然存在，是推动国家公园全面持续健康发展必须要考虑的因素。生态产品价值实现能够有效破解国家公园建设的困境，能够在社区参与、社区产业、社区居民能力建设等方面促进社区产业结构优化、提高社区参与度、增强社区居民能力，以此来实现国家公园生态保护与社区发展协同。大熊猫国家公园卧龙片区为促进区内经济、社会全面发展而实行的村民小组三生经济发展模式是对生态产品价值实现的早期探索，不仅实现资源优势转化为经济优势，提供了丰富的生态产品，更为重要的是还实现了国家公园生态保护与社区协同发展。

关键词： 生态产品价值 大熊猫国家公园 社区发展 社区参与

1956年，我国第一个国家级自然保护区——鼎湖山国家级自然保护区

* 倪玖斌，大自然保护协会（TNC）中国西南中心主任，主要研究方向为社区保护；陈美利，四川省社会科学院，主要研究方向为农村发展。

建立，标志着我国自然保护地实现了从无到有的突破。[①] 而我国国家公园的正式建立也经过 8 年探索才得以实现。2013 年，党的十八届三中全会通过的《中共中央关于全面深化改革若干重大问题的决定》，首次提出建立国家公园体制。2015 年，国家发改委同中央编办、环保部等 13 个部门联合印发《建立国家公园体制试点方案》，提出在福建、湖北等 9 个省份开展国家公园体制试点。2017 年 9 月，印发《建立国家公园体制总体方案》。2018 年 4 月，国家林业和草原局、国家公园管理局正式挂牌。2019 年 6 月，印发《关于建立以国家公园为主体的自然保护地体系的指导意见》。直到 2021 年 10 月 12 日，我国正式设立三江源国家公园、大熊猫国家公园、武夷山国家公园、海南热带雨林国家公园、东北虎豹国家公园第一批国家公园，标志着我国国家公园体制的建设迈出了关键一步。伴随着第一批 5 个国家公园的正式设立，1/3 的陆域国家重点保护野生动植物种类将得到更有效的保护。[②]

生态资源富集的区域生态产品供给潜力大、生物多样性丰富的同时兼具生态环境脆弱、承担生态保护屏障的特性。这一特性决定经济发展不得不让位于地区生态保护，区域发展不平衡不充分的矛盾加剧。2021 年，中共中央印发《关于建立健全生态产品价值实现机制的意见》，指出建立健全生态产品价值实现机制，是践行“绿水青山就是金山银山”理念的关键路径，是从源头上推动生态环境领域国家治理体系和治理能力现代化的必然要求，对推动经济社会发展全面绿色转型具有重要意义。积极探索生态产品价值实现路径是对“绿水青山就是金山银山”理念的深刻践行，充分发挥区域生态资源优势，使得资源转化为资产，不仅让生态资源富集区产生生态效益，也让其产生经济效益与社会效益，切实做到坚持经济发展和生态环境保护相统一、经济财富与生态财富相统一。

---

① http：//www. forestry. gov. cn.

② 《历时 8 年！一文回顾我国国家公园诞生历程》，http：//m. news. cctv. com/2021/10/13/ARTIb5gmzIWE9Ebr6VjpuIK2211013. shtml，2021 年 10 月 13 日。

一　生态产品价值实现的内涵、国家公园社区发展的困境及二者关系

生态产品价值实现的重要意义在于将区域资源优势成功转化为经济优势，将丰富资源变成巨额资产。国家公园建设通过生态产品价值实现，统筹保护区生态保护与社区建设发展，合理释放保护区生态产品供应潜力。有效破解国家公园建设困境，实现社区产业结构优化、社区主动参与保护和社区居民能力提高。

（一）生态产品价值实现的内涵不断丰富

伴随着对生态产品价值实现路径的深入了解与不断探索，生态产品价值实现的内涵大致经历生态产品经营开发阶段，生态产品经营开发和政府生态补偿并行阶段，生态产品经营开发、政府生态补偿、市场生态补偿多元阶段这三个过程。

1. 起步阶段

2005~2010 年是对生态产品价值实现探索的起步阶段，即生态产品经营开发阶段。这一阶段关于生态产品价值实现的内涵和目标紧跟资源转化，将生态优势转化为经济优势。2005 年 8 月，时任浙江省委书记的习近平同志专程到湖州安吉余村考察并召开座谈会，首次提到“绿水青山就是金山银山”，指出生态环境优势转化为生态农业、生态工业、生态旅游等生态经济的优势，那么绿水青山也就变成金山银山。2010 年 12 月，国务院印发的《全国主体功能区规划》中明确提出，要具有提供生态产品的理念，保护和扩大自然界提供生态产品能力的过程也是创造价值的过程，保护生态环境、提供生态产品的活动也是发展。①

2. 发展阶段

2010~2018 年，关于生态产品价值实现的探索开始从单一的经营开发向

① 《国务院关于印发全国主体功能区规划的通知》（国发〔2010〕46 号），2010 年 12 月 21 日。

生态产品经营开发和政府生态补偿并行过渡，生态产品价值实现的内涵得到进一步拓展。2018 年 4 月习近平总书记主持召开深入推动长江经济带发展座谈会并发表重要讲话，指出生态环境保护和经济发展不是矛盾对立的关系，而是辩证统一的关系。生态环境保护的成败归根到底取决于经济结构和经济发展方式。要坚持在发展中保护、在保护中发展，不能把生态环境保护和经济发展割裂开来，更不能对立起来。[①] 长江经济带发展座谈会的召开意味着生态产品价值实现的内涵与目标得以进一步地深化，紧紧围绕着“生态环境保护和经济发展的辩证统一关系”，即在发展中保护、在保护中发展。这一时期在生态保护上主要采取的是政府财政转移支付的生态补偿手段。

3. 进一步提升

2018 年至今，对生态产品价值实现的探索进一步深入，实现生态产品经营开发、政府生态补偿、市场生态补偿多元并举。国家发展改革委、财政部、自然资源部等九部门印发的《建立市场化、多元化生态保护补偿机制行动计划》提出，到 2020 年，市场化、多元化生态保护补偿机制初步建立，全社会参与生态保护的积极性有效提升，受益者付费、保护者得到合理补偿的政策环境初步形成。到 2022 年，市场化、多元化生态保护补偿水平明显提升，生态保护补偿市场体系进一步完善，生态保护者和受益者互动关系更加协调，成为生态优先、绿色发展的有力支撑，[②] 标志着我国的生态补偿政策朝着多元化生态补偿机制方向运行，在关于生态补偿问题上，打破仅仅依赖政府主导的局面，我国生态补偿政策的市场化与多元化格局逐步得以巩固。

（二）国家公园社区发展面临的困境

我国国家公园经历多年发展，2021 年成立首批国家公园，标志着我国

① 夏静、姚亚奇：《在发展中保护　在保护中发展——湖北抓好长江大保护推动经济高质量发展》，《光明日报》2018 年 5 月 2 日。

② 熊丽：《九部门印发〈行动计划〉探索市场化多元化生态保护补偿机制》，《经济日报》2019 年 1 月 12 日。

国家公园体制建设有了质的突破。但是国家公园自然资源保护与利用发生冲突、涉及社区较多、社区参与程度不足等现实困境依然存在，是推动国家公园全面持续健康发展必须要考虑的因素。

1. 自然资源保护与利用发生冲突

国家公园内社区居民的生存与生活依赖于社区周边的环境，依赖于社区的资源禀赋，生产生活方式往往比较落后。常见的方式有：砍伐薪柴、捕猎、种植、采集等粗放式生产活动。因此，社区的自我发展能力相对较弱，社区发展需求与保护区保护生物多样性之间的矛盾凸显。社区居民把采药、挖菜、放牧作为主要经济收入来源，而国家公园实行禁止采伐、采集等限制性法律和政策，很大程度上冲击到周边居民传统的资源利用方式。

2. 国家公园周边社区多

2021 年 10 月，我国正式成立三江源、大熊猫、武夷山、海南热带雨林、东北虎豹等第一批国家公园，涉及省份涵盖青、藏、川、陕、陇、赣、闽、琼、吉、黑等 10 个省份，保护面积达 23 万平方公里。以三江源国家公园为例，三江源是首批成立的国家公园中保护面积最大的，保护面积达 19.07 万平方公里，涉及治多、曲麻莱、玛多、杂多四县和可可西里自然保护区管辖区域，覆盖 12 个乡镇 53 个行政村，[①] 保护区内涉及社区较多，社区居民分布较分散，对于国家公园的管理来说也是难度较大 。

3. 社区参与程度不足

从我国国家公园开展的社区参与生态保护和建设的现实情况来看，国家公园社区参与程度仍然存在很大的提升空间。一方面，从社区参与主体来看，社区参与主体仍以专家学者、地方政府和非政府组织为主，而社区居民往往是被动执行或者是旁观者。另一方面，在这种外部介入被动进行社区发展的情况下，社区居民的利益诉求、参与积极性受到冲击，形成漠然、消极

① 《国家发展改革委关于印发三江源国家公园总体规划的通知》（发改社会〔2018〕64 号），2018 年 1 月 12 日。

的态度。社区居民并不能参与自然保护区建设的决策过程，主体权利无法行使，主体地位得不到保障，虽然目前该状况已有所改善，但很大一部分自然保护区内的社区居民难以真正参与与保护相关的决策过程。

（三）生态产品价值实现与国家公园社区发展的关系

无论是对生态产品价值实现的探索还是推动国家公园社区发展都是站在实现“人与自然和谐共生”的高度来建设我国生态文明。生态产品价值实现的内涵离不开“绿水青山就是金山银山”“把生态优势转化为经济优势”的核心要义，从而实现社会共同参与“在发展中保护、在保护中发展”的目标。这一目标与《关于建立以国家公园为主体的自然保护地体系的指导意见》中坚持“生态为民，科学利用。践行绿水青山就是金山银山理念，探索自然保护和资源利用新模式，发展以生态产业化和产业生态化为主体的生态经济体系”“政府主导，多方参与。建立健全政府、企业、社会组织和公众参与自然保护的长效机制”的基本原则不谋而合。因此，生态产品价值实现是国家公园社区发展的重要抓手，进而促进国家公园生态保护与社区发展，实现人与自然和谐共生。

2010 年《全国主体功能区规划》发布，首次提出生态产品概念，并对其进行界定：生态产品是指维系生态安全、保障生态调节功能、提供良好人居环境的自然要素，包括清新的空气、清洁的水源和宜人的气候等。同时也提出通过保护生态环境来提供生态产品也是社会发展，保护和修复生态环境、提供生态产品应成为国家重点生态功能区的首要任务。国家公园作为国家重点功能区在维护生物多样性、构建国家生态安全屏障方面发挥了重要的作用。社区原住居民世代居住在国家公园，与国家公园息息相关。社区原住居民世代相传的乡土知识和行为规范，也在一定程度上维系着生态系统的平衡和稳定。而国家公园的建立，也对社区居民生计产生影响，社区对资源的利用与保护产生冲突。因此，提高生态产品供给能力，推动国家公园生态产品价值实现，是缓解生态保护与社区发展之间矛盾的现实要求。

二　生态产品价值实现对国家公园社区发展的意义

（一）社区产业结构优化

国家公园社区往往产业结构较为单一，通过探索生态产品价值实现路径，推动社区开发生态产品，有利于实现社区产业结构调整优化，改善社区落后的生产生活方式。同时，随着社区产业的发展，社区居民收入增加，居民对国家公园资源的非法利用问题将得到有效解决，社区建设与国家公园保护目标同步实现。

（二）社区参与度提高

国家公园社区居民居住在国家公园内或是紧邻国家公园，能够对国家公园保护与管理目标的实现产生直接影响。保护区管理局以“购买社区居民服务”的方式让社区居民参与生态保护是对生态产品价值实现路径的探索，这种方式丰富了以政府为主导的纵向生态补偿结构，调动了社区居民参与生态保护的积极性，实现了“政府+市场+居民”的多元生态补偿，有效提高了国家公园建设过程中社区参与度以及社区与国家公园之间的联结度。

（三）社区居民能力增强

首先，合理利用自然资源，扶持社区发展产业，能够让居民就近就业，提高社区居民收入水平。其次，伴随着产业结构的优化，不再以单一的产业谋生，社区居民应对自然与市场风险的能力提升。最后，社区居民通过社区参与国家公园生态保护工作，有利于居民加强与外界的联系和提高保护意识。

三　生态产品价值实现促进国家公园生态保护与社区发展协同的案例研究

结合前文对国家公园社区发展面临的困境分析，选取大熊猫国家公园及大熊猫国家公园卧龙片区作为通过推动生态产品价值实现来促进国家公园生态保护与社区发展协同的研究案例，主要原因有：一是大熊猫国家公园作为首批成立的国家公园之一，保护面积仅次于三江源国家公园，且四川是大熊猫国家公园涉及面积最大的省份。二是大熊猫国家公园卧龙片区对生态产品价值实现有过早期探索的经历。综合上述原因，下文将探讨大熊猫国家公园生态产品价值实现如何促进社区发展问题，并总结分析卧龙片区在这方面的具体做法，以期为国家公园社区发展、通过推动生态产品价值实现来践行“两山”理念、促进国家公园自然资源保护与合理利用等提供参考。

（一）大熊猫国家公园基本情况

大熊猫国家公园地处我国西部地区，位于北纬28°51′03″~34°10′07″，东经102°11′10″~108°30′52″。处在秦岭、岷山、邛崃山和大小相岭山系，整体地势呈西北高东南低的特征，最高海拔为5588米。大熊猫国家公园的规划面积为27134平方公里，由四大片区组成，包括四川省岷山片区、四川省邛崃山—大相岭片区、陕西省秦岭片区、甘肃省白水江片区。[①] 大熊猫国家公园具有涉及范围广、区内自然资源丰富、民族风俗习惯和宗教信仰多元化等特点。

1. 野生动植物丰富

大熊猫国家公园试点区内，发现有脊椎动物641种，其中兽类141种、鸟类338种、两栖和爬行类动物77种、鱼类85种。有国家重点保护野生动物116种，国家一级重点保护野生动物有大熊猫、川金丝猴、云豹、金钱豹、雪豹等22种，国家二级重点保护野生动物94种。试点区内有种子植物197科1007属3446种，其中，国家重点保护野生植物35种，国家一级重点保护野生植物有红豆杉、南方红豆杉、独叶草、珙桐4种，国家二级重点保护野生植物有31种。[②]

2. 四川片区面积占比最大

大熊猫国家公园试点方案显示，其涉及四川、甘肃和陕西3个省份的12

---

① https：//baike. baidu. com/item.

② 国家林业和草原局（国家公园管理局）：《大熊猫国家公园总体规划（试行）》，2019年10月。

个市（州）30个县（市、区）。其中大熊猫国家公园涉及面积最大的省份是四川省，达到20177平方公里，占大熊猫国家公园总面积的74.36%。[①] 陕西省被划入大熊猫国家公园的面积为4386平方公里，占总面积的16.16%。甘肃省被划入大熊猫国家公园的面积为2571平方公里，占总面积的9.48%（见表1）。

表1　大熊猫国家公园涉及省份面积

单位：平方公里，%

省份	面积	比重
四川省	20177	74.36
陕西省	4386	16.16
甘肃省	2571	9.48

资料来源：《大熊猫国家公园总体规划（试行）》。

3. 社区人口数量多

此外，大熊猫国家公园内具有原住居民多、矿点多、旅游经营机构多、少数民族聚集的特点。根据大熊猫国家公园试点工作情况，已知大熊猫国家公园内涉及152个乡镇12.08万人，试点核心保护区范围内有原住居民5553人，涉及藏族、羌族、彝族、回族、蒙古族、土家族、侗族、瑶族等19个少数民族。存在矿点263处，旅游经营机构更是达到1107个，生态保护与经济发展之间的矛盾突出。

（二）大熊猫国家公园卧龙片区简介

卧龙自然保护区始建于1963年，1983年建立卧龙特别行政区（以下简称“特区”），隶属于四川省人民政府，由四川省林业和草原局代管，直接领导和管理卧龙、耿达两个民族乡（2000年撤乡建镇），主要职责是开展区内自然资源尤其是珍稀野生动植物保护，促进区内经济社会全面发展。大熊猫国家公园体制试点结束后，按照《大熊猫国家公园总体规划（2022—

① 陈美利、李晟之：《四川省全民自然教育促进大熊猫国家公园生态产品实现路径与机制研究》，载《四川生态建设报告（2022）》，社会科学文献出版社，2022。

2030年）》，卧龙国家级自然保护区被划入大熊猫国家公园，成立大熊猫国家公园卧龙片区（以下简称“卧龙片区”）。

四川卧龙国家级自然保护区（以下简称“卧龙保护区”）着眼于建设一流的国家自然保护区目标，坚持保护和合理利用的方针，积极开展保护、科研、社区建设等工作，使以大熊猫为主的野生动植物资源和高山生态系统得到有效的保护。[①] 卧龙保护区享有“熊猫之乡”“宝贵的生物基因库”等美誉。卧龙保护区早期对生态产品价值实现开展了实践，即在社区发展中实行村民小组三生经济发展模式（以下简称“三生经济”），促进生态保护产业、生态种养殖业、生态旅游业融合发展，协调生态保护与经济发展之间的关系，切实做到保护与合理利用相结合。卧龙保护区对生态产品价值实现路径的探索，为生态保护与社区发展所做出的努力，使得大熊猫国家公园生态保护与经济发展之间的矛盾得到有效缓解，社区保护与发展动力更加强劲，对国家公园内其他保护区探索通过推动生态产品价值实现来促进社区发展具有借鉴意义。

1. 地理位置

卧龙片区位于成都平原西缘，四川省阿坝藏族羌族自治州汶川县西南部，邛崃山脉东南坡，距四川省会成都130公里。全区总面积2000平方公里，东西长52公里、南北宽62公里。位于北纬30°45′~31°25′、东经102°51′~103°24′，东与汶川县的草坡、映秀、三江镇相连，南面与崇州、大邑和芦山县相邻，西面与宝兴、小金县相接，北面与理县相接壤，横跨卧龙、耿达两个镇。

2. 物种资源

卧龙保护区以“熊猫之乡”“宝贵的生物基因库”“天然动植物园”享誉中外。100多只大熊猫分布在卧龙保护区，约占全国总数的10%，共有金丝猴、羚牛等其他珍稀濒危动物56种，其中属于国家Ⅰ级重点保护的野生动物有12种，Ⅱ级保护动物有44种。脊椎动物有450种，其中兽类103种，鸟类283种，两栖类21种，爬行类25种，鱼类18种；昆虫约1700种；

① http：//www.chinawolong.gov.cn/scwl/c106497/201505/8ac79302a4194505b59d09139bf24193.shtml.

区内植物有近4000种，高等植物1989种。在种子植物中，裸子植物20种，被子植物1604种。被列为国家级保护的珍贵濒危植物达24种，其中Ⅰ级保护植物有珙桐、连香树、水清树，Ⅱ级保护植物9种，Ⅲ级保护植物13种。

3. 社会经济情况

大熊猫国家公园卧龙片区涉及卧龙、耿达两镇。两镇农业人口968户4498人，藏族农业人口占64%。其中卧龙镇辖3个村9个村民小组，包括脚木山村、卧龙关村、转经楼村3个行政村。耿达镇辖3个村17个村民小组，包括耿达桥村、幸福村、龙潭村3个行政村。两镇2022年农村经济总收入12311.34万元，同比增加1454.89万元，增长率为13.4%。其中农业收入1696.58万元，林业收入875.14万元，牧业收入1151.11万元，建筑业收入751.23万元，运输业收入949.2万元，商饮业收入526.5万元，服务业收入2205.2万元，其他收入4156.38万元。居民人均纯收入16832.33元，同比增加1809.73元，增长率为12.05%。[①]

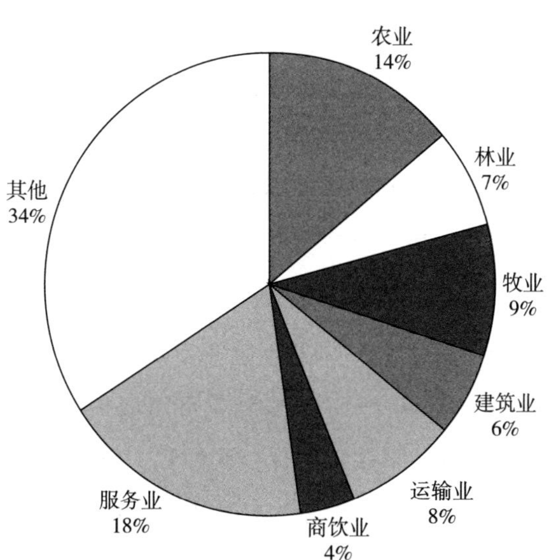

图1　2022年卧龙片区农业经济收入情况

① 数据来源于卧龙特别行政区农村经济办公室。

（三）大熊猫国家公园卧龙片区推动社区发展面临的困境

1. 产业结构有待优化

2013~2021 年，卧龙镇、耿达镇两个镇的居民人均纯收入水平稳步增长，由 2013 年的 7675 元上升到 2021 年的 14225 元。但从总体情况来看，卧龙镇收入低于耿达镇。旅游资源和景点富集的邻近村组，居民人均纯收入高于资源相对匮乏的村组。卧龙镇经济结构中以农业为主，而耿达镇的幸福村、耿达村和三江的草坪村的第二、第三产业占比高于农业，且幸福村基本上摆脱传统农业的束缚，成为收入稳定性最强的村。而卧龙镇 3 个村和席草村仍以农牧业为主，牧业占比较大。

2. 社区经济社会发展工作存在问题

卧龙自然保护区管理局和卧龙特别行政区职工与两镇居民在经济收入、生产生活方式等方面有较大差异，特区职工收入水平是两镇居民的 4~5 倍，城乡收入水平差距较大，卧龙镇、耿达镇的农村经济增长缺乏后劲。此外，卧龙自然保护区的社会发展工作主要由卧龙镇、耿达镇两镇人民政府承担，但是两镇政府财力严重不足，而两镇政府与自然保护区管理局在管理机制和考核目标上存在一定程度的割裂导致卧龙自然保护区管理工作和社区经济社会发展工作存在一定的矛盾。

3. 生产生活空间受限

大熊猫国家公园体制试点结束后，卧龙自然保护区按照《大熊猫国家公园总体规划（2022—2030 年）》，将卧龙自然保护区 203172. 402 公顷的面积划入大熊猫国家公园。其中核心保护区面积 187080. 49 公顷，占卧龙自然保护区总面积的 92. 08%，一般控制区面积为 16091. 91 公顷，仅占卧龙自然保护区总面积的 7. 92%，卧龙自然保护区仅有 481 公顷，未被纳入大熊猫国家公园。核心保护区面积在卧龙自然保护区总面积中居主导地位，一般控制区面积较小，保护区内的居民生产与生活空间受限，保护区保护与发展之间的矛盾凸显。

（四）三生经济开启生态产品价值实现的早期探索

1. 村民小组三生经济发展模式简介

卧龙自然保护区内生物多样性丰富的同时山地灾害频繁，2012 年卧龙特别行政区为实现特区社会经济持续健康发展，在卧龙特别行政区全面建成小康社会总体规划中以超前性的眼光首次提出村民小组三生经济发展模式，即以村民小组（或自然村）为基本单元，通过生态保护、生态旅游和生态种植、养殖产业均衡发展，实现政治民主、文化繁荣、生活宽裕、生态文明，从而实现全面建成小康社会目标的山区经济新模式。[①] 考虑到区内 26 个村民小组在土地资源、种植养殖潜力、旅游产品类型等方面差异很大，农民管理的天然林远离定居点，单独开展巡护等生态保护产业活动效率较低等因素，选择以村民小组为单位共同巡护能够提高生态保护成效。

2. 三生经济与生态产品价值实现的关系

一般地，认为生态产品价值由物质产品价值、调节服务价值和文化服务价值三部分组成。根据 2020 年生态环境部环境规划院和中国科学院生态环境研究中心印发的《陆地生态系统生产总值（GEP）核算技术指南》中对物质产品、文化服务和调节服务的定义："物质产品是指人类从生态系统获取的可在市场交换的各种物质产品，如食物、纤维、木材、药物、装饰材料与其他物质材料。调节服务是指生态系统提供改善人类生存与生活环境的惠益，如调节气候、涵养水源、保持土壤、调蓄洪水、降解污染物、固定二氧化碳、氧气提供等。文化服务是指人类通过精神感受、知识获取、休闲娱乐和美学体验从生态系统获得的非物质惠益。"

村民小组三生经济发展模式是对生态产品价值实现的早期探索。村民小组三生经济发展模式中的生态种植业、养殖业发展对应的是生态产品价值中的物质产品价值实现，将卧龙自然保护区所拥有的优质生态产品向外输出的同时社区居民经济收入水平得到提高。生态保护产业所对应的是调节服务价

① 《卧龙特别行政区 2020 年全面建成小康社会总体规划》，2014 年 7 月。

值实现，在完成保护区森林管护的同时增加社区居民管护收入和实现自然区域资源保值，为生态旅游的发展奠定坚实的生态基础。生态旅游业所对应的是文化服务价值实现，在向外提供优质康养服务的同时增加社区居民收入。这样一来村民小组三生经济发展模式不仅使得卧龙国家级自然保护区将资源优势转化为经济优势，提供了丰富的生态产品，更为重要的是还实现了保护区经济与生态保护的协同发展。

（五）卧龙片区生态产品价值实现推动社区的主要做法

结合前文三生经济与生态产品价值实现的关系分析，分析卧龙片区通过推动生态产品价值实现来助力社区发展方面具有借鉴意义的主要做法。

1. 以生态保护产业为基础，区域调节服务价值实现

卧龙自然保护区森林资源二类调查数据显示，卧龙自然保护区林地面积132478.18公顷，森林覆盖率53.79%，林木绿化率62.58%。林地中区划界定生态公益林地124653.06公顷，占卧龙保护区林地面积的94.09%。为缓解当地群众的保护压力，卧龙自然保护区管理局逐步完善“协议保护”共管模式，按照以农户承包为主，乡镇人民政府、村委会、巡山护林队承包为辅的“协议管护”模式，将天然林资源划片给村民与专业保护队伍共同管护，根据考核结果将管护费按管护面积直接支付给村民和社区，卧龙自然保护区的森林资源得到有效保护。

卧龙自然保护区借助地理信息技术把国有权属的国有林地的天然林管护责任分配到每一个农户，并以每户每年600元的标准给予承担管护责任的农户家庭补贴，生态保护产业为三生经济打下了坚实的基础。“协议保护”共管模式使得保护区获得高效、优质保护，在实际工作中很多农户不仅按要求负责天然林管护工作，甚至对核心区森林资源也进行管护。这样一来，不仅是保护区保护成效显著，也充分发挥出生态产品价值中的调节服务价值，缓解了居民因生态保护而收入减少的困境。

2. 以生态种植、养殖业为辅助，推动物质产品价值实现

卧龙自然保护区产业结构以农牧业为主。大白菜是卧龙自然保护区内传

统的种植作物，附加值低，应对价格波动、恶劣气候等市场与自然灾害风险的能力不足。为降低卧龙自然保护区种植风险，保护区通过种植业多元化和品牌化、养殖业明晰集体权属和集约化以降低自然灾害风险和市场风险。实现多元化，即鼓励农民探索并引进茵红李、金针菇、药材等品种，促成农户间相互交流与学习。以此在卧龙自然保护区形成4~6种主打品种来降低生态种植业的风险并提高产品附加值。实现品牌化，即建立“卧龙”统一的品牌，而不只是把卧龙建设为外部品牌的生产基地，在“公司+农户”的模式中发挥“卧龙”的品牌效应。

基于养殖收益可观及分散种植风险，特区依据居民放牧历史习惯和大熊猫等珍稀动植物保护状况，划定一定区域允许放牧。此外，把放牧的权利和草场管护责任落实到农民集体而不是单个农户，并从日常管理和生态保护角度明确合适的草场规模。以此做到明晰草地资源集体权属和集约化饲养。这样一来，既平衡了生态保护与生态种养殖之间的关系，也增强了卧龙自然保护区提供生态产品的能力、保护区内种养殖业应对风险的能力。

3. 以生态旅游业为龙头，推动文化服务价值实现

经四川省林业厅批复同意的《卧龙国家级自然保护区生态旅游规划（2006—2015）》（以下简称《旅游规划》）把“当地人参与”作为生态旅游四大战略之一，为卧龙镇和耿达镇社区生态旅游发展提供了指导。在《旅游规划》中“一轴、两镇、三区”的统筹安排下，将区内各景点有机衔接起来，旅游景点多样且独特。根据不同的资源特点，每个社区打造独特的旅游产品，如以观察野生大熊猫为主要旅游目的的高端生态旅游、针对过境游客和青少年学生的大熊猫知识游、针对老年人的休闲养生游，以及针对科研人员的科考游和针对会议人员的考察游等。

生态旅游产业的发展有利于将保护区内资源优势和区位优势充分发挥出来，不仅使得大熊猫研究中心周边的少数几个社区受益，还使卧龙自然保护区文化服务价值得以实现，丰富的旅游产品更是促进了生态保护与社区发展协同。

4. 小结

卧龙保护区于2012年推行的三生经济是探索生态产品价值实现的早期

实践，对推动保护区生态保护和经济发展协同具有重要意义。三生经济构建起以生态保护为基础、生态旅游业为龙头、生态种养殖业为辅助的三角形产业体系，将三者有机联系起来。从生态产品价值角度看，生态保护使调节服务价值得以实现，并为生态种养殖业和生态旅游业的发展打下坚实的基础。生态种养殖业使得物质产品价值得以实现，丰富了保护区生态产品种类。生态旅游业作为全区的普惠性产业，不仅使得文化服务价值和物质产品价值得以实现，还提高了保护区内居民经济收入与对外联系能力。

四　促进国家公园社区发展的建议

（一）深入理解“两山”理念

“两山”理念是习近平生态文明思想的科学内涵和鲜明特色，深入推进生态文明建设，必须深刻把握“两山”理念的科学内涵，必须认识到绿水青山就是金山银山，既要绿水青山也要金山银山。因此，要搞好国家公园建设，既要注重生态保护与维持生物多样性也要搞好经济建设与社区发展，既要保护好全民的国家公园这座“绿水青山”也要发展好社区这座“金山银山”。要积极推动建立健全生态产品价值实现机制，探索建立政府主导、企业和社会参与、市场化运作、可持续的生态产品价值实现机制，推动国家公园这座“绿水青山”从生态资源向生态资产转化。

（二）重视社区参与保护与社区建设

国家公园面积大、涉及社区较多，居民分布分散。而国家公园内的生态资源保护与社区居民紧密相关，社区参与是联结国家公园与社区的有效方式。在坚持严格保护的前提下，引导多元主体参与，培养社区居民主人翁意识，发挥其主观能动性，主动参与生态保护和社区建设。因此，提高国家公园社区参与度，应从资金和政策等方面予以支持。建立有效的资金保障机制，满足社区参与和生态保护的资金需求。当地政府制定与国家公园周边社区居民权益息息相关的政策，并给予政策优惠，吸引社区居民参与。例如，卧龙特别行政区的天然林划片区管护模式，既有利于引导社区参与生态保护，也有利于增加社区居民收入。真正做到以生态保护促进社区发展，以社区发展服务生态保护，实现共建共管共享，使得保护与发展之间的矛盾得到有效缓解。

（三）支持开展特许经营试点

国家公园拥有优良的资源禀赋，而社区居民对自然资源依赖程度较高。因此，为促进国家公园社区发展，化解自然资源保护与利用的冲突，可以在严格保护的前提下，支持探索特许经营。因地制宜发展社区生态产业，一是积极探索“生态政策+社区”发展模式，大熊猫国家公园要基于纵向生态补偿资金及其他有关生态保护政策，构建社区参与生态保护的激励机制，有效调动社区居民的主观能动性。二是积极探索“生态旅游+社区”发展模式，立足社区悠久的生态文化、优秀民族文化和丰富的生态旅游资源，发展康养、研学、自然教育等产业。三是积极探索“生态农产品+社区”发展模式，大熊猫国家公园内一般保护区的农林产品丰富多样，应积极打造区域生态产品品牌并制定相应的评估标准，促进社区可持续发展。

参考文献

李海韵、王洁、徐瑾：《我国国家公园理论与实践的发展历程》，《自然保护地》2021 年第 4 期。

潘丹、余异：《乡村多功能性视角下的生态产品价值实现与乡村振兴协同》，《环境保护》2022 年第 16 期。

孙继琼、王建英、封宇琴：《大熊猫国家公园体制试点：成效、困境及对策建议》，《四川行政学院学报》2021 年第 2 期。

B.14

大熊猫国家公园成都片区巡护道路体系布局研究*

刘海英　吴启佳　陈　雪　陈奂州　林　江　高天雷　刘兴生**

摘　要： 通过对大熊猫国家公园成都片区进行实地走访、深入调查，总结了成都片区巡护道路体系存在的问题。在此基础上立足于成都片区区域特点、巡护监测内容及巡护任务开展所需配套设施，提出了形成由外围支撑、内外连通、内部支撑体系三部分组成的“2片区4带12重点”总体布局。力求在保护好区域内动植物资源、自然景观的前提下，通过引导大熊猫国家公园成都片区巡护道路规范化建设和管理，切实提高保护管理成效，为其他自然保护地打造集野外巡护、调查监测、防灾减灾、应急救援等于一体的巡护道路体系提供借鉴。

关键词： 大熊猫国家公园　巡护道路体系　巡护任务

一　引言

国家公园是指由国家批准设立并主导管理，边界清晰，以保护具有国家

---

* 支撑课题：四川省林业和草原调查规划院“大熊猫国家公园自然资源优化配置与空间优化研究”。

** 刘海英，四川省林业勘察设计研究院有限公司助理工程师，主要研究方向为自然保护地规划设计，主要负责本文的外业调查、撰写；吴启佳，四川省林业和草原调查规划院助理工程师，主要研究方向为国家公园建设管理，主要负责本文的数据分析、撰写；陈雪，四川省林业勘察设计研究院有限公司工程师，主要研究方向为自然保护地规划设计，主要负责本文的外业调查、数据分析；陈奂州、林江、高天雷、刘兴生为课题组成员，参与本文的外业调查、数据分析。

代表性的大面积自然生态系统为主要目的，实现自然资源科学保护和合理利用的特定陆地或海洋区域，[①] 是确保重要自然生态系统、自然遗迹、自然景观和生物多样性得到系统性保护，提升生态产品供给能力，维护国家生态安全，为建设美丽中国、实现中华民族永续发展提供生态支撑的重要区域。[②] 2021 年 10 月 12 日，大熊猫国家公园成为中国首批正式设立的国家公园之一，是党中央、国务院践行“绿水青山就是金山银山”理念的重要举措，也是我国生态文明建设的亮丽名片。大熊猫国家公园巡护道路是大熊猫栖息地日常巡护、稽查巡护、监测巡护的基础设施，是公园维持正常运转、满足服务功能的必要条件，必要时亦可发挥应急抢险救援、森林防火的功能，是公园设施中不可或缺的组成部分。

由于历史原因以及多头管理等因素，目前大熊猫国家公园成都片区面临着巡护道路不系统、巡护方案不科学、巡护保障体系不完善等问题，严重制约了野外巡护工作的开展，现有巡护道路体系已无法适应大熊猫国家公园对于巡护体系信息化、智能化的建设要求。此外，大熊猫国家公园成都片区地震和山洪、泥石流等地质灾害频发，区内主干道、林区道路交通以及巡护小道中断和损毁，严重威胁到巡护工作人员的人身安全，也无法满足野生动物的及时救助、森林防灭火等工作的要求。由此可见，统筹整合规划成都片区内的交通干道、便道和巡护道，通过新建、改建和维护等形成较为完善的巡护道路体系变得尤为迫切。

二　大熊猫国家公园成都片区概况

（一）地理区位

大熊猫国家公园成都片区（以下简称“成都片区”）位于成都平原西

① 《中共中央办公厅　国务院办公厅印发〈建立国家公园体制总体方案〉》，http：//www. gov. cn/zhengce/201709/26/content_ 5227713. htm? from=groupmessage&isappinstalled=0，2017 年 9 月 26 日。

② 《中共中央办公厅　国务院办公厅印发〈关于建立以国家公园为主体的自然保护地体系的指导意见〉》，http：//www. gov. cn/zhengce/2019-06/26/content_ 5403497. htm，2019 年 6 月 26 日。

北部，邛崃山系中段至岷山山系南段，为青藏高原向四川盆地的过渡带，涉及都江堰市、彭州市、崇州市、大邑县4个县（市），与德阳市什邡市，阿坝藏族羌族自治州茂县、汶川县、雅安市芦山县相邻。该区域是邛崃山、岷山两大山系大熊猫的关键性走廊带枢纽，对于大熊猫的种群基因交流、其他伴生物种以及栖息地保护具有不可替代的作用。

（二）地形地貌

成都片区主要位于成都平原与邛崃山山系中段至岷山山系南端的盆周山地区域，地形复杂多样，海拔跨度大，呈现山大峰高、河谷深切、高低悬殊、地势地表崎岖等特点，海拔大多为1500~3000米。① 该区域是全球地形地貌最为复杂的地区之一，也是邛崃山、岷山两大山系大熊猫种群进行基因交流的关键性走廊带枢纽。

（三）大熊猫及野生动植物资源

全国第四次大熊猫调查结果显示，目前成都片区有野生大熊猫73只，与第三次调查相比增加了33只。② 成都片区大熊猫野外种群被河流、植被、居民点、交通道路等分割成2个局域种群，即岷山L和邛崃B种群，其中岷山L种群分布在彭州市和都江堰市，共17只，邛崃山B种群分布在都江堰市、崇州市、大邑县，共56只。③

成都片区内动植物资源丰富，物种多样性高。截至2021年底，区内已记录到高等植物262科1168属4109种，记录到野生脊椎动物5纲32目102科491种。根据《国家重点野生保护植物名录》④ 和《国家重点野生保护动

---

① 叶菁：《大熊猫国家公园功能分区研究——以四川成都片区为例》，《绿色科技》2018年第14期。

② 四川省林业厅：《四川的大熊猫：四川省第四次大熊猫调查报告》，四川科学技术出版社，2015。

③ 叶菁：《大熊猫国家公园功能分区研究——以四川成都片区为例》，《绿色科技》2018年第14期；国家林业和草原局：《全国第四次大熊猫调查报告》，科学出版社，2014。

④ 国家林业和草原局、农业农村部：《国家重点保护野生植物名录》，http：//www.gov.cn/zhengce/zhengceku/202109/09/content_ 5636409.htm，2021年9月9日。

物名录》①，成都片区内记录到国家重点保护野生植物共53种，其中国家一级重点保护野生植物3种（变种），国家二级重点保护野生植物50种；记录到国家级重点保护野生动物54种，其中国家一级保护野生动物14种，国家二级保护野生动物40种。

三　成都片区巡护任务

成都片区巡护样线分为原有巡护样线和省管理局下达巡护样线，原有巡护样线为整合优化前保护地的巡护样线，成都片区巡护路线共计65条，其中都江堰片区13条、彭州片区10条、崇州片区21条、大邑片区21条，该巡护样线为各基层保护站根据其管护范围，结合经验判定的野生动植物资源情况、地形地貌情况、人为活动干扰情况、交通情况等而自行划定。省管理局下达巡护样线为《大熊猫国家公园四川省管理局关于加强大熊猫国家公园四川片区巡护和监测工作的通知》（川熊猫局函〔2022〕25号）中新划定的巡护样线。成都片区新划定巡护样线共计74条，其中都江堰片区19条、彭州片区17条、崇州片区17条、大邑片区21条。

四　成都片区巡护道路现状问题

（一）成都片区缺乏系统的巡护道路体系

成都片区由原有16个自然保护地整合优化而来，原自然保护地管理中巡护道路概念很少被提及，以往的道路多以防火通道的名义进行修建，巡护道路的规划建设、道路管理养护未被重视，从上至下缺乏相应的建设管理制度和规范。由于历史原因及大熊猫国家公园试点和成立时间均较短，

① 国家林业和草原局、农业农村部：《国家重点保护野生动物名录》，http：//www.forestry.gov.cn/main/5461/20210205/122418860831352.html，2021年2月5日。

成都片区面临着巡护道路不系统、配套设施不完善等问题。目前成都片区内公路包含县道、乡道、村组道、林区公路和景区公路，不同道路也承担着社会通行、护林防火、应急抢险和旅游等多个功能，且不同公路存在不同管理主体。另外，目前野外专项巡护工作的开展主要依赖既有的登山野径、土路和兽径，其难度系数和危险系数均较大。综上，统筹规划成都片区内的行车道和步道，通过新建、改建和修缮等形成完善的巡护道路体系变得尤为迫切。

（二）现有道路无法支撑巡护任务

根据省管理局在成都片区新划定的74条巡护样线，结合科研监测、森林防火、保护动植物分布情况、自然和人为干扰等因子，共划分12个重要巡护区域，识别出108个重要巡护节点，经分析成都片区现有行车道和步道远不能覆盖这些重要节点。此外，完整的巡护道路体系应由完善的外部支撑体系、内外连接体系以及内部支撑体系构成，目前成都片区现有外部支撑道路基本满足高效通达需求，但面临内外连接道路较为不畅、内部支撑道路不成体系等问题，制约了野外巡护工作的开展。

（三）配套设施数量和安全性严重不足

成都片区内的野外营地仅11个，且简陋不牢固，遭遇大雨大风天气存在漏雨漏风不保暖现象。此外在冬春季存在大雪压塌风险，亟须对现有野外营地进行改造，同时根据巡护步道建设长度在适当距离新增野外营地，以供巡护人员多日巡护时夜宿所需。成都片区沟壑遍布，水系复杂，部分区域需要涉水过河，水深处过腰，因此需利用桥梁或吊桥才能连接。目前成都片区现有检查哨卡、行车道防护门、步道防护围栏数量极少，无法满足成都片区复杂区域来往人员登记管理。成都片区内徒步爱好者登山活动和社区居民生产生活等频繁，巡护道路的规划建设亦是一把双刃剑，后期检查哨卡、行车道防护门的选点和建设对于巡护道路管理是极为关键的一环。

（四）巡护道路体系建设参考标准缺乏

虽然我国自然保护区巡护工作历经半个多世纪的发展，但仍未形成规范的巡护体系，巡护是自然保护地管理中最基础、最重要、最艰苦的工作，也是被忽视的一项工作，以往的规范和标准多提及巡护样线，很少关注巡护道路本身。随着国家公园试点的开展和第一批国家公园的成立，国家公园的基础设施建设率先被提上日程。2021 年 11 月，国家林草局印发《国家公园基础设施建设项目指南（试行）》①，明确了巡护路网的概念，但只是简要提及了巡护行车道和巡护步道的修建标准，对巡护道路的选线、等级划分、布局及配套设施等未作明确规定，至今也无巡护道路相关建设指南印发。

五 规划总体思路

（一）规划目的

改变巡护道路不成体系、不安全及巡护范围窄、巡护路线短的现状，引导大熊猫国家公园成都片区巡护道路规范化建设和管理，加强大熊猫国家公园野外巡护工作，兼顾调查监测、防灾减灾、应急救援等活动，提高巡护效率，保障巡护人员安全，提升保护管理成效，切实维护大熊猫国家公园的生态环境安全，加快推动高质量建设名副其实、出色出彩的大熊猫国家公园。

（二）规划思想

坚持以习近平生态文明思想为指导，践行“两山”理念，贯彻落实党的二十大“推动绿色发展，促进人与自然和谐共生”要求，全面落实《建

① 《国家林业和草原局规划财务司 国家发展改革委社会发展司关于印发〈国家公园基础设施建设项目指南（试行）〉的通知》，2021。

立国家公园体制总体方案》①、《国务院关于同意设立大熊猫国家公园的批复》②、《四川省人民政府关于加强大熊猫国家公园四川片区建设的意见》③、《国务院办公厅转发财政部、国家林草局（国家公园局）关于推进国家公园建设若干财政政策意见的通知》④ 等，以加强大熊猫及其栖息地保护为核心，以巡护、监测、防火等任务为目标，依托成都市以及都江堰市、彭州市、崇州市、大邑县现有交通条件，融入和衔接各类相关规划，规划可实施、绿色、安全、便利的巡护道路，兼顾调查监测、森林防火、防灾减灾、应急救援等工作需要，同时有效控制旅游、观光、徒步等活动，保护国家公园的原真性、完整性，实现人与自然和谐共生的美好愿景。

（三）规划原则

1. 保护第一、绿色营建

以保护大熊猫国家公园的原真性和完整性为第一原则，在材料选取方面遵循绿色营建理念，确保对国家公园的生物多样性和自然生态系统的伤害降至最低。

2. 统筹规划、科学布局

统筹开展国家公园内外巡护道路的网络布局研究，充分利用现有的基础设施，不搞重复建设，突出规划实施重点，有效增强规划的合法性、科学性、前瞻性和可操作性。

3. 分类规划、分步实施

以巡护为主要功能，兼顾森林防火、应急抢险和科研监测，同时考虑管

---

① 《中共中央办公厅　国务院办公厅印发〈建立国家公园体制总体方案〉》，http：//www. gov. cn/zhengce/2017-09/26/content_ 5227713. htm，2017 年 9 月 26 日。

② 《国务院关于同意设立大熊猫国家公园的批复》，http：//www. forestry. gov. cn/main/5967/20211015/092414521271099. html，2021 年 10 月 14 日。

③ 《四川省人民政府关于加强大熊猫国家公园四川片区建设的意见》，https：//www. sc. gov. cn/10462/zfwjts/2022/7/22/0e73c9abf3354bf38792deaa99e29b15. shtml，2022 年 7 月 22 日。

④ 《国务院办公厅转发财政部、国家林草局（国家公园局）关于推进国家公园建设若干财政政策意见的通知》，https：//www. mohurd. gov. cn/gongkai/fdzdgknr/zgzygwywj/202211/20221125_ 769105. html，2022 年 11 月 25 日。

控分区，确定巡护道路及配套设施的建设类别、建设等级和技术标准。根据必要性和紧迫程度进行分期建设，推动巡护道路规范有序、科学合理的建设实施。

六 规划范围和面积

《大熊猫国家公园总体规划（送审稿）》将国家公园分为核心保护区、一般控制区两类管控分区，实行差别化保护与管理。根据《国务院关于同意设立大熊猫国家公园的批复》（国函〔2021〕102号）及最新勘界定标数据成果，成都片区涉及都江堰市、彭州市、崇州市、大邑县4个县（市），总面积1444.2平方公里，其中核心保护区面积860.0平方公里，占总面积的59.5%；一般控制区面积584.2平方公里，占总面积的40.5%。

打通成都片区与周边社区和相邻片区的巡护道路，使巡护路网覆盖国家公园及其周边区域，为国家公园野外巡护和防火工作提供支撑，更好地保护成都片区生态系统的原真性和完整性，从更大范围统筹巡护道路布局，因此规划范围应包括成都片区及周边区域。

七 规划目标

按照最新勘界定标数据成果明确的范围和功能分区，梳理成都片区及周边区域的巡护内容及目标，统筹规划巡护道路，确保辖区重点区域、重要节点巡护全覆盖。最大限度利用已有道路，将成都片区内的县道、乡道、村组道、林区公路、景区公路和游步道等纳入巡护道路体系，通过新建、重建、改建和修缮等构建完善的巡护道路体系，以填补巡护区域缺漏，提高巡护监测能力，强化巡护安全保障，为加大专业管护力度、建设一流巡护队伍夯实硬件基础。到2025年，初步建成满足成都片区巡护任务要求同时兼顾森林防火、应急抢险和科研监测等的巡护道路体系，国家公园保护管理能力得到显著提升。

在巡护方面，打通都江堰白沙河、彭州白水河、崇州鸡冠山和大邑火烧营区域等内外连通和内部支撑的关键主干道和主线步道，构建成都片区巡护道路的主构架，提升重点区域的通达性。围绕省管理局新划定的74条巡护样线所在区域打通支线步道和连接步道，进一步构建完善的内部支撑体系，同时完善野外营地、检查哨卡、行车道防护门、步道防护围栏、桥梁和吊桥等配套设施，支撑成都片区的日常巡护、样线巡护、专项巡护和联合巡护工作。

在防火方面，按照新建（重建）与改建相结合的原则，打通林区内部断头路，升级改造集材废弃路和简易路，构建布局较为合理、结构较为完整的林区防火应急道路网络，确保成都片区重要火灾隐患区域全覆盖。优化与国家公园外围区域、相邻区域的对外交通，连接县（市）镇级森林防火储备库、防灭火器材库和现有蓄水池、防火监测点等防火设施设备，建立健全科学高效的预防体系、快速反应的扑救体系和切实可靠的保障体系。

在调查监测方面，巡护道路布局及选线兼顾考虑现有及规划的红外相机监测位点、在线监控位点、动物固定补水点监测点、动物庇护所位点和植被恢复监测点等，以提升调查监测的可及度，支撑成都片区的生物多样性监测、红外相机监测、重点区域监测和专项监测工作。

八　规划方法

（一）资料搜集与数据处理

按照规划需要，收集成都片区相关数据与资料（见图1）。基于GIS等软件，开展成都片区及周边的巡护任务、防火火险因子、调查监测位点、自然环境、地形地貌、自然灾害、水文等多维矢量清洗和坐标矫正，并进行单因子评价。

（二）重点巡护区域划定

将巡护任务、自然与人为干扰、火灾隐患因子、调查监测位点等进行叠加分析，结合成都片区地形地貌初步划分重点巡护区域。

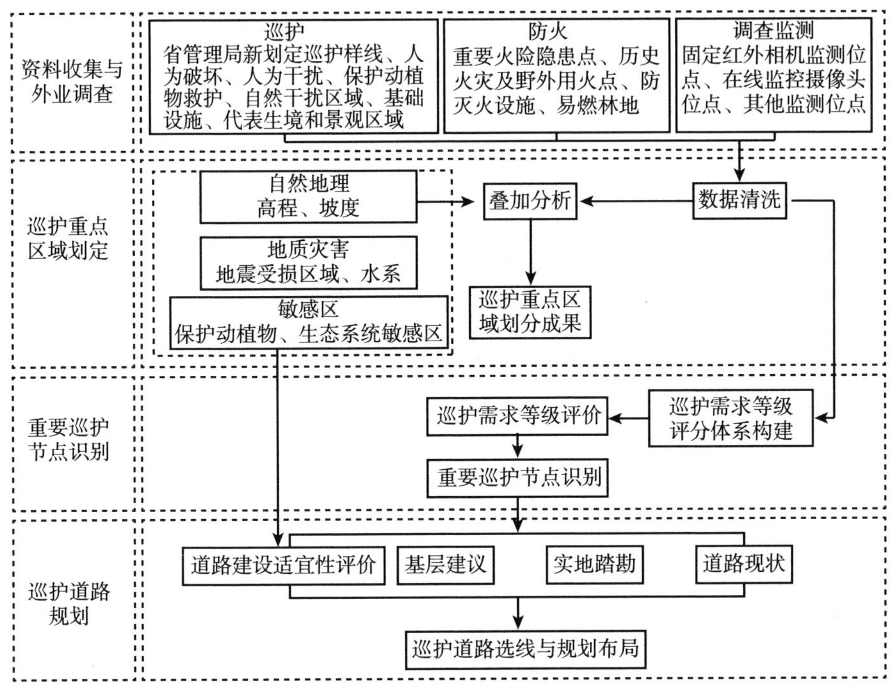

图1　成都片区巡护道路体系规划技术路线

（三）重要巡护节点识别

根据《大熊猫国家公园野外巡护管理办法（试行）》，结合成都片区巡护、防火和调查监测实际，确定巡护（省管理局新划定巡护样线、人为破坏、人为干扰、保护动植物救护、自然干扰区域、基础设施、代表生境和景观）、防火（重要火险隐患点、历史火灾及野外用火点、防灭火设施、易燃林地）、调查监测（固定红外相机监测位点、在线监控摄像头位点、其他监测位点）三大项14小项影响因子，以此构建重要巡护节点评价体系，并作为道路规划的重要依据。

利用层次分析法对重要巡护节点影响因子进行赋值，利用“重分类”等工具将各因子矢量图层转化为栅格图层，然后应用“栅格计算器”等工具进行计算叠加生成巡护需求等级图，依据结果进行横向比较从而确定重要巡护节点。

（四）确定巡护道路走向和长度

基于 GIS 软件和逻辑斯蒂模型，选取难度因素（高程、坡度）和避让因子（地震受损区域、水系、保护动植物）构建步道建设适宜性评价因子体系，开展成都片区巡护道路的建设适宜性评价。以覆盖重要节点为原则，综合考虑现状道路、巡护道路适宜性评价结果（适宜、次适宜、不适宜）生态安全、避开灾害路段、应急抢险、周边交通、现状保护设施等，进一步明确线路布局。将现状道路、实地踏勘的线路航迹与最小成本路径进行比选，最终确定巡护道路线走向，并计算长度。

九 规划布局

综合考虑成都片区及周边巡护、防火、调查监测需求，结合成都片区地形地貌、周边交通、现状保护设施等划分了 12 个重点巡护区域（见表 1）。

表 1 成都片区及周边重点巡护区域一览

一级片区	二级片区	重点区域名称
岷山片区	都江堰片区	青城山重点区域
		龙池重点区域
		虹口重点区域
	彭州片区	回龙沟重点区域
		九峰—蓥华重点区域
		小鱼洞重点区域
邛崃山片区	崇州片区	鸡冠山重点区域
		苟家重点区域
		九龙沟区域
	大邑片区	西岭雪山重点区域
		斜源—鹤鸣重点区域
		黑水河重点区域

成都片区内外巡护道路体系由外围支撑、内外连通、内部支撑体系三部分组成（见图 2），形成“2 片区 4 带 12 重点”总体布局，以实现成都片区

巡护管理的内外通达。外围支撑体系的快速交通干线，实现从成都熊猫分局、各管护总站到外围保护站点和社区乡镇点的快捷通达；内外连通体系建立起周边社区与园区的互通联系；内部支撑体系串联起 4 个片区巡护体系及 108 个巡护重要节点，形成互联互通的巡护体系网络，为国家公园巡护保护、森林防火、科研监测和应急抢险等提供基础支撑。

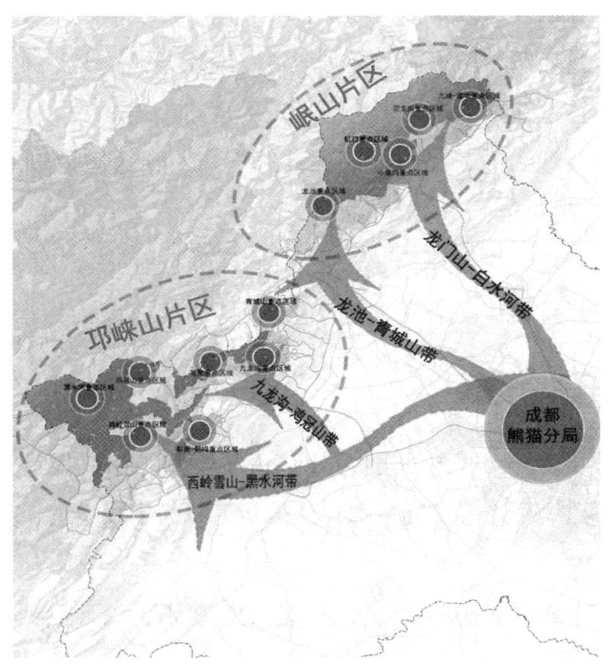

图 2　规划总体定位示意

十　规划内容

（一）巡护道路

1. 巡护道路类型

（1）巡护行车道

根据巡护行车道在园区内外巡护路网中的地位、交通功能和服务功能等，结合道路辐射面积、沿线资源分布状况等实际情况，巡护行车道分为主干路、次干路、支路和连接道路。

主干路：在园区内外连接、巡护监测和林区防火路网中起到骨干作用，包括：保护站点的对外连接道路、巡护监测中起到骨干作用的环形道路、保护站点间的连接道路、连接多个社区的道路。

次干路：在园区内外连接、巡护监测和林区防火路网中起到重要作用，包括：贯通巡护监测、防火应急的骨架道路或连接多条支路的集散道路，保护站与社区的连接道路，连接多个巡护点的道路等。

支路：用于深入国家公园内部和社区周边、到达巡护步道起点的支线道路。

连接道路：用于贯通连接国家公园内外、打通两端“盲肠”道路，使道路形成环线或者连接两个关键点的道路。考虑到成都山洪等地灾频发的特点，连接道路还可以作为重要的备用应急路线。

（2）巡护步道

根据巡护步道在园区内外巡护路网中的地位和服务功能等，同时结合地形地貌、巡护监测用途等实际情况，巡护步道分为主线步道、支线步道和连接步道。

主线步道：在保证成都片区生态安全的前提下，深入重要巡护区域，在园区内外连接、深入国家公园主要巡护监测区域、串联支线和连接步道中起到骨干作用。

支线步道：支线以主线为骨干，呈环状向四周发散，用于深入国家公园内部和社区周边、到达巡护监测点的支线道路。依托步道主线连通成都片区步道主线路周边主要巡护节点，支线交错纵横与连接步道交织成一张网络覆盖成都片区及其周边区域，深入区域内各个巡护节点。

连接步道：用于贯通连接国家公园内外、打通两端盲肠道路，使道路形成环线或者连接两个关键巡护区域的步道。考虑到成都山洪等地灾频发的特点，连接步道还可以作为重要的备用应急路线。

2. 巡护道路等级划分

（1）巡护行车道

参照《林区公路设计规范》（LY/T 5005-2014），巡护行车道根据交通特性分为林区一级、林区二级、林区三级和林区四级道路 4 个技术等级（见表 2）。根据现有林区公路分布、地形地貌特征和巡护防火实际，成都片区仅规划新建林区三级公路和林区四级公路，对已有道路的重建、改扩建和修缮参照国家、行业及地方已有道路标准进行。此外，对于林区道路新建和改扩建以非硬化为主，必要时硬化。路面面层以碎石路面、砂石路面为主，必要硬化时使用混凝土路面，考虑到防火安全，禁止使用沥青路面。

表 2 巡护行车道技术等级设计指标

公路等级	设计速度(km/h)	车道数(条)	路基宽度(米)	车道宽度(米)	路肩(米)
林区一级	60	2	10.0	7.0	1.50
		2	8.5	7.0	0.75
林区二级	40	2	8.5	7.0	0.75
	30	2	7.5	6.5	0.50
林区三级	20	2	6.5	6.0	0.25
		1	4.5	3.5	0.50
林区四级	15	1	4.0	3.0	0.50

资料来源：笔者整理所得。

（2）巡护步道

国外步道宽度多控制在 45~60 厘米，如以美国国家步道为代表的长程步道宽度大多为等肩宽，即 60 厘米左右；[①] 英国农业部林务局于 1982 年在《位置、设计、标识和设施标准》中提出，除非有额外的安全方面的考虑，步道宽度尽量低于 60 厘米，一般情况下步道宽度应控制在 45~60 厘米，在悬崖或危险区域处可增加至 1.2 米；《德国高品质步道质量认证标准》指出，宽度小于 1 米的步道能够更好地与环境和景观融合，是高品质长程步道认证过程中

① 迟永明：《国外国家步道规划建设分析与借鉴》，《中国林业经济》2019 年第 3 期。

的加分项。[①] 我国《国家森林步道建设规范》规定荒野区域和近自然区域新建步道不宽于 60 厘米，路面自然。《国家公园基础设施建设项目指南（试行）》指出，巡护步道用于深入国家公园，依自然地势设置自然坡道或人工阶梯式道路，宽度为 0.8~2 米，所需材料宜就地取材。《林区防火专用道路技术指南》指出，路线选设应尽量设在向阳的坡面上，随坡就势，应符合通行安全的基本要求。道路宽度宜为 0.8~1.5 米，最大坡度不宜大于 45°。

综上，结合成都片区高山峡谷地貌特征和既有林间小道实际，步道适宜路面宽度应控制在 40~120 厘米。巡护步道等级划分参考国内外标准以及成都片区地形地貌实际划分为一级步道和二级步道 2 个技术等级（见表 3）。

表 3　巡护步道技术等级设计指标

设计指标	一级步道	二级步道
道路宽度(米)	0.8~1.2	0.4~0.6
陡坡梯道踏步高度(米)	0.2	无要求
每一侧净空宽度(米)	0.6	0.3
最小净空高度(米)	2.4	2.4
最大纵向坡度(度)	45	无要求
步道表层材质	本土材料、就地取材	本土材料、就地取材

资料来源：笔者整理所得。

巡护一级步道原则上在已有的野径（小于 60 厘米的林间小径和兽径）和登山道（大于 60 厘米的道路）进行新建，宽度宜控制在 0.8~1.2 米。通过挖掘、修剪、移走清理范围内的树木、树枝、灌木等其他植被并砍伐和清除步道范围以外的指定树木，保护其他未被指定为移走植被或物体免受毁坏，最大限度地尊重自然，减少对生态环境的破坏。

巡护二级步道主要深入国家公园，最大限度利用已有路径，宽度宜控制在 0.4~0.6 米，特殊危险区域可适当放宽至 1 米。依自然地势设置自然坡

① 梁婧娴：《区域国家森林步道规划研究——以南岭国家公园及其周边区域为例》，广州大学硕士学位论文，2022。

道，所需材料宜就地取材。保护区为了确保自然的原真性不受影响，只需对步道进行简单的清理和平整，险情易发地段必须设置安全扶手以保证通行安全，其余地段最大程度上保留了步道的原始自然风貌。

3. 巡护道路等级选用

成都片区巡护道路的技术等级标准应根据巡护道路的功能、路网规划，并兼顾调查监测、防灾减灾、应急救援等活动确定。巡护行车道主干路宜选用林区三级道路，次干路宜选用林区三级、林区四级道路，支路宜选用林区四级道路，连接道路宜选用林区四级道路。巡护步道的主线步道选用一级步道标准进行建设，支线步道和连接步道选用二级步道标准进行建设（见表4）。

表4　巡护道路分类及技术等级标准

巡护道路类型		选用技术等级
巡护行车道	主干路	林区三级
	次干路	林区三级、林区四级
	支路	林区四级
	连接道路	林区四级
巡护步道	主线步道	一级步道
	支线步道	二级步道
	连接步道	二级步道

（二）巡护道路配套设施

结合成都片区实际，巡护道路配套设施仅包含野外营地、检查哨卡、行车道防护门、步道防护围栏。此外，将桥梁和吊桥一并纳入巡护道路配套设施范畴，其建设规范参照相关行业标准。

1. 野外营地

野外巡护时间长，当天不能往返的巡护路段可在中途建设有人或无人值守的小型营地，并配备必要的防寒保暖等设施设备。

2. 检查哨卡

在人员和车辆经常进出国家公园的道路路口处可设置检查哨卡，包括附属用房和监测、监控设施，以及处置场所等。

3. 行车道防护门

在人为活动较频繁、易产生人兽冲突等矛盾的区域，国家公园内一般控制区边界以及其他需要隔离的地方，在国家公园专用林区道路或者社会属性较低的行车道关键处应设置防护围栏。

4. 步道防护围栏

在人为活动较频繁、易产生人兽冲突等矛盾的区域，国家公园内一般控制区边界以及其他需要隔离的地方，在步道关键点应设置防护围栏。

（三）巡护道路建设类别

结合成都片区实际，将巡护道路划分为建设类和利用类，建设类道路进一步划分为新建、重建、改扩建和修缮。

1. 新建

新建是指从无到有“平地起家”开始建设巡护道路及配套设施。但原有巡护道路及配套基础设施薄弱，经过建设后新增的固定资产价值超过原有固定资产价值（原值）3 倍以上的，也应作为新建。

2. 重建

重建是指大熊猫国家公园成都片区及周边巡护道路及配套设施因自然灾害等原因，使原有固定资产全部或几乎报废，或因以前年度停缓建，后又投资恢复建设的项目。

3. 改扩建

改扩建是指对大熊猫国家公园成都片区及周边原有道路及配套设施进行技术改造或更新（包括相应配套的辅助性生产、生活保障设施），以提高其技术标准或技术等级的建设项目。

4. 修缮

修缮是指大熊猫国家公园成都片区及周边巡护道路及配套设施因自然灾害等原因，使原有固定资产部分损坏，后又投资修复建设的项目。

5. 利用

利用是指对大熊猫国家公园成都片区及周边功能完整的既有道路及配套设施加以使用的行为。

（四）规划结果

1. 外围支撑体系

大熊猫国家公园成都片区外围支撑道路以利用现有道路为主，4县（市）保护总站现均有高速路、快速路连接大熊猫国家公园成都管理分局，并进一步结合国省道、县乡道，与外围支撑节点相通，道路系统较为完善，能够基本满足公园管理需求，但仍需协调地方政府对外围支撑道路进行定期养护和灾后恢复，确保全时段、全天候的通行能力。

2. 内外连接体系

成都片区规划利用内外连接道路共计298.3公里（40条），其中都江堰105.9公里（13条）、彭州市30.4公里（6条）、崇州市32.1公里（4条）、大邑县129.9公里（17条）。

3. 内部支撑体系

成都片区内部支撑道路体系规划利用共计87.7公里（22条），其中行车道62.4公里（6条）、步道25.3公里（16条）。都江堰片区规划利用2.2公里（1条），均为步道；彭州片区规划利用1.4公里（1条），均为步道；崇州片区规划利用25.0公里（10条），均为行车道；大邑片区规划利用58.9公里（10条），其中行车道37.3公里（6条），步道21.6公里（4条）。

综上，本次规划共计规划巡护道路262条，规划总里程2223.5公里（利用现状道路1387.2公里、新建576.2公里、重建43.5公里、改扩建5.5公里、修缮211.1公里）。其中巡护步道共计110条（741.1公里），规划利用10条（49.3公里）、新建84条（558.0公里）、重建1条（3.4公里）、修缮15条（130.4公里）；巡护行车道共计152条（1482.4公里），规划利用125条（1337.9公里）、新建7条（18.2公里，均基于防火通道需求新建）、重建5条（40.1公里）、改扩建3条（5.5公里）、修缮12条（80.7公里）。

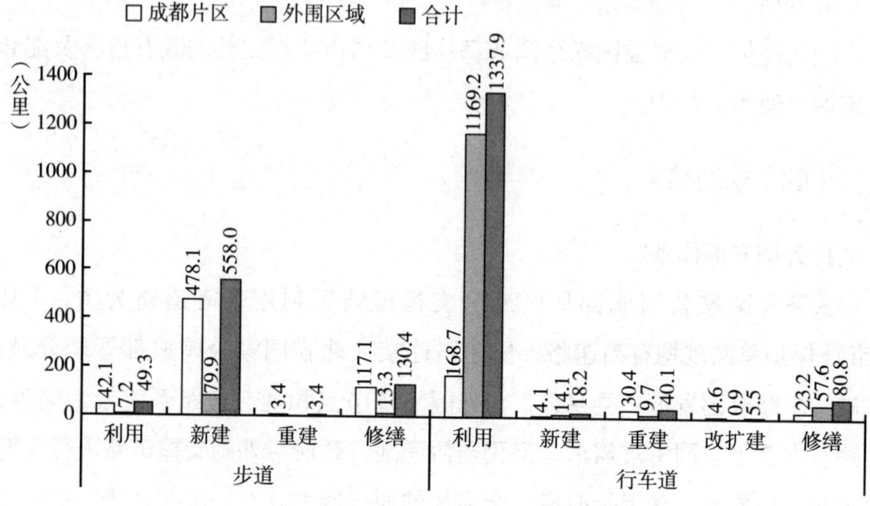

图3　成都片区巡护道路规划里程

规划巡护道路配套设施有野外营地、检查哨卡、行车道防护门、步道防护围栏、桥梁和吊桥。规划野外营地37个，新建25个、改建12个；检查哨卡25个，新建16个、利用9个；行车道防护门16个，新建14个、利用2个；步道防护围栏20个，新建18个、利用2个；桥梁13处，新建12处，重建1处；吊桥13处，均为新建（见图4）。

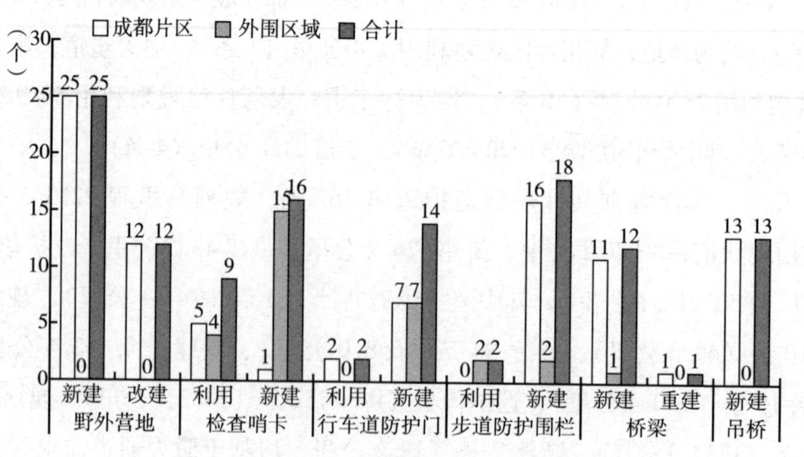

图4　成都片区巡护道路配套设施规划数量

十一　创新点及特点

（一）基于成都片区生态特质，系统构建巡护道路体系

成都片区地形复杂、山高谷深，课题组深入实地调研，摸清现地情况，详细梳理现状及存在的问题，充分依托整合已有各级各类路径，强调“生态保护第一”的原则，尽可能做到干预最小化，在保护优先的前提下系统化构建大熊猫国家公园成都片区巡护道路体系。

（二）重视区域内实际需求，着眼国家公园未来发展

完善成都熊猫分局、管护总站、管护点巡护道路规划，可以提升野外巡护能力，对于制止非法行为、开展生物多样性监测、野生动物紧急救助和森林防灭火等而言具有重要作用。通过广泛征集一线管护人员、相关管理人员、生态保护专家、防火工作人员及相关领域专家学者等群体意见和建议，以规划的前瞻性和科学性谋划大熊猫国家公园成都片区的发展。

（三）整合提出巡护道路体系建设指标

巡护道路规划涉及复杂的设计指标，以往的研究以及相关标准规范以巡护路线设计和巡护日常管理为主，至今无巡护道路相关建设指南印发。本文以大熊猫国家公园成都片区巡护道路空间环境为研究主体，探讨了巡护道路类型、等级划分及选用等问题，整合提出成都片区基于巡护功能的分级体系和建设指标，便于为其他巡护道路设计规划提供参考。

十二　结语

开展野外巡护工作是大熊猫国家公园构建“空天地人”一体化监测系统的重要组成部分，有利于及时发现并依法制止违法行为、及时发现灾害隐

患、了解主要保护对象及其生境的变化、维护大熊猫国家公园内设施设备、宣传相关法律法规和主要保护对象与核心资源的保护价值及其重要性，对加强大熊猫国家公园自然资源保护管理、维护大熊猫国家公园生态环境安全、维持大熊猫国家公园生物多样性、保障大熊猫国家公园的正常运转、提高社会公众的保护意识而言具有重要意义。应系统构建大熊猫国家公园成都片区的巡护道路体系，以补充现有巡护道路体系的不足，一方面，可以完善成都片区巡护道路网络体系，进一步加强国家公园的巡护监测规范化、制度化和信息化管理，提升野外监测能力，提高国家公园科学管理水平，有效保护野生动植物资源和生态系统；另一方面，可成为大熊猫国家公园乃至四川各自然保护地的典范，为各级各类自然保护地巡护道路体系建设提供参考。

B.15

大熊猫国家公园野猪肇事调查及处置*

——以彭州市为例

喻靖霖 陈 雪 昝玉军 李绪佳 徐 亮 杨 旭 杨瞿军**

摘 要： 大熊猫国家公园彭州片区是野猪的分布区之一，随着彭州市森林生态环境的改善和野生动物资源保护管理工作的加强，野猪种群数量急剧增长，活动范围不断扩大，损害农林作物事件逐年增加，已严重危害到农林业生产和人畜安全。本文采用网格区划法、问卷调查法、样线法、红外相机法和资料查阅法等方法对彭州市的野猪种群及其肇事情况进行了调查，明确了野猪种群现状和肇事程度。基于以上调查结果，本文对野猪种群扩散趋势和人兽冲突区域进行了分析，并提出了推进野猪种群监测和肇事情况评估、试点种群管理和物理阻隔措施、探索保险补偿措施等保护和管理建议。

关键词： 大熊猫国家公园 彭州市 野猪肇事

---

* 支撑课题：四川省林业科草原调查规划院“大熊猫国家公园自然资源优化配置与空间优化研究”。

** 喻靖霖，四川省林业勘察设计研究院有限公司助理工程师，主要研究方向为自然保护地社区发展，主要负责本文的理论研究、撰写；陈雪，四川省林业勘察设计研究院有限公司工程师，主要研究方向为自然保护地生态保护，主要负责本文的外业调查、数据分析；昝玉军，四川省林业和草原局二级巡视员、四川省林业和草原调查规划院院长，主要研究方向为林草湿资源调查规划，主要负责本文的选题、理论研究；李绪佳、徐亮、杨旭、杨瞿军为课题组成员，参与本文外业调查、数据分析。

一　研究背景

在我国，随着近年来野生动物保护意识的增强和保护力度的加大，野猪种群数量快速增长、活动范围与人们生产生活区域重合，全国多地出现野猪毁坏庄稼现象，甚至发生多起人员伤亡事件，引起了社会的广泛关注。

（一）区域概况

彭州市是四川省辖县级市，位于四川盆地的西北部，东经 103°40′~104°10′、北纬 30°54′~31°26′，辖区总面积 1421.43 平方公里，下辖 4 个街道（天彭、致和、濛阳、隆丰）和 9 个镇（丽春、九尺、敖平、龙门山、通济、白鹿、丹景山、葛仙山、桂花），户籍总人口 79.51 万人。彭州市地形复杂，地势西北高、东南低、南北长、东西窄，有山地、丘陵、平原和山间河谷、河谷阶地等地貌。现有林地面积 60683.48 公顷，森林面积 60593.33 公顷，森林覆盖率达 42.60%，全年农作物总播种面积 118.47 万亩，其中易受野猪侵害的粮食作物播种面积 54.22 万亩，产量 24.91 万吨。

（二）野猪及其肇事情况

野猪是分布最广泛的兽类之一，在分类上属于脊索动物门脊椎动物亚门，哺乳纲有胎盘动物亚纲，偶蹄目猪科猪属。四川省内分布的野猪一般属川西亚种，主要分布于川西高原高山峡谷区及盆周山地的高山灌丛、针叶林、针阔叶混交林、落叶阔叶林、常绿阔叶林、人工林以及森林、灌丛附近的农耕地。野猪于 14~18 月龄性成熟，其发情期从 10 月开始并于次年的 3~5 月产仔，平均产仔 6~8 头，最多可达 13 只。从 2000 年第一版《有重要生态、科学、社会价值的陆生野生动物名录》公布起，野猪一直属于“三有动物”，受《野生动物保护法》的保护。2021 年 12 月，国家林业和草原局发布的《有重要生态、科学、社会价值的陆生野生动物名录》公开征求意见稿，拟将野猪从“三有动物”名录中删除。

野猪属于野生有蹄类动物，人类与野猪的冲突主要体现如下。①造成人身伤害。野猪一般不会主动攻击人类，但在受伤或受到惊吓时也会对人类发起攻击，如 2021 年四川省理塘县野猪伤人致死案件、2018 年陕西省安康市野猪杀人案件、2020 年安徽省旌德县野猪袭击老人案件等。②造成经济损失。毁坏农田、啃食树皮、传染疾病给家畜等是现阶段“人猪冲突”的主要形式。四川巴中市数据显示，近年来野猪损害农作物造成的直接经济损失近 2000 万元。陕西省安康市因野猪肇事，5 年损失超过 3 亿元。③造成心理负担。现今农村老年人口占比大，野猪的频繁出没会给当地居民带来较大的心理负担，影响居民正常生产生活。

二　现地调查

项目组基于彭州市 2019 年以来上报的野生动物肇事案件，对涉及乡镇到村进行走访、问卷调查以及实地指认调查，掌握了野猪在彭州市的肇事类型、肇事程度和肇事范围等情况。

同时，项目组参考《四川省第二次陆生野生动物资源调查技术报告》结合网格区划法、红外相机监测法、样线法等方法对彭州市的野猪种群密度、分布及活动范围进行了调查。

（一）走访、问卷调查

走访和问卷调查的对象是受野猪肇事影响的群众以及涉及野猪肇事村落的村干部，涉及龙门山镇、桂花镇、通济镇、丹景山镇、白鹿镇及敖平镇的 26 个行政村，共计 74 人。

（二）实地调查与指认调查

野猪肇事位点的经纬度信息在《野生动物肇事情况调查表》中并未进行记录，相关信息的录入采用实地走访调查和三维高清地图指认的方法，涉及 6 个乡镇 24 个村 125 个野猪肇事位点。

表 1　野生动物肇事情况调查表

调查人：　　　　调查日期：

姓名：________；年龄：_____；性别：_____；乡（镇）：________；行政村：________；小地名：________；网格号：________；

共有田地：________亩，其中玉米：______亩，土豆：______亩，________：_______亩，________：_______亩；牲畜______________头；家庭人口___________口人；

对于村里来说，野生动物肇事问题			
1.很严重；　2.严重；　3.零星，不怎么严重　4.几乎没有			
防治措施	喇叭/灯光	防护网	其他措施
有/无	1.有　2.无	1.有　2.无	
设置比率			
效果	1.有　2.无	1.有　2.无	
村里是否有组织野生动物肇事防治研讨会：　1.有　2.无			
今后是否想参与相关学习：1.是　2.否；想了解的内容：			
感觉野猪数量有增加吗？1.有　2.没有　原因：__________			
村里有打猪的情况吗？　1.有　2.没有			
以前（允许打猪的时候），用什么方法打猪？__________			

对象动物	农田受损情况		出没情况	其他问题
野猪 1.常年出没 2.春秋出没 3.不清楚	1.几乎未受损；2.些许受损（20%）；3.大量受损（40%）4.严重受损（40%以上）		在农田和村庄周围 1.不怎么能看见 2.偶尔看见 3.经常看见	田坎受损 1.有　2.没有 树木剥皮 1.有　2.没有
	玉米受损　　亩；土豆受损　　亩 ______受损　　亩；______受损　　亩		在林子里 1.不怎么能看见	受伤/惊吓 1.有　2.没有
	玉米受损　　亩；土豆受损　　亩 ______受损　　亩；______受损　　亩		2.偶尔看见 3.经常看见	与家猪杂交 1.有　2.没有
黑熊 1.常年出没 2.春秋出没 3.不清楚	1.几乎未受损； 2.些许受损（20%）； 3.大量受损（40%） 4.严重受损（40%以上）	例如：	在农田和村庄周围 1.不怎么能看见 2.偶尔看见 3.经常看见	进入人户 1.有　2.没有 受伤/惊吓 1.有　2.没有
总经济损失约为：　　元；　占收入：			想法、建议：	

（三）网格区划法

将彭州市划分为 85 个网格，分辨率为 5km×5km。从 85 个网格中选取与彭州市县域重叠面积≥6.25 平方公里（即网格面积的 25%）的网格作为工作网格。近 5 年内有人见到野猪或者存在野猪出现的确切证据的，认为野猪在该调查网格内有分布。野外调查发现野猪实体或活动痕迹的，认为野猪在该调查网格内有分布。

（四）红外相机监测法

本研究的红外相机监测数据从大熊猫国家公园彭州片区（原白水河国家级自然保护区）获取，相机数据时间从 2021 年 1 月至 12 月，共收集到 12 台红外相机、3816 个相机日的监测数据，相机位于 62 号、67 号和 68 号调查网格。项目组对所获得的红外相机监测数据进行信息的提取（如时间、位置等）后计算相对多度指数（RAI）。

（五）样线法

采用样线法对野猪种群数量进行核查。核查样线主要布设在森林、林缘地带。在布设样线时，充分考虑了调查区域的地形地貌、植被状况、海拔高度等，本着以最短的距离尽可能多地穿过调查区域有野猪分布的各种生境（包括人工林、阔叶林、针叶林等）的原则。

（六）模型法

本项目以彭州市人与野猪冲突为研究对象，根据研究区域自然概况和人与野猪冲突的特征，选取相应环境因子，利用 MaxEnt 生态位模型构建人与野猪冲突的潜在风险分布模型，分析其空间格局，进而预测人与野猪冲突的潜在风险。

野猪主要危害距林缘 30 米以内、一面靠山的平地或山坡上农田中的农作物，受害农田周围林型以阔叶林、针阔混交林为主。因此，选择地形要素（海拔、坡度、坡向）、景观类型（森林、农田、其他地类）、人类干扰（距村庄距离、距主要公路距离）8 个环境变量作为人与野猪冲突风险分布模型的预测变量（见表 2）。

表 2　环境因子选择及来源

类型	环境因子	数据来源
地形要素	海拔、坡度、坡向	来源于水经注 GIS 数据（www. rivermap. cn），分辨率为 12. 5m×12. 5mDEM 数据
景观类型	森林、农田、其他地类	由彭州市第三次全国国土调查数据库导出后提取栅格图层
人类干扰	距村庄距离、距主要公路距离	全国国土调查数据库导出，在地理信息系统（GIS）中经过欧氏距离等空间分析得到

三　调查结果

（一）野猪肇事现状

从肇事类型来看，彭州市野猪肇事损害主要有两大类。①损害作物，主要包括坡耕地、农田中发生的野猪、黑熊、野鸡损毁玉米、土豆、红薯等粮食作物，损毁黄连、杜仲等药材作物，以及经营许可范围内的竹林等经济作物因野猪啃食而损毁。②造成心理负担，主要包括群众因野猪的频繁出没而不愿意上山、劳作或上山途中遭遇野猪造成惊吓，以及野猪、黑熊闯入村庄造成惊吓。此次调查未统计到因野猪等野生动物攻击而对人员造成的直接伤害的记录，也没有野猪损害家禽或与家猪杂交的记录。

本次调查中，彭州市不存在野猪直接伤人或破坏建筑的案件。

（1）损害作物。调查发现，受访区域当地种植的主要农作物是玉米，也间种土豆、油菜等作物。值得一提的是，龙门山镇有半数受访群众种植黄连、杜仲等中药作物。从野猪损毁农作物类型来看，玉米遭到损毁的群众占受访群众总数的 89.1%，其次是土豆和黄连均各占 10.0%，其他作物包括红薯、竹林地、果树等也有一定程度的受损（见表 3）。

表 3　受访群众受损情况

单位：%

作物类型		损毁面积		受损趋势		啃食树皮	
玉米	89.1	2 亩以下	41.3	增多	41.3	有	60.8
土豆	10.0	2~5 亩	34.7	不变	50.0	无	39.2
黄连	10.0	5 亩以上	24.0	减少	8.7		
其他	17.3						

同时，在龙门山镇、桂花镇、通济镇和丹景山镇的连片村落，有 28 位受访群众表示发现或见到过野猪啃食树皮，对林木造成一定程度的损害。

从野猪损毁农作物面积来看，受损 2 亩以下的占调查总数的 41.3%，受损 2~5 亩的占调查总数的 34.7%，受损 5 亩以上的占 24.0%，平均受损 3.72 亩。结果显示，受损 5 亩以上的作物多为黄连、竹林、果树等经济价值较高的作物。受访群众中，受损面积比例最小的为 5%，最大的为 100%，平均数为 53%。

此外，从近年来的受损趋势来看，九成以上的受访群众表示受损程度维持不变或者增多，只有少数受访群众表示受损程度减少。

（2）造成心理负担。调查表显示，35%的受访群众因野猪出没而有心理负担，不敢或不愿意独自上山。其中有数人因与野猪偶遇而摔倒受伤或受惊。这些群众集中分布在龙门山镇、桂花镇、通济镇和丹景山镇的连片村落。而在针对村干部的调查显示，19 个村落因野猪出没而存在不同程度的恐慌情绪，占调查总数的 73%。村干部普遍反映因村里老年人口居多，野猪的出没对他们造成了很大的心理负担。

（二）野猪肇事的范围

彭州市现下辖 13 个街道和乡镇，其中涉及野猪肇事的有 6 个，分别是龙门山镇、桂花镇、通济镇、丹景山镇、白鹿镇和敖平镇。6 个乡镇受野猪侵害强度不一，最多的是龙门山镇和桂花镇，均有 8 个行政村受到野猪侵害。通济镇 4 个行政村受侵害，丹景山镇 2 个行政村受侵害，白鹿镇和敖平镇各有 1 个行政村受侵害（见表 4）。

野猪肇事案件集中发生在湔江右岸龙门山脉浅山带，其中桂花镇、通济镇、丹景山镇和龙门山镇的一部分村落是野猪肇事的高发区域。

彭州市中部龙门山脉浅山带以南的大面积农田区域由于人口密集、远离林区，没有野猪肇事的记录。

表 4　涉及野猪肇事的乡镇村

单位：%

乡镇	涉及行政村	占比
龙门山镇	宝山村、草坝村、大湾村、九峰村、龙源村、小鱼洞社区、三沟村、团山村	66.7
桂花镇	桂花社区、金城社区、磁峰社区、龙头村、鹿坪社区、蟠龙村、石门村、双红村	53.3
通济镇	花坪村、君山村、龙怀村、阳平社区	30.7
丹景山镇	丹景村、双松村	20.0
白鹿镇	塘坝村	11.0
敖平镇	漓沅村	8.0

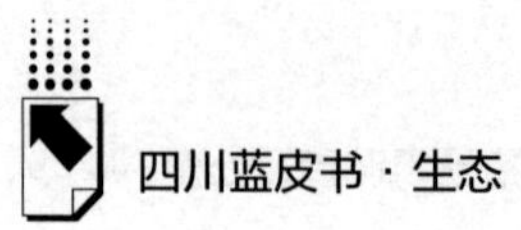

（三）野猪肇事现状认知调查

调查区域内受访群众对野猪认知情况表明，野猪出没、毁田事件多发生在夏、秋季，春季偶有发生。56.6%的受访群众在村庄周围偶尔或经常看见野猪活动。此外，95.6%的受访群众认为野猪数量逐年增加。针对防治措施这一项的访问显示，56.6%的受访群众并未采取任何措施，28.2%的受访群众采用放鞭炮、敲锣打鼓等制造噪声的方式防治野猪，此外还采取围网、烧火等措施。受访群众表示所有防治措施的效果均不能令人满意（见表5）。

表5　受访群众对野猪认知情况

单位：%

出没季节		出没情况（村庄周围）		数量变化		防治措施	
春季	2.1	不怎么见	43.4	增加	95.6	噪声	28.2
夏、秋季	84.7	偶尔看见	50.0	减少	4.4	围网	8.6
冬季	2.1	经常看见	6.6			其他	8.6
常年	8.6					无措施	56.6

（四）野猪肇事情感认知调查

93.4%的受访群众表示所在村的野猪肇事问题很严重或严重。但对村干部的调查显示，只有约26.9%的村干部认为野猪肇事问题严重影响了村里的农业（种植业）收入。此外，77.4%的受访群众表示没有收到过野猪肇事相关的宣传信息。所有受访群众均表示自己或身边均没有违法盗猎的情况（见表6）。

从受灾户数的比重来看，超过5%的有龙门山镇草坝村和三沟村、通济镇花坪村和龙怀村、丹景山镇丹景村和双松村。

表6　野猪肇事情感认知情况

单位：%

农业受灾严重程度（群众）		农业收入影响严重程度（村干部）		宣传	
很严重	39.1	严重（大于20）	26.9	有	32.6
严重	54.3	不严重	73.1	无	77.4
不严重	6.5				

（五）野猪种群分布

此次针对彭州市开展的野猪分布调查中，核查到有野猪分布的网格共计35个，约占总网格数的41%。野猪种群分布在彭州市北部高山区域、两河流域垄状中山区域，以及中部低山、丘陵区域，南部、东南部平原区域没有野猪种群分布。

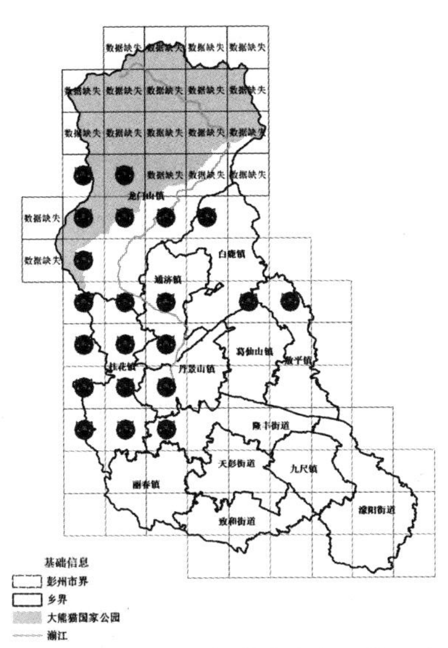

图1　彭州市野猪种群分布网络示意

（六）野猪种群密度

调查组对监测数据的清洗和整理后，共得到39次201张野猪照片，照片时间为 2021 年 2~12 月。据计算，该区域内野猪的相对多度指数（RAI）为 1.02。

调查组查阅《四川省第二次陆生野生动物资源调查技术报告——盆缘西北部山地地理单元陆生野生动物资源调查技术报告》，结合相对多度指数和野猪痕迹密度，估算彭州市野猪种群密度为 1.42~1.87 头/公里^2，其中重点调查网格及其周边（集中分布区）为 1.68~2.12 头/公里^2，其余区域为 1.16~1.62 头/公里^2。

四　分析预测

（一）野猪肇事现状分析

彭州市野猪肇事情况呈现整体可控、局部严重的特点，其主要原因有以下三点。

一是局部的野猪种群密度较高。肇事危害严重的地区与野猪高密度分布区有一定重叠，表明野猪种群数量与野猪肇事危害程度呈正相关。

二是农田的位置。受侵害农田一般位于林缘、山脚或山坡上等人类活动相对不频繁的区域，呈现碎片化的特点。

三是防治措施不到位。彭州市一半以上的受访群众并未采取任何针对野猪的防治措施，其余受访群众表示所采取防治措施效果并不显著。

调查组分析认为，随着野猪种群密度的增加，当野外食物难以满足野猪种群的采食需求时，野猪便会向耕地等人类活动区域靠近。而山里的碎片化耕地侵占了原本属于野猪的自然生境，野猪在找寻食物时很容易发现位于林间或山里的农作物，导致野猪侵入农田取食，引发“人猪冲突”。广东省和山西省的经验表明，声光设备和阻隔设施等手段均对防止野猪侵入农田有一定的作用。因此，当地居民没有采取有效的防治措施也是“人猪冲突”严重的重要原因之一。

（二）野猪种群的来源分析

调查发现彭州市的野猪种群分布并未连通，显示出2个分布区域：一是较大连续分布区域在大熊猫国家公园彭州片区（原白水河国家级自然保护区）以及湔江两岸的龙门山浅山地带，涉及保护区和桂花镇、丹景山镇、通济镇、龙门山镇四个乡镇；二是较小分布区域在白鹿镇和敖平镇，推测是由什邡市扩散而来的。

（三）基于 MaxEnt 模型的人与野猪冲突潜在风险评估

经调查组整理分析，彭州市人与野猪冲突的潜在风险的最大熵模型的AUC值为0.922，表明所构建模型的预测准确率达到“优秀”标准。

MaxEnt 模型结果表明，海拔对彭州市人与野猪冲突的潜在风险的影响最大（见图2），其次是耕地、林地和距居民点距离。

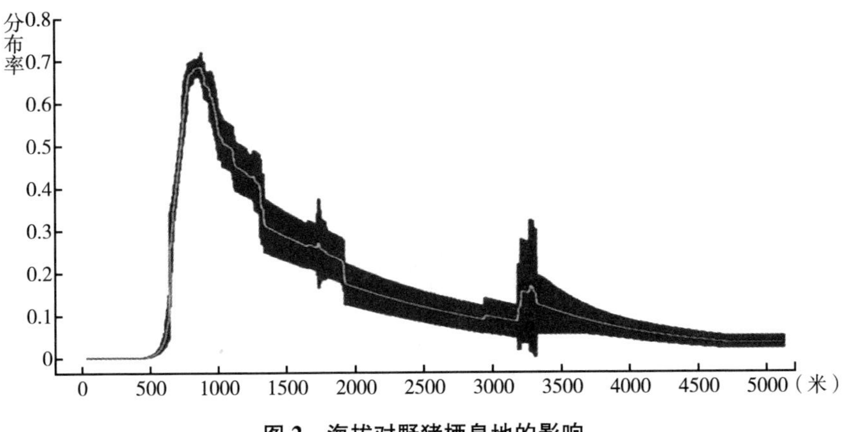

图2　海拔对野猪栖息地的影响

利用 MaxEnt 生态位模型预测出的人与野猪冲突的潜在区域主要集中分布在彭州市内北部的两河流域垄状中山区域和中部低山、丘陵区域。现没有野猪分布的43号、50号、56号、57号、58号和59号网格也是存在人与野猪冲突的潜在风险区域，野猪种群向上述网格，即通济镇北部、白鹿镇中北部扩散的风险较大（见图3）。

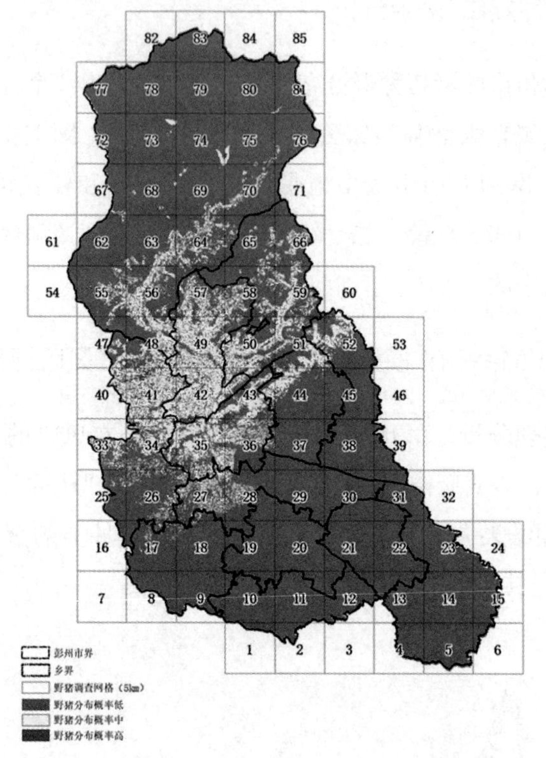

图3　彭州市野猪种群分布预测示意

五　对策思考

（一）野猪肇事管理的逻辑

近年来，四川盆周山区野猪肇事情况日趋严重，当地人与野猪的冲突愈发激烈，这是由多方面因素造成的。要遏制野猪损害农作物案件的增长趋势，预防野猪伤人等恶性事件的发生，首先应对野猪种群肇事管理这一行为进行逻辑上的梳理。

1. 野猪种群肇事管理的目的

野猪种群调控处置属于野生动物保护与管理中的管理层面，目的是通过人为干预达成野猪种群与当地居民群众的和谐共处，并将这样的状态长期稳定地维持下去。

一是要减少或消除野猪对当地居民生活的侵扰，特别是避免伤人事件的发生；二是要减轻野猪种群对当地农作物的损害；三是要维持当地野猪种群处于健全的状态。

2. 野猪种群肇事管理的目标

野猪种群调控处置的目标包括主要目标和次要目标。

地方政府应当以降低农作物受损害程度和减少野猪对群众生产生活的影响为主，并针对这两项提出具体的管理目标，如减少野猪肇事对农业收入影响大于30%的村落数量、通过措施降低村庄（聚居点）周边野猪被目击率。

在实现主要管理目标的过程中，野猪种群数量调控这类目标（捕猎数量）应该是动态的，需根据情况来评估。

3. 野猪种群肇事管理的方法

野猪侵害农作物的机制形成主要分为以下四步。

第一，吸引因子的存在。由人为因素造成村庄周边环境的管理缺失，如撂荒地、林缘边的单块农地和未收获农作物等对野猪具有强烈吸引力的因子存在。

第二，（潜在）加害个体的出现。在森林中生活的野猪个体因上述因子的存在，改变栖息地，向撂荒地和单块农地靠近并定居，这些野猪个体便是造成农作物损害的加害个体。

第三，加害个体入侵农田。当地群众没有采取有效的物理防治措施，如铁丝网、脉冲电子围栏等物理手段将加害个体与农田隔开，导致加害个体能轻易地入侵农田。

第四，侵害发生。野猪入侵农田后，采食、翻滚等行为将导致农田成片损毁，造成无法挽回的经济损失。

从野猪侵害农作物的机制来看，在实现管理目标的过程中政府应联合当地群众从侵害发生前的三个步骤入手，也就是当地群众应对村庄周边的自然环境进行管理（野猪栖息地管理）、政府和当地群众应对加害个体（群）及潜在加害个体（群）进行管理（野猪种群数量管理）、政府应向群众普及有效的防御措施（物理阻隔措施）并给予一定程度的支持。

4. 野猪栖息地管理

野猪性格谨慎、胆小。多数野猪会选择避开人类生产生活的白天进行活动。受损群众也有“一晚上，作物就被糟蹋完了”的表述。但在能够隐蔽身体、视线不通透的区域，如灌丛（杂草）地、撂荒地等，野猪会选择在白天行动，并逐渐将行动区域从森林内过渡到此类地区。

因此，野猪栖息地管理的主要手段是切断野猪从森林到田地的隐蔽路径、加强对撂荒地的统计和管理、减少村庄周围环境（未收成作物、食物残渣）对野猪的吸引力，引导野猪主动回避人类生产生活区域。

5. 野猪种群数量管理

相比其他的有蹄类动物，野猪的繁殖能力突出，自然成长率高，在有大片适宜栖息地的情况下，现有的“护农狩猎”很难抑制野猪数量增长的趋势。野猪种群数量管理的目的是减轻野猪肇事带来的损害，因此在受损害的区域针对加害个体（群）和潜在加害个体（群）开展护农狩猎行动会带来较高的收益。

建议在受侵害农田、林缘处采用铁笼诱捕的方式对加害个体（群）进行捕杀在现阶段的可行性更高。在捕杀加害个体（群）的基础上，结合野猪种群数量评估，若个别区域野猪种群密度仍然过高，则可批准采取枪猎的方式集中调控该区域野猪种群数量。猎捕活动结束后，应当遵照疫源疫病监测防控和检疫要求对猎获物采样送检。依法经检疫合格后的猎获物可用作人工繁育种源、动物饲料等非食用性用途；未经检疫或检疫不合格的，应依据当地有关规定作无害化处理。

6. 物理阻隔措施

在农作物成熟期，可采取 LED 灯加喇叭的方式对野猪进行驱赶，实施的灯光和噪声措施会在 1~2 周内有效果。

此外，架设脉冲电子围栏和铁围栏是防止野猪危害农作物最主要的方法，配置挡板的围栏会遮挡野猪的视线，让野猪无所适从；脉冲电子围栏则是利用野猪高超的学习能力，使其遭电击后产生脉冲电子围栏危险的想法，从而在今后的活动中回避脉冲电子围栏；普通的铁丝围栏则会将野猪和农作物物理隔绝，减少农作物损害。脉冲电子围栏和网围栏在架设后需要定时巡护以保证其效果。

（二）调控处置建议

根据调查结果，彭州市野生动物肇事案件主要由野猪、黑熊造成，其中野猪肇事范围广、造成损失严重，群众意见大，亟须采取管理措施减轻野猪种群对当地农作物的损害，减少或消除野猪对当地居民生活的侵扰。

1. 进一步调查和监测野猪种群现状

野猪种群密度是影响野猪肇事损害程度的主要因素之一，在制定管理措施时有必要对野猪种群密度进行科学评估。建议彭州市规划和自然资源局联合大熊猫国家公园彭州管护总站组织技术力量每 1~2 年对彭州市野猪种群进行一次调查，按网格规划野猪分布区域，并且在重点分布区域采用样线法或红外相机监测法评估野猪种群密度。

2. 进一步统计和评估野猪肇事现状

野猪肇事现状是进行野猪肇事管理的依据，野猪肇事管理的主要目标是降低农作物受损害程度和减少野猪对区域群众的生活影响。建议彭州市以行政村为单位对野猪（野生动物）肇事现状进行统计，并纳入年度工作计划，包括农作物受损害程度（面积或其他指标）、农作物受损害种类、受灾户数、防御措施和保险理赔等。在统计数据的基础上对受灾村落进行评估分级，在受侵害严重的村落，如龙门山镇草坝村、桂花镇金城社区、通济镇龙怀村，试点栖息地管理、物理阻隔等措施。

3. 试点野猪种群数量管理

野猪种群数量管理是野猪肇事管理的手段之一，是在野猪种群数量超过环境承载能力的区域对野猪进行捕杀。建议彭州市统一购置诱捕铁笼，并在确保捕猎人员切实掌握规范化猎捕知识和安全知识后，在桂花镇、通济镇和龙门山镇受侵害严重的村落和田地组织狩猎人员试点护农狩猎，对进入森林、农田交错一侧自然区域的野猪个体采取铁笼诱捕的方式进行捕杀。

诱捕铁笼可用5厘米孔径的钢丝绳网加钢管进行组装，配合监控设备，成本为1万~2万元/个。诱食剂采用玉米加上气味较大的食物，如烧鸡、烧鹅等。建议在春夏季、作物成熟前实施诱捕，根据野猪集群大小，一次（7~10天）可捕获数头至十数头野猪。

按照国家林草局《防控野猪危害工作技术要点》中所提及的种群调控密度控制标准，南方浅山丘陵地带种群密度应按2只/公里^{2}的标准进行控制。彭州市的野猪种群数量为1439±198头，其中重点区域野猪种群密度为1.68~2.12头/公里^2，数量为428±49头，根据控制标准测算，建议在该区域内捕获数量不超过50头/年。

猎捕活动结束后，应遵照疫源疫病监测防控和检疫要求对猎获物采样送检，并应依据有关规定作无害化处理，或者依法经检疫合格后用作科学研究、人工繁育种源、动物饲料、药用原料等非食用性用途。

4. 试点物理阻隔措施

根据国家林草局印发的《防控野猪危害工作技术要点》，推荐在野猪频繁致害、损失大、对人身安全构成严重威胁的区域，设置脉冲电子围栏装置，同时设置警示标识，提醒人员保持距离、避免被电击。

建议彭州市在桂花镇、通济镇或龙门山镇成片连续分布的损害高发区试点网围栏或者脉冲电子围栏防止野猪侵害农田。围栏的设置应结合地形地貌确定起止点，并留出人员通道。若采用脉冲电子围栏进行防护，应对脉冲电子围栏设备进行管理，采用36V以下24小时输出脉冲电流的安全电压适配装置，并在电围栏外围架设醒目警示标志，防止人员意外触电。协调公安等管理部门，解决安全脉冲电子围栏推广应用中的政策限制问题。在实施过程中，应采取相应的管理措施，防止不法人员私自改装，敦促农户日常检查围栏，规范使用。

5. 完善野生动物肇事损害补偿

调查显示，彭州市受野猪侵害的行政村中90%以上购买了政策性农业保险，但现阶段政策性农业保险对野生动物肇事造成的损失不予理赔。建议彭州市规划和自然资源局联合大熊猫国家公园彭州管护总站积极推动野生动物致害补偿保险试点，按照《四川省陆生野生动物致害补偿办法》，在大熊猫国家公园入口社区——龙门山镇探索实行陆生野生动物危害补偿，以大熊猫国家公园的成立为契机，充分运用市场机制和商业保险手段，建立管理措施科学、服务网络完善、理赔及时高效的野生动物肇事保险管理服务体系。

6. 加强对“人猪冲突”的科普宣传

本次调查中，超过七成的受访群众表示针对野猪肇事的宣传力度需要加大，希望政府能开展野猪防治对策等科普宣传活动。彭州市受野猪侵害的群众具有年龄大、受教育程度低等特点，其中 60 岁以上人口占 58.3%，这类人群信息获取渠道单一、科普宣传难度大。建议彭州市规划和自然资源局联合大熊猫国家公园彭州管护总站设计制作关于野生动物保护管理的宣传折页，着力宣传《野生动物保护法》，加强对山区群众人身安全的教育，使广大群众了解野猪防治措施和遭遇野猪时的应对方法。

参考文献

张劲硕：《世界猪的种类、分布和现状》，《动物学杂志》2007 年第 1 期。

刘笑冬：《野猪拟调出“三有”名录，以后可以随意捕杀吗?》，http：//www.news.cn/politics/2021-12/15/c_ 1128167191.htm? msclkid = b51de0e2b97e11ecb0ef400ee92af1e3，2022 年 3 月 21 日。

《彭州市自然资源》，http：//www.pengzhou.gov.cn/pzs/c111375/2021-06/28/content_9327fa95ec2a46918a553fd0b3f89c3c.shtml，2022 年 3 月 21 日。

《2020 年彭州市统计年鉴》，http：//www.pengzhou.gov.cn/pzs/c111483/2021-01/06/content_ 649f44daa66644fd85cacb543632a9ef.shtml，2022 年 3 月 21 日。

王文、马建章、李建等：《黑龙江省通河乌龙狩猎场野猪冬季食性的初步研究》，《兽类学报》2005 年第 4 期。

Schlageter A.，*Preventing Wild Boar Sus Scrofa Damage-consideration for Wild Boar Management in Highly Fragmented Agroecosystems*，Basel：Basel University Press，2015.

イノシシの保護管理に関するレポート. 日本：環境省，2014。

Geisser H., Reyer H. U., "Efficacy of Hunting, Feeding, and Fencing to Reduce Crop Damage by Wild Boar," *Journal of Wildlife Management*, 2004, 68 (4).

上田弘則. イノシシによる果樹被害の実態と対策. 山梨県環境科学研究所研究報告書, 2007 (16)。

Kaji K., Tsuchiya T., *Wildlife Management System in Japan*, University of Tokyo Press, 2014.

生态系统篇

Ecosystem Reports

B.16

乡村聚落生态系统多样性与持续性研究*

——以川西林盘为例

沈茂英　王晓行　尹楚帆　张声昊**

摘　要： 乡村聚落既是生态宜居的载体又是生态宜居的表现，既是乡村生态产品的供给区又是乡村生态产品的消费空间，既是生态景观又是居住空间，是集生产、生态、生活于一体的生态单元。川西林盘是重要的乡村聚落类型、典型的乡村生态系统，具有生态系统的所有功能。通过对陈家林、岩腔坨、农科村、连二里市等四种类型的林盘调查发现：林盘大小没有固定尺度，亦非行政村或村民小组，是自然形成的或大或小的聚落；居住与生活是林盘的基本功能，生态是林盘之基，建筑是林盘之形，人是林盘之魂；林

* 基金项目：四川省科技厅软科学项目（2023JRD0273）。

** 沈茂英，博士，四川省社会科学院经济研究所研究员，主要研究方向为山区发展、扶贫开发与生态环境保护等；王晓行，四川省社会科学院，主要研究方向为生态环境保护；尹楚帆，四川省社会科学院，主要研究方向为生态环境保护；张声昊，四川省社会科学院，主要研究方向为生态环境保护。

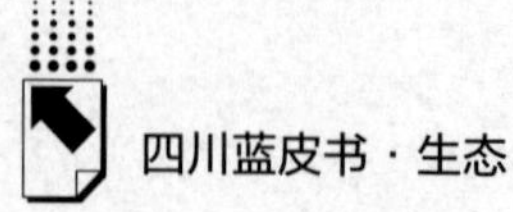

盘的传统生产功能在减弱，居住与休闲功能在强化；传统的嵌套式林盘减少，单体林盘和马路林盘增加；现代林盘既是生活空间更是生态空间，居住是林盘的核心功能。林盘既是传统的又是现代的，是发展变化的物态与活态文化载体。保护林盘应以满足人的美好生活需求为目标，开发林盘应以林盘生态价值实现为基础。

关键词： 川西林盘　林盘生态　生态宜居

一　研究背景

生态宜居是乡村振兴之重点。乡村聚落既是生态宜居的载体又是生态宜居的表现，既是乡村生态产品的供给区又是乡村生态产品的消费空间，既是生态景观也是居住空间，是集生产、生态、生活于一体的生态单元。乡村聚落是乡村人口的居住空间和活动场所，是一个以人类活动为主导的社会—经济—自然复合系统，是乡村最重要的人文景观，[①] 泛指分布于乡村地区的各种居民点，既包括单家独院，也包括由多户人家聚居在一起的村落（村庄）和尚未形成城镇建制的乡村集镇，甚至还包括建于野外和自然保护区的科学考察站以及分布在乡间的度假村等。[②] 乡村聚落是人与自然发生联系的最直接、最密切的地理单元，是一种独特且具有特殊结构和功能的复合生态系统。

乡村聚落是乡村人口之生存发展空间。2021 年四川人口城镇化率达到 57.8%（人口乡村率仅为 42.2%），但乡村聚落却是 3531.3 万乡村人口，特别是 79.38 万 65 岁及以上老年人口（乡村老年人口比城镇老年人口多 17.1 万）的居住单元、生活空间和养老空间。[③] 另据第三次全国国土调查数据，

① 沈茂英：《山区聚落发展理论与实践研究》，巴蜀书社，2006。

② 陈国阶、方一平、陈勇等：《中国山区发展报告——中国山区聚落研究》，商务印书馆，2007。

③ 65 岁及以上人口数来自“七普”数据，城镇化率和乡村人口数据来自四川省统计局（2021 年数据）。

在四川省 184.12 万公顷的城镇村及工矿建设用地中，城市用地为 20.99 万公顷，镇用地为 20.79 万公顷，村庄用地为 136.55 万公顷，工矿用地为 4.51 万公顷，风景名胜区用地为 1.29 万公顷。其中，村庄、风景名胜区和部分分布在乡村的独立工矿企业理论上都属于乡村聚落范畴。即使单独将村庄用地作为乡村聚落单列出来，其用地面积也是最大且比例最高的，村庄用地占全部城镇村及工矿建设用地的 74.2%。按照第三次全国国土调查的土地分类细则说明，村庄用地即农村宅基地，[①] 包括住宅用房及其附属设施用地、多层高层等新型住宅用地等类型。除农村宅基地之外，还有一种用地类型属于村庄用地，即村庄内广场、村两委办公用房及其附属设施等以及连接村庄的农村道路，农村道路[②]在四川交通用地中同样占据相当高的比重（49.86%）。农村宅基地、村庄公共设施以及农村道路，构成了乡村人口生存发展的生态空间。

乡村聚落是乡村生态资源转化的重点。《中共中央　国务院关于乡村振兴战略的实施意见》明确提出，“将乡村生态优势转化为发展生态经济的优势”，“创建一批特色生态旅游示范村镇和精品线路，打造绿色生态环保的乡村生态旅游产业链”。《乡村振兴战略规划（2018—2022 年）》明确指出，乡村是具有自然、社会、经济特征的地域综合体，兼具生产、生活、生态、文化等多重功能，与城镇互促互进、共生共存，共同构成人类活动的主要空间。乡村兴则国家兴，乡村衰则国家衰。乡村聚落兼具生产、生活、生态、文化等多种功能，是“乡村兴”和“乡村衰”的直观呈现。乡村聚落有生活、生态、文化、生产等多种功能，这些功能的位序也会随着时代的变迁而变化，体现出明显的时代特征。村庄形态结构、村庄空间布局、村庄人

① 农村宅基地是指农村用于生活居住的宅基地，包括：①农村范围内用于生活居住的农民住宅用房及其附属设施用地。②联排、多层、高层等新型农村住宅用地。③“城中村”的居住用地。④窑洞院落按农村宅基地调查，窑洞上方按地表现状调查，窑洞范围标注 203 属性。

② 农村道路是指在农村范围内，南方宽度≥1.0 米、≤8 米，北方宽度≥2.0 米、≤8 米，用于村间、田间交通运输，并在国家公路网络体系之外，以服务于农村农业生产为主要用途的道路（含机耕道）。

居环境等，无不折射出时代的发展理念和价值取向。乡村聚落生态不仅有助于提升生态系统的多样性、稳定性和持续性，还承载着乡村民众对美好生活的向往。

随着社会转型变迁和城镇化快速推进、乡村建设用地盘活、乡村人口生活都市化以及现代农业快速发展，适应传统农耕生活的川西林盘逐渐被集中居住型聚落所取代，传统川西林盘不断消亡，新型“林盘”不断增加。保护川西林盘、保护传统农耕文化，成为成都公园城市建设和乡村振兴的重要内容。本报告以乡村聚落为核心关键词，以川西林盘生态为观察对象，梳理川西林盘的研究文献，以个案展现林盘的多样性，借以阐述林盘生态的时代内涵与发展演变，探讨林盘保护开发利用的现代性与生态宜居性，以期服务于公园城市的乡村表达。

二　乡村聚落生态系统

（一）生态系统尺度选取

生态系统的选取可大可小。“大”，可到一个广大的区域生态系统乃至地球生态系统；“小”，可到森林里的一棵树或一个小小的池塘。一个农场是生态系统，整个农村景观也是生态系统，村落、小镇和大城市都是生态系统。[①] 村落或村庄，也称乡村居民点，是由建筑物、道路、公共空间、溪流、河流、池塘、水井、耕地、园地、林地等组成的社会系统、经济系统和生态系统形成的复合系统，是人类在长期适应自然、改造自然和与自然的互动过程中形成的地域综合体。人与自然的关系，在村落层面得到最完整的表达，人改造着自然并建成体现环境特色的建筑物。自然环境要素被融入村落的建筑材料、生产生活、文化习俗。村落人口数量、建筑物规模、

① 〔英〕杰拉尔德·G. 马尔腾著《人类生态学——可持续发展的基本概念》，顾朝林、袁晓辉等译校，商务印书馆，2012。

经济产出、饮食习惯等也被嵌入了生态环境要素。地形地貌、海拔高程、耕地面积、河流水面等在一定程度上影响着村落数量与村落密度。自然环境影响并作用于村落分布、人口规模、生产活动和文化习俗。山区、平原和丘陵，无不在村落分布密度、人口规模等方面存在差异。通常情况下，山区聚落密度低、人口少、可进入性差，平原聚落密度高、人口多、可进入性好，丘陵聚落介于二者之间。选取乡村聚落作为生态系统尺度，是基于乡村生态系统多样性和稳定性，也是基于人与自然和谐的承载面。

（二）四川的乡村聚落

地处第一、第二阶梯过渡地带的四川，是长江黄河上游重要的生态屏障，地形地貌复杂多样，适应地形地貌和自然环境的乡村聚落在形态表达、结构功能及文化景观类型上同样多元多样，构成独具四川特色的乡村聚落生态景观。四川既有适应青藏高原且密度极低的游牧+定居点聚落，也有适应云贵高原的凉山彝家新寨，还有盆周山区的巴山新村以及川西平原的林盘聚落，这些聚落成为承载传统农耕文明记忆与人类适应环境的经典。在住建部先后公布的六批次全国传统村落中，四川有 396 个入选，仅甘孜、阿坝两州就有 141 个入选（占 35.6%），成都市入选 10 个（其中社区 5 个[①]）。目前，成都市有村民委员会 1311 个，占全省的 4.9%，但成都市的国家级传统村落只有 5 个，占全省的 1.26%；阿坝州和甘孜州有村民委员会 3271 个，占全省的 12%，但国家级传统村落占全省的 35.6%。通过简单的数据对比不难发现，成都市行政区域内传统村落极度稀缺，传统村落保护面临严峻挑战。成都处于典型的“水旱从人，不知饥馑”的都江堰灌区腹地，农耕文化历史厚重、村落特色鲜明，其中的林盘文化、林盘生态、林盘经济和林盘资

① 这 10 个传统村落分别为：第一批的邛崃市平乐镇花楸村，第二批的成都市金堂县五凤镇金箱村，第三批的成都市龙泉驿区洛带镇老街社区、成都市金堂县五凤镇五凤溪社区、成都市大邑县安仁镇街道社区、成都市邛崃市平落镇禹王社区，第五批的成都市青白江区姚渡镇光明村、成都市蒲江县朝阳湖镇仙阁村、成都市都江堰市石羊镇马祖社区、成都市邛崃市高何镇高兴村，共计 10 个。其中，真正属于乡村的只有 5 个。资料来源于中华人民共和国住房和城乡建设部。

源，不仅是成都平原传统农耕文明的凝结和根脉，还是成都市公园城市推进乡村振兴的表达载体。保护和利用好川西林盘聚落，是学界和社会各界不断探讨的热点话题，也是各级政府乡村规划的重要内容。成都市人民政府办公厅于2008年就专门出台《关于推进我市川西林盘保护的实施意见》（成办函〔2008〕233号），以加强对川西林盘的保护和开发性利用。

（三）乡村聚落生态系统

聚落及其周边环境形成了聚落生态系统。[①] 乡村聚落及其周边环境形成了乡村聚落生态系统。成都平原上星罗棋布的林盘就是典型的乡村聚落生态系统。在成都市住房和城乡建设局的官网上，对川西林盘的解释是成都平原及周边地区农家院落和周边高大乔木、竹林、河流及外围耕地等自然环境有机融合形成的农村居住环境形态。这个解释，已内涵了聚落生态系统的全部要素且是复合系统要素，包括人口（居住在农家院落的人）、建筑物（农家院落）、周边环境（树木、竹木、园地、耕地）、水环境等，以自然村落为主。按照生态学教科书中的定义，生态系统是一定空间内生物和非生物的成分，通过物质循环、能量流动和信息传递而形成的一个生态学功能单位，一般由非生物环境（原料部分、代谢过程的媒介部分、基层部分）、生产者（绿色植物）、消费者（动物和寄生生物）、分解者（微生物）等组成。[②] 聚落生态系统是典型的人类生态系统，是由居民及其聚落环境组成的网络结构，人与其生存的自然环境和社会环境之间，通过物质循环、能量流动和信息传递形成了相互作用、相互联系、相互依存的人类生态系统功能单元，是以人为中心的生态系统，聚落及其环境是人在自然生态系统基础上，通过对自然环境的适应、加工、改造而建立起来的人工生态系统。[③] 川西林盘是典型的乡村聚落生态系统。

---

① 马旭、王青、丁明涛等：《岷江上游山区聚落生态位及其模型》，《生态与农村环境学报》2012年第5期。

② 曹凑贵主编《生态学概论》，高等教育出版社，2002。

③ 周鸿编著《人类生态学》，高等教育出版社，2006。

三　川西林盘的文献研究

（一）川西林盘概念与特征

林盘是集生产、生活及景观于一体的复合型居住模式，以林为核心，水、宅、田构成自然或人工要素，[①] 广泛分布在西南地区，以川西林盘为典型代表。川西林盘位于川西平原。川西平原广义上处于龙泉山脉、邛崃山脉及龙门山脉之间，南至乐山，北至绵阳；狭义上主要构成部分包括绵竹、灌县（今都江堰市）、金堂、罗江、邛崃、新津为界限的岷江、沱江冲积平原。[②] 川西林盘是在川西平原的平畴绿野之上，农家住居被竹林、树木所环绕，形成一个个犹如田间绿岛的农村聚落单元。它既是一种生产方式，也是一种生活方式，是川西平原自然地理环境与水利农耕文明协调共生的结果。[③] 据统计，2014 年成都共有林盘约 12. 11 万个，林盘总面积为 54185. 37 公顷，林盘内居住人口 362. 56 万人，人均占地面积 150 平方米，其中居住 10 户以上、形态完整的大中型林盘约 1. 02 万个。[④] 2014 年《成都市川西林盘保护利用规划》中优选出大中型林盘规划保护点 6645 个，其中聚居及乡村旅游保护点 3567 个、特色农业产业利用林盘保护点 3078 个，林盘保护面积 15616. 97 公顷，现具有保护利用价值的林盘仅存 5600 多个。

（二）川西林盘的空间结构与生态服务价值

作为与传统农耕生产相适应的乡村聚落形态，川西林盘空间结构由内而

① 段鹏、刘天厚：《蜀文化之生态家园：林盘》，四川科技出版社，2004。

② 王寒冰：《川西平原林盘聚落空间形态研究》，西南交通大学硕士学位论文，2016。

③ 方志戎、李先逵：《川西林盘文化价值探析》，《西华大学学报》（哲学社会科学版）2011 年第 5 期。

④ 《到 2022 年成都将完成修复 1000 个川西林盘》，https：//e. chengdu. cn/html/2018-02/08/content_ 617450. htm，2018 年 2 月 8 日。

外遵循“宅院—林木—水田”依次分布，河流贯穿其中，景观层次丰富，功能完整，人们的农业生产、农村生活与半天然半人工的湿地生态系统相得益彰。学者们通过研究林盘空间结构展示其丰富功能，致敬古蜀人民的生存智慧。[①] 川西林盘是蜀文化载体、生态屏障、田园风光、人居思想和文化景观。[②] 川西林盘的林地、农田、民居三大环境要素相互作用，形成一个复合的生态系统，符合基质（农田）—斑块（林地）—廊道（道路水系）模型，具有生态学中的“边缘效应”，在林地与农田交界处创造了一个特殊的地带，调节生态环境。[③] 林盘生态系统服务价值对农户生产生活以及区域安全而言十分重要，郫县（现郫都区）林盘实际供给服务价值量约为2525.82万元/年，食用产品、园林产品和木材产品占比分别为51.87%、22.64%和10.35%。[④] 林盘具有生态系统的所有功能，是重要的生态产品供给地。

（三）川西林盘保护与开发利用

学界普遍认为，川西林盘是最重要的乡村生态资源，利用乡村生态资源集体产权特性及半封闭性公共池塘资源特征，实现乡村生态资源价值。[⑤] 林盘保护性发展是一项综合性事业，是以农业农村发展为中心，发挥农民的主体性作用，以科学规划为前提，体现林盘衍生价值，并与人才培育同步推进。[⑥] 针对空间格局失序、空间要素失衡、邻里空间隔阂、文脉空间断裂四个方面的现存问题，提出空间要素修复、邻里空间联结、空间功能复合、景

① 姜涛、苏雪杨、陈其兵等：《川西林盘的生存智慧及其现代启示》，《城市发展研究》2014年第2期；曹颖聪、钟毅：《川西林盘空间特征及其成因研究》，《城市建筑》2018年第6期。

② 方志戎、李先逵：《川西林盘文化价值探析》，《西华大学学报》（哲学社会科学版）2011年第5期。

③ 郑婧：《论川西林盘的生态意义》，《山西建筑》2010年第12期。

④ 刘勤、徐佩等：《成都平原林盘的生态系统供给服务价值评估》，《生态经济》2018年第5期。

⑤ 贾晋、刘嘉琪：《唤醒沉睡资源：乡村生态资源价值实现机制——基于川西林盘跨案例研究》，《农业经济问题》2022年第11期。

⑥ 蔡竞：《乡村振兴视域下川西林盘保护性发展的调查与思考》，《农村经济》2018年第12期。

观意象重构四大策略以促进传统林盘更新。① 同时，要增强集体经济组织能力，强化土地供给保障。②

四　川西林盘的多样个案呈现

林盘聚落，既不同于行政村，也不同于新型集中居住区，或三两户，或十来户，其大小由周围耕地承载力与耕作半径所决定。林盘，通常是冠以姓氏的，如陈家林、杨家林、帅家林、陈家河心、谭家林等。林盘前被冠以姓氏，表明居住在这个林盘的农家人的主要姓氏。在崇州羊马街道到金马河洪堰口的道路两侧，不时会出现帅家林、陈家林、赵家林、谭家林等指路牌。这些指路牌上的帅家林或陈家林就是一个个林盘姓氏，也是一个个被冠以姓氏的自然村落。自然村落内又有多个相对独立的林盘，形成大林盘套小林盘的分布格局。以姓氏+院子出现的林盘，往往是大户人家的院落，以四合院为主，大四合院套小四合院，大院带偏院，如陈家院子、李家院子、张家院子等。房屋、院坝、院坝边几棵树、几丛竹林（笼）、几厘菜地、几间猪舍鸡舍、一眼水井、连接院落的羊肠小道以及院坝外的耕地、小溪等，构成了学者眼中的林盘。川西平原的林盘，原本是服务于传统农耕生活的，围绕农耕生活也形成了兼有集市功能等特殊类型的林盘。随着社会转型、人口乡城流动、土地利用结构调整以及城乡一体化进程的加快，林盘的生产功能不断削弱，而居住功能、生态功能及休闲功能不断强化，形成了以居住为主兼顾生产生态、以交易为主兼顾生活生态、以旅游为主兼顾居住等多样态的林盘生态与林盘经济。

（一）陈家林：嵌套林盘的解体，单体林盘的增多

陈家林，顾名思义，是以陈姓人家为主的自然村落。这个自然村落位于

① 纪丹、孙大江：《社区营造视角下的川西林盘空间更新初探》，中国风景园林学会2019年论文集（上册）。

② 张耀文、卿明梁、郭晓鸣：《川西林盘保护与利用：进展、挑战与突破选择》，《中国西部》2022年第1期。

崇州市羊马街道辖内金马河与羊马河之间，有30余户人家，往上都可追溯到一个陈姓祖宗，仅有的几户杨姓、刘姓人家皆因纯女户女婿入赘而成。传统意义上的陈家林之“林”，并非林木之林，而是农舍聚集之林、竹丛之林，是典型的川西林盘。金马河与羊马河夹角地带是都江堰灌区最肥沃的土地，为成都平原的腹心，是传统农耕文化保留最完整的区域之一。20世纪七八十年代的陈家林，既有院墙共享、出入合用院门的农舍，也有相对独立的农舍，农舍之间被窄窄的巷道连通，竹丛阻隔农舍与耕地，环绕农舍的都江堰灌区农渠和毛渠在穿过农舍时便成为农舍人家的生活用水，在流经耕地时便成为农作物的灌溉用水。

陈家林的林盘在空间形态上以晒场（晾晒谷物）为中心，农舍绕晒场而分散开来，农、毛渠围绕晒场流经周边人家与耕地，沿农、毛渠的是陈家林的乡村道路。在耕地资源稀缺和劳动力就业空间受限的传统农业社会，房舍相连甚至个别家庭墙壁共享的建筑形态，是最大化集约利用耕地资源以满足口粮、饲料和公粮需求。竹林是陈家林最主要的生态资源，林盘内很难看到高大的乔木和果木，仅有三两棵核桃树、三两棵柿子树。竹林之于陈家林，是最重要的生存原材料。成年的竹材供农家人编箩筐、编背篓、编筲箕或用作扁担等。竹笋的副产品笋壳是最重要的家用资源，用于制作鞋底的衬料、甑子饭的盖子和锅盖等。不能成材的竹子则是手工纸的上好原料。陈家林曾经有一家手工纸作坊，需要大量的主材料。陈家林竹种类多，有慈竹、雷竹、楠竹，其中慈竹最多，楠竹最少。竹，不同于树，成材周期短，一两年即可供农家人使用。生长不同年份的慈竹有不同的用途，一两年生的慈竹用来编各类竹筐、两年生的慈竹用于换墙心、三五年生的慈竹用来作扁担。树，需要十年以上才能成材，有“十年树木”之说。一丛丛的慈竹还是夏季傍晚农人们纳凉之处。竹丛，是陈家林的特色。每户人家，都有一两丛、两三丛竹笼，能有楠竹、雷竹的家庭，就是林盘很大的家庭了。竹林之外，是宝贵的耕地资源。传统的耕地用于种植水稻、小麦和油菜三大作物，紫云英（既是饲料又可作为蔬菜）极少，田埂则用于种植各类蔬菜、豆类。

现在的陈家林，完全不同于传统的陈家林，无论是空间结构、竹丛特色、房屋结构、耕地利用、农毛渠等林盘要素，还是林盘的人口构成和主体功能，都发生了颠覆性的变化。耕地上传统的三大作物（水稻、小麦、油菜）彻底退出，耕地成为平原林地或园林，田埂逐渐消失，满足生活用水和灌溉用水的毛渠消失、农渠保留但呈现为有渠无水（大多数时候是断流的）。竹丛，彻底退出了陈家林，再无竹丛映衬之下、炊烟袅袅的农舍。在空间上，晒场这个曾经的核心公共空间变为4户人家的独立双层楼房；院墙共享的房舍彻底切割而形成一个个独立的小院，小院多沿通村道路而建，形成沿道路的串珠状聚落。小院人家自成一体，构成新的林盘，但此林盘非彼林盘。新建的小院有高高的水泥墙与耕地阻隔，墙内有宽敞的停车场，有漂亮的花园，有一层、双层、三层的住宅用房。水泥墙外的耕地上，是各种名贵的树木和观赏植物，既有银杏、桢楠、桂花、樱花、海棠等植物，还有苗圃、盆景等，偶尔林中有些蔬菜点缀。陈家林，从嵌套林盘到单体聚落，从竹笼到名贵花木，从绿植院墙到水泥墙，从农毛渠取水到自来水，完成了传统林盘的现代转变。陈家林，从田间绿岛转变为林间小楼，单体楼盘点缀在立体的平原森林之中。耕地，从提供食物转变为提供满足城镇绿化的园林用地。每年的初春之际，总有一辆辆大车停靠在路边，车上是带着厚重泥土的树木，等待着运往目的地。尽管陈家林的户籍人口并未减少，但常住人口急剧减少，青壮年劳动力在附近城镇上班且置业，一个个院落内居住着的多是老人。

（二）岩腔坨聚落：收缩的建筑，扩大的生态

“岩腔坨”林盘，当地人称为“挨（ai）腔坨”，有5~6户农家，散居在小溪（当地人称“小河”）边。“岩腔坨”，来自岩石之下有一泉眼，泉水处的河道突然变宽成为回水坑，住在此处的人家被称为“岩腔坨”。泉眼用石板与河相隔成为“井”并供住户们取用。河水涨起来的时候会漫过水井呈现井河一体景观，但井面之水和河面之水却泾渭分明，井水清澈、河水浑浊。大多数时候井水与河水两不相犯、各有其用，井水做饭，河水洗衣。直到20世纪90年代初期，这5~6户农家煮饭、饮用、煮猪食等生活用水，也都年复一年地从井里挑水，再储存在厨房的大水缸中，洗碗做饭等再从水

缸中用水瓢打水，每户农家都有多个水瓢，水桶和扁担更是家庭生活的必需品。

“岩腔坨”农家分散而居，各自有着独立的院落。院落内是人畜混居的房舍，家禽在院落内外觅食，家畜养殖在特定的圈舍内，圈舍同时也是厕所。院落之外是竹林且是单一的慈竹林，竹笋、笋壳、竹竿等是“岩腔坨”人家最主要的薪柴、家用生活品的原料。竹笼之外是坡耕地和水田，玉米、土豆、大豆、小麦、水稻等是最主要的农产品。砍柴曾经是岩腔坨聚落妇女们最劳累的农活，有户人家的主妇因背柴而摔伤致残。各家各户的柴火（薪柴），或者来自竹丛，或者是作物的秸秆，或者是到十里外的山上砍柴。各户人家的粮食来自坡耕地和有限的水田。聚落人家的食物、燃料、生产用肥等基本自给自足，也给有限的生态空间带来了巨大的压力。

水井旁的小河是妇女们洗菜之地，也是小孩子们戏水玩耍之地，距离洗菜之地下游二三米处，是洗粪桶、洗衣洗鞋等用水之地。一座小桥将河流的水功能划分得一清二楚，桥的右侧靠近水井的河边是洗菜之地，桥的左侧是洗衣洗鞋之地；水井对岸桥的下游是洗粪桶用水之地。一个小小的溪流，被住户们分割成不同的功能，满足生活的不同需求。现在，水井依在，但已被废弃，原本四季不断的泉水也因多年不曾淘井而减少；河水曾经的洗菜、洗衣等功能已消失，住户们早已不再到河边洗衣、洗菜等，河流只是一条河流，生态的河流，水禽（鸭子）的河流，观赏的河流。

“岩腔坨”聚落姓氏多元，有牟、杨、曹、张和周 5 个姓氏（其平面图大体如图 1 所示）。其中，牟姓院子正好居住在水井之上，是距水井最近的人家。牟家猪圈等附房就在水井斜上方，直线距离到水井也就 2 米左右，但牟家猪圈的猪粪并不会污染水井，猪粪等是上好的农家肥，每每有粪水，也都被挑到农地里了，农坡地上还专门挖了一个储粪池。人与自然形成了某种默契。杨姓与牟姓斜对门，中间隔着一个小路和排水沟，是“岩腔坨”人家中地势最为平坦的。岩腔坨聚落的变迁，首先始于水泵从水井中抽水进厨房，后又改为各户打深井抽水，水井的饮用水功能逐渐被废弃。21 世纪初，杨家在集镇购买了商品房，率先从“岩腔坨”搬离，集镇与“岩腔坨”相聚3公里。杨家父辈住“岩腔坨”，儿子孙子一家住在集镇。接着是周家搬迁到通乡道路一侧，后来是曹家和张家的搬离。原本五六户人家的“岩腔坨”聚落，最后仅剩下杨家和牟家两处院落，各家常年有一位老人留守看家，杨、牟两家也都在县城买了房。

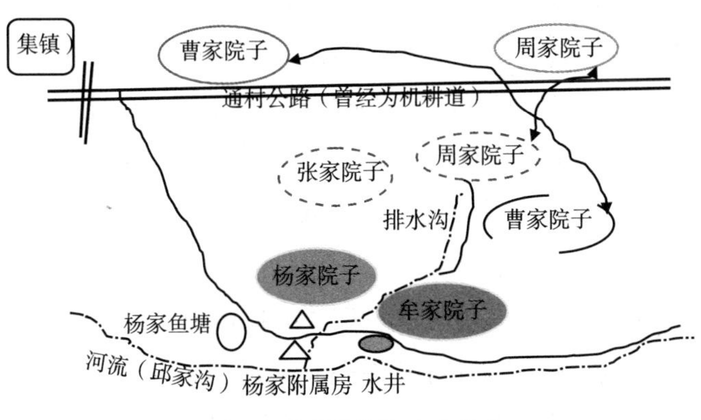

图1 “岩腔坨”农家分布

资料来源：由课题组手绘而成。

搬离“岩腔坨”聚落的农家宅基地整理后变成耕地，耕地上种树，早已看不出宅基地的痕迹。留守的杨、牟两家，院落在扩大，竹丛在减少，养殖附房从传统院落中移出，院落外的林盘成为林下养殖基地，为城市生活的家人提供禽蛋、禽肉。耕地早已不再种植，有限的水田最早成为林地，坡地退耕也已还林，竹丛大幅减少，人口急剧减少。杨、牟两家的院落，是两家定居城市人口的乡愁记忆。最早逐路而居的曹家和周家，在经济条件改善之后搬迁到场镇，彻底放弃了原有的林盘资源。废弃的林盘被整理为耕地，耕地入股到合作社，每年收取500元的土地租金，耕地上种植的是观赏植物，如樱花树、红椿、梅子树、李子树等。

（三）农科村：林盘的资本化、生态的价值化

农科村，隶属于郫都区的友爱镇，江安河穿村而过，被誉为中国农村农家乐的发源地。1983~1991年是农科村农家乐的萌芽或起步期。该村的花卉

苗木吸引了一部分成都人口前来观赏风景、吃农家饭、住农家屋、购农家菜（物），来村的人多了，农家屋的接待业务也就逐渐增多了，便产生了“农家乐”这种独特的乡村旅游形式。1992~2002 年是农科村的第二代农家乐发展期。村内耕地种植从苗木转向花木与盆景，观赏性更高，对城市人口的吸引力更大，基础设施也更完善，农家乐成为村内大部分人的一种生计形态。四川省委原副书记冯原蔚为农科村题写“农家乐”，农家乐的名称由此而来。2003~2006 年是农科村的农家乐品质提升和品牌创建期，也是招商引资期。政府投资建成中国乡村休闲旅游度假区，2006 年 3 月获评国家 AAA 级景区。2006 年后，农科村农家乐迈入标准化发展期。徐家大院乡村酒店的建成标志着农科村的农家乐实现了向乡村酒店的大转型。据徐家酒店介绍，该酒店有可接待 800 人的生态餐厅、可提供 500 人的培训场地，拥有 128 间客房，成为农科村最大最具代表性的乡村酒店。

农家乐的农家游玩活动，初期都发生在林盘空间，是林盘资源商品化的一种表现。随着招商引资和农家乐品牌的打造，农科村与城市要素融合，形成了农科村特有的城乡融合模式。以该村的“乡村 XX 酒店”（对内是“四川省 XXX 项目管理咨询有限公司员工培训基地”）为例，看守酒店的员工是一对来自重庆的老年夫妻，负责酒店的运营与管理。他们既是服务员又是管理员，还是保洁员和厨师，在农科村生活工作了七八年时间。乡村 XX 酒店主要承接 XXX 的员工培训业务，无培训时酒店就由这对老年夫妻维护。夫妻二人合计工资 4200 元（未购买保险，年近七旬），住在店里、吃在店里，还捡种了村里人撂荒的两三亩耕地。耕地上种有玉米、豇豆、四季豆、土豆等粮食作物和蔬菜，饲养了鸡、鸭、兔、生猪等家禽家畜，供应酒店客人所需，无客人的日子还会出售一部分。夫妻二人称，他们种植的蔬菜施用的都是鸡鸭粪、兔子粪等，是典型的有机产品，很受城里游客的欢迎。“乡村 XX 酒店”是从成都市锦江区三圣乡搬迁过来的。搬迁的原因是，三圣乡的租金太高，每年租金和人工费在 20 万~30 万元，而农科村的租金才 9 万多元，加上他们夫妻二人的工资等，一年总支出才十多万元。酒店平时生意不太好，主要承接公司的员工培训业务。农科村内类似的乡村酒店、饭店、茶室等还有很多，无论是乡村酒店还是饭店、茶室等，都是林盘资源的市场化利用，林盘主人可据此获得持续且稳定的租金收入。

（四）连二里市：桥市文化的挖掘，集市生态的延展

连二里市是成都平原上的乡村桥市，桥的两侧分别是温江区与崇州市。在交通不变的农耕时代，人口相对密集的地段就会形成一个乡村集市，吸引着周边农人定期到集市交易。这些集市既非乡镇集市也非村活动中心，往往跨行政区域，既不占用耕地也不占用庭院，河上的小桥有时就充当了这种暂时的集市场所。连二里市，就是依托跨县小桥集市发展起来的典型聚落，也成为连接温江区与崇州市的小众旅游景区。

连二里市，原名“黄家碾”，是一座水碾，为周边农人提供碾米和磨面之地。水碾位于石鱼河（当地人称为“漕沟”）上，河水引自金马河（岷江干流在成都平原内被称为金马河），是崇州市（原崇庆县）与温江区（原温江县）的界河。木制廊桥连接河流两岸，桥中央是水碾，水碾由黄姓人家经营，故名黄家碾，后被称为“崇江桥”，是崇州与温江各取一字命名的。崇州一侧的村是当年的崇江村，温江一侧为尚合村。当地老人并不认为这座桥是崇江桥，他们仍然称这座桥以及桥市为黄家碾。最初的黄家碾只有几户人家，崇州一侧从桥心到集市末端总长不到 30 米，住着六七户人家；温江一侧从桥心到集市也就二三十米的距离，只有五六户人家。大多数农家分布在崇江桥集市的周边，赶集的日子才前往崇江桥集市售卖农产品、购买生活品，也会喝茶聊天闲逛。不赶集的日子，崇江桥集市人家的生活与农人无异。赶集之日，总有三五户人家的茶馆会营业，也成为茶客聚集之处。集市聚落不同于散居聚落，多了市场交易功能，但乡村集市又完全不同于城镇的菜市场或综合市场，是隔三差五的早集，一般上午 11 点就散场了。

崇江桥成为连二里市风景区，也是最近十余年的事。据考证，崇江桥有着 200 多年历史且是川西唯一集林盘、集市、界桥于一体的聚落，受到相关部门的高度重视。温江区将崇江桥的温江一侧打造为古镇景区，取名为连二里市，意思为以桥为中心，两侧各有一里地的集市，一桥连两个市场的两里

地。连二里市古镇是温江区永胜镇的一个著名风景区。靠温江一侧，有许多配套景点，如连二里市的门楼、“金马别鸡台”雕塑、金马河湿地风景、农耕文化博物馆，是既可观金马河河道风景又可赏林盘人家的绿道风景区，既有林盘生态又有河流生态，既有农田风景又有人文景观。连二里市每到周末总能吸引城市游客前来看金马河的河道风景，阅崇江桥的百年历史，体验传统的乡村桥市文化，还可“饮温江的茶，品崇州的美食”。饭馆、茶馆、麻将馆、酒馆等先后在连二里市出现，林盘民宿也在连二里市兴起。当地老人很好奇，这个桥有什么好看的，这个金马河有什么好玩的，为什么就能吸引一批又一批的城里人。老人们不知道，这个被他们视为平常之物的崇江桥，有着二百余年的历史文化，这种小桥流水人家，正是城市游客眼中的稀缺资源。以崇江桥为中心的连二里市聚落不断扩大，在小桥流水人家、河滩湿地、林盘空间、乡村桥市等多种元素的组合之下，黄家碾这个极为普通的集市被连二里市风景区所取代，聚落人家的生产生活和生态空间形塑了这个开放风景名胜区的生态文化，风景区的生态空间也因集市人流量的增加而不断扩展。

五　川西林盘的持续性讨论

林盘是川西乡村生态的重要组成部分，凝聚着川西悠久的传统农耕文明，也承载着浓郁的时代烙印。林盘的大小没有固定的尺度，亦非行政村或村民小组，是自然而然形成的或大或小的聚落。居住是林盘的基本功能，生态是林盘之基，建筑物是林盘之魂，人主宰着林盘的命运，制度影响着林盘的走向。川西林盘保护受到重视发生在21世纪之初，随着“三集中”[①]在成都乡村地区的实施、城乡建设用地的增加挂钩和农村居民对改善居住环境的需求增加，大量分散居住的农民逐步向居住区集中，[②]自然村落和散居的

① “三集中”是指农民居住向城镇集中、乡镇工业向园区集中、农业向规模经营集中。

② 程显煜、吴建瓴、魏世军等：《成都市推进农民向城镇集中的调查与思考》，《成都大学学报》（社会科学版）2007年第3期；吴建瓴：《土地资源特征决定模式选择——成都市“推进农民向城镇集中”的调查与思考》，《经济体制改革》2007年第3期。

农户快速减少，一些有保护价值的林盘快速消失引发学者们对川西林盘以及林盘文化的再思考，提出了对川西林盘开展抢救性保护。2008 年，成都市开启了川西林盘的保护行动并出台了系列文件，制定了保护性规划，川西林盘的发展受到高度关注。

（一）林盘是发展变化的物态与活态文化载体

川西林盘的物态表现于建筑形态、结构和空间功能，活态则表现于居住在林盘的人及其生活状态。居住是林盘的核心，住好、住舒适、住得体面、住得有尊严，是林盘人家对美好生活向往的表现和适应社会变化的结果。对居住舒适性的追求成为林盘变化的动力，包括“三集中”时代的集中居住区和各种分布在乡村的新建小区。集中居住小区（现代林盘）在川西平原大量出现，不仅是城乡建设用地的增减挂钩以及政策引导下的居住革命，更是农家人对生活便捷和质量提升的需求，也是乡村劳动力就业选择自由的体现。集中居住带来的厕所革命、用水形态变化和生活方式的巨大变迁，受到年轻群体的青睐。集中居住也同样保留了生态功能，每家每户的花园被用于种植蔬菜和观赏植物，是林盘现代性的另一种表现。

（二）保护林盘以满足人的美好生活需求为目标

传统川西林盘，其基本载体是耕地的传统利用，是以水稻、小麦、油菜三大作物为主形成的平面种植，是满足林盘人家生存需求的表达。被学者描述的星罗棋布的林盘，是由耕地利用而形成的一个个绿道，与传统作物变化形成立体的空间融合，也凸显出林盘庭院的绿道生态效应。现代的川西林盘，早已与立体种植的耕地连成一片，已很难分清哪里是林盘哪里是耕地。林盘建筑物的居住功能强于生产功能，林盘人家也早已放弃了传统的生猪养殖、家禽放养。林盘的文化景观、生态景观不断得到彰显，生产功能不断弱化。陈家林的竹丛消亡、岩腔坨的竹丛退化和聚落收缩等，无不是强调居住功能和对美好生活选择的结果，也是传统林盘在现代社会中转型的必然结果。

（三）林盘现代利用的重点是林盘生态价值开发

林盘是重要的生态产品供给地，林盘提供的生态产品一直存在且不断增加。无论是农科村从农家乐到乡村酒店还是崇江桥从黄家碾到连二里市，无论是陈家林还是岩腔坨聚落，林盘生态产品的价值被不断强化。无论是林盘邻近耕地提供的园林绿化、观赏植物、菜花麦苗，还是林盘自身提供的餐饮娱乐、农家生活体验，均可被归为林盘生态价值的开发。陈家林的散居化和逐路而居，对院落内空间的立体利用以及耕地利用的园林化，强调的是院落居住空间的美化和耕地空间的商品化。岩腔坨聚落的消亡，既是生态空间扩大和传统宅基地生态化的选择，也是定居城镇人口对传统林盘文化的保护。连二里市，是集林盘、小桥流水、界河桥梁文化以及农村集市等多种元素于一体，林盘人家是连二里市景区的元素也是景区的参与主体，景区人家的一草一木、一房一瓦都融入景区成为其生态要素。川西还有许多未曾市场化的散居林盘，如陈家林、赵家林、杨家林、谭家林等，林盘生态同样承载着乡村生态系统的巨大供给价值、文化价值。

六　结语：川西林盘的成都保护政策回顾

2008 年成都市人民政府办公厅发布《关于推进我市川西林盘保护的实施意见》，规划 2100 个聚居林盘保护点及 2885 个非居住生态林盘保护点，并对市域内 14 万余个其他林盘实行林木资源保护，确定了林盘保护的整体格局。2010 年、2014 年相继命名了两批成都市川西林盘保护利用示范点，充分发挥林盘的保护示范效应，进一步推进林盘保护利用。《成都市川西林盘保护利用规划（2011 年）》《成都市川西林盘保护利用规划（2014）》《成都市川西林盘保护修复利用规划（2018—2035）》等对川西林盘保护现状进行了监测并提出了近期和中长期规划。2017 年成都市实施乡村振兴战略推进城乡融合发展大会召开，提出的“十大重点工程”和“五项重点改革”对川西林盘保护利用进行了整理布局，到 2022 年全面完成 1000 个川西林盘整治任务，成为后续林盘保护修复与开发的首要政策依据。2018 年《成都市实施乡村振兴战略若干政策措施（试行）》进一步明确了投入 100 亿元资金支持特色镇和川西林盘建设，促进城乡空间形态重塑。2019 年，成都市特色镇（街区）建设领导小组印发《四川天府新区成都直管区特色镇（街区）建设和川西林盘保护修复 2019 年行动计划》，重新梳理并确定规划建设的 100 个特色镇（街区）和新启动建设的 300 个川西林盘。2019~2022 年，成都市文化广电旅游局相继评选出了五批 A 级林盘景区名单，以打造成都旅游新名片。2019 年与 2021 年成都市规划与自然旅游局先后举办两届成都市特色镇（街区）建设和川西林盘保护修复规划设计方案全球征集活动，分别对 6 个特色镇和 16 个川西林盘、2 个特色小镇和 12 个川西林盘进行保护修复。2022 年成都市农业农村局发布《2022 年特色镇（街区）建设和川西林盘保护修复项目实施指导意见》，明确专项资金用于特色镇（街区）建设和川西林盘保护修复项目，以保护修复一批形态优美、特色鲜明、魅力独具的川西林盘。

B.17

从生态文明视角看四川山鹧鸪保护历史与文化符号挖掘

陈 巨　赵桂平*

摘　要： 自我国提出生态文明建设以来，相关研究十分活跃，党的二十大把生态文明建设提升到前所未有的高度，并对“大力推进生态文明建设”提出了新要求，生态文明再次成为学术界及社会各方关注的热点。本文从生态文明视角出发，以四川山鹧鸪的物种概况、栖息现状以及多年来的保护历史为着眼点，总结四川山鹧鸪本身所蕴含的“自然和合”与“羁旅思乡”之意，以及运用其文化符号与特色农产品、民俗活动、自然教育、观鸟摄影等相结合的多样化发展路径，基于发展现状和相关案例对未来四川山鹧鸪文化符号的挖掘与应用提出了建议，以期为四川山鹧鸪的保护和文化符号挖掘助力，为我国生态文明建设、实现人与自然和谐共生走出多样化道路提供案例支撑。

关键词： 四川山鹧鸪　生态文明　保护历史　文化符号

党的十八大报告指出，建设生态文明，是关系人民福祉、关乎民族未来的长远大计。面对资源约束趋紧、环境污染严重、生态系统退化的严峻形势，必须树立尊重自然、顺应自然、保护自然的生态文明理念，把生态文明

* 陈巨，四川省农业科学院农业信息与经济研究所，主要研究方向为农村区域发展；赵桂平，四川省社会科学院农村发展研究所，主要研究方向为农业农村发展。

建设放在突出地位，融入经济建设、政治建设、文化建设、社会建设各方面和全过程，努力建设美丽中国，实现中华民族永续发展。[①] 党的二十大报告指出，推动绿色发展，促进人与自然和谐共生。尊重自然、顺应自然、保护自然，是全面建设社会主义现代化国家的内在要求。必须牢固树立和践行绿水青山就是金山银山的理念，站在人与自然和谐共生的高度谋划发展。2020年国家林草局发布的《国家林业和草原局关于切实加强鸟类保护的通知》强调，要进一步提高认识，统一思想，切实增强鸟类保护工作的责任感和紧迫感；进一步加强领导，压实责任，确保鸟类保护工作顺利开展；进一步明确任务，强化措施，扎实推进鸟类保护工作。

这些重要论述，标志着我们党对经济社会可持续发展规律、自然资源永续利用原则和生态环境保护的认识发展到了一个飞跃式上升的境界。因此，我们党带领全社会致力于加强和巩固生态文明建设，对于我们努力实现第二个百年奋斗目标、实现中华民族伟大复兴具有极其重要的意义和作用。

一　四川山鹧鸪概况

（一）四川山鹧鸪的物种情况

四川山鹧鸪（学名：Arborophila rufipectus）属雉科山鹧鸪属的动物，体长30厘米，是中等体型、色彩浓艳的山鹧鸪。其头顶褐，眉纹白，胸部有宽阔的栗色环带及喉近白为本种特征；眼周裸皮红色，耳羽黄棕色。雄鸟额白，头顶棕栗，上体以暗绿色为主，有较宽的黑色横斑和不规则的细纹。雌鸟的额基和眉纹黑色，有浅黄色纵纹，头顶和枕部橄榄褐色，上体橄榄褐色，胸棕灰色，腹白色，两胁灰色。[②]

四川山鹧鸪常年栖息在海拔1000~2000米的常绿阔叶林中，尤以林下

① 张甜：《建国以来中国共产党人生态文明思想探析》，《佳木斯大学社会科学学报》2013年第5期。

② 李湘涛、卢刚、戴波：《中国最珍稀的7种雉》，《森林与人类》2017年第2期。

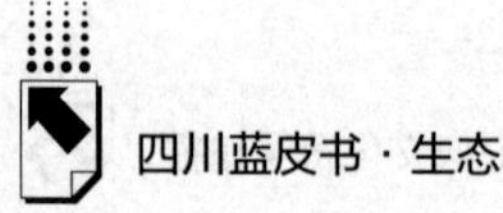

植被丰富的地带较为常见，常单独或5、6只组成的小群活动，是中国的特产鸟类，没有亚种分化，仅分布在四川省中部的几个县域内。①

（二）四川山鹧鸪的栖息地分布

四川山鹧鸪是产于中国西南地区的珍稀特有雉类，分布范围极狭窄，属国家一级重点保护动物。国家林业局（林业部）于1995~2003年开展首次全国陆生野生动物资源调查，四川省林业厅于1998~1999年对四川省内的四川山鹧鸪进行的专项调查发现，仅在屏山、马边及盐边三县有四川山鹧鸪的活动踪迹。从调查结果来看，全省共有四川山鹧鸪780~1170只，其中雷波和马边的分布数量稍多。经过2018~2019年研究估算四川山鹧鸪种群数量为2053只（基于固定距离样线法）至2224只（基于距离取样法），与第一次全国陆生野生动物资源调查的四川山鹧鸪专项调查结果（约1000只）相比，四川山鹧鸪种群数量显著增长。现有四川山鹧鸪主要分布在四川省的屏山、甘洛、马边、峨边、沐川等县和云南省的绥江县和永善县。这表明二十多年来四川山鹧鸪的保护工作取得了显著成效。

二　四川山鹧鸪保护历史

（一）保护大事记

1932年英国伦敦菲尔德博物馆的博尔顿（R. Boulton）将采自我国原西康省的一只雄鸟标本命名为四川山鹧鸪（Arborophila rufipectus）。②

1994年世界雉类协会（WPA）、世界自然保护联盟（IUCN）等共同成立鹑类调查专家组到中国评估，开展野外调查工作。

1997年英国利物普约翰摩尔斯大学的赛蒙·道威尔（Simon Dowell）带领

① 杨骏野：《公路建设项目生态影响评价研究与案例分析》，西南交通大学硕士学位论文，2013。

② 付义强、戴波、文陇英：《四川山鹧鸪（Arborophila rufipectus）研究进展》，《乐山师范学院学报》2018年第8期。

两位英国雉类研究专家在四川、云南做四川山鹧鸪分布调查，将四川山鹧鸪的栖息地范围扩展至云南的昭通，进一步明晰了四川山鹧鸪的分布范围。

1998 年四川省林业厅对四川省内的四川山鹧鸪进行了专项调查，仅在屏山、马边及盐边三县调查到四川山鹧鸪的活动踪迹。

2000 年屏山县人民政府发文批准建立县级老君山四川山鹧鸪自然保护区。该保护区是我国第一个将以四川山鹧鸪等雉科鸟类为主的珍稀濒危野生动植物及其栖息地作为保护对象的保护区。

2002 年英国雉类研究专家院赛蒙·道威尔（Simon Dowell）开始筹办以四川山鹧鸪为保护对象的“四川森林生物多样性保护项目”。

2004 年“四川森林生物多样性保护项目”开始在屏山老君山、雷波麻咪泽、峨边黑竹沟、甘洛马鞍山四个保护区内开展以四川山鹧鸪为调查对象的固定样线调查。

2005 年四川省乐山市沐川县荣膺“中国四川山鹧鸪之乡”。

2005 年沐川县以沐府函（2005）14 号文批准沐川芹菜坪县级自然保护区建立，其主要保护对象是四川山鹧鸪。

2009 年世界自然保护联盟（IUCN）编制的《世界鹑类现状调查与保护行动计划》中将四川山鹧鸪列为濒危等级。①

2014 年在中国野生动物之乡专家评审会上，屏山县获评“中国四川山鹧鸪之乡”的称号。

2017 年乐山师范学院鸟类学团队与四川老君山国家级自然保护区管理局联合出版《四川老君山国家级自然保护区四川山鹧鸪科学考察报告》。②

2020 年四川省宜宾市屏山县第一个四川山鹧鸪观鸟点——碳石村观鸟点建立。

2020 年四川师范大学和四川省屏山县老君山国家级自然保护中心联合举

---

① 戴波、陈本平、岳碧松、曾涛：《四川山鹧鸪栖息地破碎化及保护管理状况分析》，《四川动物》2015 年第 2 期。

② 付义强、戴波、文陇英：《四川山鹧鸪（Arborophila rufipectus）研究进展》，《乐山师范学院学报》2018 年第 8 期。

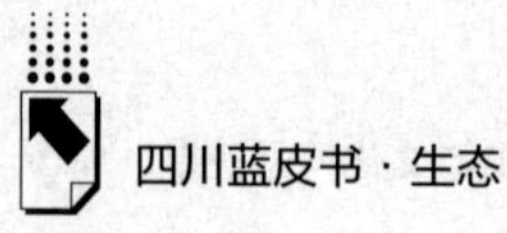

办四川山鹧鸪种群保护与管理对策研讨会。

2021 年在凉山山系自然保护区联盟年度会议上，计划把四川山鹧鸪作为凉山山系自然保护区联盟的旗舰物种。

（二）保护区管理

1. 四川老君山国家级自然保护区

四川老君山国家级自然保护区位于四川盆地南缘宜宾市屏山县中部，总面积 3500 公顷，地处全球生物多样性保护热点地区的凉山山系，区内动植物种类繁多，珍稀、濒危、特有物种丰富，常绿阔叶林植被保存完整，为国际重点鸟区，是我国唯一以四川山鹧鸪等珍稀雉科鸟类及其栖息地为主要保护对象的国家级自然保护区。该保护区内及其外围林区共栖息有 300~400 只四川山鹧鸪，是目前已知最大的四川山鹧鸪野生种群栖息地。

1998 年，屏山县林场在林场内拟建立屏山县老君山自然保护区，在屏山县林场的基础上，拟建立保护区面积达 3500 公顷，主要覆盖富贵寺工区、新田咀工区、土地其工区，在二燕坪利用天保资金建立瞭望台。林场工作人员凌征文谈及，建立保护区主要基于以下考虑，一是保护野生动植物，以四川山鹧鸪为主；二是有序发展屏山旅游业。

2000 年 2 月 29 日，屏山县人民政府以《屏山县人民政府关于同意建立县级老君山四川山鹧鸪自然保护区的批复》（屏府函〔2000〕303 号文）批准建立老君山保护区。

2000 年 4 月 7 日，宜宾市人民政府以《宜宾市人民政府关于同意建立屏山县老君山四川山鹧鸪自然保护区（市级）的批复》（宜府函〔2000〕68 号文）批准老君山保护区为市级自然保护区。

2002 年 3 月 1 日，四川省人民政府以《四川省人民政府关于建立老君山等 8 个省级自然保护区的通知》（川府函〔2002〕50 号文）批准老君山自然保护区为省级自然保护区。

2002 年 5 月 29 日至 6 月 13 日，屏山老君山自然保护区成功升级为省级后，启动申请升级为国家级计划，四川省林业厅野生动物保护处组织四川大学生命科学院、四川省野生动物资源调查保护管理站及宜宾市野生动植物保护科专业技术人员，对保护区野生动植物资源进行了初步考察，并重点对四川山鹧鸪资源进行了调查。

2003年10月，四川省林科院组队对保护区资源做了补充调查并编制保护区总体规划。

2004年，屏山老君山保护区于2004年早春为1只四川山鹧鸪和2只灰胸竹鸡佩戴了无线电发射颈圈以了解保护区内这些物种的生境需求信息。

2005年，世界雉类协会（WPA）同四川省林业厅对接，在屏山老君山保护区启动对四川山鹧鸪的监测。

2006年，根据四川大学生命科学院岳碧松所撰写的《雉类调查方法》，屏山老君山保护区开始做定点样线监测。

2007年6月，老君山保护区委托四川大学生命科学院再次启动保护区野外科学考察工作，对老君山保护区的本底资源进行了较为全面的调查，并对保护区内四川山鹧鸪资源再次进行了重点调查。

2011年4月21日，《国务院办公厅关于发布河北驼梁等16处新建国家级自然保护区名单的通知》（国办发〔2011〕16号文）批准屏山老君山四川山鹧鸪省级自然保护区升级为国家级自然保护区。

2012年，在中央财政林业专项资金的支持下，四川老君山国家级自然保护区管理局和乐山师范学院的四川省高等院校西南山地濒危鸟类研究与保护重点实验室合作，启动了为期四年的四川山鹧鸪专项调查，旨在全面收集该物种的基础生态生物学资料。

2016年10月，为褒奖对中国雉类研究的支持与贡献，中国动物学会鸟类学分会将四川老君山国家级自然保护区列为首批“中国濒危雉类研究基地”。

2020年12月25日，四川师范大学和四川省屏山县老君山国家级自然保护中心联合举办四川山鹧鸪种群保护与管理对策研讨会，马边大风顶、美姑大风顶、黑竹沟、马鞍山、龙居山、麻咪泽、八月林、老君山、芹菜坪、云南乌蒙山自然保护区参会，四川省动物学会、四川省社会科学院、四川大学、四川师范大学相关专家到会指导。

2. 四川芹菜坪省级自然保护区

芹菜坪自然保护区位于四川省乐山市沐川县内，地处全球生物多样性保护热点地区的凉山山系，属于野生生物类型的省级自然保护区，总面积为3662公顷。

2005年11月11日，沐川县以沐府函（2005）14号文批准沐川芹菜坪县级自然保护区建立，主要保护对象是四川山鹧鸪。

2011年1月乐山市人民政府以乐府函（2011）6号文批准沐川芹菜坪县级自然保护区晋升为市级自然保护区。

2014年，沐川芹菜坪保护区加入"四川森林生物多样性保护项目"。

2014年6月20日，沐川芹菜坪市级自然保护区经四川省人民政府以川府函〔2014〕115号文批复晋升为省级自然保护区。

2014年11月12日，四川森林生物多样性项目考察组赛蒙·道威尔（英国牛津布鲁克斯大学副校长）、斯科特（英国切斯特动物园）一行11人到沐川县四川芹菜坪自然保护区进行森林生物多样性项目考察。

2016年1月20日，保护区邀请雉类研究专家乐山师范学院戴波授课，开展雉类调查培训，传授雉类监测调查的相关技能。

2016年4月12~13日，四川老君山国家级自然保护区陈本平、冯胜林等到四川芹菜坪自然保护区进行实地培训指导，进行森林生物多样性及雉类监测、样线调查布点、红外相机安放、监测信息数据收集、信息数据统计分析等专业技术知识培训。

2016年4月20日，《成都商报》《三江都市报》分别公开报道沐川芹菜坪自然保护区首次拍到世界濒危物种"四川山鹧鸪"的画面，四川电视台、乐山电视台、百度新闻网第一时间报道了四川山鹧鸪的红外监测视频新闻。

3. 其他保护区

2015年，为保护大熊猫、四川山鹧鸪等珍稀野生动物，四川马边大风顶国家级自然保护区在沙腔、高卓营等地安放了大量的红外触发相机，对野生动物的活动进行监测。在野外取回的红外相机资料中，科研和保护人员发现了大量的四川山鹧鸪照片和集群觅食的视频。经过反复观看比对，以及对拍摄时间及位置的分析，保护区得出结论认为，视频中的四川山鹧鸪分属两个家庭，分别由1对亲鸟和6只幼鸟组成。视频清晰地记录了四川山鹧鸪的觅食行为：在茂密的森林中，一对四川山鹧鸪带着6只幼崽在盖满枯枝落叶的地面觅食，它们先用双脚将枯枝落叶飞快地刨开，再啄取隐藏在枯枝落叶下的食物。①

2017年，乐山师范学院戴波在四川八月林自然保护区、四川黑竹沟国家级自然保护区进行了四川山鹧鸪分布、密度、干扰状况等相关调查。

（三）栖息地管理

1. 公众参与

1986年4~5月，观鸟爱好者贝京（Ben King）和四川农业大学李桂垣在马边县四川山鹧鸪的分布区中段进行调查。他们在黄连山林场海拔1200~1500米的区域记录到四川山鹧鸪的活动踪迹（每天听到2~11只个体），并推测北边的大竹堡林区也有四川山鹧鸪活动踪迹。

2004年，世界自然基金会（WWF）“低密度情况下四川山鹧鸪的栖息项目”成员杜科在攀枝花米易进行样线监测时发现寄宿村民家养有四川山鹧鸪。

2007年，第四届国际鸡形目鸟类学术研讨会在成都举行，中国工程院院士、中国鸟类学家和生态学家郑光美参加会议，四川省林业厅副厅长戴柏阳在致辞中提到，四川鸡形目鸟类特别是雉类在中国乃至世界占据特别的地位，尤其是四川山鹧鸪、绿尾虹雉等。

2015年3月初，中央电视台新闻直播间栏目公开报道了四川屏山的红外相机记录到的四川山鹧鸪视频，首次向公众揭开四川山鹧鸪这一珍稀濒危物种的神秘面纱。

2016年4月20日，《成都商报》《三江都市报》公开报道沐川芹菜坪自然保护区首次拍到的世界濒危物种“四川山鹧鸪”，四川电视台、乐山电视台、百度新闻网第一时间报道了四川山鹧鸪的红外监测视频新闻。

2019年12月6日，红星新闻报道称，四川宜宾屏山老君山国家级自然

---

① 《四川发现两个山鹧鸪家族》，http：//www.kxdb.com//news/guonei/2015-07-14/24954.html，2015年7月14日。

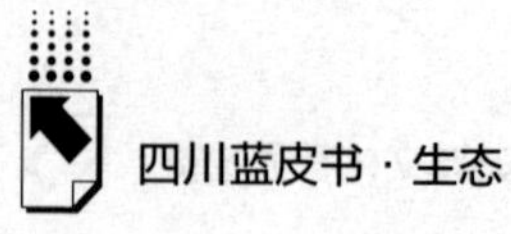

保护区野外监测人员在查看、收集红外相机拍摄素材时，发现一只体羽部分白化的四川山鹧鸪成年雌鸟，这在四川乃至全国尚属首次。

2020 年 1 月，碳石村建立四川山鹧鸪观鸟点，也是屏山县建立的第一个四川山鹧鸪观鸟点。

2020 年 4 月 11 日，有观鸟爱好者在鱼孔村拍到四川山鹧鸪公母同框的照片，并在观鸟爱好者圈内被迅速传播，6 月鱼孔村建立观测点。

2020 年 5 月 14 日，《四川日报》报道称，宜宾市屏山县龙华镇碳石村水竹林湾的一片石竹林中国家一级保护动物四川山鹧鸪一家 6 口全家福亮相，这是野生四川山鹧鸪的首次高清野拍图。

2. 公共政策

1994 年，世界自然保护联盟（IUCN）将四川山鹧鸪列为濒危等级（保护法颁布的时候四川山鹧鸪便是一级）。

1998 年，天然林资源保护工程开始试点；2000 年长江中上游地区禁伐，当地在森林植被被破坏的陡峭山坡上重新种植树木，阔叶树次生林重新回到了山坡，而四川山鹧鸪栖息的海拔 1200~2300 米的原始常绿阔叶林及次生阔叶林生境也得到改善和保护。

2012 年，四川山鹧鸪被世界自然保护联盟（IUCN）列入《世界自然保护联盟濒危物种红色名录》（2012 年）中的 ver3.1——濒危（EN）。

2021 年 8 月 26 日，四川山鹧鸪被列入国家“十四五”林草规划抢救性保护珍稀濒危野生动物名单。全国共有 14 种濒危鸟类入选，其中鸡形目鸟类 4 种，分别为绿孔雀、四川山鹧鸪、绿尾虹雉和海南孔雀雉。

三　四川山鹧鸪的文化符号挖掘

（一）四川山鹧鸪的文化符号挖掘

1. 四川山鹧鸪的文化符号挖掘目的

（1）提高公众性认知

四川山鹧鸪作为我国特有的珍稀雉类物种，在中国西南地区分布狭窄。

现有四川山鹧鸪分布的地区仅有四川省的屏山、甘洛、马边、峨边、沐川等县和云南省的绥江县和永善县。二十多年来，四川山鹧鸪保护工作取得了显著成效，且在其生态学研究和在地保护方面做了大量工作，但是社会公众对四川山鹧鸪了解较少，且当下保护区周边社区经济正处于转型期，要想发展好观鸟、生态旅游等生态产业，就要提高地方吸引力，四川山鹧鸪文化符号便是很好的地方标签，也是打造地方公共品牌、提高公众对四川山鹧鸪物种认知的重要标识载体。以富有特殊意义的四川山鹧鸪文化符号为媒介，传播生态文明理念，更易达到提高公众认知的目的。

（2）协调保护与发展

保护区与社区的关系就像跷跷板的两端，一端失衡必然会影响另一端，经过多年的保护实践和探索，自然保护地管理人员已经意识到传统的圈地式保护不仅排斥了原住居民的参与，而且并不能达到所期望的保护效果。[①] 因此，许多保护地开始探索对原住居民进行技能培训、开展保护区和社区发展项目等，通过实行参与式管理等社区合作模式来提高原住居民的生计水平，降低其对自然资源的依赖，从而实现保护与发展的有机统一。四川山鹧鸪文化符号的挖掘有利于发展社区生态产业，协调保护与发展的关系，推动生态产品多样化，践行新时代的绿色发展理念。因此，四川山鹧鸪文化符号可以作为打造地方公共品牌的重要参考，作为社区发展生态产业的重要黏合剂和抓手。在环保督察和严格管控下，保护区周边社区将逐步形成高质量生态农业、科普自然教育和旅游业、文化产业等农文旅融合发展的生态型产业，以此助力保护与发展协同。

2. 四川山鹧鸪的文化符号挖掘特征

当下各个自然保护地的动植物文化符号挖掘与应用，如大熊猫、朱鹮、雪豹等，主要由政府部门、企业和社会公益组织根据物种的保护等级、保护成效，以及区域代表性等标准进行。其中，政府部门主要是为了提高地方生态旅游的吸引力，宣传保护成效，发展地方经济和提升地方文化软实力，同

① 王昌海：《农户生态保护态度：新发现与政策启示》，《管理世界》2014 年第 11 期。

时也是为了提高公众的保护意识，协调保护与发展，维持自然保护地生态系统的健康和稳定；而企业主要依据特许经营权参与，如“熊猫香甜”“朱鹮大米”等，且以营利为主要目的；社会公益组织作为外部干预力量，通过社会工作者驻点、深入接触社区的方式，以陪伴式成长与社区建立了良好的合作关系，为社区生态型产业发展带来多样化的工作方法和理念，以此助力社区发展。此外，政府部门、企业和社会公益组织可以采取合作的形式，以便较快地推动动植物文化符号挖掘，在短期内取得良好的宣传效果，从而更全面地向公众普及，为动植物文化符号融入社区生态型产业发展打下基础。但目前除大熊猫外，其余动植物文化符号挖掘时限较短，文化商品的开发种类较少，区域性文化符号的挖掘工作正处于探索阶段。①

3. 四川山鹧鸪的文化符号内涵提炼

（1）与栖息环境浑然一体——自然和合

2001 年 6 月，赵正阶主编的《中国鸟类志》上卷（非雀形目）记载，四川山鹧鸪雄鸟体长 29~32 厘米，体重 350~470 克，是中等体型、色彩浓艳的山鹧鸪。其前额白色，头顶栗棕色，眉纹和两颊黑色，耳羽栗色；上体以暗绿色为主，有较宽的黑色横斑和不规则的细纹；喉白色，上喉有黑色纵纹；上胸和两胁灰色，杂以栗斑，胸部的栗斑连成一大块栗色的胸带；下胸和腹部白色；尾羽茶绿色，有 4~5 道黑色横斑；雌鸟的额基和眉纹黑色，有浅黄色纵纹，头顶和枕部橄榄褐色；上体橄榄褐色，有黑色横斑，上喉淡黄色，有卵圆形黑色端斑，下喉淡赭橙色；胸棕灰色，腹白色，两胁灰色，有窄的灰白色和锈栗色纹；虹膜灰褐色，嘴黑色，腿、脚赭褐色。② 四川山鹧鸪巢穴大多位于海拔 1300~2000 米山地森林中的林下地面上，在枯树椿的基部，由枯枝落叶等构成，近似球形，从侧面开口看上去很像一堆烂树叶，很难被发现。

由此来看，四川山鹧鸪由于体型、外表等特征，与其巢穴一样不易被察

---

① 陈巨：《大熊猫国家公园社区生态产业发展研究》，四川省社会科学院，2022。

② 赵正阶编著《中国鸟类志》（上卷　非雀形目），吉林科学技术出版社，2001。

觉，同栖息地环境浑然一体，体现了千百年来我国人民崇尚的“自然和合”的观念，也充分展示了当今时代我国大力构建的生态文明社会的理念。

（2）鸣声凄切婉转——羁旅思乡

四川农业大学李桂垣和张清茂于1988年4~5月、1989年6月和1990年4~5月先后在四川省马边县黄连山林区对四川山鹧鸪进行了野外考察，并在发表的《四川山鹧鸪的巢、卵和鸣声》中记录了四川山鹧鸪的鸣声特点：繁殖季节仅雄鸟鸣叫，一般在拂晓和傍晚时鸣叫比较频繁，中午偶尔鸣叫；鸣声十分洪亮，远在1000米左右也能听到。根据录音整理，四川山鹧鸪的典型鸣声，酷似尾声稍高的哨音，类似“Ho——，Ho——”，每间隔4~5秒鸣叫一声，连续鸣叫可长达20余分钟。鸣叫结束前，常转为急促的“Hoher，Hoher”或者“Ho——her，her；Ho——her，her”，重复十余声后停止。①

由于山鹧鸪类的鸣叫凄切婉转，常常令羁旅之客心生离愁别绪，常见于古代的古诗词中，如白居易《山鹧鸪》词中所描述的“山鹧鸪，朝朝暮暮啼复啼，啼时露白风凄凄……山鹧鸪，尔本此乡鸟，生不辞巢不别群，何苦声声啼到晓。啼到晓，唯能愁北人，南人惯闻如不闻”。

（二）四川山鹧鸪的文化符号应用

1. 四川山鹧鸪的文化符号应用原则

（1）保护第一，永续发展

四川山鹧鸪文化符号挖掘的目的是在保护生物多样性及其栖息地的基础上，协调好保护与发展的关系，实现资源的永续利用。保护区周边社区的人类活动因素在保护与发展的关系中始终发挥着决定性作用，社区可持续发展规划应注重这一特殊区域的保护与发展的协调关系。因此，坚持社区可持续发展中的保护与发展的协调原则，就是确保生态文明建设贯穿于地方政治、经济、文化与社会的全过程。四川山鹧鸪文化符号与社区发展相结合，代表

① 李桂垣、张清茂：《四川山鹧鸪的巢、卵和鸣声》，《动物学报》1992年第1期。

着社区居民与动植物文化符号及物种栖息地的关系，能够反映人与动植物和谐的生存状态，在促进社区增收的同时，不破坏环境，以四川山鹧鸪文化符号为纽带建立相互依存的人地关系，在保障社区发展的同时与该动物长期和谐共存。

(2）保护区主导，多方参与

在四川山鹧鸪文化符号的挖掘与应用方面，参与主体不能只局限于保护区与社区，需要以保护区为主导，搭建多方参与平台，比如专业的设计团队、特许经营的公司企业等，聚焦保护与发展有机结合的目标，坚持多方利益主体协同合作，在不同的领域范围发挥各自的优势，创建共赢的局面，在四川山鹧鸪文化符号的挖掘与应用上形成合力，确保四川山鹧鸪文化符号与社区发展规划能够与同一区域的其他规划相融合，不仅要求社区生态型产业发展规划与其他规划不冲突，而且应该发挥衔接和促进作用，促进其他规划在社区可持续发展中发挥积极作用。

(3）公开透明，注重社区利益

四川山鹧鸪文化符号挖掘的目的之一便是服务于社区，实现社区的高质量发展。因此，社区的意愿、需求在较大程度上应体现在社区发展规划中，并通过有序引导，确保规划编制过程中社区参与的公开、透明，在社区居民的参与下，将具有区域特征的四川山鹧鸪文化符号融入社区发展，提升居民的积极性，建立合理的利益分配机制，注重提升社区居民的幸福感和获得感，推动保护区建设与当地社会经济发展相协调，实现人与自然和谐共生、共同发展。

2. 四川山鹧鸪的文化符号应用路径

在四川山鹧鸪文化符号挖掘方面，可以借鉴大熊猫文化符号应用的成功经验。1990 年北京亚运会期间，一只右手大拇指点赞、左手持金牌奔跑的熊猫“盼盼”走进了人们的视野，这是中国第一只卡通化的大熊猫形象，且取得了良好的商业效益，一家用“盼盼”注册商标的门窗企业，仅仅 4 年就发展成为亚洲最大的钢门窗生产商，“盼盼到家，安居乐业”的广告词家喻户晓。可见，“熊猫 IP”火爆现象早已有之，近年来，更是如火如荼，不仅有大热的熊猫直播、熊猫基地、熊猫音乐、熊猫出版、熊猫影视、熊猫舞台剧、熊猫文艺展览等文创产业兴起，还有很多与熊猫有关的国际活动、赛事、衍生品等不断涌现。[①] 大熊猫与万里长城、秦兵马俑齐名，是中国旅游走向世界的三大著名品牌之一，魏辅文院士表示，“如果大熊猫的形象与米老鼠一样成为注册商标，那么这些商品的销售就可以很轻松地带来足够支持中国整个大熊猫保护计划的资金”。以大熊猫为载体的文化商品层出不穷。[②]

借鉴大熊猫文化符号应用的经验，将四川山鹧鸪文化符号具体化，增加社区生态产品附加值，有助于提高公众认知及促进社区居民增收。

（1）与特色农产品结合

社区通过使四川山鹧鸪文化符号与当地特色民俗文化相结合，会同保护区、村两委、社会组织、地方政府发展保护区整合社区生态产业资源，创建保护区社区生态品牌，通过联合营销，扩大品牌效应。如以畜禽养殖为主的养殖业，以保护区周边社区经济作物、粮食作物、中药材为主的种植业，以采集竹笋为主的非木质林产品采集业等，同四川山鹧鸪文化符号有机结合起来，打造以四川山鹧鸪栖息地周边农产品为主要对象的区域性特产，进行商标注册、品牌打造，推广四川山鹧鸪文化符号友好产品，通过保护区管理局进行品牌授权，全面实行自然资源有偿使用制度，建立健全特许经营制度，鼓励原住居民参与特许经营活动，对保护区周边社区生态产业从业者进行有效指导，提升生态产品的价值，如应用动植物文化符号创建的“朱鹮大米”和“熊猫乡甜”等品牌取得了较好的效果。

（2）与传统手工艺产品结合

四川山鹧鸪文化符号可以与文化产业相结合。除汉族外，保护区周边社区分布着多个少数民族，其宗教信仰、风俗习惯等多样，因此，四川山鹧鸪文化符号可以与民俗文化、历史文化、宗教文化、建筑文化、风景名胜、歌

---

① 凡一：《“功夫”熊猫，超级 IP》，《金桥》2019 年第 7 期。

② 王丽梅：《大熊猫文化创意产业开发综述》，《工业设计研究》2019 年第 1 期。

舞艺术、名优特产和特色餐饮等相结合进行文创产品设计。以四川山鹧鸪为设计源泉的社区文创产品可以与旅游纪念品、动漫游戏、影视音像、传媒出版、书画艺术、工艺美术、服装服饰、电子优品、创意食品、生活用品等相结合，注入具有当代活力的因素。也可以更好地利用当地居民的传统乡土知识，让其参与社区生态型产业的发展，增强其主人翁意识。

（3）与民俗活动相结合

保护区周边社区拥有形式多样、历史悠久的传统民俗文化。全球化的潮流对当今产品设计产生了深远的影响，但是无论如何发展，具有本土文化和传统美学的产品设计都是更加具有竞争力的。将具有区域特点的四川山鹧鸪文化符号和各个社区的民俗文化结合，可以使文化商品获得新的设计元素和文化素材，构建“旅游+商业+文化+娱乐+服务”的多元化复合型旅游产业体系，既可以促使社区发展模式转型，也能获得更大的发展空间。①

（4）与自然教育相结合

自然教育是以动植物等自然资源为客体，以知识传授、自然学习、参与体验为主要形式。可以针对性地将区域内的自然与人文资源进行课程性开发，以自然教育为媒介，将四川山鹧鸪文化符号融入动植物观察和认知、自然物品等手工制作、自然游戏等，也可以通过中小学及学前教育的课外拓展，以四川山鹧鸪文化符号为介质，增强小朋友们的保护意识。以动植物文化符号为主体的生态教育课程的打造，可以激发社会公众探秘自然的好奇心，采取线上线下相结合的形式，从而达到提高公众认知的目的。

（5）与观鸟摄影相结合

观鸟是指在自然环境中利用望远镜、摄像机等观测记录设备在不影响野生鸟类正常生活的前提下观测鸟类的一种户外活动。鸟类的珍稀程度与科考价值是影响专业观鸟决策的关键要素之一，四川山鹧鸪具有很好的观鸟产业发展基础，在四川山鹧鸪文化符号的挖掘方面，可以吸引观鸟爱好者进入。在不影响四川山鹧鸪栖息地活动的基础上，建立观测点，扩展观鸟点产业

① 李佳：《社区型文化商品设计方法研究》，大连理工大学硕士学位论文，2019。

链，如建立主题餐厅、宾馆等发展过夜经济，促进社区居民增收。同时重视对社区居民进行有利于四川山鹧鸪文化符号挖掘及文化商品宣传的知识技能培训，更加专业地对已有的旅游住宿接待设施进行升级改造，为访客提供更加专业的服务，以加深访客对四川山鹧鸪文化符号的印象。

（6）与宣传标语相结合

四川山鹧鸪文化符号可以同保护区的宣传标语相结合。标语一般都是比较押韵、简单、读来朗朗上口的。标语不仅能够长期在理智方面启发人们，让人们非常容易地记住，而且其所蕴含的情感也会感召人们，是一种最经济、最有效的宣传状态。四川山鹧鸪栖息地的相关保护区应根据自身特点，进行宣传标语设计，如“鸟类的天堂，雉在老君山”等，既能展现出老君山保护区鸟类多样性的特点，“雉在”与“自在”的谐音又能烘托出自在洒脱的意境。标语用简练的文字就能够形成鼓动类或者教育警醒类的口号，通过简单的语言就能起到非常好的宣传作用。

（三）动植物文化符号挖掘的案例借鉴

1. “朱鹮”助力社区发展

陕西省汉中市洋县利用“朱鹮”打造了生态农产品商标，既促进了该物种的保护也促进了社区经济发展。朱鹮是国家一级保护动物，历史上朱鹮曾广泛分布于中国东部、朝鲜和日本等东亚地区，但由于环境恶化等原因，近代以来朱鹮的种群数量急剧下降，濒临灭绝。1981 年 5 月，7 只野生朱鹮在陕西省汉中市的洋县地区被发现，立即引起了中国政府和环保组织的重视，并投入了大量的人力、物力对其进行保护。通过科学家的努力和针对性的政策保护，朱鹮种群迅速扩大，数量已由 1981 年发现时的 7 只，增加至 2021 年 5 月的 7000 余只，野生朱鹮的栖息地也由最初的金家河、姚家沟两村扩大到汉中地区的 7 个县（区）约 3000 平方公里的范围。

为了提高村民参与保护区工作的积极性并解决当地的实际问题，在朱鹮保育工作开展初期，各级政府和保护机构在严格落实各项保护措施的前提下，对朱鹮巢区的农户实施了一些优惠政策和经济补偿，具体包括：国家与地方政府投入专项资金，扶持开发种植经济树木、食用菌、中草药等农产品经营项目；减免国家定购粮，并在扶贫资金的发放上予以优先和倾斜；朱鹮保护站出资帮助村民修建小型水电站，修建道路和桥梁，购置米、面加工设备；由世界自然基金会（WWF）提供专项资金，扶持发展“朱鹮绿色大米”项目；2002 年以来，当地政府依托当地自然资源优势及朱鹮的品牌优势，将朱鹮自然保护区创建为有机农产品生产基地；在洋县华阳镇建立生态旅游区，大力引资进行旅游基础设施的兴建与改善。① 这些措施在一定程度上缓解了保育朱鹮与发展当地经济之间的矛盾，解决了部分村民的实际困难。

2.“大熊猫”打造生态农业品牌

大熊猫是国家重点一级野生保护动物，其良好的形象在全世界受到了广泛的欢迎，在一定程度上代表了良好的生态环境和优良的产品品质。“熊猫乡甜”便是四川省生态诚品农业开发有限公司（以下简称“生态诚品”）与大熊猫公园国家管理局、世界自然基金会等非政府机构合作，围绕大熊猫国家公园及其周边村社推出的特色农产品品牌。“熊猫乡甜”以大熊猫国家公园及其周边村社为主要产品基地，凭借大熊猫文化符号的吸引力，以小农为主要合作对象，打造对大熊猫栖息地友好、有益于提高社区居民对大熊猫保护的参与意识、可以促进社区可持续发展的商品。为了将大熊猫文化符号融入“熊猫香甜”的品牌打造中，“生态诚品”主要采取了以下措施：首先，实行“标准化造作程序+全过程溯源管控”“管理信息化+溯源技术+大数据应用”，实现生产精细化管理，使生态农产品品质标准化，打消消费者对生态产品供应不确定性的疑虑；其次，实行采用“公司+保护区+政府+农户”的形式，解决小农产品难以规模化的问题，建立生态产业联合体；最后，采用“驻村工作站+城市分仓+第三方物流”的运营方案，解决小农商品供应低效的问题。②

① 王宇、延军平：《自然保护区村民对生态补偿的接受意愿分析——以陕西洋县朱鹮自然保护区为例》，《中国农村经济》2010 年第 1 期。

② 陈巨：《大熊猫国家公园社区生态产业发展研究》，四川省社会科学院硕士学位论文，2022。

“生态诚品”的产品均来自大熊猫国家公园及其周边村社，针对产品 & 技术、自然环境 & 人文风俗、农人 & 产品经理故事三大板块做优质的内容输出，使大熊猫栖息地环境及其人文风俗得以全面的展现。过去几年，围绕大熊猫国家公园，“生态诚品”的足迹遍布多个保护区，现有十多个生态产业基地推出了 15 种优质产品，包括：万人迷香肠、苏阳古法柿饼、高山百花蜜、青冈木耳、宝兴高山枇杷、农家秘制腊肉、生态小农土鸡蛋、贡嘎山鲜松茸等，受益农户超 1000 户，促进土地可持续利用 2000 余亩。

四　对未来四川山鹧鸪文化符号挖掘的建议

（一）形成以保护区为主导的多元参与的挖掘机制

在四川山鹧鸪文化符号的挖掘方面应提倡以保护区为主体的多元参与，首先，明确各个利益相关者的诉求。在四川山鹧鸪文化符号挖掘及文化商品开发过程中，涉及多个利益主体，有保护区管理局、社区、当地政府以及投资开发群体，保护区在各主体利益协调中起着关键性作用。其次，四川山鹧鸪文化符号的挖掘和应用也需要社区居民的参与，可以把社区居民有效组织起来，参与社区发展，基于四川山鹧鸪文化符号打造社区公共品牌，在保护区和村两委等利益相关者的努力下建立当地居民参与生态保护的利益协调机制，探索特许经营收益分配机制。基于四川山鹧鸪文化符号使保护区周边社区建设成为推进生态文明建设的新引擎、新动力。

（二）将四川山鹧鸪文化符号提取纳入保护区发展规划与项目

保护区要维持和发展好现有生态系统，不仅要加大对保护区范围内的人力与物力投入，还要将专项资金运用于制定科学合理、符合条件的保护区保护与发展各项规划中，如可持续发展专项规划、环境保护专项规划等。文化符号的应用能很好地平衡保护与发展之间的关系，制定详细的文化符号挖掘与文化商品发展规划，并在此基础上进行进一步营销和宣传，提高四川山鹧鸪文化符号的知名度。

（三）将四川山鹧鸪文化符号融入保护区基础设施建设

保护区在建设过程中，应该重视四川山鹧鸪文化符号的挖掘与应用。首先，在空间布局上应该合理规划，四川山鹧鸪文化符号的挖掘应从不同片区生态环境的实际情况入手，立足于适宜的区域功能，明确区域发展方向。不同功能的社区要进行不同的四川山鹧鸪文化符号及文化商品的设计和打造，综合考虑该片区的地理区位、地区文化、功能定位及游客的需求，将不同社区及周边地区纳入总体规划，确定不同的四川山鹧鸪文化符号功能分区；其次，四川山鹧鸪文化符号要在保护区基础设施建设中得以体现，如在游客中心、市场、餐厅等场域进行体现，在各个区域的地标性建筑中得以展现，加深公众对不同区域的四川山鹧鸪文化符号的印象。

参考文献

郑作新:《中国鸟类分布目录》（Ⅰ. 非雀形目），科学出版社，1955。

李操、胡杰、余志伟:《四川山鹧鸪的分布及生境选择》，《动物学杂志》2003 年第 6 期。

李桂垣、刘良才、张瑞云等:《我国特产：四川山鹧鸪雌鸟的发现》，《动物学报》1974 年第 4 期。

廖文波、胡锦矗:《四川山鹧鸪生态习性研究进展》，《绵阳师范学院学报》2010 年第 2 期。

李桂垣、张清茂:《四川山鹧鸪的巢、卵和鸣声》，《动物学报》1992 年第 1 期。

徐照辉、梅文正、张刚等:《四川山鹧鸪的冬季生态研究》，《动物学杂志》1994 年第 2 期。

戴波、陈本平、岳碧松等:《四川山鹧鸪栖息地分析与预测》，《四川动物》2014 年第 3 期。

B.18

中国自然保护区新型社区共管模式探索

——基于四川唐家河国家级自然保护区的经验总结

何万红　赵 洋　杨宇琪*

摘　要： 随着自然保护区在我国大量的建立，保护区与周边居民之间关于保护与发展的矛盾日益突出，为协调保护区和社区的发展，学术界提出了多种方法模式。市场和政府的调控手段存在一定的缺陷，社区共管模式在一定程度上消除了保护区封闭式管理模式的弊端，缓解了社区发展与资源保护之间的矛盾。但随着时间的推移，现有的社区共管模式面临着保护区主动帮扶而社区被动发展、少数社区精英俘获多数机会和资源、资金约束保护区社区共管发展的三重困境。如何摆脱困境，协调保护区和社区的平衡发展成为当前自然保护区发展中的首要问题。本文基于四川唐家河国家级自然保护区的社区共管经验，分析了共建式社区共管模式，总结了该模式的多元性、互惠性和共建性三大基本属性，梳理了唐家河保护区解决人兽冲突问题的案例实践和经验启示，对中国自然保护区社区共管模式的发展进行了探索。

关键词： 自然保护区　社区共管　唐家河

建立自然保护区是保护自然资源、生态环境和生物多样性，保护珍稀濒

* 何万红，四川省唐家河国家级自然保护区管理处社区科负责人，主要研究方向为社区发展、生物多样性保护；赵洋，四川省社会科学院农村发展研究所，主要研究方向为发展经济学；杨宇琪，四川省社会科学院农村发展研究所，主要研究方向为发展经济学。

危物种，维护自然生态平衡的最重要、最有效的措施之一。对于如何使用、管理保护区内的自然资源，学者们提出了各种各样的学术理论和政策实践，主要有：提倡自然资源私有化，借助市场机制配置资源；将自然资源划为国有，通过政府来统一调度安排使用。

一方面，根据科斯制度经济学理论，在公共物品的产权界定、信息收集和交易谈判过程中会产生大量的成本，自然保护区的资源作为一种准公共物品，只有在交易过程无成本、确定了产权的情况下，市场化的私人交易才能使资源配置达到帕累托最优。另一方面，中国的自然保护区建立70余年，多依靠政府的强力调控来保护自然资源和生物多样性，保护区管理部门为达到预期的目标，对周边社区采取较为严格的限制措施，很少考虑社区的利益。

基于上述情况，“社区共管”理念于20世纪90年代被引入中国。社区共管模式，通过保护区和社区共同参与保护管理方案的决策、实施和评估的全过程，弥补了保护区封闭式管理模式的不足，平衡了生态保护和社区经济协调发展，减轻了社区居民对资源的依赖。然而，经过二十余年的实践，社区共管模式并没有真正有效地解决保护区和周边社区之间的矛盾，在一定意义上讲仍然属于国家集权的管理模式，因此，亟须对社区共管模式进行创新。

一　社区共管的发展历史

（一）社区共管的定义

社区共管是指为实现生态保护与社区可持续发展的双重目标，保护区、社区共同参与保护区保护管理方案的决策、实施和评估的过程。综观国内外相关文献，无论是学界还是实践界，对自然保护区社区共管的概念界定或解释的核心内容都包括以下两个方面：一是自然保护区不是单纯地对生物多样性和自然环境进行保护，而是兼顾保护区内居民的生存权；二是自然保护区的管理不单是政府或管理机构的事务，也是保护区社区居民的事务，保护区社区居民不再是管理的客体，而是管理的主体。

（二）社区共管的现实意义

中国自然保护区的建立是中国生态文明建设的重要组成部分，也是保护中国丰富的生物多样性的重要措施。中国的自然保护区建设经历了从无到有、从小到大、从单一到综合的过程，形成了布局较为合理、类型较为齐全的自然保护区体系。截至 2019 年，全国共建立自然保护区 2750 个，其中国家级自然保护区 474 个，自然保护区总面积达到 147 万平方公里，约占中国陆地国土面积的 15%。全国各级各类自然保护地 1. 18 万处，占陆域国土面积的 18%以上。①

我国自然保护区大部分处于偏远地区并且在其内部以及周边有大量的社区居民。这些社区普遍都是农村社区，有着固有的生活方式、传统生产模式、乡土知识。由于农村社区是与保护区自然生态环境直接相关的最小社会群体，它们之间的关系能够直接反映出生态系统与社会经济系统之间作用与反作用的基本规律，从而使我们能够直接地观察、测量和分析社会经济系统的物质、价值、信息及技术循环与生态系统的确定量化关系。

基于以上特点，中国的生物多样性面临着来自自然保护区内或周边社区的压力，社区和居民需要使用自然资源，而且常常是过度使用。我国自然保护区为了实现保护生物多样性的目标，就不能把社区排斥在保护系统之外，必须要在对自然保护区的管理中纳入社区的因素。要正确地认识社区发展的规律和需求，从帮助社区发展的角度，让社区积极地参与保护工作，不能够一味地让社区居民将自己的生存发展权让渡给公共环境权，这并非管理的良策，因此我国的自然保护区开始探索社区共管的保护区管理模式。社区共管的功能之一就是要平衡公众环境权与居民生存权。②

---

① 《黄润秋：70 年来，我国已建立 2750 个自然保护区》，https：//www. mee. gov. cn/ywdt/hjywnews/201909/t20190929_ 736260. shtml，2019 年 9 月 29 日。

② 胡伟：《社区共管：公众环境权与居民生存权的权衡》，《生态经济》2017 年第 33 期。

（三）社区共管在中国的发展历程

中国自然保护区社区共管的发展历程大致经历了自主探索、外界推动、多元发展三个阶段。

1. 自主探索阶段(1956~1992年)：保护区自主进行社区工作

自1956年中国第一个自然保护区——鼎湖山保护区成立后，自然保护区就如雨后春笋般出现。保护区管理机构也逐渐认识到保护区工作和社区不可分割，此阶段，其实尚未形成“社区共管”理念，但有一部分自然保护区在管理中已自发自主地开展社区工作。王朗国家级自然保护区自1962年成立后，就考虑了周边白马藏族社区的生计问题，保护区管理局长期雇用聘请社区精英来协助保护区工作的开展。20世纪90年代，唐家河保护区与社区居民、周边乡镇签订“联防合同书”，共同开展森林防火、动植物保护工作。

2. 外界推动阶段（1993~2002年）：社区共管理念的引入和实践

“社区共管”理念于20世纪90年代由国际非政府组织（NGO）正式引入中国。1993年，国际鹤类基金会（ICF）在贵州草海自然保护区发起保护鹤类和为农户提供资金、技术支持的社区共管项目。1996年，全球环境基金会（GEF）在陕西牛背梁自然保护区进行了自然保护社区共管工作试点。1998年，中荷合作云南省森林保护与社区发展项目（FCCDP）正式启动。此阶段，社区共管主要是通过项目以及外部介入的形式进行。

3. 多元发展阶段（2003年至今）：多元主体参与模式的实践探索与制度创新

被引入中国十年后，社区共管模式有了极大的发展，以政府、保护区管理机构、NGO、科研团队为代表的不同主体逐渐参与探索社区共管。2003年，世界自然保护联盟在南非举行的第五届世界公园大会上提出了发挥社区共管对保护区和社区的积极作用。2006年，保护国际（CI）提出了一种全新的社区共管保护方式——协议保护，即在不改变资源、土地所有权的前提下，通过协议方式将保护地的附属资源的保护权移交给承诺保护的一方，同时确保所有权不受影响，以此明确资源所有者和保护者之间的责、权、利。在多元发展阶段，自然保护区开始探索建立社区共管机制。学者李忠等①在2009年开展的问卷调查（N=622）结果显示，仅有12.1%的保护区从未开展过社区共管活动，也就是说，87.9%的国家级自然保护区尝试过建立社区共管机制。2017年，中共中央、国务院办公厅印发的《建立国家公园体制总体方案》明确提出了“建立社区共管机制”的要求和内容。此后，各个国家公园体制试点纷纷进行社区共管的探索，如三江源体制试点的生态管护公益员制度②和钱江源体制试点的地役权机制③。

二　新时代社区共管模式分析

（一）社区共管的现有模式

国外学者认为，社区共管是政府的彻底管控与社区的彻底管控中的连续频谱。根据政府管控力和社区管控力的大小分为不同的模式。当今世界的自然保护地社区共管主要包括指令式（Instruction）、咨询式（Consultation）、协议式（Agreement）、联合式（Joint Management）、合作式（Collaboration）和授权式（Empowerment）几种模式。

1. 指令式

指令式是一种自上而下的管理模式，即在没有经过咨询社区的情况下由自然保护地管理机构负责进行决策，以指导或者命令的形式聘请周边社区开展保护工作。指令式社区共管模式是我国主流的社区共管模式，如九寨沟、稻城亚丁等自然保护区采用向周边社区下达指令的形式来开展社区工作。指

① 李忠、马静、徐基良：《我国自然保护区社区管理成效评价》，《林业经济》2016年第38期。

② 孙饶斌：《三江源生态保护综合试验区生态管护公益岗位研究》，《青海省工程咨询中心》2012年11月。

③ 王宇飞、苏红巧、赵鑫蕊、苏杨、罗敏：《基于保护地役权的自然保护地适应性管理方法探讨：以钱江源国家公园体制试点区为例》，《生物多样性》2019年第27期。

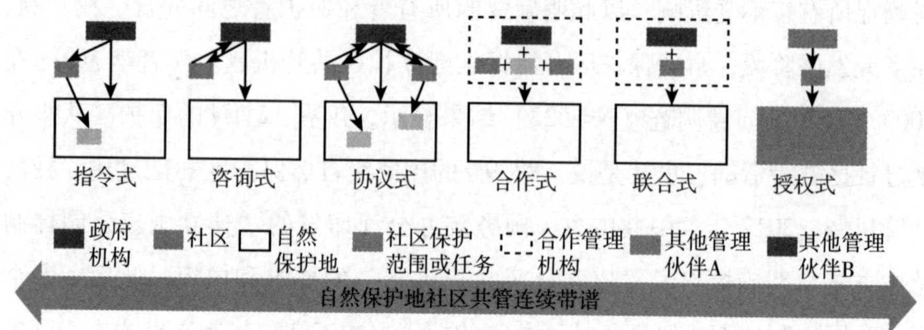

图1 自然保护地社区共管连续带谱

令式属于政府强力管控模式，这种模式有利于解决自然资源产权责权不明、保护区治理边界模糊、责任主体缺位等问题。

2. 咨询式

咨询式是自然保护地管理机构征询当地社区和利益相关者的意见，双方达成共识后再进行决策，但最终决定权仍掌握在管理机构手中。如武夷山保护区在广泛征集社区的意见后，探索出了一条"生态茶叶+生态旅游"的绿色文旅产业发展道路，并在充分尊重社区意见的情况下，制定了随生态旅游和生态茶叶收入变化的利益分享补偿机制。

3. 协议式

协议式是指自然保护地管理机构与特定社区签订特定自然资源保护管理协议，成立社区共管委员会共同协商、共同决策，或建立利益共享机制，使得社区获得一部分保护、管理和收益权。如卧龙保护区通过协议保护的方式入驻大熊猫特色文旅小镇经营，增加了社区居民收入，改变了社区对自然资源的利用方式，降低了对自然资源的依赖程度。

4. 联合式

联合式是指政府与社区之间建立一个双方分别拥有一定代表席位的联合管理机构，双方共同协商、共同管理、共同决策。

5. 合作式

合作式是在联合式的基础上，将 NGO、专家等多元主体纳入，共同建立社区共管组织。如神农架保护区，成立了以社区居民代表、社会公益组织、基层政府工作人员为代表的村级社区共管委员会，定期共同商讨森林巡护防灭火、公益岗位聘用等社区事务。

6. 授权式

授权式属于社区治理型，又被称作私人治理型，是指政府或保护地的管理机构将大部分自然资源的使用管理权利和责任都移交给当地社区或是其他利益相关者，由被授权方自主作出决策并实施。如三江源保护区通过建立农业合作社来发展生态畜牧业，保证草原的可持续利用。

（二）社区共管面临的三重困境

始于全球环境基金会（GEF）的社区共管项目在我国已开展了近30年的时间，并发展出六大管理模式，但现阶段我国自然保护区社区共管工作却陷入了新的困境，主要是社区共管的模式缺乏创新。目前，我国自然保护区社区共管存在以下困境。

1. 主动与被动：自然保护区主动帮扶与社区经济被动发展的矛盾

我国农村社区传统的生产生活方式是自给自足，商业模式很少在这里发生，生活所需要的一切都靠当地居民用自己的双手种植、养殖等来获得，因此农村社区的产业也呈现出多样化的特征——需要自己满足自己的多样需求。若是要通过外来人员帮助社区发展经济，当下的市场需要的是专业化与规模化的产业模式，这在相当程度上是要打破社区的传统生产生活方式，一方面需要减少传统农业品种的种植或者养殖面积以及数量，甚至需要完全放弃很多传统的品种；另一方面又要扩大少数品种的规模，实现产业化与商品化，甚至还要引进新的品种。

专业化、规模化的产业模式要经历各种风险的考验，首先，就是来自市场波动的影响。自由市场下，市场需求量会经常波动，随之而来的价格也会大幅度变动，单个商品价格的变动可能对整个国民经济的影响微乎其微，但对于完全依靠此项产业的小农经济来说却是天翻地覆的变化。其次，还要抵抗自然灾害，地震、洪水等这样的自然灾害足以完全吞噬一个社区的所有经济命脉。例如唐家河保护区的周边社区之一，三锅镇民利村发展了一定规模的柿饼产业，并成立了柿饼生产合作社，一段时间内运营较为顺利，但2020年受新冠疫情影响，5000斤柿饼滞销，直接影响到该合作社的存续。除此之外，政策的变动也是风险源之一，政策的实施一般都有一定的时效性，当小农经济所依靠的产业不属于政策扶持范围时，社区面临是否转型的选择与风险。

当下社区共管中为了促进社区经济发展，大部分管理者倾向于直接向社区提供一些替代生计，直接为社区选定产业，但这样直接帮助社区经济发展的方式是难以奏效的。

2. 少数与多数：少数精英俘获多数机会和资源

自然保护区仅能接触到社区精英，却难以触及大多数农户。精英主导问题在自然保护区社区共管中非常普遍，即社区共管的获益者主要是社区精英。社区精英不仅包括村支书、村主任这样的体制内精英，同时也有宗教界精英、学界精英、商界精英以及返乡精英等体制外的社区精英。社区精英往往相较于其他群体有更多的机会参与社区共管，对于社区发展项目有更多的发言机会与话语权，这样就不可避免地造成社区共管的利益固定地主要集中在某一部分人中，而老年人、残疾人等弱势群体的利益容易被忽视。

公平性在基层民主自治中尤为重要，然而基层民主自治机制的不健全使得社区精英成为政府、外部人员与村民之间的“经纪人”，管理者与广大村民之间无法直接沟通交流，普通村民的意愿很难被反映，导致真正保护人不是受益人、真正受益人却不是保护人的现象出现。社区共管本应让各方达成共识，但现有的模式反而在削弱社区的共识。社区共管的首要目标是保护生物多样性，这需要社区居民更广泛地参与进来，只有少部分人参与的社区共管无法长久有效地保护生物多样性。

3. 投入与产出：资金约束自然保护区社区共管发展

资金约束也是自然保护区社区共管中的普遍问题，这既可能是由于政府拨款不足、非政府组织项目资金来源不稳定，也可能是由于社区共管机制的运行提高了管理成本。在新的经济形势下，无论是以往的脱贫攻坚、精准扶贫，还是现阶段的乡村振兴，支农政策的资金量往往较大，而这些资金都是专项资金，用于自然保护区的资金非常有限，这在很大程度上束缚住了自然保护区管理者的手脚，社区共管发展较为艰难。

自然保护区周边的社区既是自然保护区“最严格的保护”中受影响最大的利益相关者，也是“最严格的保护”中最重要的执行者，还是“绿水青山转化为金山银山”最直接的实践者。社区共管目前所面临的困境也给社区发展、社区与保护区组成共同体造成了阻碍，未来的社区共管需要做出积极的尝试与改变来突破上述困境。

三　唐家河保护区社区共管基本情况

（一）保护区概况

四川唐家河国家级自然保护区位于四川省广元市青川县内，是以保护大熊猫、金丝猴、扭角羚等珍稀动物及其栖息地为主的森林类型保护区。1978 年由国务院批准建立四川省青川唐家河自然保护区，1986 年其被批准为国家级自然保护区。唐家河片区植被地理属亚热带常绿阔叶林区、川东盆地及西南山地常绿阔叶林地带、盆地北部中山植被地区的米仓山植被小区。植被区系以温带成分为主，热带成分也较丰富。植被分为 4 个垂直带谱，12 种基本植被类型，现有植物 2629 种，珍稀植物 10 余种。区内动物种类共有 1077 种，其中，珍稀物种有 72 种，特有物种 86 种，大熊猫栖息面积约 300 平方公里，占保护区总面积的 75%，区内现有大熊猫 40 只左右。

（二）保护区周边社区概况

唐家河保护区周边社区较多，涉及两省三市，东南边隶属于四川省广元市青川县，西南部接壤绵阳市平武县，北部接壤甘肃省陇南市文县。与自然保护区相接壤的共有10个村落，分别为青川县青溪镇落衣沟村、阴平村、魏坝村和三锅镇苏阳村、民利村、东阳村，平武县高村乡福寿村、木皮乡关坝村、木座乡新驿村、文县对树村。周边社区共有2731户10342人，耕地面积共16799.06亩，人均收入为7000~9000元。

表1　唐家河保护区周边社区基本情况

区域	行政村	户数（户）	人口（人）	行政区域面积（平方公里）	耕地面积（亩）	人均收入（元）
青溪镇	落衣沟村	424	1132	62	1938	9000
	阴平村	652	2017	14.7	2656.6	
	魏坝村	350	1429		2351	
三锅镇	苏阳村	287	981		1621	
	民利村	498	1340	16.7	2320	
	东阳村		1852		3488	
高村乡	福寿村	165	468	17.5	1440	
木皮乡	关坝村	121	380	0.0049	79.65	7236
木座乡	新驿村	132	510	142	152.81	
文县	对树村	102	233	8.6	752	

资料来源：各镇政府统计数据、走访数据、政府门户网站数据等。

（三）保护区周边社区特点

1.自然条件各不相同

由于自然条件不同，10个村之间土地资源差异很大，通常靠近保护区的村林地多而耕地少，而海拔较低的村耕地占比较大，这导致每个村的收入来源差异较大，多数村民以外出务工为主，有少数村民收入来源依托于中蜂养殖、农作物种植、农家乐等。由于自然条件迥异，相同土地类型的光照、坡向、湿度存在差异，村之间适宜的品种及其产出量也差异很大，例如苏阳村适合柿子种植，落衣沟村适合发展魔芋、核桃。各村自然条件的差异导致遭遇的自然灾害类型和肇事野生动物也很不同，如有些村子是黑熊、野猪，有的村子是猴子。

2. 外出务工为主、生态补偿加种养采集为辅的收入结构

保护区周边社区经济欠发达，人均收入偏低，基本呈现以外出务工为主、生态补偿加种养采集为辅的收入结构，主要原因是临近保护区有丰富的自然资源，土壤和气候适宜菌类、竹类和林木生长，还可种植多种农作物。近年来，外出务工人数日益增加，占劳动力总人口的1/3~1/2，劳动力外出增加也导致土地和山林荒废，留守儿童和老人问题突出，务工收入占比呈上升趋势，农林收入占家庭收入比例有所下降。

3. 社区生物多样性保护意识较高，但人兽冲突矛盾严重

保护区周边社区居民具有较强的生物多样性保护意识，对生态环境保护有比较正确的认知，除了9月有进入保护区采笋的行为外，盗猎和挖药的现象少有发生，也未出现重大火情，多数居民的保护主动性是很强的，愿意主动接受和宣传环境保护知识，并且配合保护区做好保护工作，但近些年野猪、黑熊、猴子等数量增加带来的农作物等经济损失导致部分农户有负面情绪。

4. 面临很高的自然灾害、市场和政策风险

在农户尝试转型家庭经济过程中，常常面临自然灾害、市场波动和政策变化的风险，甚至三种风险相互叠加，导致农户探索失败，浪费资源、背上债务、丧失信心，部分农户会重新寻求转型的时机，而部分农户却从此陷入贫困的恶性循环。

山区自然灾害频发，无论是种植业还是养殖业都面临来自野生动物的侵害，这也是常见但无法预见的风险。在频繁的自然灾害面前，农户传统的策略是多样化和小规模，即使遭受损失也不致过大。但随着少数几项种植或养殖活动规模的扩大，自然灾害风险急剧增加。

农产品销售往往季节性强，中间环节众多，受到交通和信息影响大，不仅市场价格波动频繁，市场的偏好和对加工与包装的要求也在不断变化。在市场波动中，信息闭塞、难以止损的小农面临的风险更大。

四　唐家河保护区社区共管模式——共建式

唐家河保护区自建立以来，持续在社区共管共建方面发力，始终致力于构建人与自然和谐共生关系，并探索出新型社区共管发展模式——共建式。

共建式社区共管模式与其他模式都是自然保护区主动在区内或周边社区开展互动性活动，但二者有很大的区别：现有的社区共管只有单一性目标，即帮助社区发展经济，试图实现保护区与社区协调发展；而共建式社区共管则是多元主体协同治理，并且将乡村文化、生态文化融入社区发展，是一种更高层面的社区共管模式。

（一）基本特点

1. 多元性

类似于合作式，共建式社区共管也强调多元化的主体参与，主要参与方包括保护区管理局、周边社区、相关政府部门、科研专家和 NGO 等。2019年，唐家河保护区建立了唐家河—落衣沟村社区共管共建委员会、唐家河—阴平村社区共管共建委员会。社区共管共建委员会由保护区管理局、村委、行业主管部门、村民代表等多方利益主体组成。共管共建委员会大会已召开多次，在会上各方就社区、保护区发展中遇到的问题发表意见与提出建议，各相关方的同场能让所遇到的问题得到较为妥善的解决。

2. 互惠性

常规的社区共管目标只是单一的目标，即帮助社区发展经济，带动居民致富，试图实现保护区与社区协调发展。而共建式在此基础上，更强调赋能社区居民，通过教育培训等方式，使社区居民的生态保护意识提升，充分调动其积极性，使其主动投身于保护和社区共管项目。一方面，唐家河保护区将社区生计发展与环境保护相结合，鼓励社区进行中蜂养殖，为社区居民提供柿子树苗及柿子种植技术，为社区居民提供替代生计。另一方面，将生态护林员的聘用管理与社区就近就业相结合，保护区坚持在周边社区内聘用保护区的生态护林员，坚持精准到户，优先考虑建档立卡贫困户、困难家庭与退伍军人，坚持自愿公正、统一选聘与管理，针对生态护林员实行“保护区聘，保护站管，村社用”的管理机制，不仅为周边社区提供了就业机会，也基于村民对当地环境的熟悉，使得生态保护管理更为有效。

3. 共建性

共建性主要是指保护区机构和周边社区共同决策、共同规划、共同利用、共同保护。共同决策的核心，就是通过共管共建委员会，制定社区共管章程和公约，关系到产权、选举等重大事项，由共管共建委员会主导并作出决策；共同规划就是社区拥有一定权属的自然资源，社区有权参与保护区专项规划制定并知晓规划内容，通过社区契约协议，体现价值正义；共同利用就是对社区内属于集体的自然资源，由保护区和社区共同开发利用，体现共治共建共享；共同保护是根本，就是指社区内广大村民及其他利益相关者共同参与保护工作。

（二）项目案例：人兽冲突管理

1. 保护区周边人兽冲突矛盾突出

多年来唐家河保护区大力保护生态环境和野生动物，保护成效逐渐显现，野生动物种群数量不断增多、活动范围逐渐扩张，这是生态环境与生物多样性得到极大改善的体现。落衣沟村作为与保护区毗邻的社区，承担了因野生动物数量增加而带来的风险，当地村民的农作物、家畜家禽、房屋等遭到野生动物不同程度的毁坏，如野猪、豪猪、扭角羚、毛冠鹿、小麂等损坏庄稼，豹猫、果子狸、野猪、黄鼠狼等杀害家畜家禽，黑熊、黄喉貂、短尾猴等毁坏蜂箱等，这直接影响了当地村民对生态保护工作的认可，降低了村民对保护区、当地政府的信任，冲击了唐家河保护区长期的社区共建工作成效。

2. 解决人兽冲突的难点

人兽冲突的防治措施主要包括事前防护和事后赔偿与补偿。事前防护一般是在野生动物频繁肇事的地方安装铁网、栅栏或播放噪声广播来阻挡、驱赶野生动物。这类方式的主要问题在于装置范围广、布设烦琐、成本较高，一旦野生动物适应了，其防护效果就微乎其微。

事后赔偿与补偿主要有两种方式：一种是根据《野生动物保护法》第十九条所规定的以当地人民政府为主体的补偿机制，据不完全统计，2019年青川县参与政策性农业保险的玉米和马铃薯面积10万亩，由野猪等野生动物造成的农作物损毁面积约占60%，经济损失达2400万元。[①] 以政府为主体的补偿机制存在受公共预算的限制，能进行补偿的资金较少，且很难覆盖在野生动物肇事中发生的多种多样情况，如如何确认家禽是否真的被野生动物所吃？鸡仔和成年母鸡的补偿标准一样吗？如果是因自已管护不力而使得庄稼被野生动物毁坏也需要补偿吗？如何判定是否管护不力？在实际运作过程中，有各种各样的情形会发生，补偿机制很难灵活地应对。另一种是一些公益性补偿，如非政府组织北京山水自然保护区中心的捐赠，以及唐家河片区出于社区共管目的所投入的补偿资金，但同样也存在的资金量小、损失不好界定、标准不好制定等问题。

在实际运作过程中解决人兽冲突问题难度较大，很难兼顾公平和效率。一方面，补偿难以达成一个让所有人都满意的标准，且如果针对整个社区进行统一的补偿，如积极参与管护和防制的与管护不力的、农作物亩产量高的与农作物亩产量低的等参照统一的标准将使得部分群体觉得不公平，但如果只针对特定人群、特定区域进行补偿，又会造成更大区域范围内的不公平。另一方面，从家庭经营效益来说，从事种植业的效益是远低于从事农家乐、外出务工等的效益，但受人兽冲突影响最大的正是从事种植业的村民，解决人兽冲突最重要的就是要与这些群体沟通交流，但在当前的解决方式下无论是政府还是公益性组织都是由外部人员进入社区开展补偿工作，双方很难进行直接有效的沟通，大部分时候要通过村委会作为中间人进行信息传递，其间信息传递的完整性有一定的折扣。

---

① 广元市林业局：《全国首例——青川县推行野生动物致害农作物保险赔偿》，http://lyj.cngy.gov.cn/New/show/20200918152543877.html，2020年9月18日。

因此从人兽冲突的解决机制来看，无论是政府还是保护区管理处，抑或是公益性组织，所有这些社区外部的资金都要起到应有的作用，最重要的就是要发挥社区内部的整体力量。而无法兼顾公平和效率就使得社区内部的激励机制无法形成，社区内部的力量难以发挥。

3. 具体的解决措施

唐家河保护区为积极解决人兽冲突问题做出了极大的努力。2019 年，由北京山水自然保护中心提供一定技术支持，唐家河在落衣沟村建立了野生动物肇事补偿基金，具体情况如下。

（1）参与式调查，动员社区、发现人才

开展参与式调查评估，让平时没有机会参与但又受人兽冲突影响的人能够有机会参与社区公共事务，不仅能够在更大的程度上将社区力量动员起来，而且使得更多的人能有机会了解到更多的信息，也是一种高效率的宣传方式。除此之外，在此过程中还涌现了很多除村委管理人员之外的乡村精英，为解决唐家河人兽冲突问题提出了有价值的意见，他们在建立健全人兽冲突解决机制方面贡献了较大的力量。

（2）建立并透明管理社区基金，凝聚社区力量

通过参与式社区基金评估，有很多村民首次把基金整个运行情况了解清楚，之前怀疑基金没有发挥作用的情绪也有所缓解，并且会自发地去理解基金面临的困境并试图寻找解决的方法。例如，尽管部分农户认为补偿标准太低、补偿力度不够，但是只要该补偿标准对所有人都是一致，村民就都能够接受，且在一定程度上能提高对肇事野生动物的容忍度。社区共管一定要确保公共性，而不是针对个人，因此通过建立社区基金来缓解人兽冲突问题的关键一定是社区基金管理要透明，基金是社区的基金，通过动员整个社区的力量去监督和管理基金从而凝聚社区的共识和力量。

（3）建立公开透明的社区共管共建委员会，制定管理办法

野生动物肇事补偿基金的补偿标准、补偿方式、由谁定损等关键问题的确认很难得到一个令全员都满意的答案，但通过参与式评估让村民自主决定，制定一个可行的标准，即使对这个标准存在不满声音，但因其是由全体

村民共同商议而定的，大家也能欣然接受。

多方主体参与的社区共管共建委员会，包括保护区管理处、村委会、NGO 及村民代表等。社区共管共建委员会的主要职责是为社区发展定方向，具体的实施工作由村委带头执行，对应不同的项目成立不同的工作小组，如在缓解人兽冲突问题方面，成立人兽冲突补偿基金管理工作小组，小组成员只有村委和村民代表，负责日常的管理和所有补偿细则的制定。社区共管共建委员会只负责监督工作，社区居民或者小组成员若对工作小组的工作不满意，可到社区共管共建委员会进行申诉，社区共管共建委员会重新商讨解决事宜。

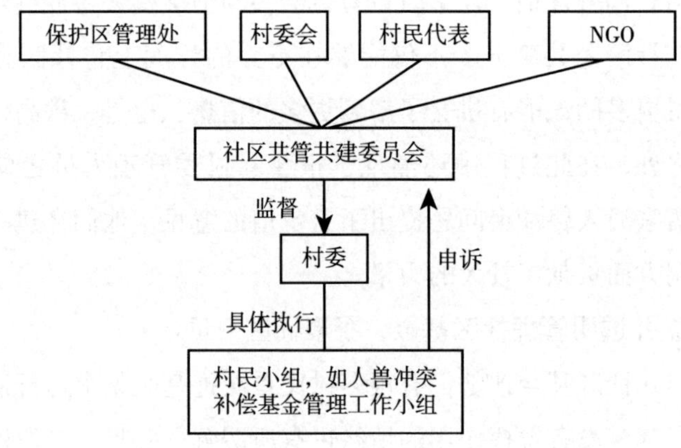

图 2　社区共管共建委员会管理机制示意

4. 共管效果

唐家河人兽冲突社区共管项目已开展 3 年，取得了极大的成效，具体表现在以下方面。

（1）满意度

据农户调查和访谈，落衣沟村的村民基本都知道该基金及其使用方向，同时农户参与度较高，全村共有 156 户参与基金并获得补偿。尽管部分农户认为补偿标准太低、补偿力度不够，但是“吃颗胡椒顺口气”。因此，基金的建立在一定程度上弥补了野生动物肇事给村民带来的经济损失，缓解了人兽冲突问题。

（2）保护行为

根据2017年落衣沟村野生动物肇事调查报告，落衣沟村的部分农户可能存在报复性猎杀心理和行为。而随着基金补偿的落实，落衣沟村的村民尽管遭受损失，但是放兽夹、布陷阱、做猎套的行为几乎没有了，尤其是林缘社区在2019~2020年无林政案件。且在唐家河保护区生态公益岗位等支持下，不少农户通过担任护林员等方式发展替代生计，减少野生动物肇事损失。

（3）社会知名度

唐家河落衣沟村野生动物肇事补偿基金是基于公共问题的社区共管共建共享，也直接回应了当下热门的人兽冲突问题，成为政府、企业、公众、社会组织、科研院校、社区等多主体参与的平台。

五　共建式社区共管模式的经验启示

基于上述唐家河保护区社区共管经验总结可以得到以下启示。

（一）推动社区居民自主参与社区共管

在日常的社区生活中，要注重生态保护与发展理念的传播，使社区居民有意识地参与社区共管。政府和社会组织在发展社区可替代生计项目时，在注重经济效益的同时，要引导村民作出相关生态保护思考：一是可以从产业的可持续发展入手，倡导发展生态产业可以获得长期的收入，引发其对保护和发展的思考；二是挖掘传统文化中固有的环境保护理念，在生产生活中社区居民本有的环境保护理念促成多彩的人文风俗，并以自然崇拜等方式体现出来，要对其既有的生态保护观进行引导，以便其理解发展与保护的统一关系。

（二）建立科学的共建运行机制

未来的社区共管不能仅关注结果不注重过程，要以协同治理为导向，积极促进由政府负责、保护区管理部门引导与监督、企业引进、集体组织实践、农户参与的多主体共建机制形成，构建社区共建共管委员会等多方参与的平台，各主体之间相互协助、支持与合作，为市场经济、先进文化、和谐社会、生态文明的协同发展探索新的模式。

（三）兼顾公平与效率、重视普惠

公平与效率是自然保护区和社区共管必须要兼顾的矛盾平衡点。国内很多自然保护区和社区在共管工作中，更多的是以项目实施的效率为取向，并没有实现共管的真正目标。未来的社区共管，应该更加地注重公平性，即提高社区共管的普惠性，构建普惠式的社区共建新模式。在普惠式理念指引下，进一步提高社区共管的信息透明度，充分发挥社区共建共管委员会的作用，针对不同类型社区精准施策。

（四）确保充足而稳定的资金来源

社区共管持续健康地开展离不开稳定的资金来源。一方面，应由国家拨款成立社区共管专项资金，由保护区管理局成立社区共建共管专项资金管理委员会管理，用于支持社区培训、公共服务、活动组织等工作。另一方面，应积极拓宽社区共管资金的来源，充分吸纳社会和企业资金，共同助力社区共管机制建设。

（五）为社区产业发展提供支持性服务

关于具体开展什么类型种植或养殖活动，保护区不再直接为周边社区居民寻找并做决定，而是以减小社区居民在家庭经济转型中必然会遇到的自然灾害、市场波动等风险所造成的影响为目标提供支持性服务，当地龙头企业应帮助社区居民开展小规模转型探索，总结不同转型探索的经验与教训。所谓支持性服务是指保护区周边社区的居民对家庭经济如何发展进行自主决策，先是居民自发行动，后由保护区提供间接性支持。

参考文献

《黄润秋：70 年来，我国已建立 2750 个自然保护区》，https：//www. mee. gov. cn/ywdt/hjywnews/201909/t20190929_ 736260. shtml，2019 年 9 月 29 日。

胡伟：《社区共管：公众环境权与居民生存权的权衡》，《生态经济》2017 年第 33 期。

李忠、马静、徐基良：《我国自然保护区社区管理成效评价》，《林业经济》2016 年第 38 期。

孙饶斌：《三江源生态保护综合试验区生态管护公益岗位研究》，《青海省工程咨询中心》2012 年第 11 期。

王宇飞、苏红巧、赵鑫蕊、苏杨、罗敏：《基于保护地役权的自然保护地适应性管理方法探讨：以钱江源国家公园体制试点区为例》，《生物多样性》2019 年第 27 期。

广元市林业局：《全国首例——青川县推行野生动物致害农作物保险赔偿》，http：//lyj. cngy. gov. cn/New/show/20200918152543877. html，2020 年 9 月 18 日。

B.19

四川省省级重点区域自然资源统一确权登记的探索与实践*

——以大渡河造林局马边县国有森林资源登记单元试点区为例

陈丝露　胡可欣　邓宗敏　尹衡　白俊　吴霜寒　舒联方**

摘　要： 本文以马边县大渡河造林局国有森林资源登记单元试点区为例，阐述了自然资源统一确权登记的主要工作内容、工作流程及技术路线，针对登记单元界线划定、边界穿越建设用地、第三次全国国土调查成果与专项调查成果不符、争议区界定、水流资源信息空缺等，总结了工作面临的技术难点，阐述了有针对性的实践做法，得出了确权结果和提出了改进建议，旨在对后续开展的自然资源确权登记工作提供技术借鉴和启发意义。

关键词： 自然资源　确权登记　国有森林资源　争议区

一　引言

2013年，《中共中央关于全面深化改革若干重大问题的决定》明确要健

* 支撑课题：四川省林业勘察设计研究院有限公司“四川省林草生态产品计量核算基础研究”。

** 陈丝露，四川省林业和草原调查规划院工程师，主要研究方向为自然资源调查研究，主要负责本文的选题、撰写；胡可欣，四川省林业勘察设计研究院有限公司工程师，主要研究方向为自然保护地调查勘测，主要负责本文的外业调查；邓宗敏，四川省林业和草原调查规划院工程师，主要研究方向为自然资源清查核算，主要负责本文的数据分析、撰写；尹衡、白俊、吴霜寒、舒联方为课题组成员，参与本文外业调查、数据分析。

全自然资源资产产权制度和用途管制制度，提出对水流、森林、山岭、草原、荒地、滩涂等自然生态空间进行统一确权登记，形成归属清晰、权责明确、监管有效的自然资源资产产权制度。为响应国家对自然资源确权登记的决策部署，按照国家及省政府的要求，建立自然资源统一确权登记制度，推进自然资源确权登记实施，四川省于2020年底开展省级重点区域自然资源统一确权登记项目，大渡河造林局国有森林资源登记单元试点区是四川省第一个以省级国有森林资源为登记单元的试点区。本文结合马边县大渡河造林局国有森林资源登记单元确权登记工作，总结了森林资源在确权登记中的技术难点并提出了建议，以期为进一步推进自然资源统一确权登记工作提供思路。

二　国有森林资源确权登记基本情况

（一）研究区概况

本次大渡河造林局国有森林资源统一确权登记工作范围为大渡河造林局位于马边彝族自治县的国有森林资源，面积为45985.79公顷。马边彝族自治县位于四川盆地西南边缘小凉山区，地理位置为北纬28°25′30″~29°04′14″、东经103°14′40″~103°49′40″。根据第七次全国人口普查数据，2020年马边彝族自治县常住人口188251人，2020年生产总值539695万元。马边彝族自治县属山地地貌，全县分为三个地貌区，即低山河谷区、中山区、亚高山区。森林覆盖率78.87%，森林资源丰富，其中国有森林资源主要分布在大渡河造林局经营范围内。

（二）工作目标及任务

1. 确定自然资源登记范围，划分登记单元

依据《自然资源统一确权登记暂行办法》（以下简称《暂行办法》），收集整理相关资料，制作工作底图。依据国有林权证矢量化界线资料及审批等材料，充分利用第三次全国国土调查、自然资源专项调查等现有成果，确定自然

资源统一确权登记范围，预划自然资源登记单元，并实地核实登记单元界线。[1]

2. 核实权籍调查成果，划清“四条边界”

对权籍调查形成的重要界址点和权属纠纷界限进行实地核实处理，清晰界定马边县大渡河造林局范围内各类自然资源资产的所有权主体，划清全民所有和集体所有之间的边界，划清全民所有、不同层级政府行使所有权之间的边界，划清不同集体所有者的边界，划清不同类型自然资源之间的边界。

3. 自然资源调查数据库建设

按照指南规定的数据库标准及建库方式，建立自然资源调查数据库并配合各级政府做好登簿公告工作，实现对调查成果的综合管理。

4. 成果登簿发证与汇总分析

在自然资源调查数据库和专题数据基础上，汇总大渡河造林局国有森林资源内自然资源调查和确权数据，对成果进行公示、登簿发证，形成自然资源登记簿。开展自然资源数据分析，编制调查报告。

（三）主要工作流程及技术路线

通过收集相关资料，以第三次全国国土调查最新成果、最新的遥感影像、集体和国有土地使用权确权登记数据制作工作底图。明确调查范围和预划登记单元，发布首次登记通告，以内业判读为主、外业调查为辅，进行自然资源调查。根据调查结果得到最终登记单元范围。填写调查表、建立数据库，通过审核、公告等法定程序对国有自然资源所有权进行登簿。

三　技术难点总结与思考

在确权登记实践过程中，遇到了诸多现实问题，一是登记单元划界依据存在冲突，二是森林资源登记单元边界与建设用地交错重叠，三是国土调查

① 《自然资源部、财政部、生态环境部、水利部、国家林业和草原局关于印发〈自然资源统一确权登记暂行办法〉的通知》，2019 年 7 月 23 日。

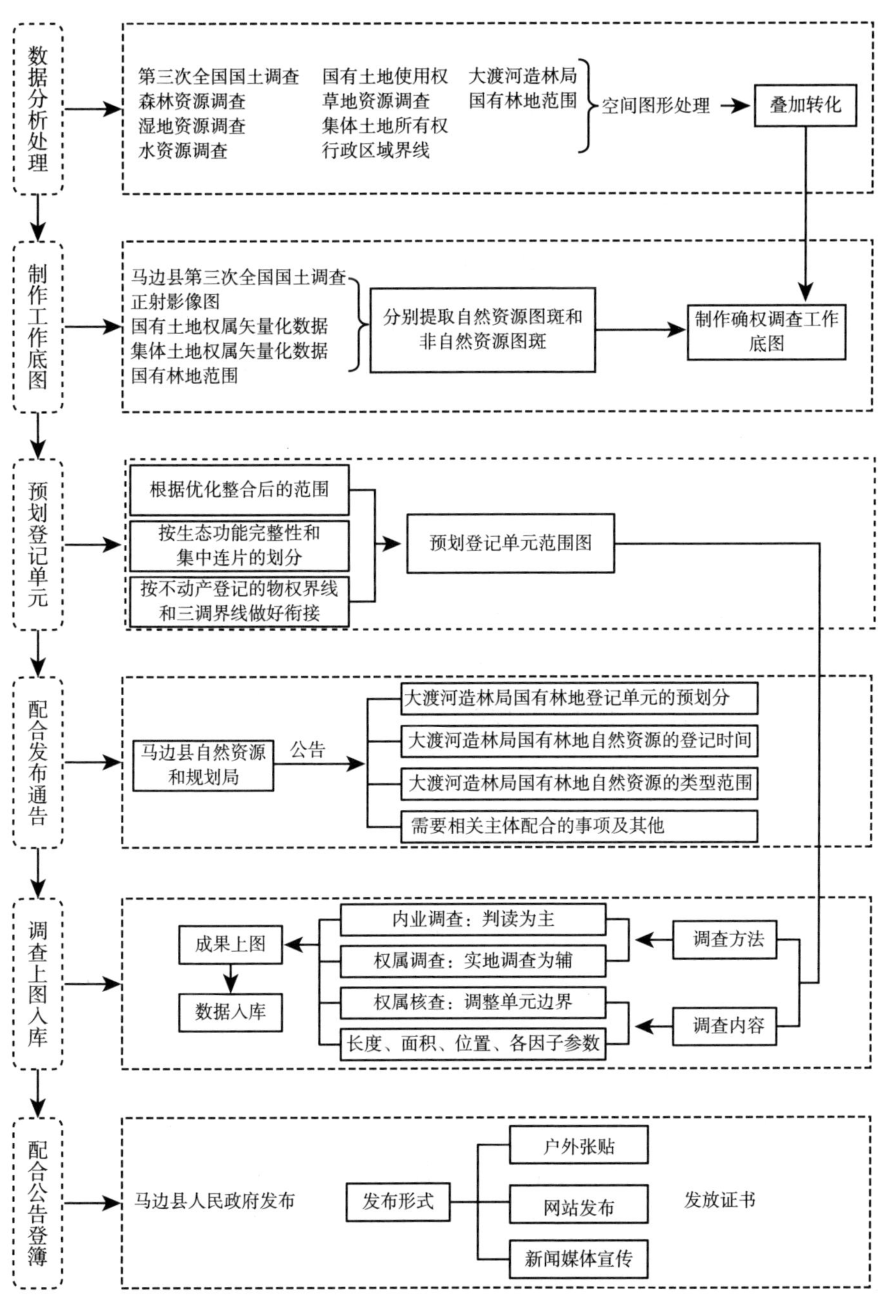

图 1　大渡河造林局国有林地调查与确权登记单元技术路线

数据与森林资源数据互相矛盾，四是现有工作指南对争议区的界定不明，五是水流资源信息空缺。针对以上问题，课题组成员咨询相关部门及专家，并结合实际情况，提出以下解决办法。

（一）登记单元界线划定问题

按照《自然资源确权登记操作指南（试行）》（以下简称《指南》），森林登记单元原则上应当以土地所有权为基础。实践过程中收集了国有林权证、管理巡护范围、森林资源管理“一张图”国有林场范围、马边县集体土地确权范围、马边县森林资源二类调查范围等土地所有权依据，这些依据的范围、面积均有差异，具体情况如下。

一是国有林权证。林权证是县级以上地方人民政府或国务院林业主管部门，对国家所有的森林、林木和林地，确认所有权或者使用权，并登记造册，发放的证书。在经过对国有林权证范围图纸进行地理配准和林场工作人员确认管理范围后，完成了国有林权证矢量化。

二是大渡河造林局提供的管理巡护范围。该范围为大渡河造林局日常管理巡护的范围，也可理解为实际工作中的管理范围。

三是森林资源管理“一张图”中大渡河造林局范围。该范围矢量数据由林草管理部门提供，是林业部门认可的法定数据。

四是马边县集体土地确权范围。该范围矢量数据由马边县不动产登记中心提供。该范围数据与林权证范围、森林资源管理“一张图”、大渡河造林地管护范围等多套数据差异较大，其原因是该范围的确定未经大渡河造林局确认，导致集体土地确权面积过大。

五是马边县森林资源二类调查范围。该范围为森林资源二类调查中国有林场范围，该范围接近于大渡河造林局提供的管理巡护范围。

以上几种土地所有权依据除马边县集体土地确权范围外差异相对较小，结合集体土地现地认定以及国有林场实际管理情况，通过与自然资源厅登记局、不动产登记中心及大渡河造林局等部门讨论协商，最终确定以最早发证且最具法律效力的国有林权证范围为基础确定登记范围，预划登记单元。

在 ARCGIS 软件中，先利用公里网格坐标将纸质林权证配准到相应的地理位置，再通过明显地势地貌进一步配准地形图，配准后将林权证范围矢量化得到登记单元。再比对无偏移的高清影像数据，并结合第三次全国国土调查地类图斑，进一步修正登记单元，部分地形地貌特征不明显的地块，通过林业主管部门或相关指认后确认范围。对具有争议的范围进行实地调查，得出最终预划单元范围。

由于国有林权证发证时间较早，地形图比例较小，对林权证范围矢量化处理后林权证面积与矢量图面积存在差异，林权证面积大于矢量化处理后的面积。

（二）登记单元边界穿越建设用地问题

在划定的登记单元界线过程中，通过对比最新影像及三调成果，发现林权证范围经矢量化后登记单元边界有少数穿越房屋等不动产的情况。由于林权证原证图纸比例较大，将界线矢量化过后需进行范围调整，大渡河造林局马边县国有森林资源登记单元为自然资源登记单元，若将不动产划入范围内则无法与周围的自然资源图斑进行合并会产生细碎图斑，课题组建议将登记单元边界避开面积低于 200 平方米的不动产图斑，对于个别面积大于 200 平方米的不动产图斑，如取得合法手续的，建议避开该不动产图斑区域，对于无合法手续的不动产图斑建议保留。

（三）第三次全国国土调查数据与森林资源管理“一张图”不一致问题

森林资源确权登记工作底图是由第三次全国国土调查数据、森林资源管理“一张图”成果以及土地所有权权属界线叠加形成。通过将登记单元界线与第三次全国国土调查数据进行裁切，提取森林、草原、湿地和荒地等自然资源图斑，并利用森林资源管理“一张图”数据得到森林资源信息。课题组通过对比第三次全国国土调查数据及森林资源管理“一张图”成果，发现两者有部分图斑地类不一致的情况，这是森林自然资源确权登记工作中普遍存在的问题,[①] 大致分为两大类:第三次全国国土调查数据和森林资源管理“一张图”同为林地但二级地类不同;第三次全国国土调查数据为林地、森林资源管理“一张图”为非林地或森林资源管理“一张图”为林地、第三次全国国土调查数据为非林地。对于此类图斑,课题组建议先用最新的正射影像图判读分析确定地类,若通过影像判读无法确定的,进行现地补充调查,根据实际情况,将差异信息写入调查说明。

(四)争议区界定问题

对于争议区,《自然资源确权登记操作指南(试行)》[②] 并未给出明确的界定方法,《自然资源权籍调查技术规定》[③] 也只针对有争议的区域提出了权籍调查方式并未提及何为争议区。

在自然资源确权登记中,争议区一般是指土地权属存在争议,即集体土地与国有土地边界存在争议。本次实践中,主要把“一地多证”或国有林权证范围内已由政府颁发调处文件的区域界定为争议区。在争议区的处理上,由县级政府组织自然资源、林业部门以及争议双方到现场进行指界并填写自然资源权属争议原由书,并经双方签章确认,在权属核实表中“权属状况核实情况”栏备注权属争议,并附争议原由书及相关证明材料的复印件。

(五)水流资源信息填写问题

《暂行办法》明确“水流登记单元是以河流、湖泊管理范围为基础,结合堤防、水域岸线划定”,虽然本课题登记单元为森林资源登记单元,但按照《指南》中自然资源登记簿要求,仍需填写水流资源登记信息,水流资

---

① 王前进:《厦门市自然资源统一确权登记试点实践探索》,《测绘与空间地理信息》2020 年第 12 期。

② 自然资源部办公厅:《自然资源确权登记操作指南(试行)》,2020 年 2 月 25 日。

③ 中华人民共和国国土资源部:《中华人民共和国土地管理行业标准 地籍调查规程 TD/T1001-2012》,中国标准出版社,2012。

源范围是依据第三次全国国土调查成果提取。第三次全国国土调查成果划分的河流、湖泊、水库等水域水面是水流资源的直接体现，其自然状况信息最终依据国土调查、专项调查等成果确定。课题组从第三次全国国土调查成果提取了415个水流资源图斑，虽然登记单元范围内存在水流资源，但多为山沟溪水或季节性水流，水利部门并未将其纳入河流、湖泊管理范围，故无法填写河流起讫点、长度、河道等级、多年平均径流量、水质等信息。课题组建议森林登记单元内的水流资源，对于未被纳入水利部门管理范围的，仅根据第三次全国国土调查成果填写水流类型、图斑个数及面积；对于被纳入水利部门管理范围的，根据第三次全国国土调查成果填写水流类型、图斑个数及面积，并根据水资源专项调查填写其他信息。

四　确权结果与建议

（一）确权结果

大渡河造林局国有森林资源登记单元坐落于四川省乐山市马边彝族自治县，总面积47279.61公顷，其中国有面积46160.76公顷（占比97.6%），无集体面积，争议区面积1118.85公顷（占比2.4%）。登记单元内自然资源图斑面积1723个，面积共计47096.66公顷（包括森林自然资源图斑1240个，面积46743.68公顷，占总自然资源面积的99.25%；水流自然资源图斑415个，面积268.69公顷，占总自然资源面积的0.57%；草原自然资源图斑62个，面积82.06公顷，占总自然资源面积的0.18%；荒地自然资源图斑6个，面积2.23公顷，占总自然资源面积的0.01%），无湿地和其他资源面积。登记单元内非自然资源（即登记单元内耕地、建设用地等）面积182.95公顷。

本次工作对权籍调查形成的重要界址点和权属纠纷界限进行实地核实处理，清晰界定登记单元范围内各类自然资源资产的所有权主体，划清全民所有和集体所有之间的边界，划清全民所有、不同层级政府行使所有权之间的边界，划清不同集体所有者的边界，划清不同类型自然资源之间的边界。在划清国有和集体土地界限时，共梳理出 8 处权属争议区域，面积共计 1118.85 公顷（占比 2.4%）。

（二）数据库建设

大渡河造林局国有森林资源确权登记工作中，其数据库内容大致包括：基础地理信息要素、权利主体数据、自然资源登记单元数据、自然资源地籍调查和确权登记信息数据、专项要素、第三次全国国土调查最新成果、各项自然资源专项调查成果、集体及国有土地所有权确权登记发证数据、国有土地使用权确权登记数据等。以上述内容为基础，以独立的自然资源登记单元进行组织，明确大渡河造林局国有森林资源登记单元范围内的自然资源的数量、质量、面积、公共管制等基本信息，在基本信息充足且相关证明资料翔实的前提下，再明确大渡河造林局国有森林资源登记单元范围内各类自然资源的用益物权及所有权等权属信息，将大渡河造林局国有森林资源登记单元内的自然资源的基本信息及相关权属信息进行登记制作附图和建立数据库，最终以登记部门的相关软件为基础，以达到大渡河造林局国有森林资源的不动产登记与自然资源确权登记相融合，最终实现与水利部门、林草部门、生态环境部门及财税部门等有关信息互通互享、相互印证，最终得以支撑省级自然资源统一确权登记的审核、登簿和发证。

（三）自然资源确权登记及成果应用

马边县人民政府对拟登记的大渡河造林局国有森林资源的自然状况、权属状况、关联信息等进行公告，公告期满无异议。马边县人民政府后续需将登记信息记载于自然资源登记簿，最后颁发自然资源所有权证书。该证书基于登记部门的相关公示系统，在自然资源部门户网站和国家地理信息公共服务平台对确权登记成果进行可视化展示，为自然资源资产产权制度建设提供支撑。登记簿信息应注重时效性。大渡河造林局国有森林资源确权登记属于四川省于 2020 年底开展的自然资源统一确权登记项目，基础资料包括第三次全国国土调查、森林资源管理“一张图”、公益林区划、湿地资源专项调查、草地资源专项调查、水资源专项调查等各类资源调查成果，以及市县级集体土地所有权、国有土地使用权等不动产登记成果与生态保护红线、特殊保护规定等关联信息等均为2021年掌握的成果数据，在进行自然资源登簿发证时需对已发生变化的自然资源状况信息进行更新后发证。[①]

（四）建议

1. 明晰职责，协调联动

基于当前确权登记工作所涉及部门众多、人员庞杂、数据交错的现实情况，有必要明确各级各部门的具体职责，建立各层级和各部门之间的有效沟通机制。确立四川省省级自然资源的相关区域所在地的各级人民政府为自然资源统一确权登记工作的责任主体，负责该区域的自然资源统一确权登记工作的具体组织协调事项；明确同级自然资源管理部门为牵头部门，负责具体实施该区域内（除部厅级直接确权登记之外的）自然保护地确权登记、证书颁发及社会公开工作；组织水利部门、林草部门、生态环境部门等相关的资源管理部门配合该地区的相关登记机构，开展成果确认、资源确权与权属争议调处等工作，并建立部门间联动机制，增强四川省重点区域自然资源统一确权登记工作的联动性和实效性。

2. 重视争议，厘清流程

重视权属争议问题，对于当前确实无法调处的自然资源权属争议，制定确定可行的争议区划定、处置流程。按相关流程划定权属争议区，暂时搁置，待将来找到相关依据后，通过年度变更、补充调查等方式，按照尊重历史事实、保护合法产权的原则，重新对争议区进行争议调处并最终实现确权登记，从根本上解决问题。

3. 统一格式，统一数据

加快推进各类自然资源基础数据统一，建议以最新国土“变更”数据

① 吴颖、谢宇、游勇等：《自然资源确权登记中若干关键技术研究与探讨》，《国土资源信息化》2021年第6期。

为基础，搜集自然资源部门、林草部门、水利部门、生态环境部门等相关行业的基础资料及相关专项调查数据，统一地理信息空间坐标及数据格式，建立自然资源管理“一张图”，为确权登记工作提供更为可靠、准确的数据支撑。

确权登记工作、国土调查年度变更工作、不动产登记和森林资源管理“一张图”年度更新等年度变更工作应有机结合，确保各类自然资源数据的统一性、关联性和准确性。

4. 资料互通，数据转化

确权登记工作需充分收集梳理已有成果资料并加以利用。多部门协调沟通，在一定程度上有利于实现数据互通，主要包括未发生改变且无争议的权属资料、建设用地审批、征用等土地管理相关资料和自然地理、社会经济、林业、农业、水利、交通、行政区划等基础资料，对以上资料进行整理、分析，作为确权登记数据库建设、关联信息填写、报告编写等工作的辅助资料，可加快整体工作进度，确保成果准确、全面。

5. 强化人才，确保质量

自然资源统一确权登记工作是一项系统工程，资料涉及面较广，专业内容涉及水利普查、林业资源调查、矿产资源调查、土地调查、不动产信息登记、航空航天遥感、地理信息系统、计算机等方面，需由省级层面加强线上线下相结合的培训和政策指导，并加强全省围绕自然资源统一确权登记工作的法律法规、规程规范和相关文件的学习，适时开展地籍调查成果数据核查质检工作，确保确权登记成果质量。

碳达峰碳中和篇

Carbon Dioxide Emissions and Carbon Neutrality Reports

B.20 碳达峰碳中和目标下四川农业绿色发展的问题与对策*

李晓燕　陈璐怡**

摘　要： 实现碳达峰碳中和是我国作为发展中大国积极主动参与全球气候治理所作出的重大承诺，是我国建成社会主义现代化强国的战略目标之一。农业既是重要的温室气体排放源，又是巨大的碳汇系统，推进农业绿色发展，有利于形成农业发展与资源环境承载能力相匹配的总体布局，助推农业领域实现碳达峰碳中和目标。四川省作为我国的农业大省，农业资源富集，生态本底优厚，农业绿色发展取得了阶段性成效，但也面临诸多现实约束。本文总结了四川省农业绿色发展现状和取得的成效，分析了“双碳”目标下四

* 本文系中共中央宣传部宣传思想文化青年英才项目“乡村振兴背景下农业高质量发展路径研究”的阶段性成果、四川省哲学社会科学规划重大项目“‘双碳’目标下四川农业绿色发展体系创新与政策调适研究”（SC22ZDYC44）的阶段性成果、四川省软科学研究计划重点项目“四川省农业农村碳达峰、碳中和实现路径研究”（2022JDR0157）的阶段性成果。

** 李晓燕，四川省社会科学院生态文明研究所副所长、研究员，主要研究方向为农业农村、生态文明；陈璐怡，四川省社会科学院，主要研究方向为农业农村、生态文明。

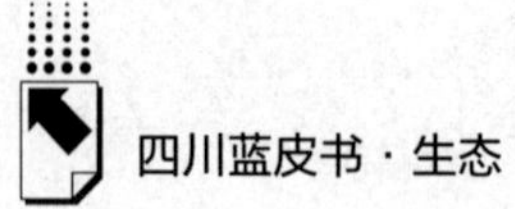

川省农业绿色发展面临的困境，提出了加强人才支撑、严治面源污染、完善长效机制等对策，以期推动四川省农业高质量发展。

关键词： 碳达峰碳中和　农业　绿色发展　四川

中国积极推动农业高质量发展，坚持以创新、协调、绿色、开放、共享引领农业发展，其中绿色作为农业发展的底色至关重要。2020 年中国明确提出碳达峰碳中和目标，2021 年国务院发布相关文件为实现“双碳”目标做出具体部署，确保有序开展碳达峰碳中和工作，其中农业农村碳达峰碳中和是重点领域之一。农业既是碳源也是碳汇，在农业生产环节由能源利用等造成大量温室气体排放，但其中一部分温室气体因农业生态系统中土壤具有很强的固碳能力和自身生态循环作用而被抵消，所以在碳达峰碳中和背景下农业应成为重要的载体。① 国家高度重视农业绿色发展，出台了许多相关政策和行动方案，农业绿色发展本身也包含了节能减排、固碳降碳等基本内涵，体现为秸秆综合利用和畜禽粪污资源化等，为碳减排提供助力。然而，要实现农业领域碳达峰碳中和目标，需要考虑农业的复杂性和两面性，尤其是不同农业新形态对碳减排的正向和负向效应。

近年来，四川省无论是在政策制度方面还是在要素投入方面都为农业绿色发展提供了充足的保障。在从农业大省向农业强省转变的过程中，四川省亟待把握机遇，以碳达峰碳中和为导向，大力发展资源节约型、环境友好型、气候智慧型农业。为此，四川省应系统性梳理当前农业绿色发展现状及取得的成效，从农业能源结构优化、人才队伍建设、农业生产经营方式升级、农业科学技术创新等入手，完善政府保障与社会服务，通过探索科学的农业绿色发展路径，助力碳达峰碳中和目标实现。

① 金书秦、林煜、牛坤玉：《以低碳带动农业绿色转型：中国农业碳排放特征及其减排路径》，《改革》2021 年第 5 期。

一　“双碳”目标与农业绿色发展的内涵与要求

（一）农业绿色发展的理论内涵

2021年，农业农村部等六部门联合发布《“十四五”全国农业绿色发展规划》，明确指出农业绿色发展仍处于初步阶段，需要加大工作力度，推进农业发展全面绿色转型。农业绿色发展不应单单体现在农业的生产环节或农产品上，而应体现在农业整个体系，使农业产前、产中、产后全链条都实现绿色发展，各个环节都蕴含着对农业发展和生态环境的统筹考虑。因此，现阶段必须加快构建绿色低碳循环发展的农业产业体系。农业绿色发展实际上是一个由传统农业过渡到现代农业的过程，从对化肥、农药、农膜等过度依赖的农业生产模式转变为资源节约型、环境友好型、气候智慧型农业发展模式，减小农用能源利用带来的污染，阻止生态环境恶化，平衡经济进步、社会和谐、生态维稳三者的关系。农业绿色发展不能仅依靠顶层设计和宏观政策，还需引导全民增强绿色意识，鼓励农民学习先进的生产经营方式，促进企业与农户加强联系、相互合作，在全社会树立绿色消费观念进而倒逼绿色生产。

（二）“双碳”目标的内在要求

2021年5月，中央层面成立了碳达峰碳中和工作领导小组，加快建立碳达峰碳中和政策体系和保障方案，对我国经济社会绿色、低碳、高质量发展提出了明确要求。“双碳”目标下倡导更加绿色低碳的生产生活方式，加快推动碳减排，这就对农业发展提出了更加严格的要求。只有运行更加符合要求的经济体系，生产经营方式转向低能耗、低污染、低排放，才能在碳减排上取得成效。[①] 一方面，农业中的生产活动，如农作

① 杨博文：《习近平新发展理念下碳达峰、碳中和目标战略实现的系统思维、经济理路与科学路径》，《经济学家》2021年第9期。

物种植、畜牧养殖、施用化肥农药和其他农业生产用能行为，会导致大量的温室气体排放，目前农业农村碳排放量占全国碳排放总量的15%左右，[①] 不仅体量大而且占比大。另一方面，农业生态系统是至关重要的碳汇系统，农田具有很强的固碳能力，但其固碳功能并没有得到充分发挥。国家在全社会、全领域、全行业有序推进碳达峰碳中和，必然要求农业领域也积极响应节能减排、固碳降碳号召，有效调整农业生产方式、优化农业生产结构，在农业绿色发展上形成更加健全的制度框架和政策体系，改进并完善政府的工作机制，减少农业农村污染的同时，增加农业生态系统固碳能力。

（三）“双碳”目标下农业绿色发展的意义

自我国提出“双碳”目标以来，党中央和国务院立足多角度、多领域印发了各类与农业绿色发展相关的政策文件，如《关于加快建立健全绿色低碳循环发展经济体系的指导意见》《“十四五”全国农业绿色发展规划》《关于推动城乡建设绿色发展的意见》《2030年前碳达峰行动方案的通知》等，并启动了多个低碳示范区，为我国农业绿色发展提供了政策指引和实践指导。实现碳达峰碳中和是我国未来产业转型升级的方向，通过对产业能耗与污染排放等的总量及强度的双重管控，倒逼经济发展模式绿色化、低碳化。持续加强清洁能源的生产与使用，投资建设可再生清洁能源项目，有效降低碳排放，逐步提升能源使用转化率是实现农业绿色低碳发展的关键，[②] 从农业生产全链条入手，进行生产要素的合理布局和生产能源的清洁改革，加大对农业绿色科学技术的研发力度，实现农业废料和废弃物的资源化利用，对农业减污固碳、节能增效而言具有重要的意义。[③] “双碳”目标的提

① 《农林碳汇开发和交易的探索与思考》，https：//www. tanzixun. tech/tanjinrong/article166313952013785. shtml，2022年9月14日。

② 董战峰：《“双碳”目标下绿色产业发展迎来战略机遇》，《经济参考报》2021年4月30日。

③ 林卫斌、朱彤：《实现碳达峰与碳中和要注重三个“统筹”》，《价格理论与实践》2021年第1期。

出，标志着“十四五”时期我国的重点战略方向为降碳减排，经济社会发展也随之进入绿色转型关键期，[①] 农业部门在此历史机遇期也应遵循绿色低碳发展导向。

二　四川省农业绿色发展的现状及成效

（一）农业现代化进程不断加快

“十四五”时期，四川省构建“两区五片”农业空间格局，突出四川盆地、安宁河谷及周边地区两大粮油主产区在耕地保护中的核心地位，保障耕地规模，提高耕地质量。优化川东北山地、川南山地、盆地西缘山地、攀西山地和川西高原五大生态特色农产区的农地结构，把握生态退耕和稳定耕地规模的双重要求，适当凸显农业生态化的特色之处。四川省借助地理优势和资源禀赋，坚持打造标准化生产基地、高端化农业产品、生态化种养循环模式，形成农业产业发展集群。此外，省政府对农产品加工业和农户品加工园区高度重视，连续出台相关政策，强化政策引领，补齐农业加工业的短板。四川省大力发展川粮油、川猪、川茶、川菜等十大优势产业，建设现代农业园区示范点，重点发展作为基础性产业的现代农业种业、具有生产支撑作用的现代农业装备业和具有服务支撑作用的现代农业冷链物流业，围绕“10+3”产业体系，打造农业产前、产中、产后和侧向全产业链流程。并以此为基础向两边延伸，推动农业农村产业跨界融合、协同发展，突破农业生产加工的局限性，不断降低农业成本，提升产业效率，实现农民持续增收。目前，全省创建国家现代农业产业园 7 个、国家特色农产品优势区 8 个、国家农村一二三产业融合先导区 8 个、国家农业产业强镇 36 个，数量位居全国前列。[②]

---

① 苏利阳：《碳达峰、碳中和纳入生态文明建设整体布局的战略设计研究》，《环境保护》2021 年第 16 期。

② 《“10+3”产业体系跑出四川农业强省“加速度”》，https：//economy. gmw. cn/2019-09/26/content_ 33190737. htm，2019 年 9 月 26 日。

（二）农业生态环境持续改善

2021年，四川省农用化肥施用量为207.2万吨，较2015年减少17.8%，持续6年保持负增长；2020年四川省农药使用量为42130吨，三大粮食作物农药利用率提高到40.6%；截至2021年底，全省秸秆综合利用率达到92.8%，同比增加0.6%。[①] 2020年底，四川省畜禽粪污综合利用率达到95.8%，高出国家目标任务20个百分点，全省所有规模养殖场都配备粪污处理设施。[②] 四川完成了108个县（市、区）养殖水域滩涂规划编制发布工作，因地制宜地发展稻渔综合种养、循环水养鱼、大水面生态养殖等健康养殖模式，建成部省级健康养殖示范场1088个、省级稻渔综合种养示范基地116个、大水面生态健康养殖达140万亩[③]，在生态环境改善方面取得了突破性成就。

“十三五”时期以来，四川省针对2438个农村集中式饮用水水源地采取保护措施，一级保护区隔离防护设施和标志标牌建设完成率分别达80.7%和94.1%，断面达标率达到94.9%。[④] 2022年是重污染天最少、$PM_{2.5}$浓度最低的一年。同时，四川建立健全土壤污染防治体系，强化土壤污染源头防控，推进土壤污染防治先行示范区建设，土壤污染风险持续降低。在生态环境部对第六批生态文明建设示范区和“两山”实践创新基地的命名中，四川被命名数量高达12个、位居全国第一。近年来，四川省生态文明示范创建工作取得显著成效，累计建成32个国家生态文明建设示范市、县和8个“绿水青山就是金山银山”实践创新基地，被命名总数位居全国第三、西部地区第一。[⑤]

① 《中国统计年鉴2022》。

② 《四川畜禽粪污综合利用率高出国家目标20%》，https：//szb.farmer.com.cn/2021/20210529/20210529_007/20210529_007_6.htm，2021年5月29日。

③ 《7万余位河湖长上岗　累计巡河145万余次　四川晒出河长制湖长制工作“成绩单”》，https：//baijiahao.baidu.com/s？id=1679152253675884539&wfr=spider&for=pc，2020年9月29日。

④ 《首次针对农业农村生态环境保护制定五年规划，生态环境厅联合6部门召开新闻发布会》，http：//sthjt.sc.gov.cn/sthjt/c103877/2022/5/13/c495ed9ff5d64de99f94c7246aebe001.shtml，2022年5月13日。

⑤ 《亮出成绩单！四川生态文明示范创建工作命名数居全国第三》，https：//baijiahao.baidu.com/s？id=1753539477691999017&wfr=spider&for=pc，2022年12月29日。

（三）农业绿色供给能力渐强

在全国食品安全城市创建和农产品质量安全县创建“两个创建”的前提下，四川省创造性地提出了针对食品安全的监管工作信息化、技术体系现代化、监管所建设标准化、日常监管网格化“四化”建设思路，力争逐步实现科学监管、精准监管、效能监管，并已初步取得成效。2022 年四川省级农产品质量安全例行监测合格率 99.5%，其中，例行监测结果显示，蔬菜、水果、茶叶、畜禽蜂产品和水产品样品合格率分别为 99.4%、99.2%、99.8%、99.5%和99.6%[①]。“菜篮子”产品供应能力不断增强，即使在疫情期间全省也做到生活物资供应链稳定、库存储备充足、配送投递渠道畅通，切实保障了民生民利。2021 年四川省农林牧渔业实现增加值 5818 亿元，较 2016 年增长45.8%，[②] 全省有许多独具特色的农作物与农产品产量居全国前列，如中药材、茶叶等。全省绿色食品有效用标企业达 792 家，绿色农产品覆盖粮油、水果、蔬菜、茶叶、酒类、肉类、禽蛋等大宗农产品范畴。[③] 水稻是四川的第一大粮食作物，常年种植面积在 2800 万亩左右，2021 年省级审定优质稻 109 个，占比达 87.2%。优质稻品种不断增多且所占比例逐年上升，除了得益于育种手段的创新外，还离不开育种科研工作者对优质稻种的选育和持续改良。目前，省内达到国家二级标准的优质稻面积超过 1000 万亩，接近于水稻种植总面积的一半，“稻香杯”品种的面积还在不断扩大。[④]

---

① 《2022 年四川省级农产品质量安全例行监测合格率 99.5%》，https://baijiahao.baidu.com/s?id=1755423896662691238&wfr=spider&for=pc，2023 年 1 月 19 日。

② 《中国统计年鉴 2022》。

③ 《涨知识！你知道四川有多少绿色食品吗?》，https://baijiahao.baidu.com/s?id=1703270463294502829&wfr=spider&for=pc，2021 年 6 月 22 日。

④ 《选良种施良法　四川近期水稻测产捷报频传——科技助力在新时代打造更高水平的“天府粮仓”》，http://nynct.sc.gov.cn/nynct/c100630/2022/9/3/25b5bc7695cf477ca70f810250e9553c.shtml，2022 年 9 月 3 日。

三　碳达峰碳中和目标下四川省农业绿色发展面临的挑战

（一）农资投入利用效率不高

四川省农业碳排放量占比居全国前位，其原因可归纳为两点：一方面，作为农业大省，四川省农业投入品消耗巨大，农业碳排放居高不下，其中具有代表性的是化肥和农业能源。从农业生产要素中化肥的投入来看，四川省化肥施用量居全国前列，包括施用总量和单位面积投入量，化肥施用量远远超过耕地所能承受的安全上限；从农业生产要素中农业能源的投入来看，其消耗量和结构分布存在不合理情况，特别是清洁能源的应用不够广泛。另一方面，四川省农业资源的利用率不高也影响了农业碳减排和绿色发展。四川省整体农业资源较为匮乏，加之农户不合理、不科学的生产方式，导致农业生产成本升高的同时农业资源浪费，给农业绿色发展带来压力。从农用化肥来看，四川省有效利用率仅40%左右，远不及发达国家的水平，化肥会因施用方式方法不当而流失大量氮素，进而导致大量温室气体产生。此外，针对三大粮食作物的农药利用率虽然持续上升，但还是有大部分没有被有效利用进而造成污染。① 目前四川省农业降碳减排效果不理想的重要根源就是农业资源利用水平不高，虽然实施了农业投入品减量和资源利用率提升等诸多绿色低碳措施，但离全面服务于国家"双碳"战略要求仍有较大差距。

（二）农民绿色发展意识不强

小农经济是中国主要的农业经济模式，也是四川省的基本农情。第三次

---

① 《利用率过40%：化肥农药使用量零增长行动实现目标》，http：//www.chinawestagr.com/zwgk/showcontent.asp？id=43186，2021年1月18日。

全国农业普查显示，四川省小农户数量占农户总量的99.2%。[①] 四川省家庭成员人均耕地1亩左右的小农户数量占农户总量的70%[②]。当前和未来一段时间内，小农经济的农业经济模式很难被改变，小农户在农业生产经营中占据绝对主体地位，这也决定了在“双碳”目标下发展绿色农业应充分重视小农户的需求，最大限度地发挥其作为农业主体的作用和小农经济优势。但普遍来说，小农户对绿色发展的认识不到位，对于一些有助于降碳减排的措施比较抗拒、接受度较低，难以主动担负起基于绿色思想改变生产经营方式的重责。[③] 在经济方面，小农经济的自耕模式具有分散性和封闭性，很难形成规模经济，导致生产成本居高不下，在市场交易中缺乏竞争力进而利润较低，形成恶性循环。[④] 在农业生产方面，四川省很多农户受自身文化水平制约，无法落实一些农业绿色生产要求，还处于追求短期利益阶段，往往为增产增效过度使用化肥农药，给土地资源带来了损害，也阻碍了农业绿色发展。

（三）绿色科技创新潜力不足

科技改变生活，对农业来说，科学技术也是实现绿色低碳发展必不可少的重要动能。但是，在新技术促进农业投入产出比提高的同时也会加大供给侧要素和能源投入，造成碳排放增加，[⑤] 所以四川省的农业科技创新刻不容缓，加快研发更加适宜的技术，通过降低能源结构碳强度或检测环境质量等来助力农业减排降碳。“十三五”以来，四川高度重视科技创新，出台了

---

① 蒋小松、张红、何志平：《全面推动四川小农户和现代农业发展有机衔接的对策建议》，《决策咨询》2021年第6期。

② 《四川“农联”：带动小农户共闯大市场》，http：//www. chinacoop. gov. cn/HTML/2019/01/25/148305. html，2019年1月5日。

③ 莫经梅、张社梅：《城市参与驱动小农户生产绿色转型的行为逻辑——基于成都蒲江箭塔村的经验考察》，《农业经济问题》2021年第11期。

④ 张俊飚、何可：《“双碳”目标下的农业低碳发展研究：现状、误区与前瞻》，《农业经济问题》2022年第9期。

⑤ 杨钧：《农业技术进步对农业碳排放的影响——中国省级数据的检验》，《软科学》2013年第10期。

《四川省“十三五”科技创新规划》，为农业科技创新赋予强大动力。目前，尽管农业科技投入绝对量不断提升，但全省支持农业科技的财政资金在农业GDP中的占比较低且近几年无明显提升，支持农业科技的财政资金稳定性不足，影响了全省农业科技创新能力的提升。近年来，四川省推出了一些集约型技术和产品供农民在农业生产领域使用，如节水灌溉技术和土壤传感器等，并加大推广宣传力度，使资源节约型、环境友好型的社会建设理念深入人心，但从成果来看与其他农技发达地区相比仍存在较大差距。应用各类农业绿色低碳技术带来的减排、固碳、增汇效果无法得到保障，前期投入是否能得到回报也有待验证，农业科技贡献率和科技成果转化率不高，特别是低碳农业技术水平不高、创新不足①。全省目前的农业科技方向人才不多且其专业技能有待增强，在加强农村科技人才队伍建设的过程中，存在人才扎根基层困难、缺乏平台等问题，不利于绿色低碳技术的普及。

（四）绿色发展制度约束不严

在政府规制层面，我国尚无系统性助力农业绿色发展的农业农村污染防治法律体系，四川省农业绿色低碳发展方面的现有条文尚有不足，难以对农业各生产经营主体的污染排放行为实施有效的监督。首先，农业绿色低碳发展相关政策需要进一步结合地方实际，增强可操作性。② 其次，市场机制不健全。四川省是农业大省，而农业是巨大的碳汇主体，加快推动农业进入碳交易市场体系对四川省来说刻不容缓。在市场机制层面，我国的农业碳交易制度才刚刚起步，③ 交易渠道不完善，四川省的地方政府和农业部门只能在小范围内基于抵消机制进行碳交易试点，逐步尝试碳排放市场中温室气体排放权交易。最后，检测农业生产环境的体制机制尚未形成，环境监察和监测

① 秦军：《低碳农业发展的障碍、模式及对策》，《西北农林科技大学学报》（社会科学版）2014年第6期。

② 王江、唐艺芸：《碳中和愿景下地方率先达峰的多维困境及其纾解》，《环境保护》2021年第15期。

③ 林斌、徐孟、汪笑溪：《中国农业碳减排政策、研究现状及展望》，《中国生态农业学报（中英文）》2022年第4期。

工作几乎没有落实到各个地区，空有先进的农技，得不到实施保证其也无法起到本应有的作用。大环境下与农业绿色发展相适应的制度政策尚不健全，影响了省内各类主体想要助力农业绿色发展的积极性，要通过健全制度规范完善相关管理体系。

四　碳达峰碳中和目标下四川农业绿色发展的对策建议

（一）严治面源污染，强化生态保护修复

依据四川省不同区域土壤和地形条件，因地制宜地确定合理的施肥标准，以化肥减量增效为重点，选择农业面源污染优先治理区域，分区分类采取治理措施，提升主要农作物的化肥利用率和测土配方施肥技术覆盖率。同时，采取降低生产成本、运输成本、施用补贴等措施，推广施用有机肥，[①] 以实现逐步减少面源污染，改善农业生产环境，增加优质生态农产品供给，保障“川字号”招牌。四川省也是畜牧大省，应严格规范兽药、饲料添加剂的生产和使用，保障畜禽产品质量的同时，减少畜牧业对环境的污染。

针对四川省面源污染问题，从源头减少污染，提升农业废弃物资源化利用率。一是加强畜禽粪污资源化利用能力建设，提高规模养殖场粪污处理设施装备配套率，提升畜禽粪污综合利用率。二是推进农作物秸秆资源化利用，成都平原地处盆地，毗邻多个国家自然生态保护区，秸秆焚烧带来的危害和生态压力极大，解决农作物秸秆综合利用与焚烧问题刻不容缓，从根源上来说要找到有效且环保的农作物秸秆消耗利用方式，确保有合适的科学技术和政策措施作为有力支撑。三是重视农业废弃物处理，加强对其的回收再

① 程秋旺、许安心、陈钦：《“双碳”目标背景下农业碳减排的实现路径——基于数字普惠金融之验证》，《西南民族大学学报》（人文社会科学版）2022 年第 2 期。

利用，推广对于废弃农膜和化肥袋等农业包装品的资源化再利用模式，减少农业废弃物对环境的二次污染。

（二）推进转型升级，激活绿色发展动能

一方面要优化农业产业结构，吸取供给侧改革经验，借助四川省的地理优势和资源禀赋，在不超过各地生态环境最大承受能力的条件下，着眼大局，调整产业结构，因地制宜推广农业种养循环模式，以辐射带动试点县全域粪污基本还田，通过改良生产结构、优化生产方式，打造绿色种养循环核心示范区，提升农业碳汇水平，增强农业净碳效应。① 引导资本、科技、人才、土地等要素向农产品主产区、中心乡镇和物流节点、重点专业村聚集，带动产业布局优化，促进农业发展方式由粗放向集约转变，延伸产业链。

另一方面要打造绿色低碳农业产业链，全链条推动绿色低碳发展。积极优化成都平原农业产业结构，充分发挥平原低碳农业发展的区域优势。四川也是重要的新能源材料生产基地，在农业领域应充分发挥新能源的作用，在农村推广清洁高效能源。利用四川省丘陵区地势高低不同的特点，发展能体现空间多层次产业结构的立体农业和绿色低碳农业，提升农业多功能性，推进功能集合，合理布局种养、加工等功能，完善绿色加工物流、清洁能源供应、废弃物资源利用等方面的基础设施，积极推广高效益、低排放的经营模式。② 建设田园生态系统，保护修复森林草原生态，开发农业生态价值，强化森林、草原、农田、土壤固碳功能。借助四川省因地处亚热带而独有的温暖湿润气候和丰富的生态资源，挖掘农村的自然风貌、休闲观光、生态康养等功能。

（三）提增创新质效，丰富绿色科技储备

科技创新是农业绿色发展的活力源泉，四川省在推进农业绿色发展

① 田云、尹忞昊：《产业集聚对中国农业净碳效应的影响研究》，《华中农业大学学报》（社会科学版）2021 年第 3 期。

② 何艳秋、戴小文：《中国农业碳排放驱动因素的时空特征研究》，《资源科学》2016 年第 9 期。

的各个阶段和重点领域都离不开技术支撑，增加农业技术研发投入，构建农业绿色低碳技术体系，推进要素投入精准减量，提高农业绿色发展效率。首先要夯实低碳科技供给基础，加快绿色科技研发进度，通过高精尖的农业技术促进农业、资源、环境三者协调统一，[①] 支持省内相关的科研机构为农业碳达峰碳中和重点项目所需的技术提供专项研发支持；通过在多地建立农业试验示范区对于已有科技进行试验与实践；将科研机构与新型经营主体紧密联系在一起，产学研用相结合，加快农业领域低碳科技创新应用步伐。其次是针对资源利用效率提升开展科学研究及技术创新。围绕四川省农业发展中涉及的水土资源保护问题，进行理论研究，并探索适宜不同区域水土资源保护的技术及模式，提升水土资源的质量。针对农业高效节水、精准施肥用药、重金属及面源污染治理、退化耕地修复等，注重技术的区域适宜性，针对平原、丘陵和高原等不同地势开展技术攻关。最后要针对投入品的使用进行技术创新。加大省财政农业科技投入力度，鼓励各地因地制宜建设智慧生态农业平台，实现农业生产全过程的精准把控。

（四）完善长效机制，夯实绿色发展基础

在“双碳”目标下，四川省农业绿色发展需要建立与完善相应的机制，保障农业绿色发展成效的可持续性。[②] 一是建立健全农业生态产品价值实现机制。四川省农业绿色发展中的一个重要问题就是如何调动农业生产经营主体参与的积极性，生产培育出优质优价的绿色生态农产品，不仅要为农产品建立生态价值评估机制，使农产品价值在有理有据的前提下得到体现，还应建立农业生态产品市场化机制，为实现农产品优质优价提供路径。此外，应加强优质安全农产品市场监管，规范农产品市场秩序。二是完善重点区域的生态补偿机制。全省粮食主产区、粮食生产重点县为保障国家粮食安全做出

---

① 牛震、赵立欣：《农业农村如何实现“碳达峰”“碳中和”?》，《农村工作通讯》2021 年第 6 期。

② 金书秦：《实现碳达峰农业要坚持走绿色发展之路》，《中华工商时报》2020 年 12 月 29 日。

了巨大贡献，同时也是2030年“天府粮仓”建设目标实现的主要阵地。依据中央经济工作会议精神，保障种粮农民合理收益。为此，应开展粮食主产区、粮食生产重点县等重点区域的生态补偿，科学核算补偿标准，全省财政资金应重点用于粮食主产区、重点县的生态补偿，实现粮食生产与生态环境的平衡发展。三是实施农业生产环境的动态监测。农业生产环境状况直接决定了技术选择趋向，应借助现代信息技术，开展农业生产环境监测，特别是土壤理化指标的动态监测，准确地捕捉可以影响农作物生产环境状态的因素，通过数据精确地计算分析出有利和有害因素，通过大数据的统筹考虑与多角度融合管理，确定最优生产方案，① 全面完成重点流域水质自动站、长江经济带水质自动站、重点城市饮用水水源水质自动站、大气区域传输自动站、非甲烷总烃自动在线监测系统、重点防治区域大气复合污染监测站、地下水自动监测站等建设任务。

（五）加强人才支撑，提升人才保障水平

无论是绿色低碳的生活方式还是农业领域的绿色发展都离不开人的支持，应加大力度宣传绿色是农业的底色并使其深入人心，在全省范围内倡导绿色低碳生活方式，养成健康良好的习惯，进而提升整个社会对农业绿色发展的认知度和认同感。加快促进全省农村农业涉及的农户、村委会工作人员和农业社会化服务者提升自身的文化知识水平和基本素养。提高农业技术人员和队伍的专业能力。特别是农技干部，要做好绿色生产技术培训工作与时俱进。四川省小农经营的比重很大，要重视农户的需求，使之与绿色农业发展要求相适应，在村内或几个村联合定期组织培训会，增进种植农户对绿色低碳生产操作流程的了解，转变原本种植模式，提升农产品品质。此外，在省内农业相对发达地区对绿色的生产生活方式进行宣传，引导全民特别是农业从业人员增强绿色发展意识，推动绿色农业健康有序发展，尤其要培养农业技术人才，其是农业绿色发展的最主要驱动力，承担着推广绿色农技的责任，发

① 于法稳、林珊：《碳达峰、碳中和目标下农业绿色发展的理论阐释及实现路径》，《广东社会科学》2022年第2期。

挥着新型农业经营主体带头人的作用。[①] 着力发展农业绿色科技服务，提升省内各地基层的农业社会化服务水平，通过奖励机制吸引高技术人才为农业绿色发展提供助力。专业农技服务人员加强与各地农户的交流，帮助其解决在发展绿色农业时遇到的问题。省内外科研院所在重点领域加强技术交流合作，建立促进农业绿色发展的人才队伍。

参考文献

金书秦、林煜、牛坤玉：《以低碳带动农业绿色转型：中国农业碳排放特征及其减排路径》，《改革》2021 年第 5 期。

杨博文：《习近平新发展理念下碳达峰、碳中和目标战略实现的系统思维、经济理路与科学路径》，《经济学家》2021 年第 9 期。

《农林碳汇开发和交易的探索与思考》，https：//www. tanzixun. tech/tanjinrong/article166313952013785. shtml，2022 年 9 月 14 日。

董战峰：《“双碳”目标下绿色产业发展迎来战略机遇》，《经济参考报》2021 年 4 月 30 日。

林卫斌、朱彤：《实现碳达峰与碳中和要注重三个“统筹”》，《价格理论与实践》2021 年第 1 期。

苏利阳：《碳达峰、碳中和纳入生态文明建设整体布局的战略设计研究》，《环境保护》2021 年第 16 期。

《“10+3”产业体系跑出四川农业强省“加速度”》，https：//economy. gmw. cn/2019-09/26/content_ 33190737. htm，2019 年 9 月 26 日。

《四川畜禽粪污综合利用率高出国家目标 20%》，https：//szb. farmer. com. cn/2021/20210529/20210529_ 007/20210529_ 007_ 6. htm，2021 年 5 月 29 日。

《7 万余位河湖长上岗　累计巡河 145 万余次　四川晒出河长制湖长制工作“成绩单”》，https：//baijiahao. baidu. com/s？ id = 1679152253675884539&wfr = spider&for = pc，2020 年 9 月 29 日。

《首次针对农业农村生态环境保护制定五年规划，生态环境厅联合 6 部门召开新闻发布会》，http：//sthjt. sc. gov. cn/sthjt/c103877/2022/5/13/c495ed9ff5d64de99f94c7246ae

① 宋博、穆月英、侯玲玲：《农户专业化对农业低碳化的影响研究——来自北京市蔬菜种植户的证据》，《自然资源学报》2016 年第 3 期。

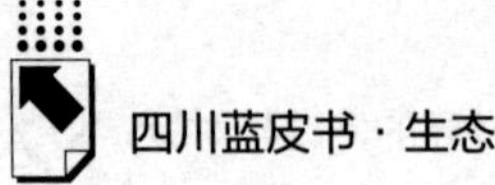

be001. shtml，2022 年 5 月 13 日。

《亮出成绩单！四川生态文明示范创建工作命名数居全国第三》，https：//baijiahao. baidu. com/s？id=1753539477691999017&wfr=spider&for=pc，2022 年 12 月 29 日。

《利用率过 40%：化肥农药使用量零增长行动实现目标》，http：//www. chinawestagr. com/zwgk/showcontent. asp？id=43186，2021 年 1 月 18 日。

蒋小松、张红、何志平：《全面推动四川小农户和现代农业发展有机衔接的对策建议》，《决策咨询》2021 年第 6 期。

《四川“农联”：带动小农户共闯大市场》，http：//www. chinacoop. gov. cn/HTML/2019/01/25/148305. html，2019 年 1 月 5 日。

莫经梅、张社梅：《城市参与驱动小农户生产绿色转型的行为逻辑——基于成都蒲江箭塔村的经验考察》，《农业经济问题》2021 年第 11 期。

张俊飚、何可：《“双碳”目标下的农业低碳发展研究：现状、误区与前瞻》，《农业经济问题》2022 年第 9 期。

杨钧：《农业技术进步对农业碳排放的影响——中国省级数据的检验》，《软科学》2013 年第 10 期。

秦军：《低碳农业发展的障碍、模式及对策》，《西北农林科技大学学报》（社会科学版）2014 年第 6 期。

王江、唐艺芸：《碳中和愿景下地方率先达峰的多维困境及其纾解》，《环境保护》2021 年第 15 期。

林斌、徐孟、汪笑溪：《中国农业碳减排政策、研究现状及展望》，《中国生态农业学报（中英文）》2022 年第 4 期。

程秋旺、许安心、陈钦：《“双碳”目标背景下农业碳减排的实现路径——基于数字普惠金融之验证》，《西南民族大学学报》（人文社会科学版）2022 年第 2 期。

田云、尹忞昊：《产业集聚对中国农业净碳效应的影响研究》，《华中农业大学学报》（社会科学版）2021 年第 3 期。

何艳秋、戴小文：《中国农业碳排放驱动因素的时空特征研究》，《资源科学》2016 年第 9 期。

牛震、赵立欣：《农业农村如何实现“碳达峰”“碳中和”?》，《农村工作通讯》2021 年第 6 期。

金书秦：《实现碳达峰农业要坚持走绿色发展之路》，《中华工商时报》2020 年 12 月 29 日。

于法稳、林珊：《碳达峰、碳中和目标下农业绿色发展的理论阐释及实现路径》，《广东社会科学》2022 年第 2 期。

宋博、穆月英、侯玲玲：《农户专业化对农业低碳化的影响研究——来自北京市蔬菜种植户的证据》，《自然资源学报》2016 年第 3 期。

B.21

四川省农业农村碳达峰主要趋势及实现碳中和政策路线图研究*

罗浩轩　陈和强**

摘　要： 四川省农业农村是全省实现“双碳”目标的重要场域。本研究采用生命周期评价法（LCA）测算了四川省农业农村碳排放情况，观察到农业碳排放总量于2014年达峰，但多年来农业碳排放结构并未发生根本性转变；农村碳排放总量于2004年就达到峰值，农村能源消费结构优化是其达峰的重要原因。结合近期出台的政策文件和测算结果，通过实地调研发现农业农村碳中和仍然面临技术瓶颈和推广约束、法规组织支持不足、政策目标冲突和农户经营顾虑等多个难题。为此，提出了由技术路线、区域路线和制度路线构成的农业农村碳中和路线图：大力发展和广泛应用固碳减排技术、建立权责明确的生态补偿机制和探索促进农业农村实现碳中和的多层次政策。

关键词： 四川省　碳排放　农村　能源消费结构　碳达峰碳中和

* 基金课题：四川省高等学校人文社会科学重点研究基地西部生态文明研究中心重点项目“四川省农业碳排放基本特征及实现碳中和路线研究”（XBST2022-ZD001）；2022年度四川省科协第二批科技智库调研课题“绿色低碳技术创新推动四川农业高质量发展的重点领域和实现路径研究”（sckxkjzk2022-12-2）。

** 罗浩轩，博士，成都理工大学马克思主义学院教授、硕士生导师，四川省高校人文社科重点研究基地成都理工大学西部生态文明研究中心执行主任，四川省社会科学院和西南财经大学联合培养应用经济学博士后，主要研究方向为农业农村、生态文明；陈和强，成都理工大学马克思主义学院，主要研究方向为农业农村、生态文明。

一 引言

2020年9月，中国提出了二氧化碳排放力争于2030年前达到峰值，努力争取2060年前实现碳中和的“双碳”目标，引起了国内外广泛热议。为了更好地服务于国家碳达峰碳中和战略全局，作为经济大省和清洁能源大省，四川迅速明确行动路线图，积极探索转型新路径。为此，四川省根据党和国家的相关文件精神，出台了包括《中共四川省委关于以实现碳达峰碳中和目标为引领推动绿色低碳优势产业高质量发展的决定》（以下简称《决定》）、《关于完整准确全面贯彻新发展理念 做好碳达峰碳中和工作的实施意见》（以下简称《意见》）等一系列重要的政策文件，形成了符合四川特点的碳达峰碳中和“1+N”政策体系。在《决定》中，四川省强调要走出一条服务国家战略全局、支撑四川未来发展的绿色低碳发展之路；而在《意见》中，四川省进一步明确“双碳”目标时间表、路线图，计划在2025年初步形成绿色低碳循环发展经济体系，2030年经济社会发展全面绿色转型取得显著成效，到2060年绿色低碳循环发展的经济体系和清洁低碳安全高效的能源体系全面建立，能源利用效率达到国际国内先进水平，碳中和目标顺利实现，生态文明建设取得丰硕成果。

作为国民经济基础部门的农业和仍居住着数千万人口的农村在四川省实现“双碳”目标过程中扮演着重要的角色。一方面，四川省农业产业占比大，是典型的农业大省，且在农业生产中存在部分耕地质量差、规模化不够、产业结构不合理、肥料利用率不高等情况，相较于全国，四川农业的碳排放量占比更大。数据显示，2019年全国氮肥用量1930.2万吨，每公顷农田年均施用氮肥281公斤，同期，四川省氮肥用量103万吨，每公顷农田年均施用氮肥350公斤，高于全国平均水平。[①] 另一方面，四川省农业又蕴含着巨大的固碳减排潜力，是应对气候变化的重要途径；四川省农村拥有丰富

① 国家统计局编《中国统计年鉴2020》，中国统计出版社，2020。

的可再生能源，且随着农村电网改造升级和农村居民收入水平提高，农村在能源消费结构优化等方面拥有着巨大的潜力。

四川省农业农村无疑将是四川省实现2030年前碳达峰、2060年前碳中和目标的重要场域。因此，《意见》提出在农业产业方面，要大力发展绿色低碳循环农业，促进农业固碳增效，实施耕地质量保护与提升计划、化肥农药减量替代计划，加强农作物秸秆和畜禽粪污资源化利用；在农村建设方面，则要推进农村绿色低碳发展，发展绿色农房，在农村建筑中推广应用生物质能、太阳能等可再生能源。2022年12月，《四川省人民政府关于印发四川省碳达峰实施方案的通知》（以下简称《通知》），在发展“低碳农业模式”、农业农村减排固碳“综合性技术解决方案”、“提升土壤有机碳储量”、“化肥农药减量增效”、“提升农膜回收利用率”、“农作物秸秆和畜禽粪污资源化利用”以及“推进高原牧区草畜动态平衡”等方面提出指导意见。

二 四川省农业农村碳达峰现状及趋势测算

所谓碳达峰，是指在某个时刻，二氧化碳或温室气体排放总量不再增长，达到峰值，之后逐步回落。农业农村碳达峰的基本含义是指农业农村在生产生活过程中二氧化碳或温室气体排放不再增长，它是实现农业农村碳中和的前提。通过对四川省农业农村碳排放情况的测算，把握其碳达峰现状，可为进一步研究其碳中和路径提供依据。

（一）测算方法及数据来源

1. 农业碳排放测算方法

农业碳排放一般包括种养过程中资源或能源的投入使用产生的排放、作物及畜禽生长产生的排放以及各类农业废弃物处理产生的排放。从农业碳排放涉及的具体活动来看，主要包括农地利用过程中引起的碳排放、水稻种植产生的碳排放、畜禽肠道发酵和粪便等农业废弃物处理产生的碳排放。目前对农业碳排放的计算大多采用生命周期评价法（LCA）。该方法相对比较简单，主要是计算在种养过程中碳排放源的数量，以及单位碳排放源所产生的温室气体。① 本研究采用生命周期评价法，分析四川省 2001~2020 年农业碳排放情况，具体如下：

$$C_i = \sum_j T_{ij} \times \delta_j \quad (1)$$

式中，C_i是四川省 i 类活动农业碳排放总量，T_{ij}是四川省 i 类活动的 j 类碳源排放量，δ_j是 j 类碳源排放系数。i 类活动包括农地利用活动、水稻种植活动以及畜禽养殖活动，这三类活动的碳排放分别记为T_{1j}、T_{2j}和T_{3j}。农地利用活动有六大碳源排放，即化肥、农药、农膜化学制品生产使用排放，以及农业机械能源使用、灌溉和翻耕有机碳流失排放，即 $j \in \{$化肥，农药，农膜，农业机械能源使用，灌溉，翻耕$\}$；水稻种植活动则有种植水稻过程中产生的甲烷（CH_4）排放；畜禽养殖活动有畜禽肠道发酵和粪便废弃物产生的甲烷排放，即 $j \in \{$畜禽肠道发酵，粪便废弃物$\}$。

农地利用活动的六大碳源排放系数见表 1。在测算了农业利用活动的碳排放总量后，还可以根据耕地面积计算单位耕地面积的农地利用碳排放强度。

表 1　农业碳排放系数

碳源	碳排放系数	单位	参数来源
化肥	0. 8956	千克(碳排放)/千克	美国橡树岭国家实验室
农药	4. 9341	千克(碳排放)/千克	美国橡树岭国家实验室
农膜	5. 1800	千克(碳排放)/千克	南京农业大学农业资源与生态环境研究所
农业机械能源使用	0. 5927	千克(碳排放)/千克	IPCC
灌溉	266. 4800	千克(碳排放)/千克	华中农业大学、田云等(2011)

① 张广胜、王珊珊：《中国农业碳排放的结构、效率及其决定机制》，《农业经济问题》2014 年第 7 期。

续表

碳源	碳排放系数	单位	参数来源
翻耕	3.126	千克(碳排放)/千克	中国农业大学生物与技术学院、伍芬琳等(2007)

注：为区别以千克计算的资源投入产生的碳排放，表中将碳排放单位写作为“千克（碳排放）/千克”。

资料来源：田云、李波、张俊飚：《我国农地利用碳排放的阶段特征及因素分解研究》，《中国地质大学学报》（社会科学版）2011 年第 1 期；伍芬琳、李琳、张海林、陈阜：《保护性耕作对农田生态系统净碳释放量的影响》，《生态学杂志》2007 年第 12 期。

水稻种植产生的碳排放来自水稻田，田云等在综合了许多学者对甲烷排放的研究的基础上，依据 IPCC 的报告计算出水稻田碳排放系数为 3.136 克（碳排放）/（米^2·天），同时选取 130 天为水稻生长周期，即一年为 4076.8 千克（碳排放）/公顷，本研究也以该数据为水稻种植活动的排放系数。畜禽养殖活动产生的碳排放主要体现为牛、马、驴、骡、猪、羊等牲畜养殖产生的碳排放，其肠道发酵碳排放系数和粪便管理碳排放系数见表 2。①

表 2　主要牲畜养殖活动碳排放系数

碳源	肠道发酵碳排放系数	粪便管理碳排放系数	单位	参数来源
奶牛	376.98	111.2400	千克/(头·年)	IPCC
其他牛	290.46	6.1800	千克/(头·年)	IPCC
马	111.24	10.1352	千克/(头·年)	IPCC
驴	61.80	5.5620	千克/(头·年)	IPCC
骡	61.80	5.5620	千克/(头·年)	IPCC
猪	6.18	24.7200	千克/(头·年)	IPCC
山羊	30.90	1.0506	千克/(头·年)	IPCC
绵羊	30.90	0.9270	千克/(头·年)	IPCC

注：肠道发酵和粪便管理碳排放系数是根据 IPCC 提供的各类牲畜一年碳排放因子［千克（甲烷）/（头·年）］，按照 1 千克（甲烷）= 6.18 千克（碳排放）计算而来。

① 田云、张俊飚、李波：《中国农业碳排放研究：测算、时空比较及脱钩效应》，《资源科学》2012 年第 11 期。

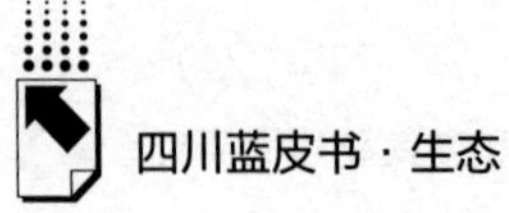

综合农地利用活动、水稻种植活动和畜禽养殖活动的碳排放，可得四川省农业碳排放总量 C 为：

$$C = \sum C_i \tag{2}$$

2. 农村碳排放测算方法

农村碳排放主要是指农村居民在生活过程中因各类能源消费所产生的碳排放。这里的能源消费是指农村居民生活所使用的原煤、型煤、焦炭、汽油、煤油、柴油、燃料油、天然气和电力等能源消费。农村碳排放测算公式与式（1）相同，但基于数据可获得性，本研究计算了 2001~2020 年四川省整体的农村碳排放情况，具体计算方法为：

$$R = E_j \times \eta_j \tag{3}$$

式中，R 是四川省农村碳排放总量，E_j是四川省 j 类碳源排放量，η_j是 j 类碳源排放系数，$j \in$ {原煤，型煤，焦炭，汽油，煤油，柴油，燃料油，天然气，电力}。j 类碳源排放系数见表 3。

表 3　农村碳排放系数

碳源	碳排放系数	单位	参数来源
原煤	0.7559	吨/万吨标准煤	IPCC
型煤	0.5918	吨/万吨标准煤	IPCC
焦炭	0.855	吨/万吨标准煤	IPCC
汽油	0.5538	吨/万吨标准煤	IPCC
煤油	0.5714	吨/万吨标准煤	IPCC
柴油	0.5921	吨/万吨标准煤	IPCC
燃料油	0.6185	吨/万吨标准煤	IPCC
天然气	0.4483	吨/万吨标准煤	IPCC
电力	0	吨/万吨标准煤	IPCC

3. 数据来源

农业碳排放计算中的化肥施用量、农药使用量、农用柴油施用量、有效灌溉面积、农业机械总动力、农作物总播种面积、耕地面积、水田面积数据以及牛、马、驴、骡、猪、羊等牲畜数量均来自历年《中国农村统计年鉴》。农村碳排放计算中的原煤、型煤、焦炭、汽油、煤油、柴油、燃料油、天然气、电力数据来源于历年《中国能源统计年鉴》。

（二）四川省农业农村碳达峰现状及其趋势

1. 四川省农业碳排放已于2014年达峰

图 1 展示了 2001~2020 年四川省农业碳排放总量及碳排放结构，其中左轴为农业碳排放总量，右轴为各类碳排放活动占碳排放总量的比重。从图 1 可以看到，四川省农业碳排放总量 2001~2013 年一直处于 1700 万吨左右，到了 2014 年迅速上升至 1999 万吨，随后出现缓慢下降，到 2019 年下降到 1723 万吨，2020 年为 1630 万吨。四川省农业碳排放呈现出不明显的环境库兹涅茨倒“U”形曲线特征。2014 年为倒“U”形的顶点。

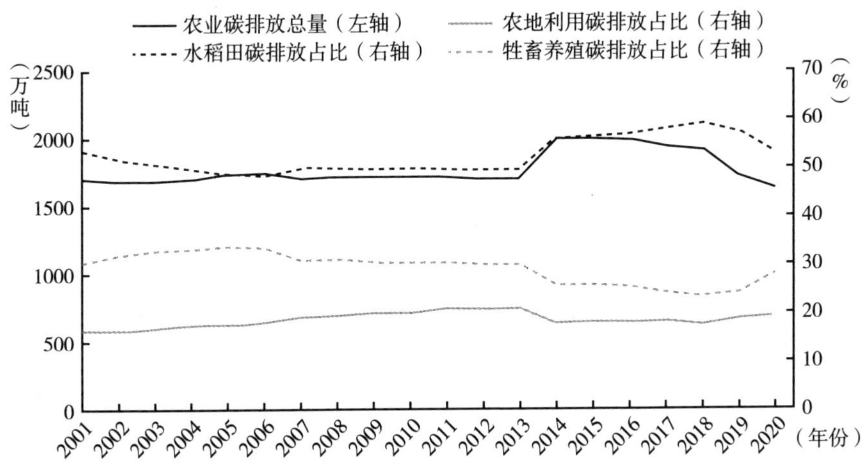

图 1　2001~2020 年四川省农业碳排放总量及碳排放结构

从农业碳排放结构来看，水稻田碳排放占比最高。图 1 反映出，四川省农业碳排放总量变动趋势与水稻田碳排放占比变动趋势基本一致。2001~2013 年水稻田碳排放占碳排放总量的比例一直保持在 50%左右，也是在 2014 年出现了显著上升，2015 年后的几年一直在 56%~58%徘徊，2018 年达到观察期的顶点 58.95%，随后略有下降，到 2020 年为 53.11%。从排放量来看，2001 年水稻田碳排放为 906 万吨，2014 年达到其峰值 1125.61 万吨，然后回落到 2020 年的 866 万吨。

农地利用碳排放占比在观察期内的变动不大。2001 年，农地利用碳排放占农业碳排放总量的 16.40%，2013 年达到 20.92%的峰值，随后 2015 年下降到 17.96%，此后几年有所上升，2020 年为 19.01%。从排放量来看，2001 年农地利用碳排放量为 279 万吨，缓慢上升到 2015 年的峰值 358 万吨，随后出现下降。2020 年，农地利用碳排放量为 310 万吨，约为 2005 年的排放水平。

畜牧养殖碳排放占比在观察期内稳中有降。2001 年，畜牧养殖碳排放占农业碳排放总量的 30.40%，缓慢上升到 2005 年 33.67%的峰值，随后不断下降，到 2018 年达到谷底的 23.48%，而后出现了反弹，2020 年为 27.88%。从排放量来看，2001 年该指标为 518 万吨，随后略有上升，到 2006 年达到峰值 585.2 万吨。自此以后，该指标处于下降通道，2019 年达到谷底为 415 万吨。2020 年该指标出现翘尾，升至 454.66 万吨。

图 2 显示了 2001~2020 年四川省农地利用碳排放总量及碳排放强度，其中左侧纵轴为农地利用碳排放强度，右侧纵轴为农地利用碳排放总量。2001~2020 年，农地利用碳排放在波动中趋稳。该指标 2001 年为 279 万吨，到 2005 年突破 300 万吨大关；接着又缓慢上升，2015 年达到峰值 358 万吨；后又呈现下降趋势，2020 年跌到了 310 万吨。

农地利用碳排放强度在剧烈波动中下降：2001 年农地利用碳排放强度为 652.55 千克/公顷，随后缓慢上升至峰值 2012 年的 895.70 千克/公顷。因耕地统计口径变化，2014 年农地利用碳排放强度骤降至 532.47 千克/公顷。2020 年，该值为 593.11 千克/公顷，已经低于 2001 年的农地利用碳排放强度。

图 3 是 2001~2020 年四川省农地利用碳排放的碳源结构。可以观察到，化肥碳排放占比从 2001 年的 67.91%下降到 2020 年的 60.89%，稳居农地利用活动第一大碳源。农膜碳排放占比则 2001 年为 13.77%，2009 年达到峰

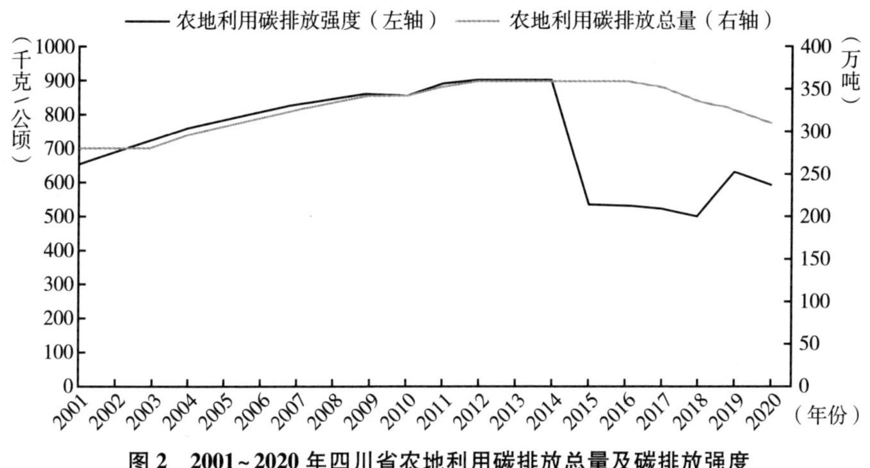

图 2　2001~2020 年四川省农地利用碳排放总量及碳排放强度

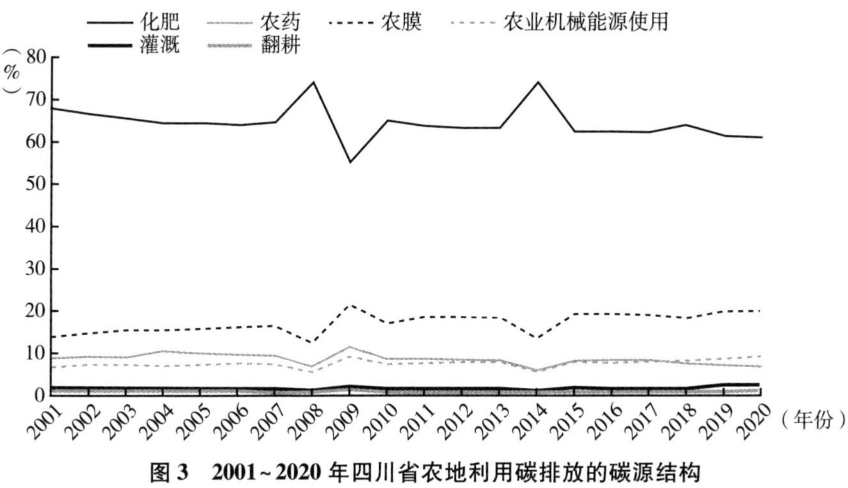

图 3　2001~2020 年四川省农地利用碳排放的碳源结构

值 21.42%，而后一直在 17%~20%徘徊，但其作为农地利用活动的第二碳源地位没有改变。农业机械能源使用、灌溉的碳排放占比均出现了小幅度上升，二者分别从 2001 年的 6.57%和 1.86%上升到 2020 年的 9.00%和 2.55%。2001~2020 年，农药碳排放占比在波动中下降，2001 年为 8.82%，随后 2004 年和 2009 年均超过 10%，分别为 10.24%和 11.21%，但在 2009 年以后出现下降，2014 年最低，为 5.78%。翻耕的碳排放占比近年来略有

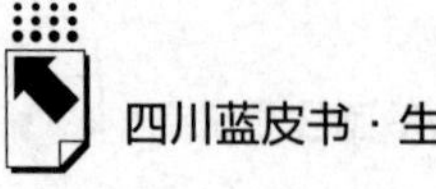

下降，从 2001 年的 1.07%下降到 2020 年的 0.99%。总体而言，2001～2020 年四川省农地利用碳排放的碳源结构未发生根本性转变。

2. 四川省农村碳排放曾在2004年达到峰值

图 4 展示了 2001～2020 年四川省农村碳排放总量，其中左轴为农村碳排放总量，右轴为其变化幅度。2001～2011 年，四川省农村碳排放总量在波动中上升。2001 年为 344 万吨，并于 2002 年小幅下降至 338 万吨；随后又迅速上升至 2004 年的 498 万吨，这是观察期的峰值，接着于 2005～2006 年下降到 358 万吨以下，不过 2007 年迅速反弹至 372 万吨以上。最近一次的峰值是 2011 年，为 458 万吨。2012 年是四川省农村碳排放总量下降幅度最大一年，降幅高达 31.22%；2020 年同比增长 5.59%至 170 万吨，是 2001 年农村碳排放总量的一半左右。

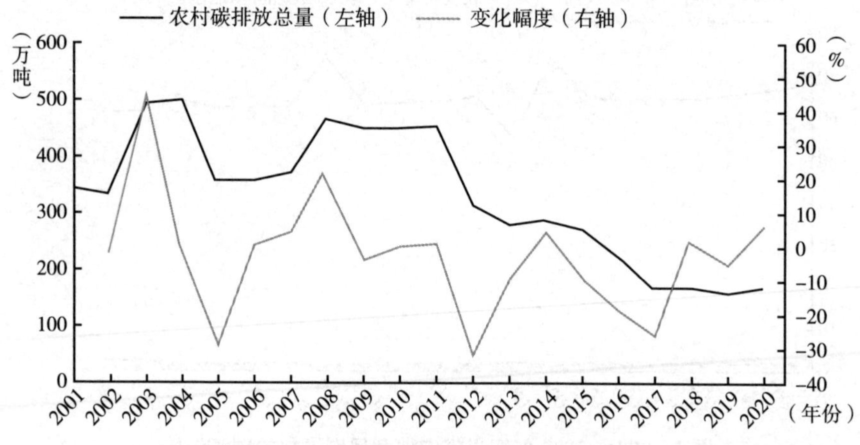

图 4　2001～2020 年四川省农村碳排放总量

图 5 左轴是农村人均生活能源消费量，右轴是农村生活能源消费总量。可以看到，随着经济持续发展，四川省农村生活条件极大改善，推动了农村人均生活能源消费量持续上升。农村人均生活能源消费量从 2001 年的 87 千克标准煤上升到 2018 年的 181 千克标准煤。尽管农村人均生活能源消费量持续上升，但在农村人口持续转移的背景下，农村生活能源消费总量从 2004 年最低的 443 万吨标准煤上升到 2010 年的峰值 747 万吨标准煤，并在

短暂下降后迅速上升，2017 年达到 712 万吨标准煤的高峰，接着又下降至 2020 年的 501 万吨标准煤。在未来四川省农村居民生活水平提高的同时，人口将随着城镇化率提升而进一步下降。消费水平上升和人口转移形成两股相互抵消的“力”，四川省农村生活能源消费总量可能会趋于平稳。

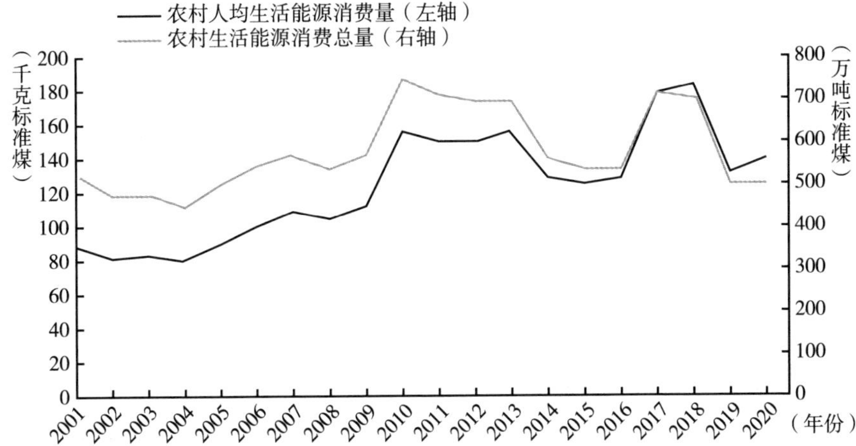

图 5　2001~2020 年四川省农村人均生活能源消费量及农村生活能源消费总量

四川省农村碳达峰得益于农村能源消费结构优化。2001~2020 年，四川省不断加大农村电网建设力度、实施农村电气化改造工程和推广农村新能源技术，极大地改善了农村能源消费结构，为农村生活能源消费总量平稳背景下的碳减排提供了“生力军”。表 4 反映了 2001 年和 2020 年的四川省农村能源消费结构变化。2001 年，农村能源消费结构中占比最大的是原煤，高达 90.24%。原煤未经洗选、筛选加工，根据 IPCC《国家温室气体排放清单指南》，其二氧化碳当量仅次于焦煤。2020 年，原煤消费比重大幅下降至 12.58%，取而代之的是电力消费占比从 2001 年的 9.1%上升到 2020 年的 45.3%；型煤、天然气等能源消费占比总计从 2001 年的 0.4%上升到 2020 年的 1.8%。目前，电力加上天然气等消费占比已经接近于农村能源消费总量的 50%。可以说，要实现碳中和，其落脚点就是因地制宜地构建农村清洁能源体系。

表4 2001年和2020年四川省农村能源消费结构对比

单位：%

年份	原煤	型煤	焦炭	汽油	煤油	柴油	燃料油	天然气	电力	总计
2001	90.24	0.4	0.0	0.1	0.0	0.1	0.0	0.0	9.1	100.0
2020	12.58	0.5	0.0	39.8	0.0	0.5	0.0	1.3	45.3	100.0

三 四川省农业农村碳中和面临的主要难题

碳中和是运用技术捕捉碳，将一定时间内直接或间接产生的二氧化碳或温室气体排放总量抵消，达到相对“零排放”。碳达峰的形成主要依靠“减排”，而碳中和则是在碳达峰的基础上依靠“固碳”来实现的。二者内涵差异巨大，不可等同。[①] 农业农村碳中和是在农业农村碳达峰的基础上，综合运用物理技术、化学技术和生物技术捕捉碳，最终直接或间接地将自身产生的二氧化碳或温室气体排放总量抵消。要实现农业农村碳中和目标，进一步“减排”和“固碳”是关键。

（一）农业农村减排固碳关键技术和措施推广约束条件多

一是测土配方施肥实施过程复杂，农户意愿不强。《意见》提出大力发展绿色低碳循环农业，促进农业固碳增效，要实施耕地质量保护与提升计划、化肥农药减量替代计划，《通知》则明确要求“推进化肥减量增效”。作为一种高效利用化肥的方法，我国相继实施了“测土配方施肥”沃土工程计划、化肥农药使用量零增长行动。四川省通过多渠道多途径不断深入推进测土配方工作，完善科学施肥技术体系和集成技术模式。四川省也率先实

① 潘家华：《碳中和：需要颠覆性技术创新和发展范式转型》，《三峡大学学报》（人文社会科学版）2022年第1期。

现了化肥农药“零增长”。① 到2020年，全省主要农作物测土配方施肥技术覆盖率稳定在90%以上，有机肥使用面积达3470万亩。② 四川省化肥利用率显著提高，2022年三大粮食作物化肥利用率为41.3%。③ 但课题组在资阳、内江等地调研时发现，农户对测土配方认知度低，而测土配方施肥实施过程相对复杂是主要原因。一些农户认为“经验施肥就够用，不会造成大的损害”，种粮大户也更愿意“买一包现场能用的复合肥”，仅有部分规模以上农场主愿意支付一些费用进行测土配方。

二是生态循环农业成本过高，大规模发展条件不足。发展生态循环农业是农业实现固碳减排的重要途径。为此，《通知》提出要“大力发展绿色低碳循环农业”；《意见》提出要开展“绿色种养循环农业试点”。然而，生态循环农业是一个系统工程，在现有市场条件下实施成本过高。与传统农业生产经营方式不同，发展农业循环经济投入大、收效慢。以“猪+沼+果”循环模式为例，存栏300头母猪，需要套种果园53.3公顷以上，外加建设沼气池、运输管道、储液池、产房、道路等设施，需要200万元的投资，投资额大且周期性强。同时农业生产受外部环境，如温度、湿度、光照、雨水、干旱等影响较大，投资风险系数较高，较高的生产经营成本也制约着农业循环经济发展。此外，农业循环发展模式主要依赖于对设施的管护，一旦脱离管护，“围墙外”的循环设施将会受到损害，风险加大。

三是秸秆还田效果不佳，秸秆生物质固化成本高。早在2018年四川省就出台了《四川省人民政府办公厅关于印发四川省支持推进秸秆综合利用政策措施的通知》强调“提升秸秆综合利用率和综合利用水平”，《通

① 《让生态田园淌金流彩——四川省推进化肥农药使用量“零增长”纪实》，http://www.moa.gov.cn/ztzl/nylsfz/gsbd_lsfz/sc/201709/t20170915_5816481.htm，2017年9月15日。

② 《农业农村厅举行上半年四川省农产品质量安全及投入品安全情况新闻通气会》，http://nynct.sc.gov.cn/nynct/c100656/2020/7/31/6cd37525d73143fd8fb02024e93d8873.shtml，2020年7月31日。

③ 《四川省耕肥总站组织召开四川省2022年三大粮食作物化肥利用率测算会商会》，https://www.fert.cn/news/2023/01/04/1148161107.shtml，2023年1月4日。

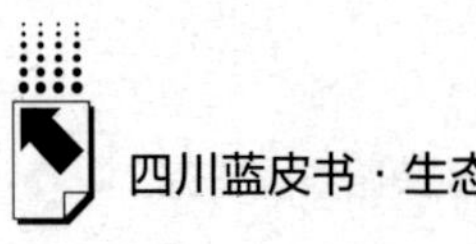

知》提出要加强农作物秸秆资源化利用。据四川省农业农村厅数据，近年来四川粮食生产连续丰收，农作物秸秆产量逐年增加，全省每年产生秸秆总量近 3683 万吨。到 2025 年，将力争建立较为完善的秸秆收储运用体系，形成布局合理、多元利用的产业化格局，秸秆综合利用率保持在 90%以上。[①] 不过，课题组调研期间有农户反映，秸秆直接还田容易导致病虫害和农药残留，总体效果不佳。一些地方为应对因秸秆直接还田后导致的虫害，反而施用了较往常用量更大的农药，造成新的生态危害。同时，还田后的秸秆不会迅速腐烂，使得新播种的农作物根系不能与土壤紧密结合，导致作物倒伏、减产。可以说，应用秸秆生物质化技术能够收到减排、增碳、节肥、增产等多重效果，前景广阔，未来可能成为农业减排固碳的重要抓手，但目前技术尚不成熟，使用成本很高，推广范围极其有限。

（二）农业农村碳中和目标缺少法规、组织和政策支持

一是关于农业农村碳达峰碳中和的法规和政策的针对性有待提高。2020年以来，四川省相继出台了一系列低碳农业政策，以及关于保护耕地、实施测土配方、提升土壤有机质、促进规模化养殖和污染防治、鼓励绿色信贷、支持农机节能减排等专项低碳农业政策，但这些政策之间缺乏有效的协调。例如，无论是《意见》《通知》还是2022 年7 月出台的《四川省“十四五”节能减排综合工作方案》，都只是提及低碳农业政策，但并没有明确责任主体。部分政策指向性不明确、相应的技术标准缺失使事后评估和监管难以开展。

二是缺少推动农业农村碳达峰碳中和的基层组织。目前四川省成立了节能减排及应对气候变化工作领导小组，但更多的是从战略、政策、规划、制度层面对相关部门、行业和地方进行指导，缺少具有综合性和针对性的从事

① 史晓露：《助力“碳达峰、碳中和”，四川为秸秆综合利用定下目标》，https：//sichuan.scol. com. cn/ggxw/202104/58122397. html？from=timeline，2021 年 4 月 16 日。

农业农村应对气候变化的专门机构。农业是受气候变化影响最大的部门之一，也是应对气候变化的重要抓手之一；[①] 农业农村不仅自身可以实现碳中和，还可以为城市甚至国家实现碳中和作出很大的贡献。然而，农业农村在减排固碳方面具有的巨大意义未能在体制机制层面得到体现。在农村基层也缺少推动农业农村碳中和的抓手，广大村民参与农业低碳发展的积极性没有得到有效调动，这也是测土配方、秸秆还田等许多政策效果不明显或流于形式的重要原因。

（三）农业农村发展目标与实现碳中和目标存在矛盾

一是大规模推行低碳农业对增产有直接影响，不利于保障国家粮食安全。有学者提出可以“以低碳带动农业绿色转型”，[②] 但目前可操作性不强。从农业碳排放的来源来看，水稻种植活动和农地利用是四川省农业碳排放的最大来源。当前中国人口持续增长和偏向高蛋白的消费结构，使得口粮和饲料用粮种植面积难以被大规模压缩。农业科技试验发现，低碳农业会显著提高生产成本，作物产量可能会受到影响。因此，大规模推行低碳农业，至少在短期内与“口粮绝对安全，谷物基本自给”的粮食安全目标是相冲突的。

二是农业减排固碳技术应用存在区域适应性问题，不利于农户大规模使用。课题组调研发现，就不少小规模农户而言，农业减排固碳技术应用存在区域适应性问题。以秸秆粉碎后还田为例，四川省不像北方地区多是旱地，而是以水田居多。“秸秆粉碎后还田，一旦灌水后，就全浮起来了。”同时，秸秆粉碎机的使用成本也考验着农民的承受能力。以江苏省秸秆粉碎还田为例，采用“机收割切碎+反转灭茬机还田（+条播）+镇压”技术路线，旱田主要环节成本至少增加 45 元，水田则成本更高。目前经营净收入仅占农

---

① Wang. J., Mendelsohn R., Dinar A. et al., “The Impact of Climate Change on China’s Agriculture,” *Agricultural Economics*, 2010, 40 (3).

② 金书秦、林煜、牛坤玉：《以低碳带动农业绿色转型：中国农业碳排放特征及其减排路径》，《改革》2021 年第 5 期。

村居民人均可支配收入的1/3，除非政府强有力的政策支持，否则农户并不愿意选择投入产出效益不明朗的生产技术。

（四）农户低碳经营存在较多顾虑，意愿普遍较低

一是农户对低碳农业认知程度普遍较低。课题组调研结果显示，农户不太愿意过多关注低碳农业；多数农户对低碳农业相关政策不了解或了解一点；参与过相关低碳农业技术培训的农户很少。对低碳农业认知程度偏低直接影响了农户低碳行为。绝大多数进行低碳经营的农户是无意识的，他们甚至不知道“怎样才算低碳经营”。农户有意识的低碳行为往往是出于对自身家庭的食品和生态环境安全的关注，出现了“两块地”现象，即一块大量使用化肥农药的地里产出主要卖给市场，另一块低碳种植的地里产出主要是自家食用或送亲戚朋友。

二是农户对农业低碳经营的市场风险存在较多顾虑。调研发现，测土配方施肥补贴、节能环保型农机具优惠等政策对农户低碳行为有正向影响，但这一影响只有对规模以上的家庭农场、种粮大户而言才显著。部分农户认为低碳经营的市场风险未知，低碳农业可能会对粮食产量带来不确定的或减产的影响。他们认为，低碳农业技术相对复杂，人力、财力、物力投入大但产出不成正比，农产品产量不稳定、认证成本高、市场辨识度模糊，因而也不愿意“冒险”从事低碳经营。目前出台的政策都明确了“防范风险”的原则，强调不能“一刀切”，但没有就如何消解农户对农业低碳经营的市场风险顾虑进行说明或配套兜底举措。

三是经营规模过小、兼业化和老龄化程度高极大地阻碍了农户低碳经营。农业低碳经营并不适宜过小的农业经营规模。以有机农业为例，有机食品的生产标准可被概括为“三无两改造”，即无化学农药、无化学肥料、无转基因，同时还要改造水、土壤，但改造成本极高。农业低碳经营是综合了多种技术的复合型经营，客观上要求农户具有较高的文化素质，目前严重老龄化的农业劳动者队伍显然难以胜任促进农业低碳发展的任务。

四　四川省农业农村碳中和的政策路线图

尽管根据本研究的测算，四川省农业农村已经实现了碳达峰，但离实现碳中和还有一定的距离。更为重要的是，农业农村还应该发挥“碳汇”的作用，为全省实现碳达峰和碳中和作出贡献。因此，本研究提出了包括技术路线、区域路线和制度路线在内的农业农村实现碳中和政策路线图。

（一）技术路线：大力发展和广泛应用固碳减排技术

四川省在“双碳”目标下提出“双轮驱动，两手发力”，要求从前端促进低碳转型，末端要推进固碳。从农业农村碳中和的角度而言，可以从降低单位碳排放强度、提高固碳能力以及实现可再生能源抵扣三个方面发力。

一是继续坚持应用降低单位碳排放强度的技术。化肥是农业第一大碳源，因此要牢固树立“减肥即减排”理念。建议进一步推广测土配方技术，提升农户特别是中小农户的技术应用率；进一步落实《意见》中提出的化肥农药减量替代计划，在更大范围推进有机肥替代化肥；总结经验，在建设规模养殖场信息平台的基础上提高畜禽废弃物利用率；研究改善动物健康和通过提升饲料消化率而控制肠道甲烷排放的生物技术。

二是充分发掘农田和草地的土壤碳汇能力。农田生态系统既是碳源又是碳汇，具备较强的减排固碳潜力。四川省发掘农田和草地的土壤碳汇能力大有可为。目前相关文件只提及“巩固生态系统碳汇能力”“促进农业固碳增效”等指导性意见，需要就土壤碳汇潜力有多大、如何将碳汇潜力转化为碳汇能力作进一步的研究和探索。建议结合当前高标准农田建设，提升农田土壤有机质含量。大力发展秸秆还田技术，持续推进化肥农业减量，增加有机肥施用量，实现土壤增碳。

三是推进农作物秸秆和畜禽粪污的资源化利用技术研发。农作物秸秆和畜禽粪污作为农业主要废弃物，其资源化利用是实现可再生能源抵扣的关键。目前这一技术尚不成熟。建议加强对“秸秆离田炭化—生物质炭还田”技术的研发，进一步探索“秸—炭—肥”的秸秆资源化利用模式；对前期秸秆“五料化”试点经验进行总结并予以推广；加大资金投入力度，设立专项资金，研发具有自主知识产权的工业化畜禽养殖粪污处理技术。

（二）区域路线：建立权责明确的区域生态补偿机制

四川省各区域间差异巨大，在实现农业农村碳中和过程中不同区域应有不同的权利和责任。目前，四川省立足“减污降碳、提质增效”，制定了“十四五”期间不同区域、不同行业的减排固碳工作方案，形成具有四川农业农村特色的减排固碳实施路线。建议将由省级部门牵头的协调机制、市州合作和协商机制、区域补偿市场交易机制这“三大机制”作为农业农村碳中和的区域路线。

一是建立由省级部门牵头的协调机制。建议基于全国主体功能区划分，明确各区域在实现农业农村碳中和过程中的权利和责任，并制定相应的标准；由省级部门牵头来实施生态补偿转移支付，支付重点向限制开发区、禁止开发区和重点生态功能区倾斜；省级部门要对各区域农业农村固碳减排行为进行指导，逐步建立系统性的管理和监督考核机制。

二是建立市州合作和协商机制。要避免“各自为政”。建议按照“谁受益，谁补偿”原则，在厘定各自权利和责任的基础上，围绕农业农村碳中和的成本风险分担、专项资金分配使用、联合立法和执法监督等议题展开多层次的协商；经济发达的成都平原经济区应给予川西北生态示范区等其他区域技术支持；对于承担耕地保护、粮食安全、林地和水体保护等责任的地区，其他地区特别是发达地区应给予其资金支持。

三是建立区域补偿市场交易机制。充分运用市场机制，克服政府主导的激励保护不足和缺乏灵活性的问题，同时充分吸纳来自各方的补偿资金。建议在总结前期林业碳汇市场交易经验的基础上，研发农业减排固碳价值量化工具，试点农业碳信用交易；在建立全国性生态转移支付机制的基础上，引入竞标机制，建立休耕、森林保护和植树造林等减排固碳行为合同菜单，不设具体的补偿金额只设定补偿地块，由农民通过竞价方式自愿选择是否接受合同条款，价格则是竞标后的市场价格。

（三）制度路线：探索实现农业农村实现碳中和的多层次政策制度

为实现农业农村碳中和的各类设计最终要落脚到制度上。目前从国家到地方都已经出台了一系列为实现碳达峰、碳中和的政策，但直接关于农业农村固碳减排的专门性政策还不太多。四川省应把政策制度作为农业农村减排固碳的保障，建立健全农业农村减排固碳引导、支持和规范政策体系。

一是顶层设计助力农业农村固碳减排政策体系建立健全。建议省级层面直接出台致力于农业减排固碳、农村能源消费结构转型、改善农业农村环境质量的政策，进而助力全社会实现碳达峰碳中和。出台鼓励农户采用新能源和新农业技术，以及促进农村清洁能源消费的政策，对农户在生产生活中的亲环境行为予以激励；明确减排机制与农业清洁能源使用相关的方案，对农业生产过程中的清洁能源使用，以及农业和林业减排抵扣进行指导和说明。

二是相关部门出台指导农户低碳行为和农村节能的规范和准则。部门层面旨在落实政策，指导农户生产生活中的低碳行为。建议出台将环境因素纳入农业生产过程的规范，包括农作物生产和畜禽养殖两个方面的规范。同时，对农村能源消耗标准进行严格规定。进一步将农业碳信用纳入碳排放权交易平台，针对农业碳排放总量、配额、交易机制制定具体的规定。

三是各市州制定符合当地情况的农业农村碳中和评价指标和标准。地方层面的工作重点应放在对既定政策的落实和监督上。为了进一步落实部门准则，需要根据当地实际情况出台相应的评价指标和标准。地方政府可以发动当地的社会组织，如借助绿色促进发展会或成立与农业农村碳中和相关的绿色乡村协会、绿色产业协会，制定相关的指标和评价体系，对当地农业农村固碳减排行为进行评价并据此对相关单位予以奖惩，在一定程度上起到示范作用。

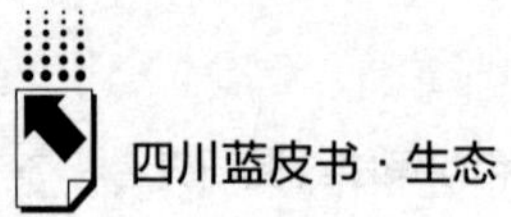

参考文献

国家统计局编《中国统计年鉴 2020》，中国统计出版社，2020。

张广胜、王珊珊：《中国农业碳排放的结构、效率及其决定机制》，《农业经济问题》2014 年第 7 期。

田云、李波、张俊飚：《我国农地利用碳排放的阶段特征及因素分解研究》，《中国地质大学学报》（社会科学版）2011 年第 1 期。

伍芬琳、李琳、张海林、陈阜：《保护性耕作对农田生态系统净碳释放量的影响》，《生态学杂志》2007 年第 12 期。

田云、张俊飚、李波：《中国农业碳排放研究：测算、时空比较及脱钩效应》，《资源科学》2012 年第 11 期。

潘家华：《碳中和：需要颠覆性技术创新和发展范式转型》，《三峡大学学报》（人文社会科学版）2022 年第 1 期。

《让生态田园淌金流彩——四川省推进化肥农药使用量“零增长”纪实》，http：//www. moa. gov. cn/ztzl/nylsfz/gsbd_ lsfz/sc/201709/t20170915_ 5816481. htm，2017 年 9 月 15 日。

《农业农村厅举行上半年四川省农产品质量安全及投入品安全情况新闻通气会》，http：//nynct. sc. gov. cn/nynct/c100656/2020/7/31/6cd37525d73143fd8fb02024e93d8873. shtml，2020 年 7 月 31 日。

《四川省耕肥总站组织召开四川省 2022 年三大粮食作物化肥利用率测算会商会》，https：//www. fert. cn/news/2023/01/04/1148161107. shtml，2023 年 1 月 4 日。

史晓露：《助力“碳达峰、碳中和”，四川为秸秆综合利用定下目标》，https：//sichuan. scol. com. cn/ggxw/202104/58122397. html？from=timeline，2021 年 4 月 16 日。

Wang. J. , Mendelsohn. R. , Dinar. A. , et al. , “The Impact of Climate Change on China’s Agriculture,” *Agricultural Economics*, 2010, 40（3）.

金书秦、林煜、牛坤玉：《以低碳带动农业绿色转型：中国农业碳排放特征及其减排路径》，《改革》2021 年第 5 期。

B.22

四川省应对气候变化与粮食可持续生产

杨宇　赵阿敏　冯桂凤*

摘　要： 本文分析了2000~2020年气候变化对四川省小麦、玉米和水稻粮食生产的影响，并基于可持续生计框架，利用四川省（剑阁县、宣汉县）农户调查数据，实证探究农户在气候改变后的适应能力和行为调整，研究发现：四川省玉米、小麦和水稻产量与气温、降水等气象变量存在倒"U"形非线性关系。当气候变量越过最优拐点，将对小麦、玉米和水稻单产产生明显的负面影响；极端气候灾害事件对农户的生计资本具有负向影响，在气候变化影响下农林种植、家畜养殖这两种生计策略占比有不同程度的降低，而外出务工和非农自营两种生计策略占比则有不同程度的提高，农户生计策略从农业向非农业转变。这为有效减小气候变化对四川省粮食生产的不利影响、促进农户可持续增收提供了有力的证据。

关键词： 气候变化　粮食生产　四川省

一　引言

全球气候变化已成为可持续发展领域最严峻的挑战之一，特别是气候

* 杨宇，成都理工大学商学院教授、硕士生导师，主要研究方向为农村经济、资源环境经济；赵阿敏，成都理工大学商学院，主要研究方向为资源与环境经济；冯桂凤，成都理工大学商学院，主要研究方向为资源与环境经济。

变化给自然环境带来了极为不确定的风险，甚至威胁到人类社会。尽管气候变化的影响有利有弊，但粮食生产十分敏感，因此其对农业脆弱性的影响十分显著，这是毋庸置疑的。[①] 气温上升、日照减少以及区域降雨差异，不仅导致干旱、洪涝等极端天气灾害事件频发，还导致农业产出下降，粮食承载力进一步减弱。[②] 中国作为农业大国，粮食生产的基础性地位不容动摇，未来复杂的气候变化对粮食生产脆弱性的影响还将进一步凸显。

粮食可持续生产是西南地区重要的发展战略之一。位于西南腹地的四川省，在我国粮食供应中扮演着至关重要的角色，是全国13个主产粮食大省之一，也是西部地区唯一的主产粮食省份。2021年四川省粮食产量3582.1万吨（716.4亿斤），稳居全国第9位。其中水稻、玉米、小麦的播种面积分别约占全国总播种面积的6.3%、4.3%、2.5%，产量分别占7%、4%、1.8%。[③] 然而，气候变化或极端气候事件的频繁发生为四川省粮食可持续生产增添了不少的挑战。特别是干旱和洪水扰乱了小麦、水稻及玉米等粮食作物生产，造成粮食产量严重损失。[④] 此外，四川省复杂多变的地形地貌也对粮食生产产生了极大的破坏性影响。[⑤] 2020年四川省受洪涝干旱影响，农作物遭受了重大损害。当年粮食受灾面积达到63.3万公顷，其中7.6万公顷的作物绝收，

---

① IPCC（Intergovernmental Panel on Climate Change）, *Climate Change* 2014: *Impacts*, *Adaptation*, *and Vulnerability. Contribution of Working Group II to the Fifth Assessment Report of the Intergovernmental Panel on Climate Change*, Cambridge University Press, Cambridge, 2014；姜彤、李修仓、巢清尘、袁佳双、林而达：《气候变化2014：影响、适应和脆弱性的主要结论和新认知》，《气候变化研究进展》2014年第3期。

② Fisher A., Hanemann M., Roberts M., et al., "The Potential Impacts of Climate Change on Crop Yields and Land Values in U.S. Agriculture: Negative, Significant, and Robust," Working Paper, 2007；黄季焜：《新时期的中国农业发展：机遇、挑战和战略选择》，《中国科学院院刊》2013年第7期。

③ 数据来源于《2021年四川省国民经济和社会发展统计公报》。

④ 林而达、许吟隆、蒋金荷等：《气候变化国家评估报告（Ⅱ）：气候变化的影响与适应》，《气候变化研究进展》2006年第2期；Zhang P., Zhang J., Chen M., "Economic Impacts of Climate Change on Agriculture: The Importance of Additional Climatic Variables Other than Temperature and Precipitation," *Journal of Environmental Economics & Management*, 2017（83）。

⑤ 陈超、庞艳梅、潘学标：《气候变化背景下四川省单季稻水分盈亏的变化特征》，《自然资源学报》2014年第9期。

直接经济损失高达446.4亿元。[①] 由此，研究气候变化对四川省粮食可持续生产的影响，在理论意义与政策含义上具有较大的价值。

气候条件是影响粮食可持续生产的关键因素之一，为确保高效生产，需调整农业适应性生产行为。农户作为遭受气候风险冲击的一线群体，通过采取调整种植结构、选择抗旱品种、调整灌溉强度及保护水土流失等适应措施来减小气候变化对农业生产的负面影响。[②] 据估算，在未来温度增加1℃~2℃的情景下，通过采用适应措施可以降低作物损失10%~15%；[③] 同样，杨宇等证明在中国华北平原发生极端干旱事件时，农户每增加50%的灌溉频次，可以挽回约143万吨小麦的产量，避免约286亿元的经济损失。[④] 不仅如此，适应措施的采用也能降低农业生产风险。[⑤] 从微观视角，采用的适应措施在减少由气候变化导致的风险及损失方面能起到的积极效果。

在此基础上，已有研究进一步讨论了农户适应性行为的影响因素及其适应能力。大量研究显示，面对气候变化农户适应性行为不仅受到气温、降水量及极端气候事件发生与否这些外部气候因素的影响，还受到农户个体及家庭禀赋特征以及社会资本特征等内部因素的影响。[⑥] 目前，气候变化背景下，将农户适

---

① 2020年四川省自然灾害基本情况来自四川省应急管理厅。

② Mendelsohn R., Nordhaus W., Shaw D., "The Impact of Global Warming on Agriculture: A Ricardian Analysis," *American Economic Review*, 1994 (84)；黄季焜：《新时期的中国农业发展：机遇、挑战和战略选择》，《中国科学院院刊》2013年第7期。

③ IPCC (Intergovernmental Panel on Climate Change), *Managing the Risks of Extreme Events and Disasters to Advance Climate Change Adaptation*, *Special Report of the Intergovernmental Panel on Climate Change*, Cambridge University Press, Cambridge, 2012.

④ 杨宇、王金霞、黄季焜：《农户灌溉适应行为及对单产的影响：华北平原应对严重干旱事件的实证研究》，《资源科学》2016年第5期。

⑤ Huang J., Wang Y., Wang J., "Farmer's: Adaptation to Extreme Weather Events through Farm Management and Its Impacts on the Mean and Risk of Rice Yield in China," *American Journal of Agricultural Economics*, 2015 (97)；杨宇、王金霞、黄季焜：《极端干旱事件、农田管理适应性行为与生产风险：基于华北平原农户的实证研究》，《农业技术经济》2016年第9期；冯晓龙、刘明月、霍学喜等：《农户气候变化适应性决策对农业产出的影响效应——以陕西苹果种植户为例》，《中国农村经济》2017年第3期。

⑥ 冯晓龙、霍学喜、陈宗兴：《气候变化与农户适应性行为决策》，《西北农林科技大学学报》（社会科学版）2017年第5期。

应性行为与可持续生计框架相结合的研究多着眼于农户收入对生计的单方面影响，或侧重于分析生计资本与生计策略的关系，[①] 对可持续生计框架下农户应对气候变化的适应性能力的整体把握较为缺乏。[②] 因此，作为粮食可持续增收的重要途径，迫切需要将气候变化适应能力与农户的可持续生计有效结合。

鉴于此，本文以经济学实证分析方法为媒介，以四川省为研究区域，重点分析气候变量与粮食产量之间的关系，考察二者是否存在非线性关系；在可持续生计框架下，探讨极端气候灾害事件对农户生计资本和生计策略的影响，在充分把握农户生计资本构成的前提下，更好地理解农户生计策略与风险应对之间的关系。

二　国内外研究现状

（一）气候变化对粮食生产的影响

气候变化如何影响农业和粮食生产一直是热门话题。[③] 全球气温上升，引起大气和地面温度升高，导致植物和土壤的水分蒸发加快。这将恶化土壤水分紧缺地区的干旱程度。具体的，假设全球气温升高4℃~6℃，现有种植的方法、品种和制度不变，水的流失速度将加快，预计水稻、玉米和小麦三大作物的产量将下降，全球粮食生产风险剧增，将面临更多严峻的挑战。这是因为极端天气条件对粮食作物的平均单产和年际波动有着源头性的影响。[④] 对

① 苏芳、蒲欣冬、徐中民、王立安：《生计资本与生计策略关系研究——以张掖市甘州区为例》，《中国人口·资源与环境》2009年第6期。

② 田素妍、陈嘉烨：《可持续生计框架下农户气候变化适应能力研究》，《中国人口·资源与环境》2014年第5期。

③ IPCC（Intergovernmental Panel on Climate Change），*Managing the Risks of Extreme Events and Disasters to Advance Climate Change Adaptation*，*Special Report of the Intergovernmental Panel on Climate Change*，Cambridge University Press，Cambridge，2012.

④ IPCC（Intergovernmental Panel on Climate Change），*Managing the Risks of Extreme Events and Disasters to Advance Climate Change Adaptation*，*Special Report of the Intergovernmental Panel on Climate Change*，Cambridge University Press，Cambridge，2012.

以农为本的中国而言，主要的农业区在气候变暖的背景下可能愈加干旱，粮食生产将面临严重的不利影响，加剧农业面临的生态和经济挑战。

气候变化显著增加了全球出现异常气候的可能。过去 20 年，中国农作物遭受灾害的面积和程度不断增加，特别是在四川，干旱对粮食减产的影响非常严重。[①] 若不采取适应性措施，根据 2007 年发布的《气候变化评估报告》，受气候变暖影响我国 2030 年粮食生产能力可能下降 5%~10%。对此，尽管颇具争议，但在一定程度上气候变化长期趋势对粮食可持续生产的不利影响仍是值得关注的焦点。

（二）适应性措施的研究结论及影响因素

气候长期趋势变化的不确定性、极端天气事件频发使粮食面临减产风险，迫使相关政府和农户采取持续的、趋利避害的适应性措施。例如，Deressa 等[②]、Di Falco 等[③]学者分别对埃及、南非等非洲国家展开研究，表明土壤保护、水资源管理、作物种植结构调整、品种多样化和采用节水技术等适应性措施是应对气候变化的有效措施。就中国而言，农户在应对气候变化风险时采取了调整作物种植结构、调整作物的播种和收获时间、增加灌溉强度，以及选用耐热、耐旱和抗虫害品种等适应性措施。[④]

---

① IPCC（Intergovernmental Panel on Climate Chang），*Impacts*，*Adaptation*，*and Vulnerability*：*Contribution of Working Group II to the Third Assessment Report of the Intergovernmental Panel on Climate Change*，Cambridge University Press，2001.

② Deressa T. T.，Hassan R. M.，Ringler C.，et al.，"Determinants of Farmers' Choice of Adaptation Methods to Climate Change in the Nile Basin of Ethiopia，" *Global Environmental Change*，19（2009）.

③ Di Falco S.，Chavas J. P.，"On Crop Biodiversity，Risk Exposure，and Food Security in the Highlands of Ethiopia，" *American Journal of Agricultural Economics*，2009（91）；Di Falco S.，Veronesi M.，"How can African Agriculture Adapt to Climate Change? A Counterfactual Analysis from Ethiopia，" *Land Economics*，2013（89）.

④ Wang J.，Yang Y.，Huang J.，et al.，"Information Provision，Policy Support，and Farmers' Adaptive Responses Against Drought：An Empirical Study in the North China Plain，" *Ecological Modelling*，2015（318）；朱红根、周曙东：《南方稻区农户适应气候变化行为实证分析——基于江西省 36 县（市）346 份农户调查数据》，《自然资源学报》2001 年第 7 期；Chen H.，Wang J.，Huang J.，"Policy Support，Social Capital，and Farmers' Adaptation to Drought in China，" *Global Environmental Change*，2014（24）；Huang J.，Jiang J.，Wang J.，et al.，"Crop Diversification in Coping with Extreme Weather Events in China，" *Journal of Integrative Agriculture*，2014（13）。

另外，近年来研究表明农户的适应性反应是受社会经济因素影响。[①] 具体来说，农户家庭人力资本、社会资本被证明是影响农民采用适应性措施的决定性因素。[②] Di Falco 等[③]的研究发现，信贷可获得性、当地农业技术推广和气象信息服务等能够显著促进非洲农民采取适应性措施。Wang 等[④]、Huang 等[⑤]、杨宇等[⑥]等的研究也表明政府提供的预警信息、抗灾支持政策及新修农田水利设施是影响农户采用适应性措施的主要因素。

研究表明，在气候变化背景下，农业脆弱性和风险将会提高，不仅阻碍农业可持续发展，对农村发展也会产生灾难性影响。[⑦] 但如果采取应对气候变化的适应性措施，将在应对气候变化的过程中精准抓住发展机遇，实现降低气候变化风险和增强粮食可持续生产力的“双赢”。

---

① Smit B., Skinner M. W., “Adaptation Options in Agriculture to Climate Change: A Typology,” *Mitigation & Adaptation Strategies for Global Change*, 2002 (7); Arunrat N., Wang C., Pumijumnong N., et al., “Farmers' Intention and Decision to Adapt to Climate Change: A Case Study in the Yom and Nan Basins, Phichit Province of Thailand,” *Journal of Cleaner Production*, 2017.

② Deressa T. T., Hassan R. M., Ringler C., et al., “Determinants of Farmers' Choice of Adaptation Methods to Climate Change in the Nile Basin of Ethiopia,” *Global Environmental Change*, 2009 (19); Chen H., Wang J., Huang J., “Policy Support, Social Capital, and Farmers' Adaptation to Drought in China,” *Global Environmental Change*, 2014 (24).

③ Di Falco S., Veronesi M., “How can African Agriculture Adapt to Climate Change? A Counterfactual Analysis from Ethiopia,” *Land Economics*, 2013 (89).

④ Wang J., Huang J., Jun Y., “Overview of Impacts of Climate Change and Adaptation in China's Agriculture,” *Journal of Integrative Agriculture*, 2014 (13).

⑤ Huang J., Wang Y., Wang J., “Farmer's: Adaptation to Extreme Weather Events through Farm Management and Its Impacts on the Mean and Risk of Rice Yield in China,” *American Journal of Agricultural Economics*, 2015 (97).

⑥ 杨宇、王金霞、黄季焜：《农户灌溉适应行为及对单产的影响：华北平原应对严重干旱事件的实证研究》，《资源科学》2016 年第 5 期。

⑦ Rosenzweig C., Parry M. L., “Potential Impact of Climate Change on World Food Supply,” *Nature*, 1994 (367).

三　实证分析框架

（一）甄别气候要素对粮食单产的影响程度

本文构建了气候—投入—单产模型，引入气候因素作为外生变量。模型主要借鉴 Cobb-Douglas 生产函数模型，以便更好地估计气候变化对粮食产量的影响程度。

$$\log(Y_t) = \beta_1 temp_t + \beta_2 temp_t^{\ 2} + \beta_3 prec_t + \beta_4 prec_t^{\ 2} + \sum_{k=1}^{3} \alpha_k \log(input_t) + \lambda T_t + \mu + \varepsilon_t$$

式中，Y_t表示四川省在第 t 年的粮食作物单产。$temp_t$代表 t 年生长季粮食作物的温度，$prec_t$表示作物生长季在四川省的 t 年降雨量，重点关注β_1、β_2、β_3、β_4 气候因素估计系数。$input_t$代表 t 年社会经济投入变量，选取每亩投入的机械（元）、劳动力（日）和化肥（元）衡量。T_t代表 t 年技术进步指标，包括引入良种作物、新型农业机械化运用等。另外，将固定效应μ 和残差项ε_t纳入考虑。

（二）农户的适应性行为决策

多数研究都基于可持续生计框架，旨在探究农户面对风险或环境变化后的适应能力和行为调整。为此，本文提出可持续生计框架——将生计资本划分为人力资本、金融资本、物质资本、自然资本和社会资本这五种资本，构建农户适应性措施指标体系。另外，基于农户的实地调研数据，运用综合评价方法（包括主成分分析法、因子分析法）来评价与分析在气候变化（暴露度）条件下农户的适应能力。这不仅量化气候变化暴露度与适应能力之间的关系，而且能对识别适应能力弱的贫困人群起到关键性作用。

1. 生计资本变量含义

需要阐释的是生计资本变量的含义（见表 1）。特别地，人力资本是指人们在追求不同的生计策略和实现生计目标时拥有的技能、知识、劳动能力和健康状态；金融资本是由工业垄断和银行垄断资本形成的，包括金融联系、资本参与和人事参与；农户为了维持生计而使用的生产工具，以及农业生产所需的基础设施统称为物质资本；自然资本是指人类利用自然提供的资源用于生产，如土地、水和木材等，以及享有的湿地、森林和草原等环境服务。

表1　构建生计资本的指标体系

变量	指标衡量
人力资本	家庭总人口、家庭总劳动力数、户主受教育年限、家庭成员劳动能力、劳动力参加技术培训次数
金融资本	最近银行或信用社的距离的对数、家庭借出去的钱的对数
物质资本	家庭总资产的对数、家庭住房面积的对数、生产性工具价值
自然资本	到乡镇的距离的对数、到市场的距离的对数、到县城的距离的对数、承包土地面积
社会资本	是否有人担任村干部、人情往来收礼的对数、亲戚朋友数量的对数、参加红白喜事人数的对数

2. 生计策略（适应策略）含义

生计策略主要包括为实现生计目标或追求积极的生计产出而采用的一系列措施，涉及个体自身所拥有的生计资产组合方式，包括生产活动、投资策略及适应策略（如生产管理、风险管理及工程管理等适应性措施）。

在气候变化风险冲击下，贫困人口采用生计策略的能力受到生计资本结构和质量的制约，实践效果反映为生计资本福利水平和应对气候变化风险的程度。生计资本增多，提升了生计策略的多样化，相应的福利水平也更高，提高了抵御风险冲击的能力。总之，在不同的生计资本下，生计策略的差异化将会进一步凸显。

四　研究方案

（一）研究区域

四川省位于我国西南部，地处长江上游，介于东经97°21′~108°31′、北纬26°03′~34°19′，面积48.5万平方公里，总人口8138万，其中农业人口6938万，是我国重要的人口、农业、粮食主产省，素有“川府之国”的美誉。辖内以山地、高原和丘陵为主，平原面积狭小，是我国地貌阶梯中第一与第二阶梯之间的过渡带，地形起伏大且复杂多样。全省地处亚热带，雨量充沛，水系发达，主要粮食作物为水稻、小麦和玉米。但受地形影响辖内气候差异显著，气象灾害种类多，干旱、暴雨、洪涝和低温等发生频率高，对农作物生产起着一定的限制作用。

（二）研究数据

1. 气候因素与粮食单产数据

本文收集了2000~2020年四川省有关小麦、玉米和水稻生产方面的数据，包括粮食单产和劳动、化肥、机械等社会经济投入变量，以及温度和降雨等气候变量。粮食单产和社会经济投入变量数据来自国家发改委发布的《全国农产品成本收益资料汇编》和《四川统计年鉴》，气候变量数据来自国家气象科学网站。考虑到社会经济投入差异对粮食生产的影响不可忽视，在实证中引入投入要素，如种子、劳动力、机械、化肥等，以此控制其他因素对单产的影响，研究气候变化对粮食生产的净影响。

2. 气候变化下农户适应能力数据

微观数据来自中国人民大学农业与农村发展学院主持的有关扶贫项目中四川省的部分数据。2019年10月，调研组在四川省（自治区）随机抽取2个县（剑阁县、宣汉县），每个县抽取3~4个乡镇，每个乡镇抽取3个村，每个村抽取10~14户农户。有效样本覆盖剑阁县、宣汉县7个乡镇的21个村256户。问卷具有丰富的信息量，本文选择与之相关的变量进行描述。通过多个题项测量农户层面自然资本、物质资本、人力资本、金融资本和社会资本五个资本维度。农户生计策略分为农林种植、家畜养殖、外出务工、非农自营四个维度。另外，问卷含有课题关注的重要变量，农户农业生产在最近几年是否遭受极端灾害事件（洪涝、旱灾、冻灾及因气候变化引起的极大病虫灾等）；户主层面的控制变量包括户主的年龄、性别、婚姻状况、民族、在家居住时间、健康状况等。

五 实证

（一）气候变化对四川省粮食作物单产的影响

通过显著性检验和理论预期可以发现，气候变量和投入变量的部分系数对作物单产有影响（见表2）。然而，需要指出的是，受样本数量和数据质量的影响，生产函数模型可能会略有偏误，无法充分解释气候变化对粮食单位面积产量的影响，[①] 还需改进该模型的回归结果。例如从结果来看，气候变化因素似乎对玉米的单产没有显著影响。

表2 气候变化对粮食单产影响的回归结果

变量		小麦	水稻	玉米
气候变量	气温一次项	1.01*** 1.82	0.42* 2.21	0.80 0.31
	气温二次项	−0.06** 2.13	−0.02** 0.32	−0.05 0.59
	降雨一次项	0.01*** 1.49	0.01*** 1.90	0.00* 2.24
	降雨二次项	−0.00*** 1.56	−0.00** 3.46	−0.00** 0.05

① 崔静、王秀清、辛贤等：《生长期气候变化对中国主要粮食作物单产的影响》，《中国农村经济》2011年第9期。

续表

变量		小麦	水稻	玉米
投入变量	化肥	0.01 *** 0.12	0.02 * 0.30	0.02 *** 0.15
	机械	0.05 * 1.51	0.07 ** 2.63	0.00 ** 0.04
	劳动力	-0.03 *** 0.20	-0.07 *** 1.07	-0.02 ** 0.09
	技术进步	0.00 ** 0.25	0.00 ** 0.55	0.02 *** 1.42

注：表中为 z 值，*、**、*** 分别表示在 10%、5%、1%下的显著性水平。

根据表 2 中一次项系数显示，气候因素及其变化对不同粮食作物单产具有正向影响，其中气温的升高或降低对玉米的显著性影响尚未显现。值得注意的是，二次项系数下小麦和水稻均显著为负，说明二者与气温之间存在倒“U”形关系。气温升高，更有利于小麦和水稻生长，但若超过生长所需温度的适宜区间，将对小麦和水稻产生减量效应。

四川省主产粮食受降雨变化影响显著。小麦、玉米和水稻在降雨条件下一次项系数显著为正，二次项系数显著为负，说明其单产与降雨之间显著为倒“U”形关系，存在最优拐点，超过特定阈值将对粮食单产产生减量效应，不利于四川省粮食的可持续生产。其中对小麦生产在 1%的水平下显著，影响最大，对玉米和水稻的影响较小。

综上，农业生产受气候因素影响显著。在面临气候变化时，气温和降雨超过粮食生产的适宜区间时对单产影响较大。此外，从要素投入来看，化肥、机械及技术进步等变量对粮食作物单产的提高有显著的促进作用，是农业生产部门和农户自身应对气候变化调整生产的有效手段。其中，劳动力变量对四川省小麦、玉米及水稻具有显著的负向影响，其原因在于当前农村机械化对传统劳动力替换程度较高，机械使用效率和精准度大幅提高。另外，单位劳动力投入越大，成本增加，反而使农户在生产中投入较少的种子、化肥和农药等，造成粮食单产减少。

（二）农户应对气候变化的适应性决策行为

气候变化，势必会增加极端气候事件（暴雨、旱灾、洪涝、冻灾及大风冰雹等）发生频率，导致农作物生长发育不足，给粮食生产带来减量效应。在以农户家庭为单位的中国农业生产中，在感知洪涝旱灾严重的情况下，农民更有可能采取适应性措施。因此，尤为有意义的是，从农户视角出发，考察分析他们在应对气候变化或是极端气候事件时的农业生产状况和适应性措施。

根据上述指标测算，描述性统计分析结果显示（见表3），对于气候变化的影响，65%的农户近几年农业生产遭受洪涝、旱灾、病虫灾害等极端灾害事件。在生计资本的五个维度（自然资本、物质资本、人力资本、金融资本、社会资本），相对较高的是物质资本（4.91），其次是自然资本（2.50）和人力资本（1.87），因为农村地区一般都位于交通不便和偏远的山区，离市场和政府都很远，这也导致社会资本（0.18）和金融资本（0.05）最低。农民要提高其社会资本水平，前提是拥有一定的人力资本，否则对金融资本的需求也将不足。在生计策略方面，外出务工均值最大，为10.22，其次是非农自营（8.92），农林种植和家畜养殖分别为8.38和8.15。这可以大致看出农户的生计策略已经倾向于非农业。同时，表3还列出了一些主要控制变量。户主的平均年龄在55岁左右，性别均值为0.88，代表88%的户主性别为男性，且户主平均每年在家居住时间超过了10个月，说明户主每年基本大部分时间都在家生活。

表3　主要变量的描述性统计

变量	均值	最小值	最大值
气候变化			
农户农业生产在最近几年是否遭受极端灾害事件(1=是;0=否)	0.65	0.00	1.00
生计资本			
自然资本	2.50	0.13	4.88
物质资本	4.91	0.00	9.15
人力资本	1.87	0.00	4.96

续表

变量	均值	最小值	最大值
金融资本	0.05	0.00	7.46
社会资本	0.18	0.00	6.93
生计策略			
农林种植	8.38	4.26	19.39
家畜养殖	8.15	2.46	13.58
外出务工	10.22	5.33	13.12
非农自营	8.92	6.27	12.01
主要控制变量			
年龄(岁)	55.25	24.00	82.00
性别(1=男;0=女)	0.88	0.00	1.00
婚姻状况(1=已婚;0=未婚)	0.76	0.00	1.00
每年在家居住时间(月)	10.45	0.00	12.00

资料来源：笔者调查。

1. 极端气候灾害事件对农户生计资本的影响

统计结果显示（见表4），极端灾害事件对农户的生计资本具有负向影响。近几年农业生产遭受过极端灾害事件冲击的农户的生计资本普遍低于未受灾的农户。根据气候变化背景下农户生计分析框架，极端灾害事件对农户生计资本的影响主要体现在以下五个方面。

表4　极端气候灾害事件对农户生计资本和生计策略的影响

变量	农户农业生产在最近几年是否遭受极端灾害事件	
	是	否
生计资本		
自然资本	2.37	3.23
物质资本	3.56	6.87
人力资本	1.45	2.56
金融资本	0.03	1.31
社会资本	0.12	2.45
生计策略		
农林种植	7.36	9.87
家畜养殖	7.14	8.34
外出务工	12.13	9.12
非农自营	9.23	8.11

（1）对自然资本的影响

近几年农业生产遭受过极端灾害事件冲击的农户的自然资本比未受灾的农户低0.86。灾害事件频发将导致作物单产减少，使农户不愿意承包更多的土地进行农业生产，造成自然资本日益减少，进而可能对其他生计资本也产生严重的影响。

（2）对人力资本的影响

气候变化带来的农业生产不确定性，不仅造成粮食减产或者绝收，还将导致农业收入减少，严重威胁人力资本质量。

（3）对物质资本的影响

气候变化对农村居民物质资本的负面影响较大，受灾农户较未受灾农户低了3.31。持续干旱、暴雨和冰雹等灾害事件不仅会影响农业收入，还会影响外出务工的决策，使农户收入大幅减少。并且较为严重的灾害事件还会毁坏房屋和从事农业劳动的器具，甚至导致通往外部道路等基础设施毁坏，造成农户的损失进一步增加。

（4）对金融资本的影响

调研显示，农民的金融资本严重不足，近几年受过灾的农户仅为0.03，而未受灾农户也仅为1.31。由于气候变化难以预测，以农业生产为生的农户收入不稳定，加之贷款难，有限的存款和不成熟的农村金融市场，使承受灾害损失的农户的借贷机会小。

（5）对社会资本的影响

弱势群体收入低，气候变化导致其收入呈现持续下降趋势，除了艰难维持生计外，其日常活动和人际往来也受到影响。而较为富裕的家庭有资本选择离开农村，长期外出务工，受气候变化的影响小，导致农村社会网络更为单一，与外界的联系逐渐减弱。

2. 极端气候灾害事件对农户生计策略的影响

从表4可以粗略地看出在气候变化影响下，农林种植、家畜养殖这两种生计策略占比有不同程度的降低，而外出务工和非农自营两种生计策略占比则有不同程度的提高。受到极端灾害事件冲击的农户选择农林种植和家畜养殖的很少，仅分别为 7.36 和 7.14，而外出务工是最高的，达到 12.13，非农自营为 9.23。而未受到极端灾害事件冲击的农户以农林种植为主（9.87），其次是外出务工（9.12）和家畜养殖（8.34）。相较于未受极端灾害事件影响的农户，受影响的农户外出务工这一生计策略的增幅最明显，达到了 3.01。

在面临气候变化时，农户的生计策略倾向从农业向非农产业转化。其中，转为非农自营的比例相较于外出务工的比例更小，受影响的农户仅比未受影响的农户高出 1.12，因为非农自营需要一定的资本积累。农户需要时间以调整策略选择。外出务工生计策略在一定程度上弱化了土地压力，不再是单一的农业收入来源，收入结构更为多元，完全性的土地依赖状况开始改变。这反映了农户在受极端灾害事件影响后调整了生计策略，农户的生计策略从农业向非农业转变，降低收入风险。而农业生产遭受过极端灾害事件影响的农户相较于未受影响的农户选择农林种植和家畜养殖的更少，分别低了 2.51 和 1.2。这表明，调研农村地区本来大多农户是从事农林种植和家畜养殖等，但是农业种植很容易受到洪涝、旱灾和病虫害灾害的影响，有很大的不确定性，容易遭受巨大损失，而家畜养殖也容易受到气候变化的不良影响，所以受灾的农户会倾向于改变生计策略，而未受过灾的农户则更多的保持以前传统的农村生计策略。

可以看出，为应对气候变化，农户在生计资本的约束下，对生计策略做出了调整，以便使生计策略带来的效用最大化。这些调整不仅包括改变生计模式，也是农户被动采取的适应性措施，能够有效地减小气候变化给农业生产带来的负面影响，改变了原先的收入方式。

六　主要结论和建议

本文利用气温、降水等气象因素，实证研究了气候变化背景下四川省主要粮食作物（小麦、玉米和水稻）单产变化趋势，探讨了气候变化与粮食生产之间的关系，并且从农户视角对适应性措施进行了分析，主要结论与建

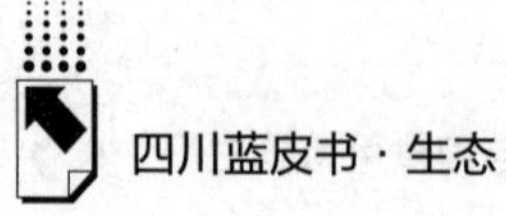

议如下。

第一，小麦和水稻的单产在作物生长期内受温度影响呈现出显著的倒“U”形变化趋势，而玉米则未受到明显的影响。随着气温的升高，小麦和水稻的单产也会增加，但一旦超过适宜区间，粮食减量效应将凸显。同时，在降雨条件下，小麦、玉米和水稻单产均存在倒“U”形变化趋势，意味着降雨与粮食生产存在最优区间，若降水量过多，超过适宜区间也将导致作物减产。因此，农业生产部门应完善天气预报预警系统，合理调整粮食生产布局，通过完善农田水利设施，合理调整社会经济投入结构，减少气候变化对粮食生产所造成的负面影响。农业科研机构应不断研发相关农业技术，将研究成果与农户的实际需求相结合。例如，高度重视对抗旱、耐涝和耐高温等特性种子的研发，以推动粮食生产的可持续发展。

第二，极端灾害事件使农户的生计资本遭到不同程度的损失，物质资本的损失程度最大。由此，农户的生计策略从农业向非农业转变。具体的，农林种植、家畜养殖这两种生计策略占比在气候变化影响下有不同程度的降低，而外出务工和非农自营两种生计策略占比则有不同程度的提高。显然，农户积极适应气候变化，有助于保障粮食可持续生产。因此，四川省应该加强宣传，助力农户适应气候变化，切实提高农户针对气候变化的行动能力。

参考文献

薄凡、庄贵阳、禹湘等：《气候变化经济学学科建设及全球气候治理——首届气候变化经济学学术研讨会综述》，《经济研究》2017 年第 10 期。

丑洁明、董文杰、叶笃正：《一个经济—气候新模型的构建》，《科学通报》2006 年第 14 期。

秦大河主编《中国极端天气气候事件和灾害风险管理与适应国家评估报告》，科学出版社，2015。

《气候变化国家评估报告》编写委员会编著《气候变化国家评估报告》，科学出版社，2007。

田展、刘纪远、曹明奎：《气候变化对中国黄淮海农业区小麦生产影响模拟研究》，《自然资源学报》2006 年第 4 期。

熊伟、林而达、居辉等：《气候变化的影响阈值与中国的粮食安全》，《气候变化研究进展》2005 年第 2 期。

杨宇、王金霞、黄季焜：《农户灌溉适应行为及对单产的影响：华北平原应对严重干旱事件的实证研究》，《资源科学》2016 年第 5 期。

杨宇、王金霞、侯玲玲、黄季焜：《华北平原的极端干旱事件与农村贫困：不同收入群体在适应措施采用及成效方面的差异》，《中国人口·资源与环境》2018 年第 1 期。

杨宇：《气候变化对黄淮海平原粮食生产力影响的实证研究》，《干旱区资源与环境》2017 年第 6 期。

吴迪、裴源生、赵勇等：《IPCC A1B 情景下中国西南地区气候变化的数值模拟》，《地理科学进展》2012 年第 3 期。

张胜玉、王彩波：《气候变化背景下气候贫困的应对策略》，《阅江学刊》2015 年第 3 期。

郑艳、潘家华、谢欣露等：《基才气候变化脆弱性的适应规划：一个福利经济学分析》，《经济研究》2016 年第 2 期。

中华人民共和国水利部编《中国水旱灾害公报》，中国水利出版社，2018。

周力、周应恒：《粮食安全：气候变化与粮食产地转移》，《中国人口·资源与环境》2011 年第 7 期。

王君涵、李文、冷淦潇、仇焕广：《易地扶贫搬迁对贫困户生计资本和生计策略的影响——基于 8 省 16 县的 3 期微观数据分析》，《中国人口·资源与环境》2020 年第 10 期。

韦惠兰、欧阳青虎：《气候变化对中国半干旱区农民生计影响初探——以甘肃省半干旱区为例》，《干旱区资源与环境》2012 年第 1 期。

吕亚荣、陈淑芬：《农民对气候变化的认知及适应性行为分析》，《中国农村经济》2010 年第 7 期。

高雪、李谷成、尹朝静：《气候变化下的农户适应性行为及其对粮食单产的影响》，《中国农业大学学报》2021 年第 3 期。

许源源、徐圳：《公共服务供给、生计资本转换与相对贫困的形成——基于 CGSS2015 数据的实证分析》，《公共管理学报》2020 年第 4 期。

Ahmed S. A., Diffenbaugh N. S., Hertel T. W., "Climate Volatility and Poverty Vulnerability in Tanzania," *Global Environmental Change*, 2009 (21).

Antle J. M., "Testing the Stochastic Structure of Production: A Flexible Moment-based Approach," *Journal of Business & Economic Statistics*, 1983 (1).

Chalise S., Naranpanawa A., Bandara J. S., "Climate Change Adaptation, Agriculture and Poverty: A General Equilibrium Analysis for Nepal," *Conference on Global Economic Analysis*, 2017.

Chen C. C., McCarl B. A., Schimmelpfennig D. E., "Yield Variability as Influenced by Climate: A Statistical Investigation," *Climatic Change*, 2004 (66).

Chen S., Chen X., Xu J., "Assessing the Impacts of Temperature Variations on Rice Yield in China," *Climatic Change*, 2016 (138).

Chen S., Chen X., Xu J., "Impacts of Climate Change on Agriculture: Evidence from China," *Journal of Environmental Economics & Management*, 2016 (76).

Deschênes O., Greenstone M., "The Economic Impacts of Climate Change: Evidence from Agricultural Output and Random Fluctuations in Weather," *American Economic Review*, 2007 (97).

Di Falco S., Veronesi M., Yesuf M., "Does Adaptation to Climate Change Provide Food Security? A Micro-perspective from Ethiopia," *American Journal of Agricultural Economics*, 2011 (93).

Isik M., Devadoss S., "An Analysis of the Impact of Climate Change on Crop Yields and Yield Variability," *Applied Economics*, 2006 (38).

Just R. E., Pope R. D., "Stochastic Specification of Production Functions and Economic Implications," *Journal of Econometrics*, 1978 (7).

Lin E. D., Wei X., Hui J., et al., "Climate Change Impacts on Crop Yield and Quality with CO_2 Fertilization in China," *Philosophical Transactions of the Royal Society B: Biological Sciences*, 2005 (360).

Liu H., Li X., Fischer G., et al., "Study on the Impacts of Climate Change on China's Agriculture," *Climatic Change*, 2004 (65).

McCarl B. A., Villavicencio X., Wu X., "Climate Change and Future Analysis: is Stationarity Dying?" *American Journal of Agricultural Economics*, 2008 (90).

Moore F. C., "Learning, Adaptation, and Weather in a Changing Climate," 2017.

Schlenker W., Roberts M., "Nonlinear Temperature Effects Indicate Severe Damages to U.S. Crop Yields under Climate Change," *Proceedings of the National Academy of Sciences*, 2009 (106).

Robert Mendelsohn, "Efficient Adaptation to Climate Change," *Climatic Change*, 2000 (45).

Tao F., Yokozawa M., Liu J., et al., "Climate-crop Yield Relationships at Provincial Scales in China and the Impacts of Recent Climate Trends," *Climate Research*, 2008 (38).

Thurlow J., Zhu T., Diao X., "Current Climate Variability and Future Climate Change: Estimated Growth and Poverty Impacts for Zambia," *Review of Development Economics*, 2012 (16).

Thornton P. K. , Jones P. G. , Owiyo T. , et al. , "Climate Change and Poverty in Africa: Mapping Hotspots of Vulnerability," *African Journal of Agricultural & Resource Economics*, 2008 (2).

Wang J. , Mendelsohn R. , Dinar A. , et al. , "How Chinese Farmers Change crop Choice to Adapt to Climate Change," *Climate Change Economics*, 2010 (1).

Abstract

The report of the 20th National Congress of the Communist Party of China pointed out that "Chinese path to modernization is the modernization of the harmonious coexistence of Humanity and Nature and nature", and put forward new directions, new requirements and new deployment for future ecological environment protection from the perspective of coordinated industrial restructuring, pollution control, ecological conservation, and climate response, and promoting concerted efforts to cut carbon emissions, reduce pollution, expand green development, and pursue economic growth. During his visit to Sichuan in June 2022, Xi Jinping pointed out that Sichuan is located in the upper reaches of the Yangtze River, so it is necessary to enhance overall awareness, firmly establish upstream consciousness, firmly implement the policy of grasping large protection and not engaging in large development, build a solid ecological barrier in the upper reaches of the Yangtze River, and guard the clear water of this river.

The Sichuan Blue Book: Sichuan Ecological Construction Report (2023) continues to use the "pressure-state-response" model to summarize the basic situation of ecological construction in Sichuan Province in 2022, and focuses on the green transformation of the development mode, environmental pollution prevention, improving the stability and sustainability of ecosystem diversity, and promoting carbon peak and carbon neutrality. In 2023, it is necessary to focus on sustainable development based on counties, as well as green agricultural development under the "Carbon peaking and carbon neutrality" strategy. Based on the actual situation in Sichuan, we will strive for new breakthroughs in the realization of ecological product value, carbon reduction and pollution reduction synergy, and the construction of urban and rural living environments. We will continue to deepen the construction of the Giant Panda National Park and inject sustained driving force into the economic and social construction of Sichuan.

Keywords: Ecological Construction; The Transition to a Model of Green Development; Carbon Peaking and Carbon Neutrality; Sichuan

Contents

Ⅰ General Report

Abstract: This report adopts the logic of "pressure state response" model (PSR model) as a whole to collect and analyze the information of the "state", "pressure" and "response" of the ecological environment in Sichuan Province, which are mutually affected and interrelated, so as to form an assessment of the ecological environment construction in Sichuan Province from 2021 to 2022. The evaluation results of this report show that the ecological environment construction situation in Sichuan Province is generally good, and the ecological governance effect is significant, but there are still problems such as serious threat of natural disasters, and the system and mechanism need to be updated. Therefore, according to the actual situation of Sichuan Province, measures and suggestions are put forward to continue to promote ecological environmental protection, innovate and explore the value realization mechanism of ecological products, and accelerate the development of green and low-carbon industries.

Keywords: PSR Model; Ecological Construction; Ecological Evaluation; Sichuan

Ⅱ Sepcial Reports

Abstract: At present, one of the key directions of China's new-type urbanization is to promote urbanization with counties as the carrier. Achieving sustainable development is an important goal and way to promote the new-type urbanization of counties. In order to accurately judge the sustainable development status of county, it is necessary to construct reasonable and effective evaluation tools. China's count development is very different, which is manifested in different development stages, different development priorities, different urban population sizes, different urbanization rates, different urban industrial structures, and differences in urban geographical locations. The difference in urban development leads to the diversity and difference of evaluation needs of the sustainable development of new urbanization. So it is necessary to select an appropriate perspective to determine the type of town to ensure the effectiveness of the evaluation results. In combination with the important direction of the current development of new urbanization, urban types are divided based on the planning of main functional areas. Taking Sichuan Province as an example, 110 counties in Sichuan Province are taken as the basic evaluation units to determine the sustainable development status of towns in Sichuan Province, and provide a reference for realizing the sustainable development of new urbanization in Sichuan Province with county towns as the carrier.

Keywords: Main Functional Areas; County Territory; Sustainability Development; Sichuan

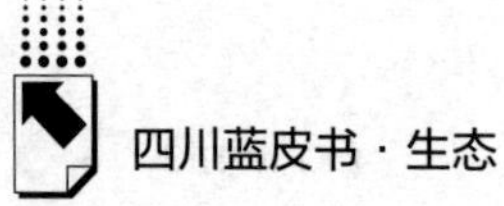

B.3 The Realistic Situation and Future Path of Agricultural Green Development in Sichuan Province from the Perspective of "Dual-carbon" Strategy

Zhang Junbiao, Peng Ziyi and He Peipei / 056

Abstract: Under the background of the "dual-carbon" strategy, studying and analyzing the actual operation status of agricultural green development in Sichuan province, an important agricultural province, can provide reference for China's other areas to reduce carbon emission and realize green agricultural sustainable development. Using the data from 2011 to 2020, this paper calculates and analyzes the evolution trajectory of agricultural carbon emissions in Sichuan province, and incorporates agricultural carbon emissions into the agricultural green development index system, and uses the entropy method to measure the realistic scenario of agricultural green development in Sichuan Province. The results showed that the total agricultural carbon emission in Sichuan Province showed a downward trend, and the agricultural green development level had an obvious upward trend. In the analysis of indicators at all levels, the environmental friendly index performed best during the measurement period. In the process of future development, Sichuan Province must continuously strengthen the green transformation of agricultural development, further optimize the structure of financial support for agriculture, promote the coordinated development of agricultural ecological environment protection and agricultural economy, establish and improve the service platform for green agricultural development, and create a better policy environment for comprehensively promoting the level of green agricultural development.

Keywords: "Dual-carbon" Strategy; Agriculture; Green Development

Ⅲ Green Transformation Reports

Abstract: Report of the 20th National Congress of the Communist Party of China emphasizes the importance of ecological civilization construction. High-quality development of eco-tourism plays a significant role in promoting ecological civilization construction and harmonious coexistence between humans and nature in modernization. This paper analyzes the current major issues in China's eco-tourism development by combining the latest development trends and research findings, using concepts such as green low-carbon development, experience economy, community participation, and destination branding. It proposes six comprehensive measures to promote innovation and transformation in eco-tourism and provides specific suggestions for the conversion of eco-tourism resources such as natural wonders, rare animals and plants, high-quality eco-products like eco-study tours and eco-accommodations, and the improvement of eco-scenic areas.

Keywords: Ecological Civilization; Eco-tourism; High-quality Development; Innovative Development

Abstract: As an investment activity far away from the city, with large investment amount, long return period and strong professionalism, rural homestay investment is inherently risky. Internal subject decision-making risk, operation and management risk and product characteristic risk, as well as external natural environment risk, market risk and laws and regulations risk, are triggered by multiple factors, resulting in chain and interactive impact, which challenges the investment and operation of rural homestays. In the different stages of the venture capital period, development period, stability period and recession period of rural homestay investment, corresponding preventive measures should be taken according to the influence of their main risks to reduce the risk harmfulness or prevent the occurrence of risks, ensure the healthy development of rural homestay investment, and help the overall revitalization of rural villages.

Keywords: Ecological Health Tourism; Home Stay; Investment Risk

B.6 Analysis of the Value Realization Path of Ecological Products Based on the Framework of "Supply-Demand" Theory

Abstract: This paper explains the connotation and importance of ecological products and their value realization, analyses the pathway of ecological product value realization from the perspective of relevant economic theories, and establishes a theoretical framework of "supply-demand" for ecological product value realization. Based on this framework, the effectiveness and dilemma of ecological product value realization in Dayi County, Chengdu, is analyzed. At the same time, targeted policy suggestions are put forward on how to further promote ecological product value realization, further improve the ecological product fund system, design ecological product development and transformation projects in multiple dimensions, and build a high-level ecological product supply and demand matching system.

Keywords: Ecological Products Value Realization; "Supply-Demand" Theory; Kose Theory; Welfare Economic

Abstract: The ecologically fragile region in northwest Sichuan is rich in natural scenic resources. The rapid development of local rural tourism is of great significance to rural revitalization. This paper firstly sorted out relevant studies on rural tourism and rural revitalization, and then analyzed the mechanism of rural tourism's contribution to rural revitalization. Then, it made a comprehensive evaluation and coupled coordination analysis on the development status of rural tourism and rural revitalization in the ecologically vulnerable areas of northwest Sichuan from 2011 to 2021. It is found that the two systems have developed rapidly and are in a good running state of high-quality coordination and mutual promotion, but there are problems such as geological disasters occur easily and imperfect infrastructure. And then the policy suggestions are drawn: Relevant local administrative departments can vigorously promote the development of rural tourism industry from the aspects of reasonable planning of the spatial pattern of rural tourism, promoting the continuous improvement of tourism infrastructure, further promoting the development of cultural tourism industry and optimizing the rural tourism environment.

Keywords: Rural Tourism; Rural Revitalization; Northwest Sichuan; Ecologically Fragile Region

Ⅳ Prevention and Control of Environmental Pollution Reports

Abstract: A good ecological environment is the most universal welfare of people's livelihood, and the synergistic management of carbon reduction, pollution reduction, green expansion and growth is the key path to building a beautiful China. Based on the new requirement and initiative of promoting carbon reduction, pollution reduction, green expansion and growth in a synergistic manner, the article explores the synergistic mechanism of carbon reduction, pollution reduction, green expansion and growth on the basis of clarifying their basic connotations, further measures the coupling synergy of carbon reduction, pollution reduction, green expansion and growth in China, and analyzes the problems in their synergistic governance. Finally, suggestions for synergistic management of carbon reduction, pollution reduction, green expansion and growth are proposed from three dimensions: policy, management and technology.

Keywords: Carbon Reduction; Pollution Reduction; Green Expansion; Growth

B.9 How to Improve the Rural Ecological Environment through the Development of New Collective Economy? A Case Study of Fuhong Town in Chengdu City

Han Dong, Huang Huan, Han Lida, Chen Liang and Du Juan / 156

Abstract: Rural ecological environment governance needs to learn from the experience and lessons of the government-led model, develop the collective economy through multiple forces, and promote the endogenous governance of the ecological environment with the farmers' collective as the main guide. Combining comprehensive land improvement with industrial integration through the path of "collective decision-making, enterprise leadership, and government assistance", Fuhong Town in Chengdu City, has found a way to lead the improvement of rural ecological environment through the development of new collective economy in practice. This paper shows that Fuhong Town has indeed improved the quality level of the regional ecological environment through comprehensive land improvement, efficient use of agricultural land, and mobilization of farmers' enthusiasm. Some experiences are as follows: Give farmers direct short-term economic incentives and reasonable expectations through successful pilot cases to improve their willingness, and build reasonable financing channels and distribution methods to reduce the monetary cost of farmers' investment in ecological environment governance; Strengthen the bargaining power of farmers' collective with the government and enterprises through the development of collective economy, and make them become the leader of rural revitalization and ecological governance; Improve the property system, land system and registered residence system involving the dual management of urban and rural areas; Carry out legal education and scientific publicity of ecological civilization in rural areas, strengthen the construction of the Party's team, and always implement the general strategic requirements of rural revitalization "industrial prosperity, ecological livability, rural civilization, effective governance, and rich life", and gradually form an institutional mechanism for the coordinated development of urban and rural economy, society and ecology.

Keywords: New Collective Economy; Rural; Ecological Environment; Comprehensive Land Improvement

B.10 Some Thoughts on the Construction of Water Rights System in the Upper Reaches of the Yangtze River

Ju Dong / 175

Abstract: The upper reaches of the Yangtze River are not only the most diverse and complex areas of water rights conflicts in China, but also the "blind spot" in the pilot layout of water rights system construction in China. Under the background of implementing the strictest water resource management system in China, actively promoting the construction of water rights system in the upper reaches of the Yangtze River is an important starting point for improving the construction of national water rights system and an important measure to ensure China's water ecological security. This study focuses on the characteristics of water resources and water related conflicts in the upper reaches of the Yangtze River. Combining the foundation and existing problems of basin water rights system construction, it proposes a framework for building a water rights system in the upper reaches of the Yangtze River that divides water, uses water, and manage water. Based on this framework, discussions and prospects are conducted, with a view to providing decision-making reference for alleviating water resources allocation conflicts in the upper reaches of the Yangtze River, and contributing to improving China's water rights system construction system.

Keywords: The Upper Reaches of the Yangtze River; Water Rights System; Water Resources Management

V Construction of Giant Panda National Park Reports

Abstract: The inventory of natural resource assets is an essential process to gain a comprehensive understanding of natural resource endowment, establish a clear ownership, clarify rights and responsibilities, strictly protect resources, facilitate resource transfers, and enable effective supervision of natural resource asset ownership. This process supports the rational development, effective protection, and strict regulation of natural resources, and lays the foundation for the construction of ecological civilization. This report takes the Anzhou area of the Giant Panda National Park as a pilot area to conduct investigations and research on the forest and grassland resources and assets, inventory physical quantities, and account for their value, to truly and completely reflect the natural resource asset status of the Anzhou area of the giant panda habitat. The report summarizes the current status of natural resources and provides suggestions for subsequent development and construction work, such as the preparation of natural resource asset balance sheets and the establishment of resource asset management systems, by providing scientific investigation methods.

Keywords: Giant Panda National Park; Inventory of Natural Resource Assets; Ecological Civilization; Anzhou District

B.12 Pilot Study on Concession of Giant Panda National Park: A Case Study in Wang Lang area

Chen Lixin, Dang Wei, Li Xujia, Yu Jinglin, Li Yaoxi, Yang Haiyun and Zhu Wenting / 202

Abstract: The concession system of national parks is an important means to promote the scientific protection and rational utilization of natural resources assets, and it is also an effective way to realize the value of ecological products. Giant Panda National Park has made many explorations for the establishment of concession system. On the basis of extensive preliminary investigation and key investigation in Sichuan area of Giant Panda National Park, we selected an area in Wang Lang as a pilot area. And we sorted out relevant laws and regulations, analyzed specific cases, conducted field investigation, focused on the current situation and difficulties of the pilot area, and made research and suggestions on the concessional scope, franchisee access, paid use of assets, concessional income distribution and coordinated development of communities in the pilot area.

Keywords: National Park; Concession; Natural Resources Assets; Ecological Product Value

B.13 Research on the Community Development Model of Giant Panda National Park from the Perspective of Ecological Product Value Realization: Take Wolong in Sichuan Province for Example

Ni Jiubin, Chen Meili / 217

Abstract: After years of development of national parks, the establishment of the first batch of national parks was established in 2021, marking a qualitative breakthrough in the construction of national park system. However, the practical difficulties of community development, such as conflicts between the protection and utilization of natural resources in national parks, more communities and insufficient degree of community participation, are still the factors that must be considered to promote the comprehensive, sustainable and healthy development of national parks. The realization of ecological product value can effectively solve the dilemma of national park construction, promote the optimization of community industrial structure, improve community participation and enhance the ability of community residents in the aspects of community participation, community industry and community residents' capacity building, so as to realize the coordination of national park ecological protection and community development. In the Wolong area of giant Panda National Park, the villagers' groups explored the economic development model, which is the early exploration of the realization of the value of ecological products. It not only realizes the transformation of resource advantages into economic advantages, and provides rich ecological products, but more importantly, it also realizes the coordinated development of national park ecological protection and community.

Keywords: Ecological Product Value; Giant Panda National Park; Community Development; Community Participation

Abstract: Through on-site visits and in-depth investigations in the Chengdu area of the Giant Panda National Park, problems with the patrol road system in the Chengdu area have been summarized. Based on this, taking into account the regional characteristics of the Chengdu area, the patrol monitoring content and the supporting facilities required for patrol tasks, a general layout of "2 areas, 4 belts, and 12 key points" was proposed, consisting of three parts: peripheral support, internal and external connectivity, and internal support system. Striving to protect the flora and fauna resources and natural landscape within the area, while guiding the standardized construction and management of patrol roads in the Chengdu area of the Giant Panda National Park, to effectively improve the protection and management effectiveness, and provide reference for other natural conservation areas to build a patrol road system that integrates field patrols, investigation and monitoring, disaster prevention and reduction, emergency rescue, and other activities.

Keywords: Giant Panda National Park; Patrol Road System; Planning and Design

B.15 Exploration of Investigation and Control Measures for Boar Accidents in Communities Surrounding the Giant Panda National Park: Taking Pengzhou City as a Case

Yu Jinglin, Chen Xue, Zan Yujun, Li Xujia, Xu Liang, Yang Xu and Yang Qujun / 255

Abstract: The Pengzhou area, as a part of the Giant Panda National Park, is also one of the distribution areas for wild boars. With the improvement of the forest ecological environment and the strengthening of the protection and management of wildlife resources in Pengzhou City, the population of wild boars has grown rapidly, expanding their range of activities and causing increasing damage to agricultural and forestry crops each year. This poses a severe threat to the agricultural and forestry production and human and livestock safety in the area. This article employed multiple methods, such as grid zoning, questionnaire survey, transect method, infrared camera method, and data review, to investigate the wild boar population and its causing incidents in Pengzhou City, aiming to clarify the current situation and extent of the wild boar population. Based on the results of the investigation, this article analyzed the trend of wild boar population spread and the areas of human-wildlife conflict and proposed protection and management suggestions from various aspects, including promoting wild boar population monitoring and causing incident assessment, piloting population management and physical barrier measures, and exploring insurance compensation measures.

Keywords: Giant Panda National Park; Pengzhou City; Boar Accidents

Ⅵ Ecosystem Reports

Abstract: Rural settlements are both the carrier and the manifestation of pleasant living eco-environment. Rural settlements are both the important areas for producing rural eco-products and eco-value (REPEV) and the basic space for consuming REPEV. Rural settlement is the eco-landscapes, the living space, and the basic ecological unit integrating production, ecology and livelihood. The Western Sichuan Lin Pan (WSLP) is an important type of rural settlements and a kind of typical rural ecosystem, which has all kinds of functions providing by ecological system. Through the investigation of Chenjialin, Yanqiongtuo settlement, Nongke village and Lianerlishi, the following findings are obtained: The size of WSLP has no fixed scale, which nor is an administrative village or villager group. It's a naturally formed settlement, which can be larger or small. Living-oriented activities is its main function. Ecology is the foundation of WSLP, construction for living activities is the shape of WSLP, and people are the soul of WSLP. The traditional producing activities are weakening, while the living and leisure are strengthening in WSLP. The traditional embedded WSLPs are reducing and the single WSLPs are increasing. Currently WSLP is not only for living space but also for ecological space. Therefore, WSLP is both traditional and modern.

WSLP is the carrier of development and change of physical state and living culture. Protection of WSLP must be meet people's better life. The development must focus on its ecological value.

Keywords: Western Sichuan Lin Pan (WSLP); WSLP's Ecological System; Diversity and Sustainability

B.17 From the Perspective of Ecological Civilization, Sichuan Mountain Partridge Conservation History and Cultural Symbol Excavation

Chen Ju, *Zhao Guiping* / 292

Abstract: Since China proposed the construction of ecological civilization, relevant research has been very active, the 20th National Congress of the Communist Party of China has raised the construction of ecological civilization to an unprecedented height, and put forward new requirements for "vigorously promoting the construction of ecological civilization", and ecological civilization has once again become a hot spot in academia and all parties in society. From the perspective of ecological civilization, this paper summarizes the cultural meaning of "natural harmony" and "homesickness" contained in Sichuan mountain partridge, as well as the diversified development path of combining its cultural symbols with characteristic agricultural products, folk activities, nature education, birdwatching photography, etc., and puts forward suggestions for the excavation and application of Sichuan mountain partridge cultural symbols in the future according to the development status and relevant cases. This not only further contributes to the protection of Sichuan mountain partridge and the excavation of cultural symbols, but also provides a case for China's ecological civilization construction and the realization of harmonious coexistence between man and nature and a diversified path.

Keywords: Sichuan Mountain Partridge; Ecological Civilization; Preservation of History; Cultural Symbols

Abstract: Along with the massive establishment of nature reserves in our country, the contradiction between nature reserves and the surrounding residents on protection and development is increasingly prominent, in order to coordinate the development of nature reserves and community, academia has put forward a variety of methods and patterns. There are some defects in the regulation means of the market and the government, and the community co-management mode makes up for the disadvantages of the closed management mode of the protected areas to a certain extent, and alleviates the contradiction between community development and resource protection. However, with the development of time, the existing community co-management mode is faced with the triple dilemma of active help from the conservation area, passive development of the community, capture of most opportunities and resources by a few community elites, and financial constraint on the community co-management development of the conservation area. How to get rid of the dilemma and coordinate the balanced development of the conservation area and the community has become the primary problem of the current development of the nature reserve. Based on the experience of community co-management in Tangjiahe National Nature Reserve in Sichuan Province, this paper summarizes the co-management model of community, puts forward three basic attributes of the model, namely diversity, reciprocity and co-management, introduces the case practice of Tangjiahe National Nature Reserve in solving the problem of human-animal conflict, summarizes the relevant experience and explores the development model of community co-management in nature reserves in China.

Keywords: Nature Reserve Community; Co-management; Tangjiahe

Abstract: The article takes the pilot area of the state-owned forest resource registration unit in Daduhe Forest Farm of Mabian County as an example, and introduces the main work contents, technical routes, and work processes of Integrated Confirmation Rights Registration of Natural Resources. Regarding the technical difficulties faced by the work, such as the demarcation of registration unit boundaries, crossing of boundaries into construction land, discrepancies between the results of land use change surveys and special surveys, the definition of disputed areas, and Lack of water flow resource information, targeted practical measures are proposed. Finally, the registration results are presented and improvement suggestions are put forward, aiming to provide technical reference and inspiration for subsequent Integrated Confirmation Rights Registration of Natural Resources.

Keywords: Natural Resource; Integrated Confirmation Rights Registration; State-Owned Forest Resource; Disputed Areas

Ⅶ Carbon Dioxide Emissions and Carbon Neutrality Reports

Abstract: Achieving peaking carbon dioxide emissions and carbon neutrality goals is a major commitment made by China as a large developing country to actively participate in global climate governance, and it is one of the strategic goals of China to build a strong modern socialist country. Agriculture is not only an important source of greenhouse gas emissions, but also a huge carbon sink system. Promoting green development of agriculture is conducive to the formation of a general layout that matches the development of agriculture with the bearing capacity of resources and environment, and helps to achieve the goal of peaking carbon dioxide emissions and carbon neutrality goals in agriculture. As a large agricultural province in China, Sichuan Province is rich in agricultural resources and has a strong ecological background, and the green development of agriculture sector has achieved a stage effect, but also faces many practical constraints. This paper summarizes the current situation and effectiveness of the green development of agriculture sector in Sichuan Province, analyzes the real dilemma faced by the green development of agriculture sector in Sichuan Province based on the goal of achieving peaking carbon dioxide emissions and carbon neutrality goals, and proposes countermeasures to promote the green development of agriculture sector in Sichuan Province under the background of the Peaking Carbon Dioxide Emissions and Carbon Neutrality Goals in five aspects, such as strengthening the support of talents, strict control of surface pollution, and improving the long-term mechanism, in order to improve the level of green and high-quality development of agriculture in Sichuan Province and help the agricultural sector achieve peaking carbon dioxide emissions and carbon neutrality goals.

Keywords: Peaking Carbon Dioxide Emissions; Agricultural; Green Development; Sichuan

Abstract: Agriculture is one of the "main battlefields" in Sichuan Province to achieve carbon neutrality in peak carbon dioxide emissions. In this study, the life cycle assessment (LCA) method was used to measure the carbon emissions of agricultural and rural areas in Sichuan Province. It was observed that the total amount of agricultural carbon emissions had reached the peak in 2014, but the structure of agricultural carbon emissions had not changed fundamentally for many years. The total amount of carbon emissions in rural areas has reached its peak in 2004, and the optimization of rural energy consumption structure is an important reason for its peak. Combined with the recently published policy documents and calculation results, through field investigation, it is found that carbon neutrality in agriculture and rural areas still faces many problems, such as technical bottlenecks and promotion constraints, insufficient support from laws and regulations, conflicts of policy objectives and concerns of farmers' management. Therefore, the research puts forward a road map of carbon neutrality in agriculture and rural areas, which consists of technical route, regional route and institutional route: vigorously developing and widely applying carbon sequestration and emission reduction technologies, establishing a regional ecological compensation mechanism with clear rights and responsibilities, and exploring multi-level laws and policies to promote carbon neutrality in agriculture and rural areas.

Keywords: Sichuan Province; Agricultural Carbon Emissions Structure; Rural; Energy Consumption Structure; Carbon Neutrality and Carbon Emissions

B.22 Addressing Climate Change and Sustainable Food Production in Sichuan Province

Yang Yu, Zhao Amin and Feng Guifeng / 377

Abstract: The impacts of climate change on grain production during 2000-2020 were analyzed, especially focusing on the yield per unit area of major food crops—wheat, maize and rice in Sichuan Province. Based on a sustainable livelihood framework, this study using the data from the household survey in

Sichuan Province (Jiange County, Xuanhan County), empirically investigated on farmers' adaptive capacity and adjustment after coping with climate change. The main conclusions show that: The impact of temperature and precipitation on the yield of wheat, corn, and rice was a non-linear relationship of respectively. And if climate variables cross that inflection point, clear negative effects will occur in wheat, maize and rice yields; Extreme climate disaster events have a negative effect on farmers' livelihood capital, two livelihood strategies, agriculture, forestry and livestock farming, have been reduced to varying degrees under the impact of climate change. But the other out-migration and off-farm self-employment will improve to varying degrees, the structure of farmers' livelihood strategy changes from agriculture to non-agriculture. In conclusion, effectively alleviating the adverse effects of climate change, which will provide strong evidence of sustainable income increase, for farmers in Sichuan food production.

Keywords: Climate Change; Grain Production; Sichuan Province

皮书

智库成果出版与传播平台

❖ 皮书定义 ❖

皮书是对中国与世界发展状况和热点问题进行年度监测，以专业的角度、专家的视野和实证研究方法，针对某一领域或区域现状与发展态势展开分析和预测，具备前沿性、原创性、实证性、连续性、时效性等特点的公开出版物，由一系列权威研究报告组成。

❖ 皮书作者 ❖

皮书系列报告作者以国内外一流研究机构、知名高校等重点智库的研究人员为主，多为相关领域一流专家学者，他们的观点代表了当下学界对中国与世界的现实和未来最高水平的解读与分析。截至 2022 年底，皮书研创机构逾千家，报告作者累计超过 10 万人。

❖ 皮书荣誉 ❖

皮书作为中国社会科学院基础理论研究与应用对策研究融合发展的代表性成果，不仅是哲学社会科学工作者服务中国特色社会主义现代化建设的重要成果，更是助力中国特色新型智库建设、构建中国特色哲学社会科学“三大体系”的重要平台。皮书系列先后被列入“十二五”“十三五”“十四五”时期国家重点出版物出版专项规划项目；2013~2023 年，重点皮书列入中国社会科学院国家哲学社会科学创新工程项目。

皮书网

（网址：www.pishu.cn）

发布皮书研创资讯，传播皮书精彩内容
引领皮书出版潮流，打造皮书服务平台

栏目设置

◆ **关于皮书**

何谓皮书、皮书分类、皮书大事记、
皮书荣誉、皮书出版第一人、皮书编辑部

◆ **最新资讯**

通知公告、新闻动态、媒体聚焦、
网站专题、视频直播、下载专区

◆ **皮书研创**

皮书规范、皮书选题、皮书出版、
皮书研究、研创团队

◆ **皮书评奖评价**

指标体系、皮书评价、皮书评奖

◆ **皮书研究院理事会**

理事会章程、理事单位、个人理事、高级
研究员、理事会秘书处、入会指南

所获荣誉

◆ 2008 年、2011 年、2014 年，皮书网均在全国新闻出版业网站荣誉评选中获得“最具商业价值网站”称号；

◆ 2012 年，获得“出版业网站百强”称号。

网库合一

2014年，皮书网与皮书数据库端口合一，实现资源共享，搭建智库成果融合创新平台。

皮书网

“皮书说”
微信公众号

皮书微博

中国社会发展数据库（下设 12 个专题子库）

紧扣人口、政治、外交、法律、教育、医疗卫生、资源环境等 12 个社会发展领域的前沿和热点，全面整合专业著作、智库报告、学术资讯、调研数据等类型资源，帮助用户追踪中国社会发展动态、研究社会发展战略与政策、了解社会热点问题、分析社会发展趋势。

中国经济发展数据库（下设 12 专题子库）

内容涵盖宏观经济、产业经济、工业经济、农业经济、财政金融、房地产经济、城市经济、商业贸易等12个重点经济领域，为把握经济运行态势、洞察经济发展规律、研判经济发展趋势、进行经济调控决策提供参考和依据。

中国行业发展数据库（下设 17 个专题子库）

以中国国民经济行业分类为依据，覆盖金融业、旅游业、交通运输业、能源矿产业、制造业等 100 多个行业，跟踪分析国民经济相关行业市场运行状况和政策导向，汇集行业发展前沿资讯，为投资、从业及各种经济决策提供理论支撑和实践指导。

中国区域发展数据库（下设 4 个专题子库）

对中国特定区域内的经济、社会、文化等领域现状与发展情况进行深度分析和预测，涉及省级行政区、城市群、城市、农村等不同维度，研究层级至县及县以下行政区，为学者研究地方经济社会宏观态势、经验模式、发展案例提供支撑，为地方政府决策提供参考。

中国文化传媒数据库（下设 18 个专题子库）

内容覆盖文化产业、新闻传播、电影娱乐、文学艺术、群众文化、图书情报等 18 个重点研究领域，聚焦文化传媒领域发展前沿、热点话题、行业实践，服务用户的教学科研、文化投资、企业规划等需要。

世界经济与国际关系数据库（下设 6 个专题子库）

整合世界经济、国际政治、世界文化与科技、全球性问题、国际组织与国际法、区域研究 6 大领域研究成果，对世界经济形势、国际形势进行连续性深度分析，对年度热点问题进行专题解读，为研判全球发展趋势提供事实和数据支持。

法律声明